Statistik – Deskriptive Verfahren

Bachelorstudium Psychologie

Statistik – Deskriptive Verfahren

von Prof. Dr. Heinz Holling und PD Dr. Günther Gediga

Herausgeber der Reihe:

Prof. Dr. Eva Bamberg, Prof. Dr. Hans-Werner Bierhoff, Prof. Dr. Alexander Grob, Prof. Dr. Franz Petermann

Statistik – Deskriptive Verfahren

von
Heinz Holling
und Günther Gediga

HOGREFE
GÖTTINGEN · BERN · WIEN · PARIS · OXFORD · PRAG · TORONTO
CAMBRIDGE, MA · AMSTERDAM · KOPENHAGEN · STOCKHOLM

Prof. Dr. Heinz Holling, geb. 1950. 1969–1976 Studium der Mathematik, Psychologie und Soziologie in Würzburg und Berlin. 1974–1987 Wissenschaftlicher Mitarbeiter an der FU Berlin und der Universität Osnabrück. Promotion 1980 (Dr. phil.) und 1987 (Dr. rer. nat.). 1987 Habilitation. 1987–1993 Vertretungsprofessor an den Universitäten Oldenburg, Münster und Mannheim. Seit 1993 Professor für Statistik und Quantitative Methoden am Psychologischen Institut der Universität Münster.

PD Dr. Günther Gediga, geb. 1953. 1971–1979 Studium der Informatik und Mathematik in Dortmund und Osnabrück. 1986 Promotion in Psychologie. 1994 Habilitation. 1979–2000 wissenschaftlicher Mitarbeiter im Fachgebiet Methodenlehre an der Universität Osnabrück. Seit 2001 außerplanmäßiger Professor am Department of Computer Science an der Brock University in St. Catherines, Kanada, und freiberufliche Tätigkeit als Statistical Consultant. Seit 2008 akademischer Rat an der Universität Münster im Institut für Statistik und Methoden.

Informationen und Zusatzmaterialien zu diesem Buch finden Sie unter
www.hogrefe.de/buecher/lehrbuecher/psychlehrbuchplus

Bibliografische Information der Deutschen Nationalbibliothek
Die Deutsche Nationalbibliothek verzeichnet diese Publikation in der Deutschen Nationalbibliografie; detaillierte bibliografische Daten sind im Internet über http://dnb.d-nb.de abrufbar.

Göttingen • Bern • Wien • Paris • Oxford • Prag • Toronto
Cambridge, MA • Amsterdam • Kopenhagen • Stockholm
http://www.hogrefe.de
Aktuelle Informationen • Weitere Titel zum Thema • Ergänzende Materialien

Umschlagabbildung: © Paul Maguire – dreamstime.com
Druck: AZ Druck und Datentechnik GmbH, Kempten
Printed in Germany
Auf säurefreiem Papier gedruckt
ISBN 978-3-8017-2134-3

Inhaltsverzeichnis

Kapitel 1
Über dieses Buch

Inhaltsübersicht

1.1 Zum Inhalt dieses Buches

Die Statistik stellt eine wichtige Grundlage für die Beantwortung von Fragestellungen der Natur-, Sozial- oder Erziehungswissenschaften dar. Beispiele für Fragestellungen sind:

- In welchem Ausmaß sind Merkmale, wie Intelligenz oder Motivation, angeboren?
- Welchen Effekt besitzen verschiedene Therapien, wie die Verhaltens- oder Gesprächstherapie, auf die Heilung psychischer Störungen, wie Magersucht, Drogenabhängigkeit oder Depression?
- In welchem Ausmaß hängt die Produktivität in Organisationen von Faktoren wie dem Führungsstil oder der Arbeitszufriedenheit ab?

Die Beantwortung solcher Fragen basiert auf den Daten empirischer Studien. Das Design solcher Studien sowie die Auswertung und Interpretation der Daten aus diesen Studien sind Gegenstand der Statistik.

Der vorliegende Band zur *Deskriptiven Statistik* ist der erste Teil eines insgesamt dreibändigen Lehrbuchs der Statistik. Der gesamte Stoff ist gegliedert in die deskriptive (beschreibende) Statistik (Band 1), Wahrscheinlichkeitstheorie und Schätzverfahren (Band 2) und statistische Testverfahren (Band 3). Mit der zu Beginn erfolgenden relativ ausführlichen Darstellung der deskriptiven Statistik soll der Einstieg in das gesamte Gebiet der Statistik erleichtert werden. Die Inhalte der beschreibenden Statistik sind für viele Studierende einfacher zu verstehen als die abstrakteren Konzepte aus der Wahrscheinlichkeitstheorie und der Inferenzstatistik (Schätzverfahren und statistische Testverfahren), die in den beiden weiteren Bänden folgen.

Grundlegendes Ziel aller drei Bände ist es, die Statistik ausführlich und verständlich darzustellen. Es wird sehr viel Wert darauf gelegt, den jeweiligen Sinn der statistischen Konzepte aufzuzeigen und die Bedeutung, die die Statistik für die Gewinnung neuer Erkenntnisse hat, vor Augen zu führen. Dazu werden einerseits einfache, übersichtliche Beispieldaten aus dem vertrauten Alltagsgeschehen, wie der Schule, verwendet und andererseits Daten „echter" empirischer Studien. Da eine wesentliche Zielgruppe dieses Buches Studierende der Psychologie bilden, haben wir vorwiegend Beispiele aus der psychologischen Forschung gewählt. Nichtsdestoweniger ist dieser Band auch für Studierende anderer Studiengänge aus den Natur-, Sozial- und Erziehungswissenschaften als grundlegende Einführung geeignet.

Gegenstand dieses Buches sind die grundlegenden Verfahren der uni- und bivariaten deskriptiven Statistik sowie die einfache Regression. Weiterhin erfolgt eine ausführliche Behandlung des linearen Modells, das in der statistischen Praxis sehr häufig benutzt wird. Bei der Darstellung der einzelnen Verfahren wird der Interpretation der Ergebnisse eine besondere Aufmerksamkeit gewidmet.

Um die Darstellung der statistischen Konzepte nicht zu überfrachten, wird auf mathematische Ableitungen und Beweise, die für das grundlegende Verständnis nicht unbedingt erforderlich sind, verzichtet. Für besonders interessierte Leserinnen und Leser werden diese Beweise auf der folgenden Website zur Verfügung gestellt:

http://www.hogrefe.de/buecher/lehrbuecher/psychlehrbuchplus

Im Text wird jeweils auf diese Website hingewiesen, zusätzlich werden die entsprechenden Stellen durch das „Internetsymbol" am Seitenrand gekennzeichnet.

Um die Inhalte dieses Lehrbuchs übersichtlich darzustellen, verwenden wir im Text verschiedene Arten von Kästen. Diese jeweils unterschiedlich gekennzeichneten Kästen enthalten:

- Beispiele
- Anwendungen von Software (SPSS und R)
- Zusammenfassungen

Wichtige Formeln werden ebenfalls durch einen Rahmen hervorgehoben, damit sie unmittelbar als solche zu erkennen sind. Bei der Einführung neuer Begriffe werden diese Begriffe im Text kursiv hervorgehoben und zudem am Seitenrand aufgeführt. Am Seitenrand befindet sich des Weiteren das bereits erwähnte Internetsymbol.

Die Vermittlung von Statistik ist heutzutage ohne die Verwendung von EDV-Programmen undenkbar und es gibt mittlerweile eine Vielzahl sehr leistungsfähiger Statistikprogrammpakete. Im vorliegenden Lehrbuch nutzen wir die Softwarepakete SPSS und R.

Das Programmpaket IBM SPSS Statistics, kurz SPSS genannt, ist eine seit jeher sehr weit verbreitete Statistiksoftware. In vielen Organisationen, in denen Natur-, Sozial- und Erziehungswissenschaftler beschäftigt sind, wird dieses Programmpaket verwendet. SPSS hat allerdings den Nachteil, dass es kostenpflichtig ist.

Das Open-Source-Programm R ist ebenfalls weit verbreitet, hingegen kostenlos verfügbar. R ist allerdings nicht ganz so benutzerfreundlich wie SPSS. Jedoch bietet auch R eine Menüsteuerung mittels des sogenannten R-Commanders an, der für Anfänger eine einfache Benutzung der wesentlichen Funktionen dieses Programms erlaubt. Ein großer Vorteil von R besteht darin, neueste statistische Verfahren aus zuverlässigen Quellen einzubinden. Ebenso ist es mit R im Vergleich zu vielen anderen Statistikprogrammen relativ einfach möglich, eigene statistische Programme zu entwickeln.

Im vorliegenden Buch behandeln wir am Ende der Kapitel jeweils die notwendigen Schritte zur Datenanalyse mittels SPSS und R. Für SPSS sowie für R stellen wir die jeweiligen Menübefehle dar. Da der Funktionsumfang des R-Commanders begrenzt ist, werden zusätzlich die wesentlichen Befehle der R-Syntax aufgeführt. Für Studierende, die diese Programmsysteme nicht kennen, stellen wir auf der oben genannten Website eine kurze Einführung für R mit zahlreichen Literaturhinweisen zur Verfügung. Für die Einführung in die Arbeit mit SPSS möchten wir auf das Buch von Leonhart (2010) verweisen.

Auf der Website befinden sich neben den oben bereits angesprochenen Inhalten viele weitere Ressourcen zu diesem Lehrbuch. Dabei handelt es sich um die in diesem Buch benutzten Datensätze und die entsprechenden Kommandos für die Programme SPSS und R. Somit können die in diesem Buch dargestellten statistischen Analysen eigenständig nachvollzogen werden. Des Weiteren enthält die Website ergänzende Inhalte und Literaturhinweise.

1.2 Danksagung

Zur Entstehung dieses Buches haben nicht nur die Autoren beigetragen, sondern viele weitere Personen. Zunächst einmal möchten wir uns an dieser Stelle ganz herzlich bei den ca. 250 Studierenden von zwei Jahrgängen des Bachelor-Studiengangs Psychologie an der Westfälischen Wilhelms-Universität Münster bedanken. Die konstruktive Kritik dieser Leser[1] war für die Überarbeitung der vorläufigen Manuskripte sehr hilfreich. Ein besonderer Dank gebührt Frau Kathrin Gediga, M. A. Sie hatte nicht nur die Ideen für das Design vieler Grafiken, sondern hat auch ihre Umsetzung kompetent übernommen.

[1] Natürlich gab es auch kritische Leserinnen. Wir werden jedoch im Folgenden immer dann, wenn beide Geschlechter gemeint sind, die überkommene männliche Form benutzen. Damit wird u. E. die Darstellung vereinfacht. Wenn wir explizit die weibliche Form nutzen, sind nur Personen weiblichen Geschlechts gemeint.

Frau cand. psych. Evelyn Alex, Herr Dipl.-Psych. Jonas Bertling, Frau Dipl.-Math. Anna Doebler, Herr Dr. Philipp Doebler, Frau cand. psych. Linda Fromm, Frau stud. psych. Ruth Helmich, Frau stud. psych. Inken Kirschbaum, Frau stud. psych. Miriam Miesen, Herr Dipl.-Psych. Philipp Nagels, Frau cand. psych. Marlene Pacharra, Frau stud. psych. Jana Scharfen, Frau Margret Unger und Frau Dipl.-Psych. Nina Zeuch haben eine vorläufige Endversion sorgfältig gelesen. Ihnen gebührt für die vielen sehr wertvollen Kommentare ein sehr großer Dank.

Weiterhin haben Herr Prof. Dr. Hans-Werner Bierhoff und Herr Prof. Dr. Franz Petermann ein vorläufiges Manuskript dieses Bandes aufmerksam gelesen und uns wertvolles Feedback gegeben. Dafür sei ihnen hier ganz herzlich gedankt. Schließlich gilt unser Dank Frau Dipl.-Psych. Susanne Weidinger, Herrn Dr. Michael Vogtmeier und Herrn Stefan Reins M. A. vom Hogrefe Verlag, die uns in gewohnter Weise kompetent betreut haben.

Kapitel 2
Zur Relevanz der Statistik

Inhaltsübersicht

Im vorliegenden Kapitel möchten wir anhand von vier Beispielen aufzeigen, warum der Einsatz statistischer Verfahren wichtig ist, d. h. umgekehrt, wie man ohne die Anwendung statistischer Kenntnisse schnell zu fehlerhaften Schlüssen kommen kann.

2.1 Beispiel 1: Die Wahrscheinlichkeit, krank zu sein, bei einer positiven Diagnose eines recht exakten Tests

Das erste, recht einfache, häufig aber verblüffende Beispiel behandelt die Interpretation von Diagnosen anhand von Testverfahren. Wir betrachten einen Test für eine Krankheit, von der in der Bevölkerung 25 von 10 000 Personen betroffen sind. Der Test hat folgende – für moderne Testverfahren nicht unübliche – Eigenschaften. Wenn eine Krankheit vorliegt, besitzt der Test eine Genauigkeit von 100 %, d. h., dieser Test liefert bei Personen, die erkrankt sind, mit einer Wahrscheinlichkeit von 100 % ein richtiges Ergebnis und mit einer Wahrscheinlichkeit von 0 % ein falsches Ergebnis. Liegt keine Krankheit vor, liefert der Test in 95.2 % aller Fälle ein korrektes Ergebnis und damit in 4.8 % aller Fälle ein falsches Resultat.

Ausgehend von den oben dargestellten Daten dürften viele Personen, die ein positives Testresultat, d. h. die Diagnose *krank*, erhalten, eine Erkrankung befürchten und dementsprechend sehr besorgt sein. Es ist auch durch viele Experimente belegt, dass die meisten Personen davon ausgehen, mit einer sehr hohen Wahrscheinlichkeit erkrankt zu sein, wenn bei solchen Testverfahren eine positive Diagnose erfolgt (Hell, Fiedler & Gigerenzer, 1993).

Aber wie groß ist tatsächlich die Wahrscheinlichkeit, bei einem positiven Testresultat erkrankt zu sein? Wie wir gleich zeigen werden, beträgt diese Wahrscheinlichkeit lediglich 5 %! Viele Personen machen sich also völlig unnötig Sorgen, erkrankt zu sein, obwohl die Diagnose *positiv* vorliegt.

Bevor wir das vorliegende Beispiel eingehend analysieren, stellt sich die Frage, warum viele Personen in der vorliegenden Situation spontan dazu tendieren, bei einer positiven Diagnose mit einer viel zu hohen Wahrscheinlichkeit von einer Erkrankung auszugehen. Diese Fehleinschätzung hängt mit den ursprünglich zur Verfügung gestellten Informationen zusammen. Die beiden angegebenen Fehlerquoten des Tests mit 0 % bzw. 4.8 % sind in der Tat nicht schlecht und verleiten zu der Auffassung, dass im Fall einer positiven Diagnose maximal 4.8 % Fehler auftreten und damit 95.2 % der Personen auch erkrankt sind.

Tabelle 2.1 enthält die Daten, die der oben dargestellten Situation zugrunde liegen. Hier ist zu sehen, dass nur 25 der 500 Personen (5 %), die als *krank* diagnostiziert wurden, tatsächlich auch erkrankt sind.

Tabelle 2.1: Anzahl der gesunden und kranken Personen mit der Diagnose *krank* bzw. *gesund*

	Personen		
Diagnose	krank	gesund	Gesamt
krank	25	475	500
gesund	0	9 500	9500
Gesamt	25	9 975	10 000

Sensitivität eines Tests
Spezifität eines Tests

Die Angaben zur Genauigkeit eines Testverfahrens werden *Sensitivität* und *Spezifität* genannt.

Tabelle 2.2: Prozentualer Anteil der kranken bzw. gesunden Personen für die Gesamtheit der als *krank* diagnostizierten Personen (obere Zeile) und *gesund* diagnostizierten Personen (untere Zeile)

	Personen		
Diagnose	krank	gesund	Gesamt
krank	5 %	95 %	100 %
gesund	0 %	100 %	100 %

Die Sensitivität eines Tests gibt den Anteil aller erkrankten Personen an, die die richtige Diagnose, also die Diagnose *krank*, erhalten, und ist im vorliegenden Beispiel mit 100 % nicht zu übertreffen (vgl. Tab. 2.3). Die Spezifität eines Tests gibt den Anteil aller richtig diagnostizierten Personen unter den gesunden Personen an. Im vorliegenden Fall ist die Spezifität mit 95.2 % ebenfalls recht hoch (vgl. Tab. 2.3).

Tabelle 2.3: Prozentualer Anteil der als *krank* bzw. *gesund* diagnostizierten Personen für die Gesamtheit der kranken Personen (linke Spalte) und die Gesamtheit der gesunden Personen (rechte Spalte)

	Personen	
Diagnose	krank	gesund
krank	100 %	4.8 %
gesund	0 %	95.2 %
Gesamt	100 %	100 %

Die beiden Kennwerte, Sensitivität und Spezifität, stellen sogenannte bedingte Wahrscheinlichkeiten dar, das heißt zum einen die Wahrscheinlichkeit, die Diagnose *krank* zu erhalten unter der Bedingung *erkrankt zu sein*, und zum anderen die Wahrscheinlichkeit, die Diagnose *gesund* zu erhalten unter der Bedingung *gesund zu sein*. Bei solchen bedingten Wahrscheinlichkeiten werden, wie Tabelle 2.3 verdeutlicht, nicht alle Personen berücksichtigt, sondern jeweils nur Teilmengen: Für die Sensitivität wird die Teilmenge der erkrankten Personen betrachtet und für die Spezifität die Teilmenge der gesunden Personen.

Die gesuchte Wahrscheinlichkeit, krank zu sein unter der Bedingung *Diagnose krank*, ist ebenfalls eine bedingte Wahrscheinlichkeit. Sie beruht jedoch auf einer anderen Teilmenge der Personen. Hier werden nur solche Personen in Betracht gezogen, die die Diagnose *krank* erhalten haben (vgl. Tab. 2.2). Diese bedingte Wahrscheinlichkeit hängt jedoch nicht unmittelbar von der Sensitivität oder Spezifität eines Testverfahrens ab. Im Rahmen der Wahrscheinlichkeitstheorie (Band 2) wird gezeigt, welche Beziehungen zwischen den Ausgangsdaten, wie beispielsweise in Tabelle 2.1 dargestellt, und den verschiedenen bedingten Wahrscheinlichkeiten bestehen. Dann wird auch gezeigt, dass eine solch geringe Wahrscheinlichkeit für eine tatsächliche Erkrankung bei der erhaltenen Diagnose *krank* insbesondere dann auftreten kann, wenn der prozentuale Anteil aller erkrankten Personen relativ gering ist. (Jedoch gibt es zahlreiche eher selten auftretende Krankheiten.)

Im vorliegenden Beispiel ist der Fehlschluss, mit hoher Wahrscheinlichkeit erkrankt zu sein, schon durch die genauere Inspektion einer tabellarischen Darstellung der Ausgangsdaten zu erkennen und benötigt keine Anwendung der Wahrscheinlichkeitsrechnung. Wie wir aber später sehen werden, ist für komplexere Situationen eine wahrscheinlichkeitstheoretische Analyse unerlässlich.

2.2 Beispiel 2: Nationale Herkunft und Schulversagen

In einem zweiten Beispiel möchten wir nun zeigen, dass Fehlinterpretationen statistischer Daten häufig darauf beruhen, dass diese Daten aggregiert, das heißt auf einer bestimmten Ebene, z. B. Länder-, Schul- oder Klassenebene, zusammengefasst sind. Die hier gezeigte Fehlinterpretation statistischer Daten wird auch *ökologischer Fehlschluss* genannt und geht auf eine Studie von Robertson (1950) zurück.

ökologischer Fehlschluss

Basierend auf den Daten aus der Volkszählung des Jahres 1930 in den USA berechnete dieser Autor für 48 US-Bundesstaaten den Zusammenhang zwischen der Quote (prozentualer Anteil) an Immigranten und der

Quote an Analphabeten. Den Ergebnissen zufolge wiesen Bundesstaaten mit einem höheren Anteil an Immigranten im Mittel auch eine höhere Analphabetisierungsquote auf. Aus diesem Befund kann man nun nicht den Schluss ziehen, dass unter den Immigranten die Quote an Analphabeten höher wäre als unter den in den USA geborenen Personen bzw. dass die Wahrscheinlichkeit, ein Analphabet zu sein, für einen Immigranten höher wäre als für eine in den USA geborene Person. Tatsächlich stellte sich heraus, dass die Quote an Analphabeten unter den Immigranten geringer war als unter den in den USA geborenen Personen.

Solche Fehlinterpretationen – wie die einer höheren Wahrscheinlichkeit für Analphabetismus unter Immigranten – entstehen immer dann recht schnell, wenn Zusammenhänge von einer Aggregationsebene unzulässigerweise auf eine andere Aggregationsebene übertragen werden. Das folgende fiktive Beispiel verdeutlicht diese Situation noch plakativer.

In drei Schulen seien die in Tabelle 2.4 dargestellten Quoten der Kinder von ausländischen Mitbürgern und die Quoten der Schulabbrecher gegeben.

Tabelle 2.4: Anteile von Schülern ausländischer Herkunft und Schulabbrechern an allen Schülern bei drei Schulen

Schule	Kinder ausländischer Mitbürger	Schulabbrecher
A	40 %	40 %
B	30 %	30 %
C	20 %	20 %

Tatsächlich kann in allen drei Schulen die Situation vorliegen, dass kein einziges Kind ausländischer Mitbürger ein Schulabbrecher ist. Somit ist anhand dieser Darstellung ein Zusammenhang zwischen den beiden Merkmalen nicht aufrechtzuerhalten. Eine analoge Argumentation gilt auch für viele weitere Behauptungen, wie z. B. für den Zusammenhang des Anteils ausländischer Mitbürger mit der Auftretenshäufigkeit bestimmter Straftaten in verschiedenen Städten.

2.3 Beispiel 3: Zulassung zum Studium in Abhängigkeit vom Geschlecht

Auch in unserem dritten Beispiel geht es um die Aggregation von Daten. Es wird gezeigt, dass es für bestimmte Fragestellungen nötig ist, die ursprünglichen Daten in einer bestimmten Weise aufzuteilen. Es handelt

Simpson-Paradox

sich hier um das sogenannte *Simpson-Paradox*, das von Edward Simpson (1951) eingehend untersucht, jedoch von Statistikern wie Karl Pearson schon um 1900 dargestellt wurde.

Die im Simpson-Paradox beschriebene Situation ist mehrfach Gegenstand politischer Diskussionen und juristischer Auseinandersetzungen gewesen. Das Simpson-Paradox wurde insbesondere durch den folgenden Fall bekannt. Die University of California, Berkeley, wurde verklagt, da im Herbst 1973 die Zulassungsquote für das Graduiertenstudium für weibliche Bewerber geringer ausfiel als für männliche Bewerber. Betrachtete man jedoch die Zulassungsquoten gesondert für die einzelnen Fakultäten, ließen sich die Vorwürfe einer Diskriminierung nicht aufrechterhalten. Bei der Mehrzahl der Fakultäten hatten die weiblichen Bewerber sogar bessere Chancen als die männlichen Bewerber.

Anhand der folgenden vereinfachten, fiktiven Situation sei dieses Phänomen verdeutlicht. Betrachten wir eine Universität mit den zwei Fachbereichen *Psychologie* und *Ingenieurwissenschaften*. Insgesamt bewerben sich an dieser Universität jeweils 1000 Frauen und 1000 Männer. Für beide Fächer besteht ein Numerus clausus und die Auswahl für beide Fächer erfolgt anhand der mittleren Abiturnote. Dabei sind die mittleren Abiturnoten der weiblichen Bewerber sowohl für das Fach *Psychologie* als auch für das Fach *Ingenieurwissenschaften* höher als die entsprechenden mittleren Abiturnoten der männlichen Bewerber.

Tabelle 2.5 zeigt die fiktiven Aufnahmequoten dieser Universität ohne Aufschlüsselung für die beiden Fachbereiche. Genau die Hälfte (50 %) aller Bewerbungen wird akzeptiert. Dennoch werden lediglich 34 % der weiblichen Bewerber im Vergleich zu 66 % der männlichen Bewerber zugelassen.

Tabelle 2.5: Fiktive Aufnahmequoten einer Universität

	Bewerber		
	angenommen	gesamt	Quote
Frauen	340	1000	34 %
Männer	660	1000	66 %
Gesamt	1000	2000	50 %

Wird jedoch jeder Fachbereich für sich betrachtet (vgl. Tab. 2.6), so ändert sich das Bild. Die Aufnahmequote für die Bewerberinnen ist in beiden Fachbereichen erheblich größer.

Tabelle 2.6: Fiktive Aufnahmequoten einer Universität aufgeschlüsselt nach Fachbereichen

	männliche Bewerber		
	angenommen	gesamt	Quote
Psychologie	20	200	10 %
Ingenieurwissenschaften	640	800	80 %
Gesamt	660	1 000	66 %
	weibliche Bewerber		
	angenommen	gesamt	Quote
Psychologie	160	800	20 %
Ingenieurwissenschaften	180	200	90 %
Gesamt	340	1 000	34 %

Dass sich der Einfluss des Geschlechts auf die Gesamtzulassungsquote anders verhält als auf die einzelnen Zulassungsquoten in beiden Fachbereichen liegt darin begründet, dass sich erheblich mehr Männer als Frauen für die Ingenieurwissenschaften bewerben und hier die Zulassungsquote bedeutend höher ist als für das Fach Psychologie.

Dieses Beispiel zeigt sehr deutlich, wie eine „einfache“ Analyse von Daten zu Fehlschlüssen führen kann. Die Analyse der Daten auf der Ebene der gesamten Universität ohne Differenzierung in die einzelnen Fachbereiche führt zu gravierenden Fehlinterpretationen. Generell gilt, dass bei statistischen Analysen der Einfluss von möglichen Drittvariablen, hier die Zugehörigkeit zu einem Fachbereich, zu bedenken und gegebenenfalls mit zu analysieren ist, wie auch das folgende Beispiel deutlich macht.

2.4 Beispiel 4: Studiendauer und Einstiegsgehalt

Das letzte hier dargestellte Beispiel stammt aus dem Buch von Krämer (2009, S. 165 f.). Dieser Autor zitiert eine Studie aus dem *Handelsblatt* mit dem Titel „Methusalems machen Kasse“, in der statistisch „nachgewiesen“ wurde, dass ein längeres Studium zu einem höheren Einstiegsgehalt führt. In dieser Untersuchung wurden die Daten von Studierenden dreier Studienfächer, BWL (an der Fachhochschule, FH), Physik und Chemie, erhoben. Abbildung 2.1 zeigt die von uns diesbezüglich nachgestellten Daten.

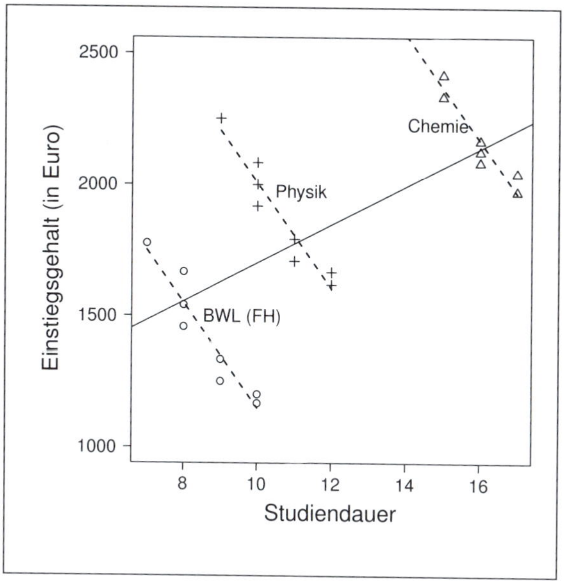

Abbildung 2.1: Studiendauer und Einstiegsgehalt für drei Studienfächer

Wie Abbildung 2.1 zeigt, steigt – wenn man die Fachzugehörigkeit außer Acht lässt – das Einstiegsgehalt im Durchschnitt mit zunehmender Studiendauer. Damit liegt ein positiver Zusammenhang zwischen diesen beiden Merkmalen vor, der allerdings wenig plausibel ist. Betrachtet man hingegen den Zusammenhang zwischen Studiendauer und Einstiegsgehalt für jedes Studienfach getrennt, resultiert ein negativer Zusammenhang, der die Realität angemessener widerspiegelt.

Der positive Zusammenhang zwischen Einstiegsgehalt und Studiendauer über die drei Fächer hinweg kommt dadurch zustande, dass das Einstiegsgehalt auch (sehr stark) von dem Studienfach abhängt und die Studiendauer mit dem Studienfach zusammenhängt. Ausgehend von Durchschnittswerten führt das kürzeste Studium der BWL an der Fachhochschule zu dem geringsten Einstiegsgehalt, das länger dauernde Studium der Physik an einer Universität zu einem höheren Einstiegsgehalt. Das Studium der Chemie, das häufig mit der Promotion abgeschlossen wird, dauert am längsten und erbringt das höchste Einstiegsgehalt.

Das zuletzt aufgeführte Beispiel zeigt besonders anschaulich Fehlinterpretationen auf, die entstehen, wenn der Zusammenhang von zwei Merkmalen betrachtet wird, ohne dass der Einfluss weiterer Merkmale berücksichtigt wird. Studienfach und Studiendauer sind hier – statistisch gesprochen – korreliert. Im Falle einer solchen *Korrelation* von Merkmalen wird nicht mehr der „reine“ Effekt eines Merkmals (*Studiendau-* Korrelation *er*) auf ein Kriterium (*Einstiegsgehalt*) erhoben, sondern der gemeinsame Einfluss zweier Merkmale (*Studiendauer* und *Studienfach*).

Im letzten Beispiel ging es lediglich um eine Drittvariable – um die Variable *Studienfach* –, deren Einfluss in einer grafischen Darstellung erkannt werden mag. In vielen Fällen liegt aber eine komplexere Situation mit mehreren Drittvariablen vor, die eine differenzierte statistische Analyse unerlässlich macht. Hierzu dient insbesondere das lineare Modell, das wir im letzten Kapitel dieses Buches darstellen.

Bei Korrelation wird nicht mehr der "reine" Effekt eines Merkmals "Studiendauer" ~~sondern~~ auf ein Kriterium, sondern der gemeinsam Einfluss zweier Merkmale (Studiendauer + Studienfach)

Bsp: ~~eingesetz~~ ging bloß noch um Drittvariable Studienfach

· in vielen Fällen liegt aber komplexere Situation vor! mit mehrer Drittvariablen!
↳ angewiesen auf differenziert stat. Analyse
⟹ dazu dient lineares Modell

Kapitel 3
Grundbegriffe und Aufgaben der Statistik

Inhaltsübersicht

In diesem Kapitel werden wir zunächst grundlegende Begriffe aus der Statistik erläutern. Weiterhin gehen wir auf die wichtigsten Aufgaben der deskriptiven Statistik und der Inferenzstatistik ein.

Wie wir im letzten Kapitel bereits ausgeführt haben, sind das Design empirischer Studien sowie die Auswertung und Interpretation der Daten aus diesen Studien Gegenstand der Statistik. Im folgenden Kasten stellen wir beispielhaft eine empirische Studie und die aus ihr resultierenden Daten vor. Es handelt sich um die Zwillingsstudie von Tramo, Loftus, Stukel, Green, Weaver und Gazzaniga (1998), in der es um den Zusammenhang von Merkmalen der Größe des Gehirns mit der Intelligenz geht und weiterhin um die Frage, in welchem Ausmaß diese Merkmale vererbt sind.[1]

Beispiel einer empirischen Studie: Gehirngröße und Intelligenz bei eineiigen Zwillingen (Zwillingsstudie)

Tramo et al. (1998) untersuchten 10 eineiige Zwillingspaare im Alter von 24 bis 43 Jahren, die jeweils zusammen aufgewachsen waren.

Die Untersuchung eineiiger Zwillinge bietet die Möglichkeit, Zusammenhänge bestimmter Merkmale, wie der Intelligenz, mit dem Genotyp zu erforschen. Der Genotyp repräsentiert die Gesamtheit der genetischen Ausstattung eines Menschen und bleibt während des gesamten Lebens unverändert. Nur eineiige Zwillinge teilen denselben Genotyp, ansonsten besitzt jeder Mensch einen individuellen Genotyp.

Die folgenden Merkmale wurden in der Studie von Tramo et al. (1998) erhoben:

- ID: Nummer bzw. Kennung der einzelnen Person
- IDZP: Nummer bzw. Kennung des Zwillingspaars
- GR: Geburtsreihenfolge
- GES: Geschlecht (1 = männlich, 2 = weiblich)
- OG: Oberfläche der Großhirnrinde (Cortex cerebri) in cm^2
- VG: Volumen des Vorderhirns in cm^3

[1] Diese Studie haben wir hier aus didaktischen Gründen ausgewählt. Der in dieser Studie erhobene Datensatz wurde, was selten vorkommt, der Öffentlichkeit zur Verfügung gestellt und ist relativ klein. Damit sind diese Daten gut zur Veranschaulichung bestimmter statistischer Verfahren geeignet. Natürlich gibt es zu dieser Thematik aktuellere, weitaus umfangreichere Untersuchungen.

CC: Fläche des Corpus Callosum[a] in cm^2, gemessen im Schnitt in der Gehirnmitte
KU: Kopfumfang in cm
IQ: Intelligenzquotient
KG: Körpergewicht in kg

[a] Das Corpus Callosum ist der Gehirnbalken zwischen der linken und der rechten Gehirnhälfte und dient dem Informationsaustausch und der Koordination zwischen den beiden Hälften.

Die Autoren stellten aufgrund ihrer statistischen Analysen fest, dass bei gleichem Genotyp die Intelligenz sehr ähnlich ausgeprägt ist. Auch die weiteren untersuchten Merkmale des Gehirns stimmten bei den eineiigen Zwillingen eng überein. Zwischen den Merkmalen des Gehirns und der Intelligenz wurde in dieser Studie hingegen kein bedeutsamer Zusammenhang gefunden.

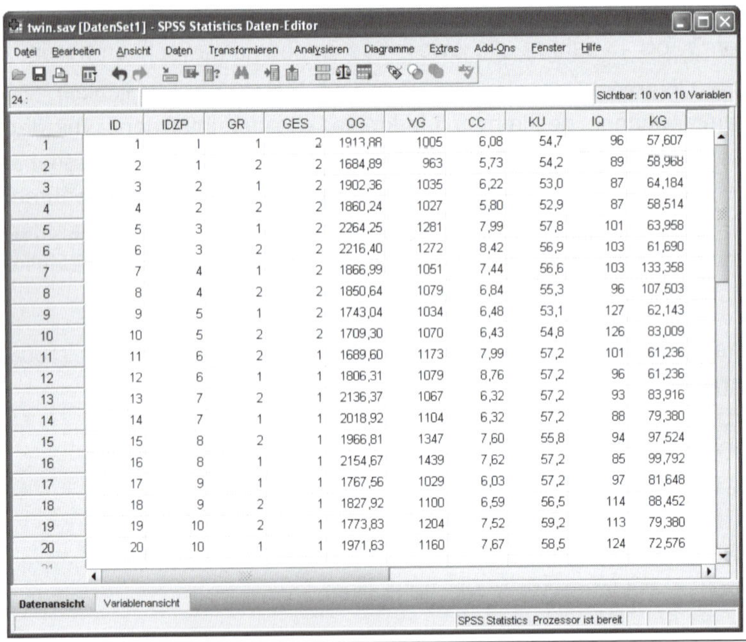

	ID	IDZP	GR	GES	OG	VG	CC	KU	IQ	KG
1	1	1	1	2	1913,88	1005	6,08	54,7	96	57,607
2	2	1	2	2	1684,89	963	5,73	54,2	89	58,968
3	3	2	1	2	1902,36	1035	6,22	53,0	87	64,184
4	4	2	2	2	1860,24	1027	5,80	52,9	87	58,514
5	5	3	1	2	2264,25	1281	7,99	57,8	101	63,958
6	6	3	2	2	2216,40	1272	8,42	56,9	103	61,690
7	7	4	1	2	1866,99	1051	7,44	56,6	103	133,358
8	8	4	2	2	1850,64	1079	6,84	55,3	96	107,503
9	9	5	1	2	1743,04	1034	6,48	53,1	127	62,143
10	10	5	2	2	1709,30	1070	6,43	54,8	126	83,009
11	11	6	2	1	1689,60	1173	7,99	57,2	101	61,236
12	12	6	1	1	1806,31	1079	8,76	57,2	96	61,236
13	13	7	2	1	2136,37	1067	6,32	57,2	93	83,916
14	14	7	1	1	2018,92	1104	6,32	57,2	88	79,380
15	15	8	2	1	1966,81	1347	7,60	55,8	94	97,524
16	16	8	1	1	2154,67	1439	7,62	57,2	85	99,792
17	17	9	1	1	1767,56	1029	6,03	57,2	97	81,648
18	18	9	2	1	1827,92	1100	6,59	56,5	114	88,452
19	19	10	2	1	1773,83	1204	7,52	59,2	113	79,380
20	20	10	1	1	1971,63	1160	7,67	58,5	124	72,576

Abbildung 3.1: Beispiel einer Datenmatrix in SPSS (Version 17) für die Daten aus der Studie von Tramo et al. (1998)

3.1 Daten

Datenmatrix

In Abbildung 3.1 sind die aus der Studie resultierenden Daten in Form einer Matrix dargestellt. Diese *Datenmatrix* enthält für die untersuchten Personen die Ausprägungen der erhobenen Merkmale, wie Intelligenz,

Datenmatrix
→ untersuchte Personen + Ausprägung der erhobenen Merkmale

Volumen des Vorderhirns etc. Die Personen stellen hier die Einheiten bzw. Untersuchungseinheiten dar, an denen die Messungen, d. h. Merkmalserhebungen, vorgenommen wurden. Untersuchungseinheiten werden auch *statistische Einheiten* oder Merkmalsträger genannt.

statistische Einheit

In der Psychologie werden zwar sehr häufig Personen als Merkmalsträger untersucht, es kommen jedoch auch andere statistische Einheiten infrage, etwa Organisationen oder Organisationseinheiten, wie z. B. Universitäten oder Fachbereiche, an denen die Zahl der Studierenden erhoben wird. Ein weiteres Beispiel für statistische Einheiten sind Zeitpunkte, an denen z. B. die Zahl der Verkehrsunfälle erfasst wird.

Kann ein *Merkmal* mehrere unterschiedliche (mindestens zwei) Ausprägungen annehmen, wird es auch als *Variable* bezeichnet. Ein Merkmal mit einer Ausprägung nennt man auch *Konstante*. Anstelle von *Merkmalsausprägungen* spricht man auch von Variablenwerten oder kurz von *Ausprägungen* bzw. *Werten*. Die an den statistischen Einheiten erhobenen Merkmalsausprägungen werden auch *Beobachtungen* genannt.

Merkmal
Variable
Konstante
Ausprägung
Wert
Beobachtung

Eine Datenmatrix, wie in Abbildung 3.1 dargestellt, ist im Allgemeinen folgendermaßen aufgebaut. In einer Zeile der Datenmatrix stehen die Werte aller erhobenen Variablen für eine bestimmte statistische Einheit, während eine Spalte die Werte einer Variablen für alle statistischen Einheiten enthält. Dabei ist natürlich die Reihenfolge der Variablen für jede statistische Einheit identisch.

3.2 Stichprobenziehung

Fragestellungen empirischer Studien richten sich auf eine bestimmte, vorher zu definierende Menge statistischer Einheiten, die *Population* oder *Grundgesamtheit*. Beispiele für eine Population sind alle Menschen mit einer bestimmten psychischen Störung oder, wie im Fall der PISA-Studie, alle Schüler bestimmter Altersklassen aus bestimmten Ländern. Populationen können auch kleiner sein, wie z. B. die Bewohner einer Stadt oder die Mitglieder einer Universität.

Population
Grundgesamtheit

Bei kleineren Populationen können *Vollerhebungen* erfolgen, bei denen alle Mitglieder der Population in die Untersuchung einbezogen werden. Ein Beispiel dafür ist die Evaluation einer Vorlesung durch alle Hörer dieser Vorlesung. In der Regel sind die Populationen jedoch so umfangreich, dass eine Vollerhebung nicht möglich ist. Auch wenn die Möglichkeit zu einer Vollerhebung besteht, ist es häufig aus ökonomischen Gründen wenig sinnvoll, die gesamte Population zu untersuchen. So zeigen Hochrechnungen bei Wahlprognosen, dass das Endergebnis bereits

Vollerhebung

anhand der Auszählung eines Bruchteils aller Wählerstimmen sehr genau vorhergesagt werden kann. Daher gilt es für die meisten empirischen Studien, zunächst eine Auswahl der Mitglieder der Population, eine *Stichprobe*, zu bestimmen.

Stichprobe

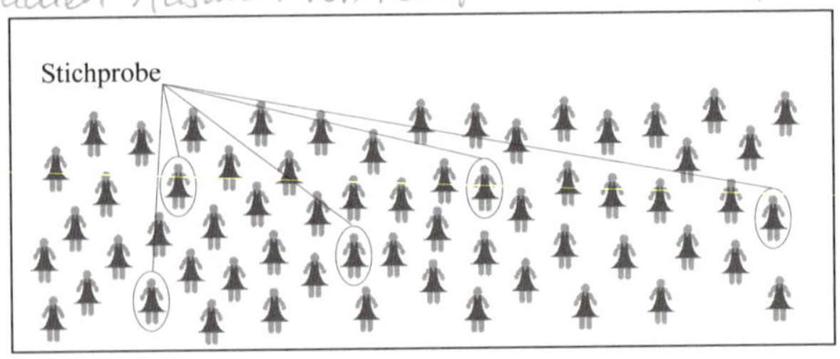

Abbildung 3.2: Schematische Darstellung von Stichprobe und Population

einfache Zufallsstichprobe

Es existieren verschiedene Methoden zur Auswahl der Mitglieder einer Stichprobe. Eine Methode ist die Ziehung von *einfachen Zufallsstichproben*. Hier hat jedes Mitglied der Population die gleiche Chance, in die Stichprobe aufgenommen zu werden.

geschichtete Zufallsstichprobe

Bei *geschichteten Zufallsstichproben* wird die gesamte Population in einzelne Schichten (Teilpopulationen) unterteilt und aus diesen Teilpopulationen werden einfache Zufallsstichproben gezogen. Diese Vorgehensweise ist z. B. dann sinnvoll, wenn man die Schulleistung verschiedener Bundesländer, etwa von Hamburg und Nordrhein-Westfalen, vergleichen möchte. Eine einfache Zufallsstichprobe von z. B. 200 Schülern zu ziehen, wäre hier nicht sinnvoll, da mit hoher Wahrscheinlichkeit nur sehr wenige Schüler aus Hamburg in die Gesamtstichprobe gelangen würden. Vielmehr bietet sich hier eine geschichtete Zufallsstichprobe an, bei der man zufällig beispielsweise 100 Schüler aus Hamburg und 100 Schüler aus Nordrhein-Westfalen zieht. Die Gesamtstichprobe bildet dann zwar nicht die Grundgesamtheit aller Schüler aus Nordrhein-Westfalen und Hamburg ab, aber das ist für den Vergleich von zwei Populationen weder erforderlich noch wünschenswert.

Quotenstichprobe

Eine andere, z. B. in der Marktforschung häufig eingesetzte Art der Stichprobe ist die *Quotenstichprobe*. Hier wird die Stichprobe hinsichtlich der für die Fragestellung wichtigen Merkmale so zusammengestellt, dass sie ein repräsentatives Abbild der Population darstellt. So mag es für bestimmte Fragestellungen beispielsweise relevant sein, dass die Stichprobe hinsichtlich der Merkmale Geschlecht, Alter, Bildung und Einkommen mit der Population übereinstimmt. Dazu werden die prozentualen Anteile der Kombinationen dieser Merkmale in der Population ermittelt und als Quoten bei der Stichprobenbildung vorgegeben. Es werden dann jeweils so viele statistische Einheiten mit einer bestimmten Merkmalskombination erhoben, bis die Quote erfüllt ist. Die Auswahl der Stichprobenmitglieder erfolgt hier allerdings in der Regel nicht völlig per Zufall.

Quotenstichproben und insbesondere auch Zufallsstichproben sind für viele Fragestellungen so gut wie nicht oder nur mit einem sehr hohen Aufwand zu realisieren. So wird man wohl kaum eine Zufallsstichprobe aller schizophrenen Patienten in Europa ziehen können. Die dazu erforderlichen Informationen, Datenschutzbestimmungen etc. verhindern eine solche Stichprobenziehung. Daher wird in der empirischen Forschung nicht selten das sogenannte *Convenience sampling* eingesetzt, bei dem solche Mitglieder einer Population in die Stichprobe einbezogen werden, die relativ einfach zu erreichen sind.

Convenience sampling

So wurde auch in der Studie von Tramo et al. (1998) ein Convenience sampling vorgenommen. Sicherlich dürfte es für diese Autoren unmöglich gewesen sein, eine Zufallsstichprobe von allen Zwillingspaaren in den USA zu ziehen, um beispielsweise der Frage nachzugehen, wie hoch die Intelligenz eineiiger Zwillinge übereinstimmt.

Bei allen Formen der Stichprobenziehung, jedoch insbesondere beim Convenience sampling, ist jeweils zu prüfen, inwieweit die der empirischen Studie zugrunde liegenden Fragestellungen eine hinsichtlich bestimmter Merkmale *repräsentative Stichprobe* erfordern und in welchem Ausmaß diese Repräsentativität gegeben ist. Eine Stichprobe wird dann als repräsentativ bezeichnet, wenn die Daten der Stichprobe angemessene Aussagen über die zugrunde liegende Population erlauben. Hinsichtlich aller dafür relevanten Merkmale soll die Stichprobe gewissermaßen ein verkleinertes Abbild der Population darstellen.

repräsentative Stichprobe

3.3 Deskriptive Statistik

In der deskriptiven Statistik geht es um die Beschreibung der aus einer empirischen Studie resultierenden Daten. Zumeist handelt es sich dabei um die Daten einer Stichprobe, nur sehr selten um die Daten einer Population. Sollen die Erkenntnisse, die auf der Basis der Stichprobendaten gewonnen wurden, auf die Population verallgemeinert werden, sind Methoden der Inferenzstatistik anzuwenden.

Aufgabe der *deskriptiven Statistik* ist es, die erhobenen Daten übersichtlich und zusammenfassend zu beschreiben. Dazu dienen tabellarische und grafische Verfahren sowie eine Beschreibung der Daten durch einige wenige charakteristische Kennwerte bzw. Maße. Neben Kennwerten für die mittlere Ausprägung der Messwerte, wie z. B. dem Mittelwert,

deskriptive Statistik

gibt es weitere Maße, insbesondere für die Unterschiedlichkeit bzw. Streuung der einzelnen Messwerte.

univariate Statistik

bivariate Statistik

Neben der separaten Beschreibung einzelner Variablen, mit der sich die sogenannte *univariate Statistik* beschäftigt, ist es häufig interessant, zwei Variablen gleichzeitig zu betrachten. Diese gemeinsame Betrachtung zweier Variablen erfolgt in der *bivariaten Statistik*.

Auch für die gemeinsame Darstellung von zwei Variablen existieren verschiedene grafische und tabellarische Darstellungsformen. Darüber hinaus gibt es eine Reihe von Koeffizienten, die den Grad des statistischen Zusammenhangs zweier Variablen erfassen. Ein solcher Zusammenhang liegt z. B. für die Variablen *Größe* und *Gewicht* vor, denn mit einer zunehmenden Größe geht tendenziell ein höheres Gewicht einher.

abhängige Variable, AV

unabhängige Variable, UV

Ein weiteres Verfahren der bivariaten Statistik stellt die einfache Regression dar. Hier gilt es, eine Variable (die *abhängige Variable, AV*) durch eine andere Variable (die *unabhängige Variable, UV*) zu erklären und zugleich optimal vorherzusagen. Hierbei ist zu klären, inwieweit die Unterschiede in der abhängigen Variablen auf Unterschiede in der unabhängigen Variablen zurückzuführen sind. So können die Unterschiede hinsichtlich der Mathematikleistung (abhängige Variable) der Schüler zu einem gewissen Ausmaß durch ihre unterschiedliche Intelligenz (unabhängige Variable) erklärt werden. Die Unterschiedlichkeit der Werte der Mathematikleistung (abhängige Variable), die durch die Intelligenz (unabhängige Variable) bedingt ist, lässt sich prozentual anhand der einfachen Regression bestimmen. Ein Anteil von 100% bzw. 50% würde bedeuten, dass die Intelligenz die mathematische Leistung vollständig bzw. zu 50% bedingt. Ein Anteil von 0% hieße, dass die Intelligenz keinen Einfluss auf die Mathematikleistung hat. Damit hat man auch ein Maß für die Genauigkeit, mit der sich die Werte der abhängigen Variablen vorhersagen lassen.

multivariate Statistik

Eine wichtige Erweiterung der einfachen Regression stellt das letzte in diesem Band behandelte Verfahren der deskriptiven Statistik dar, das lineare Modell. Dieses für die gesamte Statistik grundlegende Verfahren dient dazu, eine abhängige Variable gleichzeitig durch mehrere unabhängige Variablen zu erklären bzw. vorherzusagen. Daher wird das lineare Modell auch als ein Verfahren der *multivariaten Statistik* bezeichnet. Beispielsweise können Schulnoten durch die Variablen *Intelligenz*, *Motivation*, *Geschlecht* und *soziale Herkunft* besser vorhergesagt werden als lediglich durch einzelne unabhängige Variablen. Zudem gilt es anhand des linearen Modells zu ermitteln, in welchem (prozentualen) Ausmaß sich die abhängige Variable durch die einzelnen unabhängigen Variablen erklären bzw. vorhersagen lässt.

3.4 Inferenzstatistik

Zur Generalisierung der Ergebnisse aus Stichproben auf die Population dient die Inferenzstatistik. Eine grundlegende Aufgabe der *Inferenzstatistik* ist es, Schätzungen bestimmter Kenngrößen der Verteilung von Merkmalen in der Population, sogenannter Parameter, vorzunehmen. So gilt es z. B. in der PISA-Studie, den Anteil an Schülern in einem bestimmten Land (z. B. Frankreich) zu ermitteln, der eine bestimmte mathematische Kompetenzstufe erreicht hat. Dieser prozentuale Anteil in der Population (aller Schüler Frankreichs) stellt dann den *Parameter* dar. Eine Schätzung dieses Parameters aufgrund der Stichprobendaten, auch *Punktschätzung* genannt, ist jedoch mit einer gewissen Unsicherheit behaftet. Daher werden sogenannte *Vertrauensintervalle* berechnet, die mit einer bestimmten, vorher festgelegten Wahrscheinlichkeit die Parameter enthalten.

Inferenzstatistik

Parameter

Punktschätzung

Vertrauensintervalle

Ein zweiter großer, eng mit der Schätzung von Parametern verwandter Bereich der Inferenzstatistik richtet sich auf die *Testung von Hypothesen*. Fragestellungen empirischer Studien bestehen zumeist aus vorher aufgestellten Vermutungen bzw. Hypothesen, die es zu überprüfen gilt. So mag eine Hypothese lauten, dass die Größe des Corpus Callosum bei schizophrenen Patienten im Mittel kleiner ist als bei Personen, die nicht an dieser Störung erkrankt sind. Statistische Testverfahren erlauben es dann, eine Entscheidung über solche Hypothesen zu treffen. Aufgrund einer solchen Entscheidung kann die Gültigkeit einer Hypothese weiter aufrechterhalten oder verworfen werden.

Hypothesentestung

Eine unabdingbare Voraussetzung für die Schätz- und Testverfahren sind die Grundlagen der Wahrscheinlichkeitstheorie, die im zweiten Band dieses Lehrbuchs dargestellt werden. Erst daran anschließend können die Verfahren zur Parameterschätzung und Hypothesentestung behandelt werden.

Im Rahmen der Stichprobenziehung und Versuchsplanung geht es um die Frage, welche Mitglieder der Population und wie viele Mitglieder für bestimmte Untersuchungsgruppen auszuwählen sind. Die hier einschlägigen Konzepte setzen sowohl Kenntnisse der Wahrscheinlichkeitsrechnung als auch der Inferenzstatistik voraus. Sie werden deshalb ebenso erst im zweiten und dritten Band dieses Lehrbuchs behandelt, obwohl die entsprechenden Kenntnisse bereits bei der Planung empirischer Studien von höchster Relevanz sind.

So gibt es nicht wenige Studien, die von vornherein eine geringe Aussagekraft besitzen, da beispielsweise der Stichprobenumfang viel zu klein ist und damit die aufgestellten Hypothesen so gut wie überhaupt nicht nachzuweisen sind. So dürfte es auch ohne die Kenntnis dieser Verfahren unmittelbar einleuchten, dass die Prognose des Ausgangs einer Bundestagswahl auf der Basis von 20 befragten Personen wenig Sinn macht. Aufgrund der sogenannten *statistischen Power* lassen sich hinreichend große Stichprobenumfänge berechnen.

statistische Power

Zusammenfassung

Gegenstand der Statistik sind das Design empirischer Studien und die Auswertung sowie Interpretation der Daten. Daten stellen die Ausprägungen (Werte) von Merkmalen (Variablen) dar, die an bestimmten statistischen Einheiten erhoben wurden. Die Gesamtheit aller statistischen Einheiten, auf die sich die Fragestellungen einer Untersuchung richten, stellt die Grundgesamtheit bzw. Population dar. In der Regel werden nicht alle Mitglieder einer Population untersucht, sondern lediglich Stichproben. Wichtige Formen der Stichproben sind die einfache und geschichtete Zufallsstichprobe, die Quotenstichprobe und das Convenience sample. Stichproben sollen repräsentativ sein, d. h., die Daten der Stichprobe sollen angemessene Aussagen über die zugrunde liegende Population erlauben.

Die wichtigste Aufgabe der deskriptiven Statistik ist die zusammenfassende Beschreibung der Daten anhand tabellarischer und grafischer Verfahren sowie anhand bestimmter Kennwerte. Die wichtigsten Kennwerte der univariaten Statistik, in der es um die separate Analyse der Variablen geht, beschreiben die Lage und die Variabilität der Messwerte. In der bivariaten Statistik, in der zwei Variablen gemeinsam betrachtet werden, werden vor allem solche Koeffizienten thematisiert, die den Zusammenhang zweier Variablen erfassen. Weitere Verfahren der deskriptiven Statistik stellen die einfache Regression und das lineare Modell dar. Hier geht es um die Vorhersage bzw. Erklärung der Variabilität einer abhängigen Variablen durch eine unabhängige Variable bzw. mehrere unabhängige Variablen.

Die wesentliche Aufgabe der Inferenzstatistik ist die Generalisierung der Ergebnisse aus einer Stichprobe oder mehreren Stichproben auf die zugrunde liegende Population. Dazu gilt es, Schätzungen bestimmter Kenngrößen der Verteilung von Merkmalen in der Population (Parameter) anhand der Stichprobendaten vorzunehmen. Für solche Schätzungen (Punktschätzungen), die mit einer gewissen Unsicherheit behaftet sind, können Vertrauensintervalle berechnet werden, die mit einer bestimmten Wahrscheinlichkeit die Parameter enthalten. Ein weiterer, damit eng verwandter Bereich der Inferenzstatistik beschäftigt sich mit der Testung von Hypothesen.

Zentrale Begriffe

Die *statistische Einheit* ist die Untersuchungseinheit, auf die sich die statistische Auswertung bezieht. Statistische Einheiten sind oft Personen, können aber beispielsweise auch Organisationen oder Messzeitpunkte sein.

Die *Datenmatrix* beinhaltet die Werte der Variablen (dargestellt in den Spalten) für die statistischen Einheiten (dargestellt in den Zeilen).

Variablen sind Merkmale, die an statistischen Einheiten untersucht werden. Die Variablen besitzen *Ausprägungen* bzw. *Werte*. Ausprägungen werden auch *Beobachtungen* genannt. Eine Variable ist z. B. das Geschlecht und eine Ausprägung *männlich*.

Als *Population* bezeichnet man die Grundgesamtheit aller statistischen Einheiten, auf die sich die Fragestellung einer Untersuchung richtet. In der Regel wird nicht die gesamte Population untersucht, sondern eine Stichprobe aus der Population.

Die *Stichprobe* ist ein Teil der zu untersuchenden Population. Die Stichprobe soll repräsentativ sein hinsichtlich der Merkmale, die die Angemessenheit der zu erzielenden Erkenntnisse über die Population wesentlich beeinflussen.

Eine *einfache Zufallsstichprobe* liegt dann vor, wenn alle statistischen Einheiten einer Population die gleiche Wahrscheinlichkeit besitzen, in die Stichprobe aufgenommen zu werden.

Bei *geschichteten Zufallsstichproben* wird die gesamte Population in einzelne Schichten (Teilpopulationen) unterteilt und aus diesen Teilpopulationen werden einfache Zufallsstichproben gezogen.

Bei einer *Quotenstichprobe* wird die Stichprobe hinsichtlich der für die Fragestellung wichtigen Merkmale so zusammengestellt, dass sie ein repräsentatives Abbild der Population darstellt. Dazu werden die prozentualen Anteile der Kombinationen dieser Merkmale in der Population ermittelt und als Quoten bei der Stichprobenbildung vorgegeben.

Beim *Convenience sampling* werden solche Mitglieder einer Population in die Stichprobe einbezogen, die relativ einfach zu erreichen sind.

Die *deskriptive Statistik* beschäftigt sich mit der Beschreibung einzelner oder mehrerer Variablen anhand von Tabellen, Grafiken und Koeffizienten.

In der *Inferenzstatistik* geht es im Wesentlichen um die Schätzung von Parametern und die Hypothesentestung basierend auf Ergebnissen der deskriptiven Statistik.

Kapitel 4
Klassifikation von Daten

Inhaltsübersicht

Für statistische Analysen stehen in der Regel zahlreiche unterschiedliche Verfahren zur Verfügung. Ein wichtiges Kriterium für die Entscheidung für ein bestimmtes Verfahren ist der Informationsgehalt der zu analysierenden Variablen. Damit besteht die erste wichtige Aufgabe statistischer Analysen darin, den Informationsgehalt der beteiligten Variablen zu bestimmen. Anhand des Informationsgehalts der Variablen kann dann entschieden werden, welche statistischen Verfahren infrage kommen.

Betrachten wir beispielsweise die Variablen *Geschlecht* und *Größe*, so unterscheiden sich diese beiden Variablen hinsichtlich ihres Informationsgehalts. Der Größe einer Person kann anhand eines Zentimetermaßes eine bestimmte Zahl zugeordnet werden. Hier werden für unterschiedliche Größen, d. h. für verschiedene Merkmalsausprägungen, unterschiedliche *Zahlen* verwendet. Anhand dieser Zahlen lassen sich unterschiedliche Personen beispielsweise hinsichtlich ihrer Größe in eine Rangfolge bringen oder es lässt sich die Differenz der Größe zweier Personen bestimmen.

Die Variable *Geschlecht* hingegen besitzt lediglich die beiden Ausprägungen *männlich* und *weiblich*. Diesen beiden Ausprägungen kann man der Einfachheit halber die beiden Begriffe *männlich* und *weiblich* oder die Abkürzungen *m* und *w* zuordnen. Andererseits kann man die Zahlen 1 für männlich und 2 für weiblich verwenden oder die Zahlen 101 für männlich und 235 für weiblich. Die beiden Zahlen stellen hier lediglich Symbole dar. Anders als bei der Größenmessung kann man anhand dieser Zahlen keine Rangreihung der Personen bilden oder sinnvoll den Unterschied zwischen den beiden Zahlen interpretieren.

Die Messung des Geschlechts und der Größe unterscheiden sich ganz wesentlich hinsichtlich des Informationsgehalts der numerischen Werte. Von diesem Informationsgehalt einer Variablen hängt es ab, welche statistischen Verfahren für diese Variable sinnvoll bzw. adäquat sind. So ist es z. B. für zwei Größenwerte sinnvoll, einen mittleren Wert zu berechnen, indem man beide Variablen addiert und durch 2 teilt. Für die Variable *Geschlecht* macht diese Mittelwertsbestimmung offensichtlich wenig Sinn.

Es gibt verschiedene Formen der Klassifikation von Variablen. Die wichtigste Form ist das sogenannte Skalenniveau, das in vielen statistischen Programmpaketen zunächst festzulegen ist. Die Bestimmung des Skalenniveaus wird in den folgenden Abschnitten behandelt. Anschließend geht es um die Differenzierung von *quantitativen* und *qualitativen* Variablen (vgl. Kap. 4.2.1) sowie um die Unterscheidung von *diskreten* und *stetigen* Variablen (vgl. Kap. 4.2.2).

4.1 Das Skalenniveau einer Variablen

Messung

Eine Skala ist das Ergebnis einer Messung und basiert auf einer Messvorschrift zur Erhebung von Daten. Das Skalenniveau gibt den Informationsgehalt einer Messung an. Der Begriff *Messung* steht hierbei für den gesamten Vorgang von der Beobachtung empirischer Sachverhalte bis hin zur Zuordnung von Symbolen bzw. Zahlen zu den interessierenden Aspekten der empirischen Sachverhalte.

Skala

In den Sozial- und Erziehungswissenschaften wird der Begriff *Skala* zumeist jedoch in einem engeren Sinn verwendet. Mit Skala ist häufig lediglich der Bereich der Werte einer Variablen gemeint. So kann man beispielsweise die Größe anhand der Meter- oder Zentimeterskala sowie den Grad der Zustimmung zu einer Behauptung wie „Statistik ist mein Lieblingsfach" anhand einer der folgenden sogenannten Rating- bzw. Antwortskalen erheben.

Beispiel für unterschiedliche Ratingskalen: Zustimmung zur Behauptung „Statistik ist mein Lieblingsfach"

○	○
ja	nein
(1)	(2)

○	○	○	○	○
stimme zu	stimme eher zu	unentschieden	stimme eher nicht zu	stimme nicht zu
(1)	(2)	(3)	(4)	(5)

4.1.1 Ratioskalenniveau

Ratioskalenniveau

Wir betrachten zunächst das vom Informationsgehalt höchste Skalenniveau, das *Ratioskalenniveau*, das manchmal auch Verhältnisskalenniveau genannt wird.

Als Beispiel ziehen wir hier die Längenmessung heran, die aus dem Alltag bekannt ist. Bei der Längenmessung starten wir von einem festen Punkt, dem Nullpunkt, an dem die Abzählung der Einheiten beginnt. Für die Messung benötigt man dann eine zu bestimmende Messeinheit. So kann beispielsweise die Messeinheit *Zentimeter* benutzt werden oder die Einheiten *Meter*, *Millimeter* oder *Inch*, da die Länge von einem Zentimeter mit der Länge von 10 Millimetern, $1/100$ Meter oder 0.3937 Inch identisch ist. Daher ist es möglich, die Länge einer Person, die in Zentimetern gemessen wurde, in Meter, Millimeter oder Inch zu transformieren. Der gleichen Beobachtung können also völlig unterschiedliche, jedoch äquivalente Skalenwerte zugeordnet werden, wie das folgende Beispiel zeigt.

Beispiel einer ratioskalierten Variablen: Längenmessungen von drei Personen in Metern, Zentimetern und Inch

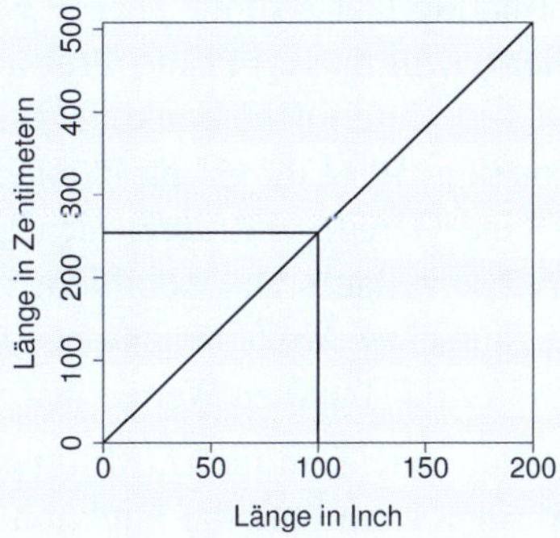

Meter	1.4	1.7	1.9
	↓	↓	↓
Zentimeter	140	170	190
	↓	↓	↓
Inch	55.12	66.93	74.80

Im Folgenden listen wir wichtige Eigenschaften von Messungen auf Ratioskalenniveau auf und veranschaulichen sie anhand der Messung der Länge von Stäben, die hier die statistischen Einheiten darstellen.

- Unterschiedlich langen Stäben werden unterschiedliche Zahlen zugeordnet, gleich langen Stäben gleiche Zahlen.
- Für eine bestimmte Länge können wir auszählen, wie viele Stäbe dieser Länge es gibt.
- Längeren Stäben werden größere Zahlen zugeordnet als kürzeren.
- Der Unterschied zwischen Stäben mit 10 und 20 cm Länge ist genauso groß wie der zwischen zwei Stäben mit 25 und 35 cm Länge.
- Ein Stab von 40 cm ist doppelt so lang wie ein Stab von 20 cm.
- Anstelle der Messeinheit *Zentimeter* können wir beispielsweise auch die Messeinheiten *Meter* oder *Millimeter* verwenden, denn 1 cm entspricht 10 mm bzw. 1/100 m. Damit kann die Längenangabe eines Stabes, die in Zentimetern gemessen wurde, in Meter oder Millimeter transformiert werden.

Aus den aufgezeigten Eigenschaften folgt, dass bei einer Ratioskala die Zuordnung der Zahlen zu den Ausprägungen nach bestimmten Regeln zu erfolgen hat. Hat man einen Messwert x auf einer Skala ermittelt, so kann man ihn zwar mit einem beliebigen positiven Faktor b multiplizieren.

Damit sind jedoch die Freiheiten ausgeschöpft. Alle anderen Messwerte x müssen ebenfalls mit diesem Faktor b multipliziert werden, damit alle Beobachtungen auf der gleichen Skala gemessen werden.

Die formale Transformation lautet somit $f(x) = b \cdot x$, wobei b immer eine reelle Zahl größer 0 sein muss. Für die Umwandlung von Metern in Zentimeter gilt $b = 100$. Eine solche Funktion $f(x) = b \cdot x$ heißt auch Ähnlichkeitstransformation. Wird ihr Graph in einer Abbildung veranschaulicht, resultiert eine Gerade, die durch den gemeinsamen Nullpunkt der X- und Y-Achse verläuft. Die Abbildung in unserem Beispiel veranschaulicht den Graph einer Ähnlichkeitstransformation, der Transformation von Werten in Zoll (Inch) zu Werten in Zentimetern.

Bestimmte Messeinheiten, wie Zentimeter, Millimeter oder Meter, haben sich eingebürgert, man kann über die Funktion $f(x) = b \cdot x$ jedoch jede beliebige andere Messeinheit festlegen. Da die anhand unterschiedlicher Messeinheiten gemessenen Größen lediglich ineinander transformiert werden, entsteht kein Informationsverlust.

Messungen, die der Längenmessung entsprechen, sind somit im Wesentlichen dadurch gekennzeichnet, dass ein natürlicher Nullpunkt und eine definierte Messeinheit vorliegen. Derartige Messungen werden als *Messungen auf Ratio- oder Verhältnisskalenniveau* bezeichnet und die entsprechenden Variablen als *ratio-* oder *verhältnisskalierte Variablen*. Beispiele für ratioskalierte Variablen in der Zwillingsstudie sind z. B. das Volumen des Gehirns und die Körpergröße.

Schwieriger ist es, für bestimmte andere Variablen, wie etwa die subjektiv wahrgenommene Lautstärke, Messeinheiten bzw. Skalen zu definieren. Anhand bestimmter Verfahren, die Gegenstand der Psychophysik und Messtheorie sind, sind jedoch zahlreiche Skalen für subjektiv wahrgenommene Intensitäten bestimmter Reize entwickelt worden. Ein aus dem Alltag bekanntes Beispiel ist die Dezibel-Skala für die Messung der subjektiv wahrgenommenen Lautstärke.

Ratioskalierte Variablen haben den höchsten Informationsgehalt. Wie wir noch zeigen werden, können sie so gut wie ohne Einschränkung für alle statistischen Kennzahlen und Verfahren verwendet werden.

Wesentliche Merkmale einer Ratioskala

- Für jeden Wert einer Ratioskala lässt sich bestimmen, wie häufig er in einer Stichprobe vorkommt.
- Eine Ratioskala hat einen sinnvoll zu interpretierenden absoluten Nullpunkt.
- Die Werte einer Ratioskala lassen sich der Größe nach ordnen.
- Mit den Werten einer Ratioskala lassen sich sinnvoll Differenzen bilden.
- Mit den Werten einer Ratioskala lassen sich sinnvoll Quotienten bilden.
- Eine Ratioskala ist eindeutig bis auf Ähnlichkeitstransformationen der Form $f(x) = b \cdot x$ (mit $b > 0$).
- Man kann sich die Ratioskala als ein Gummiband vorstellen, das Striche und Zahlen für die Messeinheiten besitzt und an einem Ende an einem festen Punkt (dem Nullpunkt) befestigt ist.

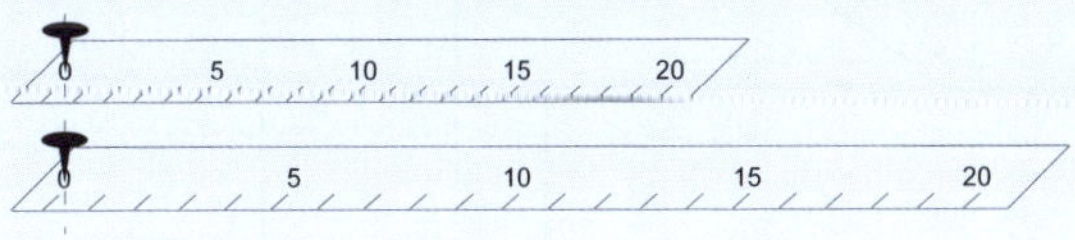

4.1.2 Intervallskalenniveau

Intervallskalierte Variablen entsprechen den ratioskalierten Variablen bis auf einen Unterschied. Dieser Unterschied besteht darin, dass hier kein natürlicher Nullpunkt existiert, sondern der Nullpunkt beliebig festgesetzt werden kann.

Im Alltag tauchen *Intervallskalen* beispielsweise bei der Temperaturmessung anhand von °Celsius oder °Fahrenheit auf. Intervallskala

Für die Celsius-Skala wurde der Nullpunkt so festgelegt, dass Wasser (H_2O) bei dieser Temperatur gefriert. Der Wert $100°C$ wurde dem Siedepunkt zugeordnet, d. h. der Temperatur, bei der Wasser in den gasförmigen Zustand übergeht.

$0°C$ entspricht auf der Fahrenheit-Skala $32°F$ und $100°C$ der Ausprägung $212°F$. Damit ist der Nullpunkt der Fahrenheit-Skala gegenüber der Celsius-Skala um 32 Einheiten nach oben verschoben. Weiterhin werden unterschiedliche Einheiten auf beiden Skalen verwendet. 100 Einheiten auf der Celsius-Skala entsprechen $212 - 32 = 180$ Einheiten auf der Fahrenheit-Skala, also eine Einheit auf der Celsius-Skala entspricht $\frac{9}{5}$ Einheiten auf der Fahrenheit-Skala. Als Umrechnungsformel von in Celsius gemessenen Temperaturen zu in Fahrenheit gemessenen Temperaturen resultiert somit

$$^{\circ}\text{Fahrenheit} = {}^{\circ}\text{Celsius} \cdot \frac{9}{5} + 32$$

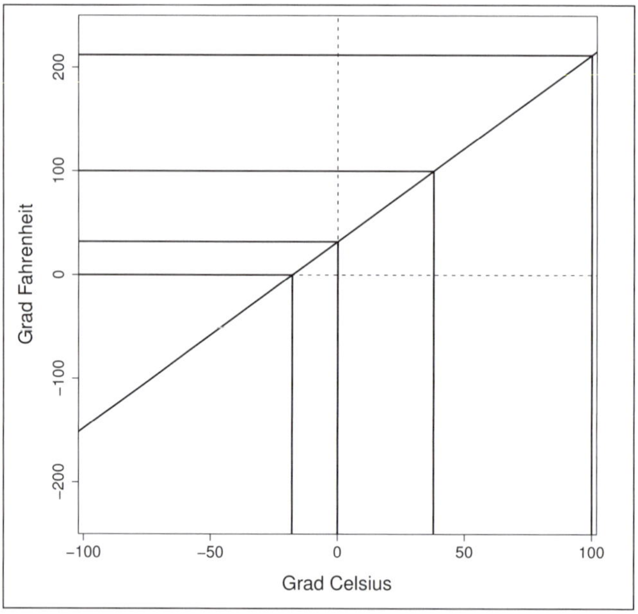

Abbildung 4.1: Beispiel einer zulässigen Transformation für Intervallskalen

Allgemein gilt, dass Messwerte einer Intervallskala x durch eine Transformation der Form $f(x) = a + b \cdot x$ mit $b > 0$ in eine andere – vom Interpretationsgehalt identische – Intervallskala transformiert werden können (vgl. Abb. 4.1).

Funktionen der Form $f(x) = a + b \cdot x$ mit $b > 0$ werden auch positiv affine Funktionen genannt. Eine Veranschaulichung ihres Graphen ergibt eine Gerade mit positiver Steigung, die aber nicht wie bei ratioskalierten Variablen durch den gemeinsamen Nullpunkt der X- und Y-Achse verlaufen muss. In Abbildung 4.1 wird der Graph einer positiv affinen Transformation veranschaulicht, der Transformation von Werten in Fahrenheit zu Werten in Celsius.

Häufig, so z. B. in Schulbüchern, werden Funktionen der Form $f(x) = a + b \cdot x$ als lineare Funktionen bezeichnet. Mathematisch sehr streng genommen ist das jedoch nicht korrekt, da positiv affine Funktionen nicht alle Eigenschaften einer linearen Funktion erfüllen, wie im Internet-Supplement näher ausgeführt wird.

Ein Beispiel für eine intervallskalierte Variable stellen die Ergebnisse aus Intelligenztests dar. Im folgenden Beispielkasten werden die IQ-Werte von drei Personen und mögliche Transformationen dieser Werte dargestellt.

Beispiel einer intervallskalierten Variablen: Ergebnisse eines Intelligenztests von drei Personen

Bei den Angaben handelt es sich um Werte auf der IQ-Skala und auf anderen Skalen, die in der Psychologie üblich sind (vgl. Kap. 7).

IQ-Skala	115	106	88
	↓	↓	↓
z-Skala	1	0.4	−0.8
	↓	↓	↓
Z-Skala	110	104	92
	↓	↓	↓
T-Skala	60	54	42
	↓	↓	↓
PISA-Skala	600	540	420

Da bei intervallskalierten Variablen kein natürlicher Nullpunkt existiert, sind die Abstände vom Nullpunkt nicht mehr sinnvoll zu interpretieren, sondern nur noch Abstände zwischen den Ausprägungen. So ist es sinnvoll festzustellen, dass der Unterschied zwischen $20°C$ und $10°C$ doppelt so groß ist wie der Unterschied zwischen $20°C$ und $15°C$. Das trifft gleichermaßen für die entsprechenden Werte auf der Fahrenheit-Skala zu. Jedoch ist die Aussage unsinnig, dass eine Temperatur von $20°C$ doppelt so hoch ist wie die von $10°C$. Auf der Fahrenheit-Skala ist die zu $20°C$ äquivalente Temperatur von $68°F$ nicht doppelt so hoch wie die zu $10°C$ äquivalente Temperatur von $50°F$; hier beträgt der Quotient nicht 2, sondern 1.36. Offensichtlich ist es nicht sinnvoll, mit den Werten einer intervallskalierten Variablen Quotienten zu bilden.

In der Psychologie werden viele Messungen und insbesondere Tests zur Erfassung psychologischer Variablen, wie Ängstlichkeit, Erregung, Intelligenz oder unternehmerisches Interesse, als intervallskaliert angenommen. Folglich ist es auch hier nicht angebracht, zwei Werte ins Verhältnis zu setzen und somit z. B. eine Person als doppelt so ängstlich oder intelligent wie eine andere Person zu bezeichnen.

Häufig wird bei psychologischen Variablen das Intervallskalenniveau angenommen, ohne dass die Voraussetzungen dafür eingehend geprüft wurden. Beispielsweise findet man häufig Einstufungsskalen, bei denen verschiedene Variablen, wie Ängstlichkeit, Depressivität oder Interesse an Statistik, auf einer Skala, wie sie beispielsweise auf Seite 42 dargestellt wurde, einzuschätzen sind. Inwieweit hier nun zahlenmäßig gleiche Differenzen zwischen verschiedenen Stufen der Skala tatsächlich gleichwertig sind, sei einmal dahingestellt.

Items

In aller Regel werden jedoch *mehrere* Items zur Erfassung psychologischer Merkmale eingesetzt. Bei *Items* handelt es sich um verschiedene Aussagen bzw. Fragen, die sich auf das interessierende Merkmal beziehen und denen jeweils ein Wert auf der Skala zuzuordnen ist. Aus diesen Einzelbewertungen kann dann ein Gesamtwert bestimmt werden. Für solche Messungen gibt es bestimmte Skalierungsverfahren, die zu einer Intervallskalierung führen, z. B. die sogenannte Rasch-Skalierung (Rost, 2010). Dieses Verfahren wird im Rahmen der Mess- und Testtheorie vermittelt und ist nicht Gegenstand der Statistik.

Wesentliche Merkmale einer Intervallskala

- Für jeden Wert einer Intervallskala lässt sich bestimmen, wie häufig er in einer Stichprobe vorkommt.
- Eine Intervallskala hat *keinen* sinnvoll zu interpretierenden absoluten Nullpunkt.
- Die Werte einer Intervallskala lassen sich der Größe nach ordnen.
- Mit den Werten einer Intervallskala lassen sich sinnvoll Differenzen bilden.
- Mit den Werten einer Intervallskala lassen sich *nicht* sinnvoll Quotienten bilden.
- Eine Intervallskala ist eindeutig bis auf positiv affine Transformationen der Form $f(x) = a + b \cdot x$ (mit $b > 0$).
- Man kann sich die Intervallskala als ein Gummiband vorstellen, das Striche und Zahlen für die Maßeinheiten besitzt. Im Gegensatz zum Modell der Ratioskala ist dieses Gummiband hier nicht am Nullpunkt befestigt, sondern an einem beliebigen Punkt.

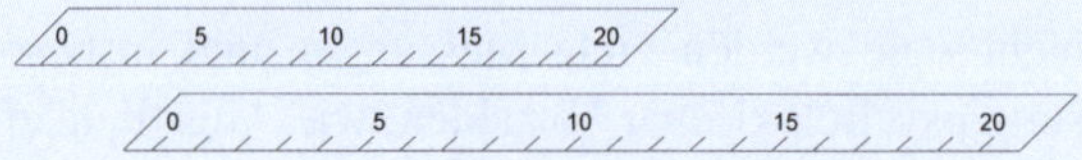

Häufig wird die Messeinheit bei solchen Testverfahren, die aus einzelnen Itemantworten oder aus Summen solcher Itemantworten bestehen, über die Standardabweichung der sogenannten Normalverteilung definiert. Dieses Vorgehen setzt einige Kenntnisse voraus, die in den nächsten Kapiteln vermittelt werden. Daher kommen wir in Kapitel 7 auf das Intervallskalenniveau zurück.

Im Rahmen dieses Einführungsbuches gehen wir der Einfachheit halber davon aus, dass die Messungen anhand von Ratingskalen, die analog zu dem auf Seite 42 dargestellten Beispiel sind, Intervallskalenniveau besitzen. Ebenso nehmen wir an, dass die Ergebnisse von Testverfahren, etwa zur Messung der intellektuellen Leistungsfähigkeit, von Persönlichkeitsmerkmalen oder Interessen, Intervallskalenniveau besitzen.

4.1.3 Ordinalskalenniveau

Ordinalskalenniveau

Das *Ordinalskalenniveau* ist das vom Informationsgehalt her nächstniedrigere Skalenniveau. Bei ordinalskalierten Merkmalen lassen sich keine sinnvollen Abstände zwischen den Ausprägungen definieren, daher werden diesen Merkmalsausprägungen häufig Ränge zugeordnet, wie in dem folgenden Beispiel den unterschiedlichen Stufen der kognitiven Entwicklung.

Beispiel einer ordinalskalierten Variablen: Hauptstadien der kognitiven Entwicklung bei Kindern nach Piaget (1960)

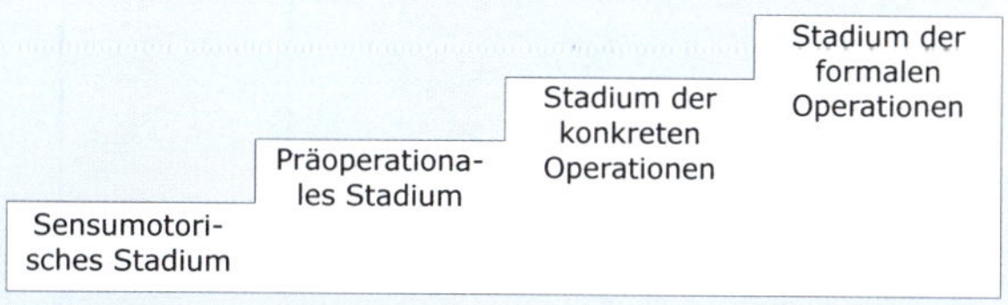

Zuordnung	Stadium 1	Stadium 2	Stadium 3	Stadium 4
mögliche	↓	↓	↓	↓
transformierte	0	1	2	3
Werte	↓	↓	↓	↓
	9	17	18	35
	↓	↓	↓	↓
	-230	-15	2	7
	↓	↓	↓	↓
	$1^3 = 1$	$2^3 = 8$	$3^3 = 27$	$4^3 = 64$

Ränge entstehen z. B. auch dann, wenn bei einer Gruppe von Personen erhoben wird, wer eine bestimmte Aufgabe als erster, als zweiter, als dritter etc. erledigt hat und hierbei nicht die Zeit bis zur Fertigstellung, sondern lediglich der Rang festgestellt wird. Der Person, die die Aufgabe als erste beendet hat, kann eine 1 zugeordnet werden, der Person, die als zweite bzw. dritte fertig geworden ist, eine 2 bzw. 3 und so weiter. Anstelle dieser Zuordnung könnte man ohne Informationsverlust eine andere Zuordnung wählen, z. B. statt der 1 eine 5, anstelle der 2 eine 7 und anstelle der 3 eine 23 zuordnen. Die grundlegende Information über die Reihenfolge würde weiterhin bestehen bleiben. Somit ist insgesamt eine streng monotone Transformation der zugeordneten Zahlen möglich, ohne dass Informationen über das Ergebnis verloren gehen. Streng monotone Transformationen erhalten die Kleiner-Relation, d. h., gilt für zwei Werte $x < y$, so folgt für die transformierten Werte $f(x) < f(y)$. Solche streng monotonen Transformationen, für die in Abbildung 4.2 ein Beispiel wiedergegeben ist, führen zu alternativen Ordinalskalen mit dem gleichen Informationsgehalt.

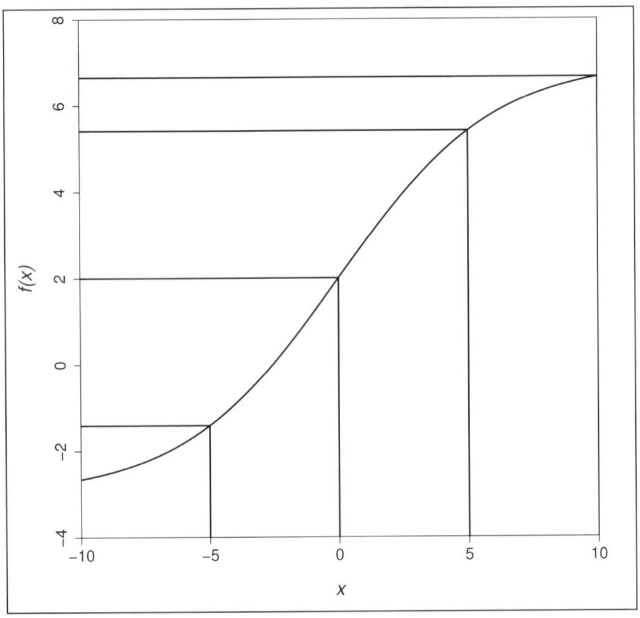

Abbildung 4.2: Beispiel einer zulässigen Transformation für Ordinalskalen

Für ordinalskalierte Variablen, die zuweilen auch nur als ordinale Variablen bezeichnet werden, gilt die Ordnungseigenschaft von Zahlen, d. h., die Zahlen lassen sich hinsichtlich ihrer Höhe in eine Reihenfolge bringen. Die Berechnung von Abständen bzw. Differenzen oder gar Verhältnissen ist mit Werten einer Ordinalskala nicht sinnvoll.

Weitere typische Beispiele für ordinalskalierte Variablen sind Variablen, die im Prinzip ratio- oder intervallskalierbar sind, aber mit einer geringeren Auflösung erhoben werden, indem die Ausprägungen kategorisiert werden.

Beispiel einer kategorisierten Variablen: Verdienst pro Jahr

Die Variable *Verdienst pro Jahr* ist prinzipiell auf Ratioskalenniveau zu erheben. Durch die Bildung von Einkommensklassen wird diese Variable jedoch nur auf Ordinalskalenniveau gemessen.

1	2	3	4
bis 20000 €	20001 € bis 40000 €	40001 € bis 100000 €	über 100000 €

Ein Beispiel ist die oben dargestellte Skala zum Einkommen. Die Bildung solcher geordneten Kategorien kann im vorliegenden Beispiel sinnvoll sein, da befragte Personen ihr Jahreseinkommen häufig nicht genau kennen oder nicht bereit sind, die exakte Höhe ihres Einkommens anzugeben.

Wesentliche Merkmale einer Ordinalskala

- Für jeden Wert lässt sich bestimmen, wie häufig er in einer Stichprobe vorkommt.
- Eine Ordinalskala hat *keinen* absoluten Nullpunkt.
- Werte einer Ordinalskala lassen sich der Größe nach ordnen.
- Die Bildung von Differenzen oder Quotienten ist mit den Werten einer ordinalskalierten Variablen *nicht* sinnvoll.
- Eine Ordinalskala ist eindeutig bis auf streng monoton wachsende Transformationen.
- Als Bild für die Ordinalskala kann man sich eine Perlenkette mit verschiebbaren Perlen vorstellen, wobei jede Ausprägung der Variablen einer Perle auf der Kette entspricht. Hier kann die Reihenfolge der Perlen auf der Kette interpretiert werden, nicht aber der Abstand zwischen den Perlen.

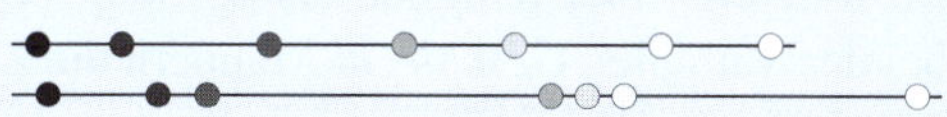

4.1.4 Nominalskalenniveau

Das *Nominalskalenniveau* beschreibt Skalen mit dem niedrigsten Informationsgehalt. Beispiele für nominalskalierte Variablen sind das Geschlecht mit den Ausprägungen *männlich* und *weiblich*, der Familienstand mit den Ausprägungen *ledig*, *verheiratet*, *geschieden* und *verwitwet* oder die Haarfarbe mit den Ausprägungen *braun*, *blond* und Nominalskalenniveau

andere. Eine nominalskalierte Variable wird manchmal auch als
Faktor *Faktor* bezeichnet.

Beispiel einer nominalskalierten Variablen: Kodierung der Religionszugehörigkeit

	katholisch	evangelisch	sonstige	keine
Kodierungen	Gruppe KA	Gruppe EV	Gruppe SO	Gruppe KE
	↓	↓	↓	↓
	1	2	3	4
	↓	↓	↓	↓
	4	3	2	1
	↓	↓	↓	↓
	−1	54	270042	−132

Man kann den Ausprägungen nominalskalierter Variablen sprachliche Bezeichnungen oder andere Symbole zuordnen, z. B. männlichen Probanden das Wort „männlich", den Buchstaben „m" oder die Zahl 1 und entsprechend weiblichen Probanden das Wort „weiblich", den Buchstaben „w" oder die Zahl 2.

Ein weiteres Beispiel für eine nominalskalierte Variable ist die Religionszugehörigkeit, z. B. mit den Ausprägungen *katholisch*, *evangelisch*, *sonstige* und *keine*.

Für manche Statistikprogrammpakete bietet es sich der Einfachheit halber an, Zahlen für die Ausprägungen nominalskalierter Variablen zu wählen. Da man zusätzlich zu den Zahlen sprachliche Bezeichnungen wählen kann und diese in der Ausgabe erscheinen, ist die Verständlichkeit der Computerausgaben durch die Verwendung von Zahlen für die Merkmalsausprägungen nicht beeinträchtigt.

Die Zahlen, die die Ausprägungen der nominalskalierten Variablen repräsentieren, fungieren hier lediglich als Symbole. Ordnet man beispielsweise bei der Variablen *Geschlecht* Männern die Zahl 1 und Frauen die Zahl 2 zu, so ist 2 nicht größer als 1 zu werten. Auch der Abstand zwischen den Zahlen 1 und 2 ist nicht sinnvoll zu interpretieren und die 2 ist hier auch nicht doppelt so groß wie die 1. Anstelle der Zahlen 1 und 2 hätte man auch jedes beliebige andere Zahlenpaar wählen können, z. B. 2 und -102 oder 1001 und 2004. Wichtig ist hier nur, dass unterschiedlichen Ausprägungen von Merkmalen in eindeutiger Art unterschiedliche Zahlen zugeordnet werden.

Hat man den unterschiedlichen Merkmalsausprägungen unterschiedliche Zahlen zugeordnet, kann man weitere Nominalskalen durch injektive Transformationen erzielen. Bei injektiven Transformationen bleibt die Gleichheit bzw. Ungleichheit zweier Werte x, y bei der Transformation auf $f(x), f(y)$ erhalten. Sind also r, s, x, y Werte einer Nominalskala, wobei $r = s, x \neq y$, so führen alle Funktionen f, die die Relationen $=$ bzw. $\neq$ erhalten, also $f(r) = f(s)$ bzw. $f(x) \neq f(y)$ ergeben, zu alternativen Nominalskalen mit dem gleichen Informationsgehalt.

Abbildung 4.3 zeigt ein Beispiel für eine solch injektive Transformation, die zu keinem Informationsverlust und damit zu einem äquivalenten neuen Wertebereich führt. Es empfiehlt sich natürlich, einen möglichst einfachen Wertebereich zu wählen, also z. B. für das Merkmal Familienstand mit den Ausprägungen *ledig*, *verheiratet*, *geschieden* und *verwitwet* die Zahlen 1 bis 4.

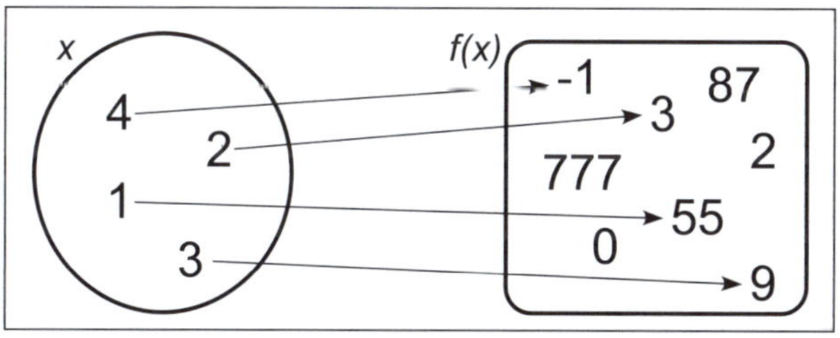

Abbildung 4.3: Beispiel einer zulässigen Transformation für Nominalskalen

Wesentliche Merkmale einer Nominalskala

- Für jeden Wert einer nominalskalierten Variablen lässt sich bestimmen, wie häufig er in einer Stichprobe vorkommt.
- Eine Nominalskala hat *keinen* absoluten Nullpunkt.
- Werte einer Nominalskala lassen sich *nicht* der Größe nach ordnen.
- Die Bildung von Differenzen oder Quotienten mit Werten einer Nominalskala ist *nicht* sinnvoll.
- Eine Nominalskala ist eindeutig bis auf injektive Transformationen.
- Nominalskalen entsprechen einer Menge von unterschiedlichen Symbolen, wie die folgende Grafik illustriert.

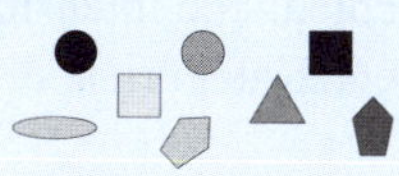

4.1.5 Beziehungen zwischen den Skalenniveaus

Abschließend seien noch einmal die Beziehungen zwischen den Skalenniveaus zusammengefasst. Ratioskalen sind zugleich auch Intervall-, Ordinal- und Nominalskalen, Intervallskalen zugleich Ordinal- und Nominalskalen und Ordinalskalen immer auch Nominalskalen. Jedes Skalenniveau umfasst also stets auch alle Skalenniveaus niedrigerer Ordnung. Somit können die Rechenoperationen, die auf einem bestimmten Skalenniveau sinnvoll zu interpretieren sind, auch auf den relativ zu diesem Skalenniveau höheren Skalenniveaus durchgeführt werden. Die folgende Tabelle verdeutlicht diesen Zusammenhang.

Tabelle 4.1: Sinnvolle Operationen mit Daten in Abhängigkeit vom Skalenniveau

	Sinnvoll interpretierbare Berechnungen			
Skalenniveau	**Auszählen**	**Ordnen**	**Differenzen bilden**	**Quotienten bilden**
Nominal	Ja	Nein	Nein	Nein
Ordinal	Ja	Ja	Nein	Nein
Intervall	Ja	Ja	Ja	Nein
Ratio	Ja	Ja	Ja	Ja

metrische Variable

Oftmals wird nicht zwischen ratio- und intervallskalierten Variablen differenziert. Diese beiden Variablentypen werden dann als *metrische Variablen* bezeichnet. Somit wird dann nur noch zwischen nominalskalierten, ordinalskalierten und metrischen Variablen unterschieden. Eine solche Differenzierung gilt beispielsweise für das Programmpaket SPSS, in dem nur zwischen diesen drei Skalentypen unterschieden wird und die Bezeichnung „Skala" für metrische Variablen verwendet wird.

4.2 Weitere Klassifikationen von Variablen

4.2.1 Quantitative und qualitative Variablen

Üblich ist auch die Unterscheidung zwischen quantitativen und qualitativen Variablen. Bei dieser Differenzierung geht es um die Frage, ob die unterschiedlich hohen Werte einer Variablen ein unterschiedliches Ausmaß bzw. eine unterschiedliche Intensität des Merkmals reflektieren oder ob sie nur verschiedene Kategorien, d. h. qualitative Ausprägungen des Merkmals, erfassen.

qualitative Variable

quantitative Variable

Nominalskalierte Variablen werden daher als *qualitative Variablen* bezeichnet und ratio- wie intervallskalierte Variablen demgegenüber als *quantitative Variablen.*

Die Einordnung von ordinalskalierten Variablen in diese Klassifikation ist schwierig, da sie zwar eine Rangordnung der Werte erlauben, aber die Abstände zwischen zwei Werten nicht interpretiert werden können. Daher werden in der Literatur ordinalskalierte Variablen von einigen Autoren zu qualitativen Variablen und von anderen Autoren hingegen zu den quantitativen Variablen gezählt.

4.2.2 Diskrete und stetige Variablen

Die Unterscheidung von diskreten und stetigen Variablen wird insbesondere im Band 2 dieses Lehrbuches bei der Einführung des Konzeptes der Zufallsvariablen wichtig.

Eine Variable wird als *diskret* bezeichnet, wenn die Menge ihrer Ausprägungen durch die (endliche) Menge der ersten n natürlichen Zahlen $\{1,\ldots,n\}$ oder durch die (abzählbar unendliche) Menge aller natürlichen Zahlen $\mathbb{N} = \{1,2,\ldots\}$ repräsentiert werden kann. Ein Beispiel für eine diskrete Variable mit endlich vielen Ausprägungen ist die Variable *Geschlecht*, ein Beispiel für eine diskrete Variable mit unendlich vielen Ausprägungen das Merkmal „Zahl der Verkehrsunfälle in Deutschland innerhalb eines Jahres". Nominal- und ordinalskalierte Variablen stellen somit immer diskrete Variablen dar. diskrete Variable

Variablen, bei denen die Menge der Werte nicht abzählbar ist, wie z. B. bei den Variablen *Größe* oder *Gewicht*, bezeichnet man als *stetig*. Hier können zwischen zwei Werten immer unendlich viele andere Werte liegen. Als Wertebereich stetiger Variablen wird die Menge der reellen Zahlen $\mathbb{R} = (-\infty,\infty)$ genutzt. stetige Variable

Im Prinzip kann man alle Variablen natürlich nur bis zu einer bestimmten Genauigkeit messen. Die Größe von Menschen wird zumeist auf einen Zentimeter genau erhoben. Insofern können Variablen lediglich in konzeptueller Hinsicht stetig sein. Es ist jedoch ein großer Vorteil, grundsätzlich die reellen Zahlen als Wertebereich heranzuziehen, da man so nicht in Abhängigkeit von der gewählten Messgenauigkeit unterschiedliche Wertebereiche für die gleiche Variable definieren muss. So mag ein Forscher die Größe auf einen Zentimeter genau messen, ein anderer auf einen Millimeter genau.

4.3 Fehlende Werte

In manchen Datenerhebungen erhebt man nicht alle Ausprägungen aller Variablen für alle statistischen Einheiten. Somit liegen für bestimmte statistische Einheiten und Variablen fehlende Werte vor. Diese fehlenden Werte können z. B. dadurch bedingt sein, dass einige Personen auf bestimmte Fragen, etwa zum Gehalt, keine Antwort geben. Andererseits können auch Eingabe- oder Übertragungsfehler vorliegen. Fehlende Werte sind in bestimmter Weise zu kennzeichnen. So kann man in Statistikprogrammen angeben, welcher Wert oder welche Zeichenkette in einer Datenmatrix einen fehlenden Wert repräsentiert. Beispielsweise kann man den Wert 99999, das Wort *fehlt* oder die Abkürzung *NA* (*not available*) verwenden.

Man kann dann in unterschiedlicher Weise mit fehlenden Werten umgehen. Eine Möglichkeit besteht darin, eine Variable von einer Analyse gänzlich auszuschließen, wenn irgendein Wert fehlt. Auf der anderen Seite kann man lediglich die statistischen Einheiten ignorieren, die fehlende Werte aufweisen, und die statistische Analyse für die statistischen Einheiten mit gegebenen Werten durchführen.

Wurden insgesamt relativ wenig statistische Einheiten untersucht und ist die Anzahl der fehlenden Werte bei bestimmten Variablen sehr hoch, mag die Aussagekraft der Ergebnisse basierend auf dieser Variablen sehr gering sein. Aber auch bei einem großen Stichprobenumfang können sich fehlende Werte negativ auswirken. Das ist immer dann der Fall, wenn durch die fehlenden Werte verzerrte Ergebnisse zu erwarten sind. Sollen Personen beispielsweise angeben, ob sie eine bestimmte psychische Störung haben, so ist anzunehmen, dass gerade diejenigen Personen keine Antwort geben, die eine psychische Störung aufweisen. Für den Umgang mit fehlenden Werten gibt es entsprechende statistische Verfahren, deren Verständnis allerdings die Grundlagen der deskriptiven Statistik und der Inferenzstatistik voraussetzt. Wir werden deshalb im Folgenden immer davon ausgehen, dass die zu behandelnden Datensätze nur eine geringe Anzahl von fehlenden Werten aufweisen, die zu keinen verzerrten Ergebnissen führen.

4.4 Software

4.4.1 SPSS

Im Programmsystem SPSS lässt sich das Skalenniveau der Variablen im Fenster *Variablenansicht* festlegen bzw. verändern.

Variablenansicht

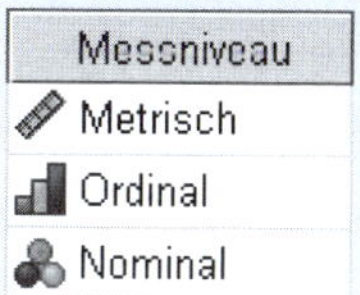

Das Skalen- bzw. Messniveau kann in SPSS in der letzten Spalte der Variablenansicht festgelegt werden. SPSS unterscheidet zwischen metrischen, ordinalskalierten und nominalskalierten Variablen.

Bei manchen statistischen Analysen berücksichtigt SPSS das Skalenniveau automatisch. Beispielsweise werden bei Häufigkeitsanalysen für nominalskalierte Variablen keine Mittelwerte berechnet. Vielfach werden die statistischen Analysen jedoch unabhängig von dem festgelegten Skalenniveau der Variablen durchgeführt.

Wird bei einer Variablen für eine Ausprägung eine Kombination aus Buchstaben oder aus Zahlen und Buchstaben gewählt, so kann diese Variable lediglich als nominalskalierte Variable deklariert werden. Für die Variablen, für deren Ausprägungen lediglich Zahlen verwendet werden, können alle drei hier unterschiedenen Skalenniveaus festgelegt werden.

Bei SPSS kann für die einzelnen Variablen angegeben werden, welche Werte fehlende Werte darstellen. Leere Felder in der Datenmatrix werden bei numerischen Variablen automatisch als fehlende Werte interpretiert.

4.4.2 R

Auch im Programmsystem R werden Variablen, bei denen für eine Ausprägung eine Buchstabenkombination oder Kombination aus Zahlen und Buchstaben vorliegt, als nominalskalierte Variablen erkannt. Nominalskalierte Variablen werden hier als Faktoren bezeichnet. Die weitere Klassifikation der Datentypen unterscheidet sich dann in Abhängigkeit davon, ob man den *R-Commander* oder die Kommando-Syntax nutzt.

Nutzt man den *R-Commander*, so wird hier zwischen Faktoren (nominalskalierten Daten) und numerischen Variablen unterschieden. Numerische Variablen können ordinal-, intervall- oder ratioskaliert sein.

R-Commander

Datenmanagement
↓
Variablen bearbeiten → **konvertiere numerische Variablen in Faktoren**

Im Dialogfeld können die numerischen Variablen gewählt werden, die als Faktoren zu interpretieren sind. Im R-Commander wird strikt darauf geachtet, dass Faktoren auch nur für solche Analysen verwendet werden, die für nominalskalierte Variablen sinnvoll sind. Es ist auch nicht möglich, ordinalskalierte und metrische Variablen für Datenanalysen zu nutzen, die lediglich für Variablen mit Nominalskalenniveau, aber keinem höheren Skalenniveau vorgesehen sind.

Anhand der Kommando-Syntax von R kann man drei Typen von Variablen, nominalskalierte, ordinalskalierte und metrische Variablen, unterscheiden. Variablen, die für eine Ausprägung eine Buchstabenkombination oder Kombination aus Zahlen und Buchstaben verwenden, werden als Faktoren (nominalskalierte Variablen) aufgefasst. Numerische Variablen werden zunächst als metrisch deklariert, sie können jedoch umdefiniert werden.

Syntax

Ist `Y` eine numerische Variable, dann wird mit

```
fY <- factor(Y)
```

eine neue Variable `fY` als (nominalskalierte) Variable definiert.

Mit

```
ofY <- factor(Y, ordered=T)
```

wird die neue Variable `ofY` als (ordinalskalierte) Variable definiert.

Fehlende Werte werden in R immer mit dem Wert *NA (not available)* belegt. Importiert man Daten aus SPSS, werden fehlende Werte automatisch in *NA* umbenannt.

Wie in SPSS wird auch in R bei Verwendung der Syntax das festgelegte Skalenniveau bei der Durchführung statistischer Analysen nicht immer berücksichtigt. Dennoch gibt es Fälle, in denen völlig unterschiedliche Analyseergebnisse in Abhängigkeit vom festgelegten Skalenniveau erzielt werden, wodurch man zu falschen Interpretationen der Ergebnisse kommen kann. Daher ist es generell sinnvoll, das Skalenniveau für die Variablen vorab festzulegen.

Zusammenfassung

Die erste wichtige Aufgabe statistischer Analysen besteht darin, den Informationsgehalt der beteiligten Variablen zu bestimmen. Anhand des Informationsgehalts der Variablen können dann die adäquaten statistischen Verfahren ausgewählt werden.

Zur Bestimmung des Informationsgehalts von Variablen wurden mehrere Klassifikationen entwickelt. Das wichtigste Klassifikationsschema ist das Skalenniveau. Hier werden – in absteigender Reihenfolge ihres Informationsgehalts – Ratio-, Intervall-, Ordinal- und Nominalskalen unterschieden. Ratioskalen haben das höchste Skalenniveau. Sie besitzen einen natürlichen Nullpunkt. Für die Variablenwerte von ratioskalierten Variablen können Verhältnisse, Abstände und Rangordnungen gebildet und sinnvoll interpretiert werden. Intervallskalen erlauben lediglich die sinnvolle Bildung von Abständen und einer Rangordnung der Variablenwerte. Ratio- und Intervallskalen werden auch zu der Kategorie „metrische Variablen" zusammengefasst. Ordinalskalierte Variablen lassen nur eine Rangordnung der Variablenwerte zu, während die Ausprägungen nominalskalierter Variablen lediglich Kategorien darstellen, die nicht sinnvoll geordnet werden können.

Bei der Unterscheidung von quantitativen und qualitativen Variablen entsprechen qualitative Variablen nominalskalierten Variablen. Quantitative Variablen besitzen Ausprägungen, die eine unterschiedliche Intensität eines Merkmals reflektieren. Solche Variablen sind mindestens ordinalskaliert.

Die Differenzierung von diskreten und stetigen Variablen ist insbesondere für die Unterscheidung von Zufallsvariablen relevant. Diskrete Variablen besitzen Ausprägungen, die unterschiedliche Kategorien repräsentieren. Die Anzahl ihrer Ausprägungen ist endlich oder abzählbar unendlich. Bei stetigen Variablen ist die Menge der Ausprägungen nicht abzählbar. Zwischen zwei Werten einer stetigen Variablen können immer (zumindest prinzipiell) unendlich viele andere Werte liegen.

Zentrale Begriffe

Die *Ratioskala* bzw. Verhältnisskala besitzt von den hier vorgestellten Skalen das höchste Skalenniveau. Sie besitzt einen natürlichen Nullpunkt. Für die Variablenwerte können Verhältnisse, Abstände und Rangordnungen gebildet und sinnvoll interpretiert werden.

Die *Intervallskala* hat von den hier vorgestellten Skalen den zweithöchsten Informationsgehalt. Für die Variablenwerte können Abstände und Rangordnungen gebildet und sinnvoll interpretiert werden.

Die *Ordinalskala* hat von den hier vorgestellten Skalen den dritthöchsten Informationsgehalt. Für die Variablenwerte lassen sich Rangordnungen bilden und sinnvoll interpretieren.

Die *Nominalskala* hat unter allen Skalen den geringsten Informationsgehalt. Die unterschiedlichen Werte einer nominalskalierten Variablen repräsentieren Kategorien, die nicht sinnvoll in eine Reihenfolge gebracht werden können.

Metrische Variablen sind entweder ratio- oder intervallskaliert.

Qualitative Variablen besitzen unterschiedliche Ausprägungen, die verschiedene Eigenschaften der Variablen charakterisieren, sich jedoch nicht hinsichtlich quantitativer Aspekte, wie z. B. der Intensität, unterscheiden lassen. Nominalskalierte Variablen sind immer qualitativ.

Quantitative Variablen besitzen Ausprägungen, die eine unterschiedliche Intensität eines Merkmals reflektieren. Solche Variablen sind mindestens ordinalskaliert.

Bei *diskreten Variablen* kann die Menge der Ausprägungen durch die (endliche) Menge der ersten n natürlichen Zahlen oder durch die (abzählbar unendliche) Menge aller natürlichen Zahlen repräsentiert werden.

Bei *stetigen Variablen* ist die Menge der Ausprägungen nicht abzählbar. Zwischen zwei Werten können unendlich viele andere Werte auftreten.

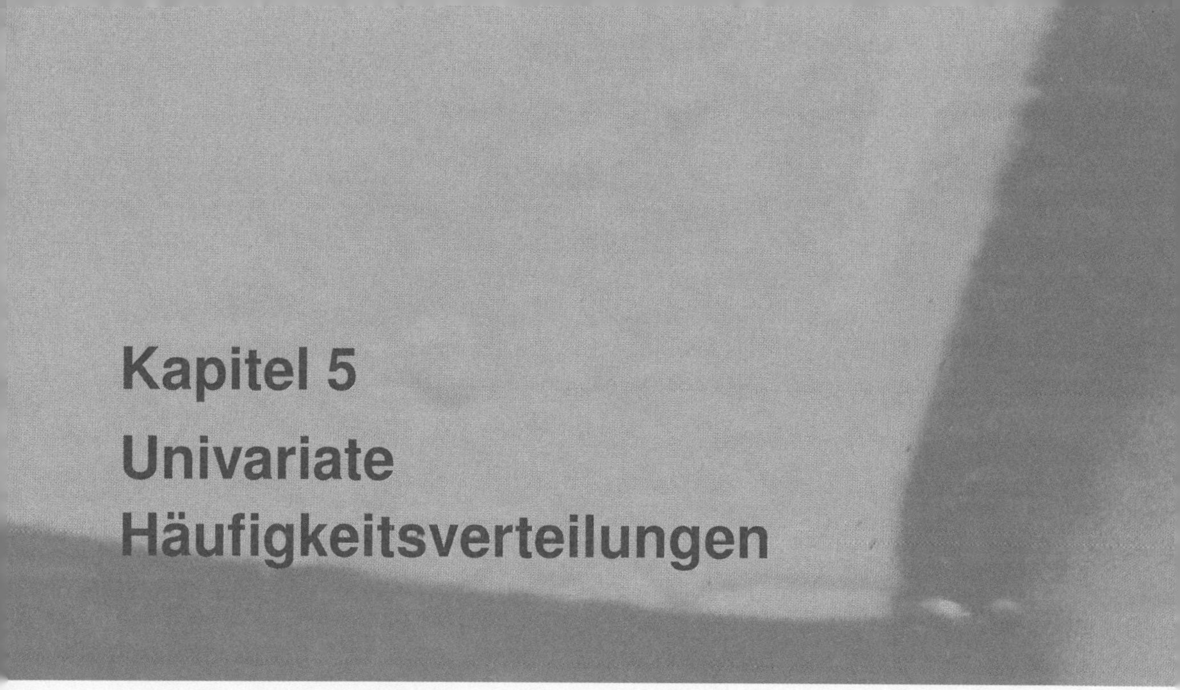

Kapitel 5
Univariate Häufigkeitsverteilungen

Inhaltsübersicht

Liegen die Ergebnisse einer Untersuchung in Form einer Datenmatrix vor (wie z. B. im Kapitel 3), gilt es zunächst, einen Überblick über die Daten zu gewinnen. Im Rahmen der deskriptiven Statistik wurden zu diesem Zweck verschiedene Verfahren entwickelt. In der univariaten deskriptiven Statistik wird jede Variable separat betrachtet, während in der bivariaten bzw. multivariaten deskriptiven Statistik zwei bzw. mehrere Variablen gemeinsam analysiert werden.

Im Rahmen der univariaten Statistik behandeln wir zunächst die Darstellung der Werte einer Variablen anhand von Häufigkeitstabellen und grafischen Darstellungsformen. Anschließend werden verschiedene Koeffizienten dargestellt, die eine kompakte Beschreibung der Verteilung der Werte einer Variablen erlauben.

5.1 Häufigkeitsverteilungen

Häufigkeitsverteilung

Eine *Häufigkeitsverteilung* einer Variablen gibt an, wie sich die beobachteten Werte einer Variablen über den möglichen Wertebereich verteilen. Dazu wird ausgezählt, wie häufig die Ausprägungen einer Variablen in einer Stichprobe beobachtet werden. Diese Häufigkeiten können sehr unterschiedlich ausfallen. So können nur einige wenige oder sehr viele unterschiedliche Ausprägungen einer Variablen in einer Stichprobe vorliegen. Anhand der Häufigkeitsverteilung kann man in der Regel relativ gut erkennen, wo die mittleren Werte liegen und ob sich die beobachteten Werte über einen weiten Bereich verteilen oder eng zusammenliegen.

Für die Darstellung von Häufigkeitsverteilungen in tabellarischer oder grafischer Form können die absoluten und/oder relativen Häufigkeiten verwendet werden.

absolute Häufigkeit

relative Häufigkeit

Die *absolute Häufigkeit* einer Ausprägung bezeichnet die Anzahl der statistischen Einheiten in einer Stichprobe, bei denen diese Ausprägung auftritt. Die *relative Häufigkeit* setzt die absolute Häufigkeit einer Ausprägung in Beziehung zum Umfang der Gesamtstichprobe. Berechnet wird die relative Häufigkeit, indem die absolute Häufigkeit einer Ausprägung durch den Stichprobenumfang dividiert wird. Relative Häufigkeiten liegen daher immer zwischen 0 und 1, werden aber häufig auch mit dem Faktor 100 multipliziert und in Prozent angegeben.

5.2 Tabellarische Darstellung von Häufigkeitsverteilungen

Tabelle 5.1 enthält die tabellarische Form der Häufigkeitsverteilung der Deutschnoten aus einer Untersuchung von Kuhn, Holling und Freund (2008). Diese Studie wird auf Seite 65 näher vorgestellt und im Folgenden kurz als Intelligenzstudie bezeichnet. In der ersten Spalte der Tabelle 5.1 sind die Ausprägungen der Variablen *Deutschnote* dargestellt, in der zweiten bzw. dritten Spalte die absoluten bzw. relativen Häufigkeiten und in der letzten die kumulierten (kum.) relativen Häufigkeiten.

Tabelle 5.1: Häufigkeitstabelle für die Variable *Deutschnote* aus der Intelligenzstudie von Kuhn et al. (2008)

Ausprägungen	absolute Häufigkeiten	relative Häufigkeiten (in %)	kum. relative Häufigkeiten (in %)
sehr gut (1)	16	2.68	2.68
gut (2)	145	24.25	26.92
befriedigend (3)	282	47.16	74.08
ausreichend (4)	139	23.24	97.32
mangelhaft (5)	16	2.68	100.00
Gesamt	598	100.00	100.00

kumulierte Häufigkeiten

Die Berechnung der *kumulierten Häufigkeiten* setzt voraus, dass die Ausprägungen der Variablen in eine Reihenfolge gebracht werden können. Werden kumulierte Häufigkeiten dargestellt, so muss die Variable also zumindest Ordinalskalenniveau aufweisen. In Statistikprogrammen werden die kumulierten Häufigkeiten jedoch oft unabhängig vom Skalenniveau standardmäßig mit ausgegeben. Die kumulierte Häufigkeit einer bestimmten Ausprägung ergibt sich aus der Summe der relativen Häufigkeiten aller Ausprägungen, die im Vergleich zu dieser bestimmten Ausprägung kleiner oder gleich groß sind.

empirische Verteilungsfunktion

Die Verteilung der kumulierten relativen Häufigkeiten nennt man auch *empirische Verteilungsfunktion*.

Formal lässt sich eine Häufigkeitstabelle durch die Anzahl der Ausprägungen (r), die Bezeichnungen der Ausprägungen (symbolisiert durch $a_1 \dots a_r$) und deren Häufigkeiten $n_1 \dots n_r$ darstellen. Alle weiteren Angaben lassen sich aus den Häufigkeiten berechnen, wie in Tabelle 5.2 dargestellt wird.

Beispiel einer psychologischen Studie: Zusammenhang von Intelligenz und Schulnoten: Intelligenzstudie (Kuhn, Holling & Freund, 2008)

Intelligenz gehört zu den wichtigsten und am besten erforschten Konstrukten in der Psychologie. Aus zahlreichen Studien ist bekannt, dass sich die schulische Leistung gut durch die Intelligenz vorhersagen lässt. Schon der erste Intelligenztest von Binet 1905 diente zur Einschätzung der Schulreife von Kindern. In der vorliegenden Studie ging es um die Frage, inwieweit sich verschiedene Schulnoten durch die Intelligenz vorhersagen lassen und ob es geschlechts- oder schulspezifische Unterschiede gibt. Zur Beantwortung dieser Frage absolvierten insgesamt 598 Schüler aus Hauptschulen, Realschulen und Gymnasien (Jahrgangsstufen 7 bis 9) die Kurzform des Grundintelligenztests Skala 2 - Revision (CFT 20-R; Weiss, 2006). Die Kurzform des CFT 20-R ist ein ökonomisches Verfahren zur Erfassung der fluiden Intelligenz und besteht aus 4 Subtests. Weiterhin wurden die aktuellsten Schulnoten in den jeweiligen Fächern, wie Deutsch, Mathematik etc. ermittelt.

Zunächst kann die Stichprobengröße n als Summe der absoluten Häufigkeiten $n_1 \dots n_r$ berechnet werden. Die relativen Häufigkeiten resultieren, wenn die absoluten Häufigkeiten durch n – die Summe der absoluten Häufigkeiten – geteilt werden. Die kumulierte relative Häufigkeit einer bestimmten Ausprägung a_i ergibt sich aus der Summe aller relativen Häufigkeiten, deren Ausprägung kleiner oder gleich der Ausprägung a_i ist (vgl. Tab. 5.2).

Tabelle 5.2: Formale Darstellung einer Häufigkeitstabelle

Ausprägungen	absolute Häufigkeiten	relative Häufigkeiten	kum. rel. Häufigkeiten
a_1	n_1	$p_1 = n_1/n$	$c_1 = p_1$
a_2	n_2	$p_2 = n_2/n$	$c_2 = p_2 + c_1$
a_3	n_3	$p_3 = n_3/n$	$c_3 = p_3 + c_2$
$\vdots$	$\vdots$	$\vdots$	$\vdots$
a_r	n_r	$p_r = n_r/n$	1.00
Gesamt	n	1.00	1.00

Hat man bestimmte Variablen mit einer sehr hohen Genauigkeit bzw. Auflösung gemessen, etwa die Körpergröße in Millimetern, so entstehen sehr viele unterschiedliche Ausprägungen. Dann ist es für eine übergruppierte Häufigkeitsverteilung

sichtlichere Darstellung der Häufigkeiten der Variablenausprägungen oft sinnvoll, die Ausprägungen zu gruppieren und die *gruppierte Häufigkeitsverteilung* zu erstellen. Die Ausprägungen werden dann zu Intervallen von zumeist gleicher Größe zusammengefasst. Dabei dürfen sich die Intervalle nicht überschneiden und die Vereinigung der Intervalle muss den Wertebereich der Variablen vollständig abdecken.

Tabelle 5.3 gibt eine gruppierte Häufigkeitsverteilung aus der Intelligenzstudie wieder. Die IQ-Werte wurden hier zu Intervallen der Breite von 15 IQ-Punkten zusammengefasst. Diese Intervallbreite wurde deshalb gewählt, weil 15 im Fall von IQ-Punkten genau einer Standardabweichung entspricht. Die Standardabweichung und die Wahl dieses Maßes für die Länge des Intervalls werden in den beiden nächsten Kapiteln erläutert.

Tabelle 5.3: Gruppierte Häufigkeitstabelle für die Variable IQ aus der Intelligenzstudie

IQ	absolute Häufigkeiten	relative Häufigkeiten (in %)	kum. relative Häufigkeiten (in %)
< 55	1	0.17	0.17
55 – 69	21	3.51	3.68
70 – 84	100	16.72	20.40
85 – 99	174	29.10	49.50
100 – 114	192	32.11	81.61
115 – 129	92	15.38	96.99
130 – 144	16	2.68	99.67
≥ 145	2	0.33	100.00
Gesamt	598	100.00	100.00

5.3 Grafische Darstellung von Häufigkeitsverteilungen

Neben der tabellarischen Form lassen sich Häufigkeitsverteilungen auch grafisch darstellen. Dazu gibt es zahlreiche unterschiedliche Möglichkeiten, die sich leicht mittels einschlägiger Statistik-Software realisieren lassen. Wir beschränken uns hier auf die wichtigsten und gebräuchlichsten Arten.

Die Auswahl der grafischen Darstellung sollte in Abhängigkeit von der untersuchten Variablen und ihren beobachteten Werten erfolgen. Weiterhin ist die Zielsetzung, z. B. wissenschaftliche Veröffentlichung vs.

allgemein verständliche Darstellung, zu beachten. Die folgenden Richtlinien mögen als Entscheidungshilfe dienen für die Wahl verschiedener Darstellungsformen, die hier behandelt werden:

- Bei diskreten Variablen mit wenigen Ausprägungen eignen sich besonders das Kreis- und das Balkendiagramm. Diese beiden Diagramme sind leicht zu verstehen.
- Bei metrischen Variablen mit nicht zu vielen Ausprägungen ist das Stamm-Blatt-Diagramm eine gute Wahl. Diese Darstellungsform hat viele Vorteile, ist aber insbesondere unter Laien kaum bekannt.
- Metrische Variablen, aber auch diskrete Variablen mit vielen Ausprägungen können – mit gewissem Informationsverlust – durch Histogramme dargestellt werden. Auch die Rezeption von Histogrammen bedarf im Allgemeinen keiner weitergehenden Erklärung.
- Metrische Variablen mit vielen Ausprägungen können vielfach auch ohne Informationsverlust durch die grafische Darstellung der kumulativen Häufigkeiten repräsentiert werden. Diese Darstellungsform ist insbesondere im Rahmen der Nutzung bestimmter statistischer Analysen verbreitet.

5.3.1 Kreis- und Balkendiagramme

Mithilfe von Kreis- oder Balkendiagrammen können sowohl absolute als auch relative Häufigkeitsverteilungen dargestellt werden. Zur Veranschaulichung dieser beiden grafischen Darstellungsformen ziehen wir erneut die Variable Deutschnote heran. Abbildung 5.1 gibt die Daten in Form eines Kreisdiagramms wieder, in Abbildung 5.2 sind die Daten in Form von Balkendiagrammen dargestellt.

Beim *Kreisdiagramm* (pie chart) werden die Häufigkeiten durch unterschiedlich große Flächen repräsentiert, beim *Balkendiagramm* durch unterschiedliche Höhen der Balken. Die Balken werden dabei so dargestellt, dass sie sich nicht berühren. Kreis- und Balkendiagramme sind besonders im journalistischen Alltag sehr beliebt.

Kreisdiagramm

Balkendiagramm

Unabhängig davon, ob absolute oder relative Häufigkeiten gewählt werden, ändert sich nichts an der Form oder der Gestalt des Balken- oder Kreisdiagramms. Ein Unterschied liegt lediglich in der Beschriftung der Kreissegmente bzw. der Y-Achse, je nachdem, ob absolute oder relative Häufigkeiten dargestellt sind.

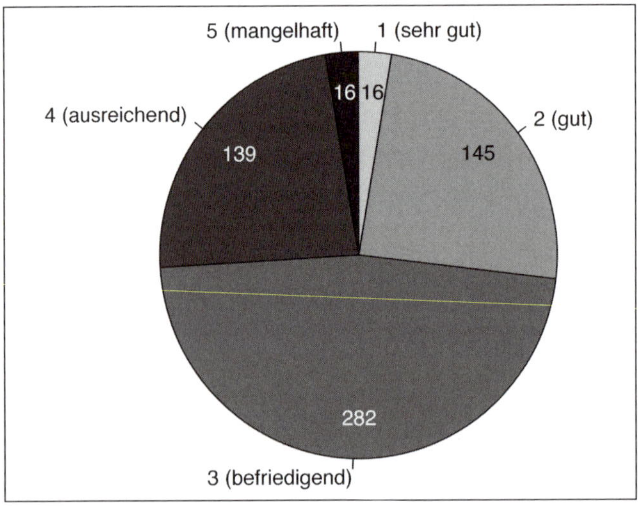

Abbildung 5.1: Kreisdiagramm für die Verteilung der absoluten Häufigkeiten der Variablen *Deutschnote* aus der Intelligenzstudie

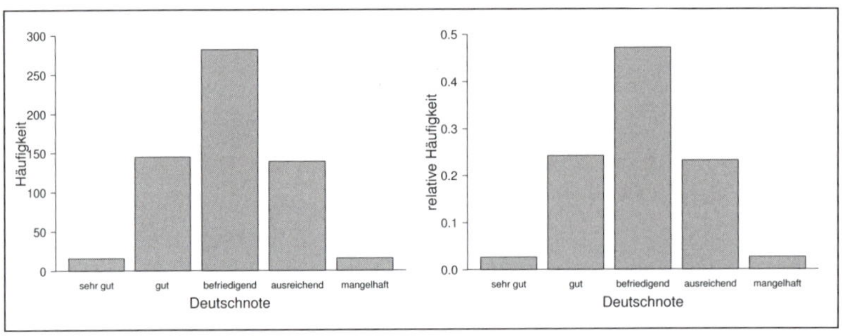

Abbildung 5.2: Balkendiagramme für die Verteilung der absoluten (links) und relativen (rechts) Häufigkeiten der Variablen *Deutschnote* aus der Intelligenzstudie

In der Literatur findet man häufiger Balken- als Kreisdiagramme. Der Grund hierfür liegt darin, dass sich Kreisdiagramme nur für eine geringe Anzahl von Ausprägungen (etwa $r \leq 6$) eignen, während sich in Balkendiagrammen auch erheblich mehr Ausprägungen gut darstellen lassen. Zudem sind unterschiedliche Balkenlängen erheblich genauer zu differenzieren als Flächenanteile. Selbst kleine Häufigkeitsunterschiede sind in Balkendiagrammen gut zu erkennen.

Es gibt eine Reihe von Varianten dieser beiden grafischen Darstellungsformen, wie „dreidimensionale" Kreis- oder Balkendiagramme, bei denen die Kreise bzw. Balken räumlich dargestellt werden, oder Kreisdiagramme, bei denen bestimmte Kreissegmente aus dem Kreis herausgezogen werden, damit sie mehr Aufmerksamkeit erfahren. Solche erweiterten Formen mögen zur Auflockerung einer schriftlichen Abhandlung oder eines Vortrags sinnvoll sein.

5.3.2 Stamm-Blatt-Diagramm

Stamm-Blatt-Diagramm

Das *Stamm-Blatt-Diagramm* ist eine semigrafische Darstellung der absoluten Häufigkeitsverteilung einer Variablen. Diese Form der Darstellung eignet sich insbesondere für metrische Variablen, wenn die Anzahl der beobachteten Werte nicht übermäßig groß ist. Das Stamm-Blatt-Diagramm veranschaulicht auf der einen Seite die Form der Häufigkeitsverteilung, andererseits bleiben die einzelnen originalen Beobachtungen erhalten bzw. können einzeln identifiziert werden.

Ein Stamm-Blatt-Diagramm hat den im folgenden Beispiel dargestellten Aufbau:

Beispiel eines Stamm-Blatt-Diagramms: IQ-Werte des erstgeborenen Zwillings aus der Zwillingsstudie (vgl. Kap. 3)

$$85, 87, 88, 96, 96, 97, 101, 103, 124, 127$$

Das zugehörige Stamm-Blatt-Diagramm sieht folgendermaßen aus:

8	578
9	667
10	13
11	
12	47

Zusätzlich ist die Einheit des Stamms und der Blätter anzugeben (hier: Einheit des Stamms $= 10$, Einheit eines Blattes $= 1$).

Ein Stamm-Blatt-Diagramm wird nach den folgenden Regeln konstruiert. Zunächst sind die Beobachtungen der Größe nach zu ordnen. Danach wird jede Beobachtung in einen „Stamm" und ein „Blatt" unterteilt. Der Stamm enthält alle Ziffern mit Ausnahme der letzten Ziffer, während das Blatt die letzte Ziffer enthält. Bei dem Wert 85 wird also 8 als Stamm bezeichnet und 5 als Blatt, bei dem Wert 127 ist 12 der Stamm und 7 das Blatt. Anschließend werden die Stämme beginnend mit dem kleinsten Wert untereinander in eine Spalte geschrieben, rechts neben dieser Spalte wird ein senkrechter Strich gezogen. Dann werden rechts neben jedem Stamm die zugehörigen Blätter in ansteigender Ordnung eingetragen.

Ist die Genauigkeit der Messung sehr hoch, z. B. bei der Messung der Größe mit drei Nachkommastellen, sind die Beobachtungen vor der Erstellung des Stamm-Blatt-Diagramms zu runden.

back-to-back stemplot

Stamm-Blatt-Diagramme können auch verwendet werden, um die Beobachtungen aus zwei Stichproben gleichzeitig darzustellen (*back-to-back stemplot*). Die Beobachtungen der einen Gruppe werden links, die der anderen Gruppe rechts des Stammes dargestellt.

Beispiel eines back-to-back stemplots: Vergleich der IQ-Werte der erst- und zweitgeborenen Zwillinge aus der Zwillingsstudie

Erstgeborener	Stamm	Zweitgeborener
578	8	79
667	9	346
13	10	13
	11	34
47	12	6

Es gibt eine Reihe weiterer Varianten von Stamm-Blatt-Diagrammen. So können bei sehr vielen Beobachtungen mehrere Beobachtungen, z. B. drei Beobachtungen, durch ein Blatt repräsentiert werden. (Die Anzahl der durch ein Blatt repräsentierten Beobachtungen ist natürlich zu vermerken.) Weiterhin können bei vielen Beobachtungen die Blätter, die zu einem Stamm gehören, in zwei Zeilen dargestellt werden. Hinter jedem Stamm stehen dann in der jeweils ersten Zeile die Blätter mit den Ziffern von 0 bis 4 und in der zweiten Zeile die Blätter mit den Ziffern von 5 bis 9.

5.3.3 Histogramm

Histogramm

Histogramme dienen insbesondere der grafischen Darstellung von absoluten bzw. relativen Häufigkeitsverteilungen bei metrischen Variablen mit sehr vielen unterschiedlichen Ausprägungen. Die Form eines Histogramms ist analog zu der eines Balkendiagramms, nur bestehen bei Histogrammen keine Zwischenräume zwischen den Balken. Histogramme erstrecken sich über einen bestimmten zusammenhängenden Wertebereich, so z. B. für die Variable *Intelligenz* über ein Intervall von 50 bis 150 IQ-Punkten. Die Variablenwerte werden in der Regel zu Klassen bzw. Gruppen von Werten zusammengefasst und die Häufigkeiten einer Klasse werden dann durch eine Säule repräsentiert. Mit der Bildung von Klassen geht allerdings ein gewisser Informationsverlust einher.

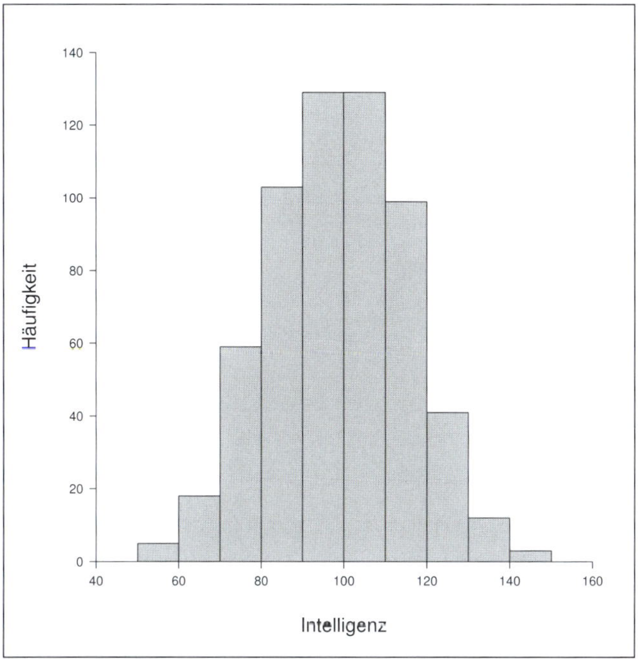

Abbildung 5.3: Histogramm für die Variable *Intelligenz* aus der Intelligenzstudie

Abbildung 5.3 gibt ein Histogramm für die Variable *Intelligenz* aus der Intelligenzstudie wieder. Wie man hier sieht, vermittelt ein Histogramm einen sehr guten Eindruck von der Lage, der Breite und der Form einer Häufigkeitsverteilung. Die Darstellung der Variablen Intelligenz aus dieser Studie anhand eines Histogramms zeigt, dass sich die Werte in etwa symmetrisch (Form) um den zentralen Wert 100 (Lage) verteilen. Man sieht außerdem, dass die Werte zwischen 50 und 150 (Breite) liegen.

Bei der Erstellung eines Histogramms ist zunächst die Anzahl der Klassen festzulegen. Äquivalent dazu kann die Breite der Klassen bestimmt werden, wobei für alle Klassen die gleiche Breite gewählt werden sollte. Zu beachten ist, dass sich die Klassen nicht überschneiden.

Nach der Festlegung der Klassen werden die absoluten oder relativen Häufigkeiten für jede Klasse bestimmt, d. h., es ist die gruppierte Häufigkeitsverteilung zu erstellen. Abschließend wird für jede Klasse eine Säule dargestellt, deren Höhe proportional zur absoluten bzw. relativen Häufigkeit der Klasse ist.

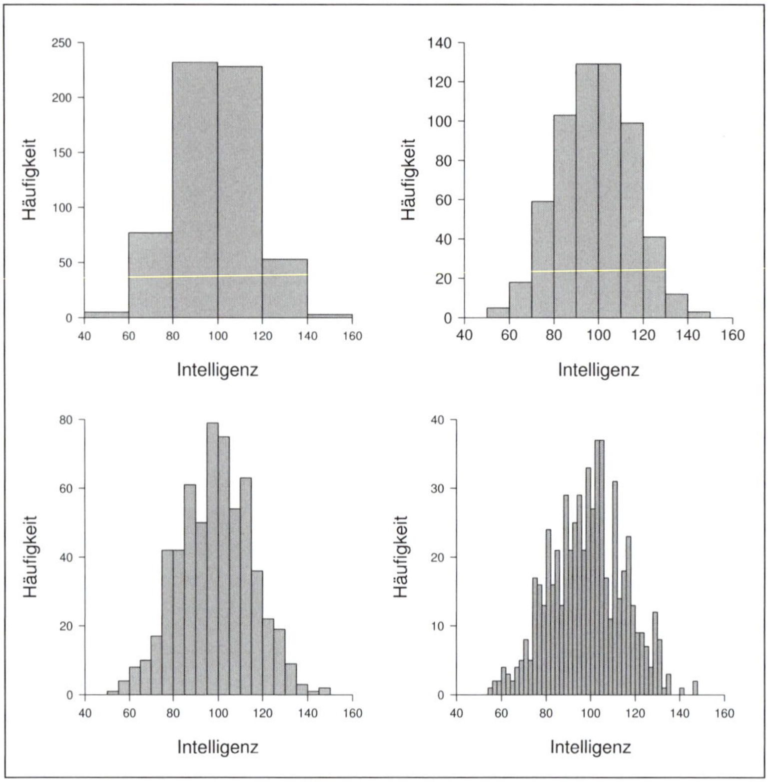

Abbildung 5.4: Histogramme mit unterschiedlichen Klassenbreiten für die Variable *Intelligenz* aus der Intelligenzstudie

Die Wahl der Klassenbreite ist entscheidend für den optischen Eindruck, denn eine unterschiedliche Klassenbreite kann die Form entscheidend verändern und somit die Interpretation der Ergebnisse beeinflussen. Abbildung 5.4 demonstriert den Einfluss der Klassenbreite auf das Erscheinungsbild. Allen vier Histogrammen liegen die gleichen Daten (Variable *Intelligenz* aus der Intelligenzstudie) zugrunde. Die Unterschiede in der Gestalt beruhen lediglich auf der gewählten Klassenanzahl. Hier ist recht deutlich zu sehen, wie eine Variation der Klassenanzahl zu unterschiedlichen Schlussfolgerungen hinsichtlich der zugrunde liegenden Verteilung führen mag.

Werden Histogramme, wie üblich, per Computer erstellt, kann man den Statistikprogrammen die Bestimmung der Klassenbreite überlassen. Die Programme nutzen Daumenregeln, die dafür sorgen, dass ein Histogramm die Variable in der Regel relativ gut repräsentiert. In manchen Fällen ist es allerdings sinnvoll, die automatisch gewählte Klassenanzahl nachträglich zu verändern, um einer zu hohen oder auch zu niedrigen

Auflösung in Klassen entgegenzuwirken. Tabelle 5.4 zeigt die voreingestellten Regeln zur Bestimmung der Klassenanzahl in den Programmpaketen SPSS und R. Hierbei wird die Intervallanzahl meistens als Funktion der Anzahl der Beobachtungen n berechnet.

Tabelle 5.4: Regeln für die Bestimmung der Intervallanzahlen in einem Histogramm in den Programmpaketen SPSS und R

Regel	Programm	Formel für die Intervallanzahl
Wurzel n-Regel	SPSS	abgerundet ($\sqrt{n}$)
Sturges-Regel	R	abgerundet ($1 + \log_2 n$)

Stellt man in einem Bericht sehr viele Histogramme dar, kann man eine der Regeln verwenden, um angesichts unterschiedlicher Anzahlen beobachteter Variablenwerte eine gewisse Normierung der Darstellung der Histogramme zu erreichen. Ansonsten ist im Einzelfall jeweils hinsichtlich des Untersuchungszwecks und der anzugebenden Genauigkeit zu entscheiden, wie viele Klassen zu verwenden sind.

5.4 Formen von Häufigkeitsverteilungen

5.4.1 Normalverteilung

Die in Abbildung 5.5 als Linienzug dargestellte Häufigkeitsverteilung hat eine bestimmte, häufig anzutreffende Form, die Form der *Gauß'schen Glockenkurve*.

Gauß'sche Glockenkurve

Diese Verteilungsform spielt eine wichtige Rolle in der gesamten Statistik, denn bei hinreichend großer Anzahl der erhobenen Werte einer metrischen Variablen nehmen die Häufigkeitsverteilungen zahlreicher Merkmale, wie Größe, Gewicht, Intelligenz, Extraversion oder unternehmerisches Interesse, die Form der Gauß'schen Glockenkurve an. Man sagt dann auch „die Variable folgt einer Normalverteilung" oder „ist normalverteilt".

Die Gauß'sche Glockenkurve ist als stetige Funktion definiert, die als Grenzfall eines Histogramms aufgefasst werden kann. Die Abbildung 5.6 enthält vier Histogramme einer Variablen, die so gut wie möglich einer Normalverteilung, die ebenfalls abgebildet ist, folgt. Ist eine Variable normalverteilt und erhebt man immer mehr Beobachtungen bis zu dem theoretischen Grenzfall von unendlich vielen Beobachtungen, dann resultiert die theoretische Form der Normalverteilung. Um von einer normalverteilten Variablen ausgehen zu können, sollte auch schon bei einer Aufteilung einer Variablen in relativ breite Intervalle die Approximation durch die Gauß'sche Glockenkurve hinreichend gut sein.

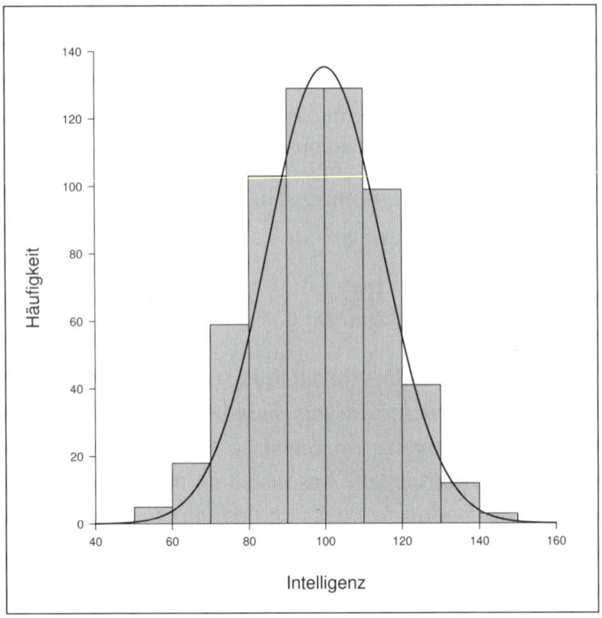

Abbildung 5.5: Beispiel einer annähernd normalverteilten Variablen

Im Kapitel „Zufallsvariablen" des zweiten Bandes dieses Lehrbuches werden wir uns ausführlicher mit dieser Verteilung beschäftigen. Dass wir sie hier schon erwähnen, liegt darin begründet, dass die Normalverteilung in der deskriptiven Statistik für die Definition bestimmter Koeffizienten eine wichtige Rolle spielt (vgl. Kap. 6).

Um schnell zu sehen, ob eine Variable normalverteilt ist, kann anhand von statistischer Software die zu einer bestimmten Häufigkeitsverteilung passende Normalverteilung grafisch in ein Histogramm eingefügt werden (wie in Abb. 5.5). So ist der Grad der Anpassung einer Häufigkeitsverteilung an eine Normalverteilung sehr schnell ersichtlich. Wenn sich die Häufigkeitsverteilung annähernd durch die Gauß'sche Glockenkurve beschreiben lässt, resultieren viele Vorteile für weitere statistische Analysen.

In den nachfolgenden Abschnitten sollen einige weitere Kennzeichen zur Beschreibung von Verteilungsformen aufgezeigt werden.

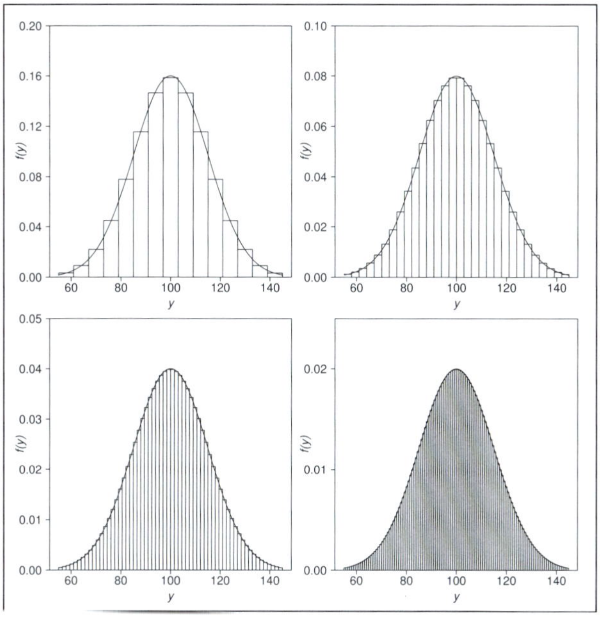

Abbildung 5.6: Histogramme mit unterschiedlichen Balkenbreiten für eine Variable, die einer Normalverteilung folgt

5.4.2 Gipfel von Verteilungen

Ein wichtiges Kriterium zur Unterscheidung verschiedener Arten von Häufigkeitsverteilungen ist die Anzahl der „Gipfel". Abhängig davon, ob ein, zwei oder mehrere Gipfel vorhanden sind, spricht man von einer uni-, bi- oder multimodalen Verteilung.

Häufig liegen bi- oder multimodale Verteilungen vor, wenn Variablen an mehreren unterschiedlichen Populationen erhoben wurden. Insbesondere wenn umfangreiche Stichproben vorliegen, ist diese Möglichkeit in Betracht zu ziehen. Dann liegt eine „Mischung" zweier oder mehrerer Populationen vor und es ist häufig sehr schwierig oder unmöglich, anhand der Stichprobendaten Rückschlüsse auf die einzelnen zugrunde liegenden Populationen vorzunehmen. Wird beispielsweise die Intelligenz von Schülern unterschiedlicher Schultypen, wie dem Gymnasium und der Hauptschule, gemessen, basiert diese Untersuchung auf zwei unterschiedlichen Populationen. Werden die Daten für die beiden Schultypen nicht gesondert betrachtet, lassen sich schwerlich sinnvolle Ergebnisse über die Intelligenz der Schüler eines jeden Schultyps erzielen.

Es gibt allerdings Situationen, in denen man aus theoretischen Gründen eine bi- oder multimodale Verteilung der Häufigkeiten erwarten kann, wie das folgende Beispiel zeigt.

Beispiel einer psychologischen Studie mit einer mehrmodalen Variablen: Studie zur Wasserstandsaufgabe

In einer Studie von Lohaus, Thomas, Kessler und Gediga (1996) wurden Kinder untersucht, die mit der sogenannten Wasserstandsaufgabe (Water-level-task) konfrontiert wurden. Hier sollten die Kinder den Wasserstand in einer halbgefüllten Flasche einzeichnen. Die folgenden Abbildungen zeigen die richtige und eine falsche Lösung sowie die Bestimmung des Fehlerwinkels.

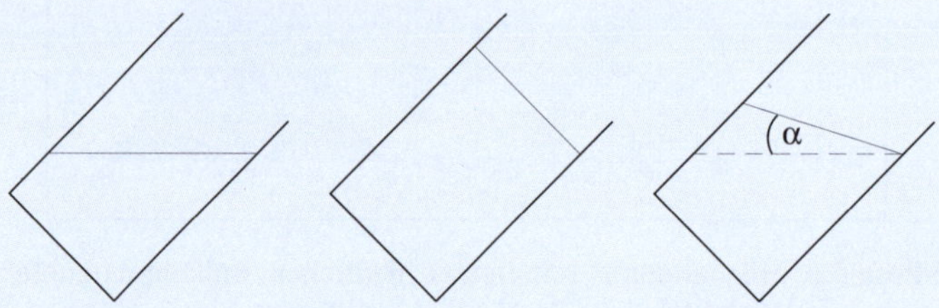

richtig falsch Bestimmung des Fehlerwinkels

In Abhängigkeit von ihrer kognitiven Entwicklung zeichnen einige Kinder den Wasserstand parallel zum Flaschenboden ein, andere berücksichtigen bereits den Drehwinkel gegenüber dem Untergrund. Bei der Darbietung einer um $30°$ gedrehten Flasche kann man deshalb zwei typische Ergebnisse erwarten: (1) eingezeichnete Linien, deren Winkel – bis auf Ungenauigkeiten – korrekt bei $0°$ (in Bezug auf den Untergrund) liegen und (2) eingezeichnete Linien, die um $-30°$ zu drehen sind, damit sie korrekt sind, also einen Fehler von $-30°$ aufweisen. Der Winkel, der sich aus der eingezeichneten und der richtigen Linie ergibt und in der Abbildung (oben rechts) mit α benannt ist, wird im Folgenden als Fehler bezeichnet. Dieser Fehler stellt die abhängige Variable in dem Experiment dar.

Abbildung 5.7 zeigt die Fehlerverteilung der eingezeichneten Winkel bei einer Neigung von $30°$. Das Histogramm zeigt entsprechend der theoretischen Annahmen zwei Gipfel bei $0°$ und bei $-30°$. Die Kinder, die Werte in der Nähe der jeweiligen Winkel erzeugt haben, sollten damit einen unterschiedlichen Entwicklungsstand aufweisen.

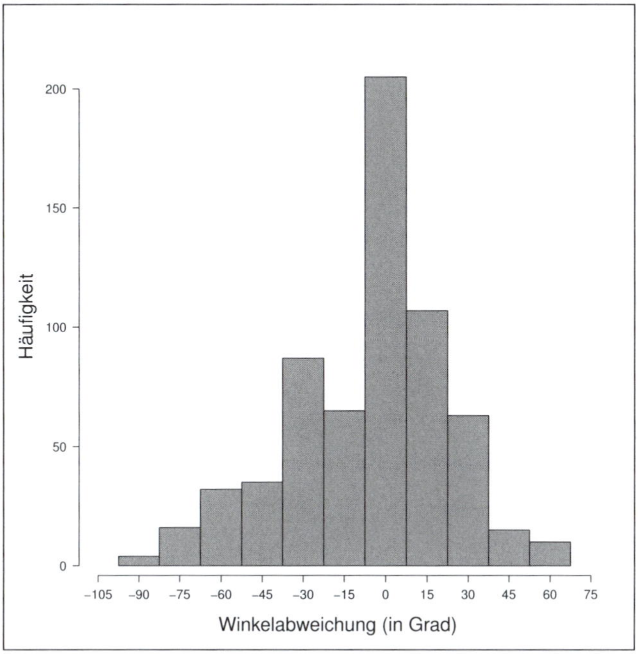

Abbildung 5.7: Beispiel einer mehrmodalen Verteilung für die Fehler (Winkelabweichung) aus der Studie zur Wasserstandsaufgabe

5.4.3 Schiefe von Verteilungen

Symmetrische Häufigkeitsverteilungen besitzen eine Symmetrieachse, wobei die links von der Symmetrieachse liegende Hälfte mit der rechts von der Symmetrieachse liegenden Hälfte spiegelbildlich identisch ist. Diese Verteilungen haben, wie wir noch sehen werden, Vorteile gegenüber asymmetrischen bzw. schiefen Verteilungen.

Es werden grundsätzlich zwei Arten von schiefen Verteilungen unterschieden. Eine Verteilung wird als *rechtsschief* bzw. *linkssteil* bezeichnet, wenn sie im Vergleich zu einer entsprechenden symmetrischen Verteilung auf der rechten Seite flacher abfällt und auf der linken Seite steiler ansteigt. Der größere Teil der Daten ist dann stärker auf der linken Hälfte des Wertebereichs mit Häufigkeiten größer als 0 konzentriert.

rechtsschiefe Verteilung

Solche rechtsschiefen Verteilungen treten typischerweise auf, wenn bei einfachen Aufgaben die Reaktionszeit gemessen wird (simple reaction tasks) und ebenso bei der Summe richtig gelöster Aufgaben eines schweren Tests. In der Abbildung 5.8 sind die Häufigkeiten der Summe der gelösten Aufgaben eines schweren Tests mit insgesamt zehn Aufgaben dargestellt. Wie der Abbildung zu entnehmen ist, löste die überwiegende Mehrheit der Personen weniger als die Hälfte der Aufgaben.

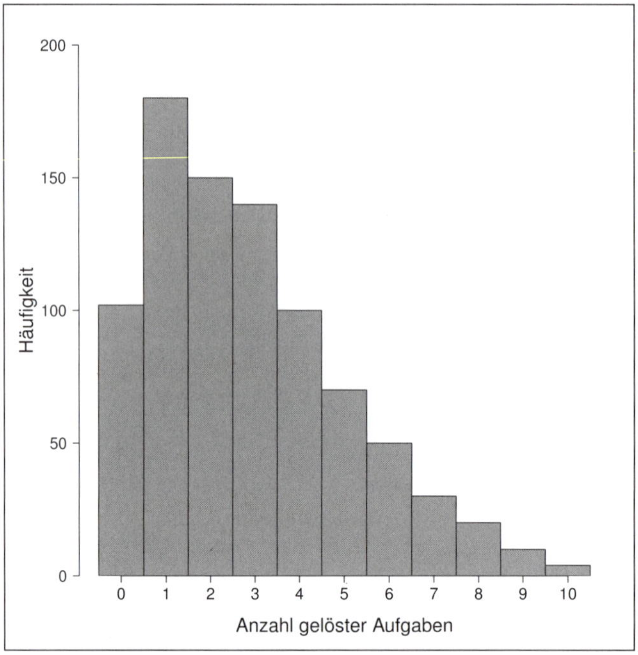

Abbildung 5.8: Beispiel für eine rechtsschiefe (linkssteile) Verteilung

linksschiefe Verteilung

Eine Verteilung heißt demgegenüber *linksschief* bzw. *rechtssteil*, wenn die Verteilung nach links flacher ansteigt und nach rechts steiler abfällt als eine entsprechende symmetrische Verteilung. Der größere Teil der Daten ist dann auf der rechten Hälfte konzentriert. Solche linksschiefen Verteilungen treten z. B. bei Fragen auf, die eine hohe Zustimmung finden. Auch bei Leistungstests, die überwiegend aus leichten Aufgaben bestehen, liegen oft linksschiefe Verteilungen vor. Unser Beispiel in Abbildung 5.9 zeigt die Verteilung der gelösten Aufgaben eines leichten Tests mit zehn Aufgaben.

5.5 Darstellung der empirischen Verteilungsfunktion

Insbesondere im Fall von metrischen Merkmalen mit vielen Ausprägungen kann die Darstellung durch Histogramme dann problematisch sein, wenn man an einer möglichst exakten Darstellung aller Messwerte interessiert ist, denn Histogramme beruhen auf gruppierten Messwerten, bei denen ein gewisser Informationsverlust auftaucht.

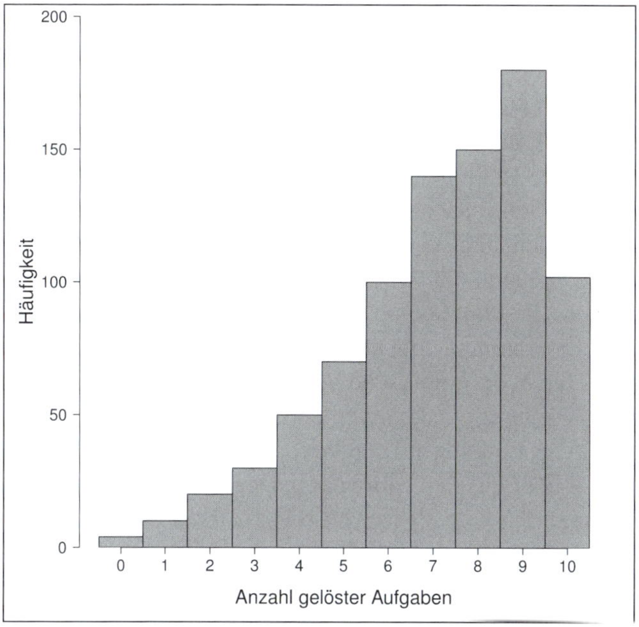

Abbildung 5.9: Beispiel für eine linksschiefe (rechtssteile) Verteilung

Stellt man statt des Histogramms – basierend auf den relativen Häufigkeiten – die kumulierten relativen Häufigkeiten dar (vgl. Abb. 5.10), so lassen sich (zumindest prinzipiell) alle Daten rekonstruieren, was bei Histogrammen nicht möglich ist.

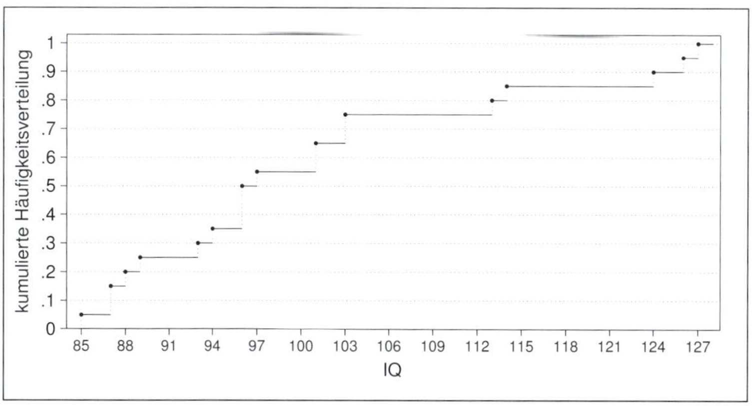

Abbildung 5.10: Beispiel einer empirischen Verteilungsfunktion basierend auf den 20 IQ-Werten aus der Zwillingsstudie

Für die grafische Darstellung der empirischen Verteilungsfunktion werden die geordneten Messwerte auf der X-Achse des Diagramms abgetragen, die kumulierten relativen Häufigkeiten bilden die Y-Achse. Die

Darstellung erfolgt durch eine sogenannte Sprungfunktion (vgl. Abb. 5.10).

Der kleinste Messwert wurde mit 85 gemessen. Alle kleineren Messwerte weisen damit eine relative Häufigkeit von 0 auf und damit ebenfalls eine kumulierte Häufigkeit von 0. Die empirische Verteilungsfunktion macht an der Stelle 85 einen Sprung von 0 auf .05, weil genau eine Beobachtung den kleinsten Wert (85) annimmt und die kumulierte relative Häufigkeit damit $.05 = 1/20$ beträgt. Der Punkt an der Sprungstelle zeigt an, dass die Funktion ab hier (d. h. einschließlich dieses Punktes) den Wert .05 annimmt. Für alle Werte, die größer als 85 und kleiner als 87 sind, bleibt die empirische Verteilungsfunktion konstant. Bei dem Messwert 87 gibt es wieder einen Sprung. Hier ändert sich die empirische Verteilungsfunktion auf den Wert .15, da drei Beobachtungen einen Wert kleiner oder gleich 87 aufweisen. Der Rest der Funktion wird analog konstruiert.

Tabelle 5.5: Formeln zur Rekonstruktion der Häufigkeitstabelle aus einer empirischen Verteilungsfunktion

Kategorien	Häufigkeiten	relative Häufigkeiten	empirische Verteilungsfunktion
85	$n_1 = p_1 \cdot n$	$p_1 = c_1$	.05
87	$n_2 = p_2 \cdot n$	$p_2 = c_2 - c_1$	.15
88	$n_3 = p_3 \cdot n$	$p_3 = c_3 - c_2$	.20
89	$n_4 = p_4 \cdot n$	$p_4 = c_4 - c_3$	.25
93	$n_5 = p_5 \cdot n$	$p_5 = c_5 - c_4$	.30
94	$n_6 = p_6 \cdot n$	$p_6 = c_6 - c_5$	.35
96	$n_7 = p_7 \cdot n$	$p_7 = c_7 - c_6$	.50
97	$n_8 = p_8 \cdot n$	$p_8 = c_8 - c_7$	.55
101	$n_9 = p_9 \cdot n$	$p_9 = c_9 - c_8$	.65
103	$n_{10} = p_{10} \cdot n$	$p_{10} = c_{10} - c_9$	.75
113	$n_{11} = p_{11} \cdot n$	$p_{11} = c_{11} - c_{10}$	.80
114	$n_{12} = p_{12} \cdot n$	$p_{12} = c_{12} - c_{11}$	.85
124	$n_{13} = p_{13} \cdot n$	$p_{13} = c_{13} - c_{12}$	.90
126	$n_{14} = p_{14} \cdot n$	$p_{14} = c_{14} - c_{13}$	.95
127	$n_{15} = p_{15} \cdot n$	$p_{15} = c_{15} - c_{14}$	1.00
Gesamt	$n = 20$	1.00	1.00

Ist die Größe der Gesamtstichprobe bekannt, kann die vollständige Häufigkeitstabelle aus der gegebenen empirischen Verteilungsfunktion rekonstruiert werden. Tabelle 5.5 zeigt die notwendigen Rechenschritte, Tabelle 5.6 das Resultat der Rekonstruktion.

Tabelle 5.6: Rekonstruierte Häufigkeitstabelle aus einer empirischen Verteilungsfunktion

Kategorien	Häufigkeiten	relative Häufigkeiten	empirische Verteilungsfunktion
85	1	.05	.05
87	2	.10	.15
88	1	.05	.20
89	1	.05	.25
93	1	.05	.30
94	1	.05	.35
96	3	.15	.50
97	1	.05	.55
101	2	.10	.65
103	2	.10	.75
113	1	.05	.80
114	1	.05	.85
124	1	.05	.90
126	1	.05	.95
127	1	.05	1.00
Gesamt	20	1.00	1.00

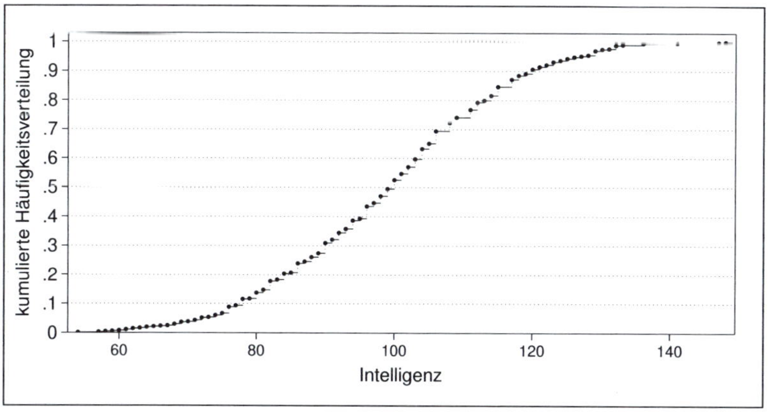

Abbildung 5.11: Grafische Darstellung der empirischen Verteilungsfunktion der Variablen *Intelligenz* aus der Intelligenzstudie

Offensichtlich ist durch die Darstellung der empirischen Verteilungsfunktion keine Information verloren gegangen. Da die empirische Verteilungsfunktion auch für beliebig große Stichproben einfach darstellbar ist (vgl. Abb. 5.11), hat man mit der Darstellungsform der empirischen

Verteilungsfunktion die Möglichkeit, metrische Daten ohne Informationsverlust darzustellen.

Neben dem Vorteil einer verlustfreien Darstellung der Daten hat die empirische Verteilungsfunktion aber auch Nachteile gegenüber einem Histogramm. Weder die Anzahl der Gipfel einer Verteilung noch die Form der Verteilung ist der empirischen Verteilungsfunktion unmittelbar zu entnehmen. Ebenso ist intuitiv die Verteilungsform der Daten nicht so gut nachzuvollziehen wie beim Histogramm. Daher ist die grafische Darstellung empirischer Verteilungsfunktionen eher im statistischen Kontext üblich, zumal sie in bestimmten Bereichen der Inferenzstatistik benötigt wird.

5.6 Software

5.6.1 SPSS

Mithilfe des Menüs der Statistiksoftware SPSS lassen sich alle in diesem Kapitel dargestellten Verfahren durchführen. Im Folgenden werden die relevanten Menüpunkte in ihrer Unterstruktur dargestellt.

Menü

Analysieren
↓
Deskriptive Statistiken → **Häufigkeiten**

Im Dialogfeld kann unter **„Diagramme"** angegeben werden, ob zusätzlich zur tabellarischen Darstellung ein Diagramm (Balkendiagramm, Kreisdiagramm, Histogramm) gezeigt werden soll.

Diagramme
↓
Diagrammerstellung → Balken
→ Kreis/Polar
→ Histogramm

Im Dialogfeld können Variablen, Diagrammtyp und Darstellungsoptionen festgelegt werden.

Für die Erstellung von Stamm-Blatt-Diagrammen verwendet man anstelle des Menüpunktes *Diagramme* den Menüpunkt *Explorative Datenanalyse*.

5.6.2 R

Der R-Commander liefert verschiedene Möglichkeiten der Häufigkeitsanalyse und deren grafischer Darstellung. Hierbei ist anzumerken, dass Balken- oder Kreisdiagramme innerhalb des R-Commanders nur für Faktoren (nominalskalierte Variablen) abrufbar sind. Wird die Syntax von R genutzt, gibt es allerdings keine Einschränkungen bezüglich des gewählten Skalenniveaus.

R-Commander

Statistik
↓
Deskriptive Statistik → **Häufigkeitsverteilung**

Grafiken → Balkendiagramm
→ Kreisdiagramm
→ Histogramm
→ Stamm-Blatt-Diagramm

Mittels der Syntax bietet R – unter vielen anderen – die folgenden Möglichkeiten zur Darstellung von Häufigkeiten der Werte einer Variablen `Y`.

Syntax

`table(Y)`	erzeugt eine Tabelle mit den absoluten Häufigkeiten
`table(Y)/length(Y)`	erzeugt eine Tabelle mit den relativen Häufigkeiten
`stem(Y)`	erzeugt ein Stamm-Blatt-Diagramm
`hist(Y)`	erzeugt ein Histogramm
`barplot(table(Y))`	erzeugt ein Balkendiagramm mit den absoluten Häufigkeiten
`pie(table(Y))`	erzeugt ein Kreisdiagramm mit den absoluten Häufigkeiten

Zusammenfassung

Im Rahmen der univariaten deskriptiven Statistik gilt es, nach der Festlegung des Skalenniveaus der Variablen, zunächst einen Überblick über die Verteilung der einzelnen Variablen zu gewinnen. Dazu dient die Häufigkeitsverteilung, die die absoluten, relativen und kumulierten relativen Häufigkeiten in tabellarischer Form enthält. Die Erstellung von Häufigkeitsverteilungen für die einzelnen Variablen ist ein erster wichtiger Schritt, der im Rahmen der meisten statistischen Analysen standardmäßig durchgeführt wird.

Die grafische Darstellung der Häufigkeitsverteilung kann anhand verschiedener Verfahren vorgenommen werden. Für die Darstellung der absoluten und relativen Häufigkeiten diskreter Variablen eignen sich insbesondere Kreis- und Balkendiagramme. Das Stamm-Blatt-Diagramm stellt eine semigrafische Darstellung der absoluten Häufigkeiten für metrische Variablen mit einer nicht übermäßig großen Anzahl von Beobachtungen dar. Histogramme sind insbesondere für metrische Variablen mit sehr vielen Ausprägungen gedacht. Für die Erstellung von Histogrammen müssen die Ausprägungen einer Variablen häufig zunächst gruppiert werden. In das Histogramm kann die Gauß'sche Glockenkurve so eingezeichnet werden, dass sie möglichst gut an die Daten angepasst ist. Damit kann man relativ gut sehen, inwieweit die Variable einer Normalverteilung folgt.

Weiterhin kann die empirische Verteilungsfunktion, die Verteilung der kumulierten relativen Häufigkeiten, grafisch als Treppenfunktion dargestellt werden. Während beim Histogramm durch eine Gruppierung der Variablenwerte ein gewisser Informationsverlust erfolgt, bleiben bei der grafischen Darstellung der empirischen Verteilungsfunktion die ursprünglichen Informationen erhalten. Die empirische Verteilungsfunktion spielt für viele weitergehende statistische Verfahren eine wichtige Rolle. Einen besseren Eindruck von der Form einer Häufigkeitsverteilung gewährt jedoch in der Regel das Histogramm. So zeigt das Histogramm übersichtlich die Anzahl der Gipfel sowie die Schiefe einer Verteilung an.

Verteilungen können (approximativ) symmetrisch sein oder schief. Grundsätzlich werden zwei Arten von schiefen Verteilungen unterschieden. Eine Verteilung wird als rechtsschief bzw. linkssteil bezeichnet, wenn sie im Vergleich zu einer entsprechenden symmetrischen Verteilung auf der rechten Seite flacher abfällt und auf der linken Seite steiler ansteigt. In analoger Weise wird eine Verteilung als linksschief bzw. rechtssteil definiert.

Zentrale Begriffe

Die *absolute Häufigkeit* bezeichnet die Anzahl der statistischen Einheiten einer Stichprobe mit einer bestimmten Ausprägung eines Merkmals.

Die *relative Häufigkeit* bezeichnet den Anteil der beobachteten Ausprägungen (absolute Häufigkeit) am Gesamtstichprobenumfang.

Die *empirische Verteilungsfunktion* enthält die kumulierten relativen Häufigkeiten für die Ausprägungen eines bestimmten Merkmals.

Das *Kreisdiagramm* ist eine Darstellungsform für die relativen oder absoluten Häufigkeiten, wobei die unterschiedlichen Ausprägungen eines Merkmals als Sektoren eines Kreises dargestellt werden.

Beim *Balkendiagramm* werden die Häufigkeiten anhand unterschiedlicher Höhen von Balken dargestellt. Zwischen den Balken besteht jeweils ein Zwischenraum, die Balken berühren sich also nicht.

In einem *Stamm-Blatt-Diagramm* werden die Ausprägungen eines Merkmals in Stämme und Blätter aufgeteilt. Die einzelnen Variablenwerte können somit als Blätter hinter dem passenden Stamm abgetragen werden. Alle Beobachtungen bleiben im Stamm-Blatt-Diagramm erhalten und man erhält einen Überblick über die Form der Verteilung eines Merkmals.

Zur Erstellung eines *Histogramms* wird eine metrische Variable zuerst in *k* Klassen eingeteilt. Für jede Klasse wird ein Rechteck (zumeist mit gleicher Breite) errichtet, dessen Fläche proportional zur klassenspezifischen Häufigkeit ist.

Eine *bimodale Verteilung* bzw. *multimodale Verteilung*, auch *zweigipflige* bzw. *mehrgipflige Verteilung* genannt, besitzt zwei bzw. mehrere Gipfel.

Schiefe Verteilungen weichen von symmetrischen Verteilungen in dem Sinne ab, dass der größere Teil der Daten auf der linken bzw. rechten Seite konzentriert ist. Dementsprechend heißen die Verteilungen linksschief/rechtssteil bzw. rechtsschief/linkssteil.

Die *Normalverteilung* hat die Form einer Glockenkurve und ist für die Beschreibung der Verteilung vieler Variablen angemessen.

Notation

Notation	Bedeutung
n	Größe der untersuchten Stichprobe
r	Anzahl der Zeilen in einer Häufigkeitstabelle, jeder Zeile ist eine Kategorie (Ausprägung bzw. Intervall) zugeordnet
$n_1, \ldots, n_i, \ldots, n_r$	Absolute Häufigkeiten der Ausprägungen einer Variablen in einer Häufigkeitstabelle
$p_1, \ldots, p_i, \ldots, p_r$	Relative Häufigkeiten der Kategorien in einer Häufigkeitstabelle
$c_1, \ldots, c_i, \ldots, c_r$	Kumulierte (aufsummierte) relative Häufigkeiten der Kategorien in einer Häufigkeitstabelle

Kapitel 6
Univariate deskriptive Statistiken

Inhaltsübersicht

Während im vorausgehenden Kapitel statistische Konzepte zur *tabellarischen* und *grafischen* Repräsentation der Verteilung einzelner Variablen vorgestellt wurden, folgen nun verschiedene Maße zur zusammenfassenden *numerischen Beschreibung* einer Verteilung.

Kennwerte, die die Verteilung einer Variablen beschreiben, werden als deskriptive *Statistiken* bezeichnet. Maße für die *zentrale Tendenz* und *Streuung* stellen die wichtigsten deskriptiven Statistiken dar. Einen weiteren Aufschluss über die Form einer Verteilung geben Maße für die Schiefe und die Wölbung (Kurtosis). Statistiken

In Abhängigkeit vom Skalenniveau einer Variablen sind jeweils unterschiedliche Statistiken der zentralen Tendenz und der Streuung zulässig, d. h. sinnvoll zu interpretieren. So gibt es Statistiken für die zentrale Tendenz oder die Streuung, die nur für metrische Variablen sinnvoll sind, während andere Statistiken auch für ordinal- und nominalskalierte Variablen sinnvoll zu interpretieren sind. Tabelle 6.1 zeigt vorab eine Übersicht über alle Statistiken, die in diesem Kapitel vorgestellt werden.

Tabelle 6.1: Statistiken zur univariaten Beschreibung von Daten

Beschreibung der	Statistik	Skalenniveau
zentralen Tendenz	Mittelwert	mind. Intervallskala
	Median	mind. Ordinalskala
	Modus	mind. Nominalskala
Position in der Verteilung	Quantile (Quartile, Dezile)	mind. Ordinalskala
Streuung	Varianz	mind. Intervallskala
	Standardabweichung	mind. Intervallskala
	Interquartilabstand	mind. Intervallskala
	Spannweite	mind. Intervallskala
Schiefe	Schiefekoeffizient	mind. Intervallskala
	Quartilskoeffizient	mind. Ordinalskala
Wölbung	Kurtosiskoeffizient	mind. Intervallskala

Eine einzelne Statistik ist meistens nicht ausreichend, um die Form der Verteilung einer Variablen hinreichend zu beschreiben, da bei der Zusammenfassung der Werte einer Variablen zu einer Statistik Informationen über die Verteilung verloren gehen. So kann beispielsweise ein Durchschnitts- bzw. Mittelwert aus einer Verteilung stammen, bei der alle Werte nahe am Mittelwert liegen. Andererseits kann derselbe

Mittelwert aus einer Verteilung mit vielen niedrigen und hohen Werten resultieren. Daher werden in der Regel mehrere Statistiken zur Charakterisierung einer Verteilung herangezogen.

6.1 Statistiken für die zentrale Tendenz von Variablen

Statistiken der zentralen Tendenz reflektieren den Schwerpunkt der Verteilung einer Variablen. Will man alle Werte einer Verteilung durch einen einzigen Wert repräsentieren, sind dazu Maße der zentralen Tendenz am besten geeignet.

6.1.1 Arithmetisches Mittel

arithmetisches Mittel

Das *arithmetische Mittel*, das häufig auch einfach als Mittelwert bezeichnet wird, ist die wichtigste Statistik zur Beschreibung der zentralen Tendenz. Dieses Maß ist lediglich für intervall- und ratioskalierte Variablen sinnvoll zu interpretieren.

dichotome Variable
binäre Variable

Eine Ausnahme bilden sogenannte *dichotome Variablen*, die auch als *binäre Variablen* bezeichnet werden. Bei diesen Variablen handelt es sich um nominalskalierte Variablen mit zwei Ausprägungen. Wenn bei dichotomen Variablen eine Ausprägung mit 0 und die andere mit 1 kodiert wird, beispielsweise *männlich*=0 und *weiblich*=1 bei der Variablen *Geschlecht*, entspricht das arithmetische Mittel der relativen Häufigkeit für die mit 1 kodierte Ausprägung und ist somit sinnvoll zu interpretieren.

Definition: Arithmetisches Mittel
Das arithmetische Mittel einer Variablen ist definiert als die Summe der Beobachtungen geteilt durch die Anzahl der Beobachtungen. Es wird mit $\bar{y}$ (sprich: „y quer“) bezeichnet.

Allgemein lässt sich das arithmetische Mittel anhand der folgenden Formel berechnen:

$$\bar{y} = \frac{1}{n}(y_1 + \ldots + y_n)$$

Unter Verwendung des Summenzeichens können wir auch kürzer schreiben:

$$\bar{y} = \frac{1}{n}\sum_{i=1}^{n} y_i$$

Der Ausdruck $\sum_{i=1}^{n} y_i$ ist folgendermaßen zu interpretieren: Der sogenannte Laufindex i nimmt die Werte $1, 2, ..., n$ an, damit resultieren die Variablenwerte $y_1, y_2, ..., y_n$. Das Summenzeichen bedeutet, dass diese Variablenwerte zu addieren sind. Damit resultiert die Summe $y_1 + ... + y_n$. Eine ausführlichere Erläuterung des Summenzeichens findet sich im Internetsupplement.

Beispiel zur Bestimmung des arithmetischen Mittels: Mittlere Temperatur an drei Tagen

Wir messen an drei Tagen mittags die Temperatur, dabei ergeben sich die folgenden Werte: $20°C$, $21°C$, $25°C$

Das arithmetische Mittel (Einheit $°C$) beträgt dann:

$$\bar{y} = \frac{1}{3} \cdot (20 + 21 + 25) = 22$$

Eigenschaften des arithmetischen Mittels

Das arithmetische Mittel ist ein Wert für die zentrale Tendenz der Variablen, da die Summe der Abweichungen vom arithmetischen Mittel, also die Summe der Differenzen der Einzelwerte y_i vom arithmetischen Mittel $\bar{y}$, gleich 0 ist:

$$\sum_{i=1}^{n} (y_i - \bar{y}) = 0$$

Summe der Abweichungen von $\bar{y}$ ist 0

Diese Eigenschaft bedeutet, dass sich positive und negative Abweichungen vom arithmetischen Mittel in der Summe immer gegenseitig aufheben, unabhängig davon, wie weit die einzelnen Werte vom Mittelwert entfernt sind. Hieraus folgt allerdings, dass die Summe der Differenzen der Einzelwerte zum Mittelwert nichts über die Streuung der Daten um den Mittelwert aussagt.

Wählt man jedoch die quadrierten Differenzen der Einzelwerte von einem Wert, so können sich die Differenzen nicht gegenseitig aufheben und man kann über die Summe der Abweichungsquadrate angeben, wie gut ein bestimmter Wert die Daten repräsentiert. Je kleiner die Summe der Abweichungsquadrate ist, desto besser repräsentiert dieser Wert die Daten. Das arithmetische Mittel ist in dieser Beziehung optimal, da es die Summe der Abweichungsquadrate minimiert:

$$\bar{y} = \min_{c \in \mathbb{R}} \left(\sum_{i=1}^{n} (y_i - c)^2 \right)$$

Kein anderer Wert c aus den reellen Zahlen $\mathbb{R}$ als der Mittelwert $\bar{y}$ führt zu einer kleineren Summe der Abweichungsquadrate.

Anstelle der Abweichungsquadrate könnte man auch die Summe der absoluten Abweichungen (Abweichungsbeträge)

$$\sum_{i=1}^{n} |y_i - c|$$

betrachten und einen optimalen Wert c bestimmen, der dieses Kriterium minimiert. Ein solcher Wert ist jedoch nicht immer eindeutig. Bestimmt man z. B. für die beiden Messwerte 1 und 5 die Summe der Abweichungen von ihrem Mittelwert $\bar{y} = 3$, so resultiert $|5-3| + |1-3| = 4$. Zum gleichen Resultat gelangt man jedoch auch dann, wenn man anstelle des Mittelwerts die Werte 1 oder 5 oder irgendeinen beliebigen Wert zwischen 1 und 5, wie z. B. 2.5 heranzieht. Denn es gilt:

$$|5-1| + |1-1| = |5-5| + |1-5| = |5-2.5| + |1-2.5| = 4$$

Ausreißerempfindlichkeit von $\bar{y}$

Der Mittelwert kann auf extrem hohe oder niedrige Werte, sogenannte Ausreißer, empfindlich reagieren, d. h. wenige oder auch einzelne extrem hohe oder niedrige Werte in einem Datensatz können das arithmetische Mittel maßgeblich beeinflussen, insbesondere dann, wenn geringe Stichprobenumfänge vorliegen.

Für intervallskalierte Daten sind positiv affine Transformationen, d. h. Transformationen der Form $y_i' = a + by_i$ $(b > 0)$ zulässig. Es ist leicht zu zeigen, dass das arithmetische Mittel der transformierten Daten gleich dem transformierten arithmetischen Mittel der Ausgangsdaten ist.

$$\text{Aus} \quad y_i' = a + by_i \quad \text{folgt} \quad \bar{y}' = a + b\bar{y}$$

Äquivarianz

Der Mittelwert „macht" sozusagen die auf Intervallskalenniveau zugelassenen positiv affinen Transformationen der Daten „mit". Diese Eigenschaft nennt man allgemein auch *Äquivarianz*. Dass die Äquivarianz generell eine sinnvolle Eigenschaft ist, macht man sich schnell am folgenden einfachen Beispiel klar. Wird eine mittlere Temperatur von 0 Grad auf der Celsius-Skala gemessen, so sollte der Mittelwert dieser Werte auf der Fahrenheit-Skala 32 Grad betragen, also dem Wert entsprechen, der dem Nullpunkt auf der Celsius-Skala entspricht. Durch die Äquivarianz ist das arithmetische Mittel eine sinnvoll zu interpretierende, d. h. zulässige Statistik für intervall- und ratioskalierte Variablen, wie das folgende Beispiel verdeutlicht.

Beispiel einer positiv affinen Transformation bei der Mittelwertbildung: Mittlere Temperatur an drei Tagen auf verschiedenen Skalen

An drei Tagen wird mittags die Temperatur gemessen.

Auf der Celsius-Skala ergeben sich die folgenden Werte:

$$20°C,\ 21°C,\ 25°C$$

Das arithmetische Mittel beträgt dann $\bar{y} = 22°C$

Auf der Fahrenheit-Skala ergeben die gleichen Messungen:

$$68°F,\ 69.9°F,\ 77°F$$

Das arithmetische Mittel beträgt damit $\bar{y}' = 71.6°F$

Die *Transformationsvorschrift* zur Umrechnung der in $°C$ gemessenen Werte in $°F$ ergibt:

$$y' = 32 + \frac{9}{5} \cdot y$$

Es gilt aber auch für die Mittelwerte:

$$\begin{aligned} \bar{y}' &= 32 + \frac{9}{5} \cdot \bar{y} \\ 71.6 &= 32 + \frac{9}{5} \cdot 22 \end{aligned}$$

Zwei weitere, eher selten gebräuchliche Kennwerte der mittleren Tendenz sind das geometrische Mittel und das harmonische Mittel, die im Internetsupplement dargestellt werden.

Zusammenhang von Gesamtmittelwert und Gruppenmittelwerten

Unterteilt man eine Gesamtstichprobe in mehrere Gruppen bzw. Substichproben, die zusammen genommen wiederum die Gesamtstichprobe ergeben, so kann man für die Gesamtstichprobe sowie für die einzelnen Substichproben jeweils die Mittelwerte berechnen. Für die Gruppenmittelwerte kann man nun wiederum den Mittelwert bestimmen. Dieser Mittelwert der Gruppenmittelwerte und der Gesamtmittelwert stimmen im Allgemeinen jedoch nicht überein, d. h. nur in bestimmten Fällen, insbesondere wenn alle Gruppen gleich groß sind. Bei ungleich großen Gruppen sind der Gesamtmittelwert und das arithmetische Mittel der Gruppenmittelwerte in der Regel unterschiedlich.

Bei gruppierten Daten ist der Mittelwert somit etwas anders zu bestimmen. Liegen r Gruppen mit den unterschiedlichen Gruppengrößen $(n_1, \ldots, n_r)$ vor, so lässt sich der Gesamtmittelwert $\bar{y}$ aus den Gruppenmittelwerten $\bar{y}_1, \ldots, \bar{y}_r$ wie folgt berechnen:

Mittelwert bei gruppierten Daten

$$\begin{aligned} \bar{y} &= \frac{1}{n}(n_1\bar{y}_1 + \ldots + n_r\bar{y}_r) \\ &= \frac{1}{n}\sum_{j=1}^{r} n_j\bar{y}_j \end{aligned}$$

Dabei ist $n = n_1 + n_2 + \ldots + n_r$.

Beispiel zur Berechnung von Gruppenmittelwerten und Gesamtmittelwert: IQ-Werte von Personen aus zwei Gruppen

Es liegen die folgenden Werte vor:

Gruppe 1: $100, 110, 120$; Gruppe 2: $110, 130$

Als *Gruppenmittelwerte* erhalten wir also:

$$\begin{aligned} \bar{y}_1 &= \frac{100+110+120}{3} = 110 \\ \bar{y}_2 &= \frac{110+130}{2} = 120 \end{aligned}$$

Der *Gesamtmittelwert* ist hier:

$$\begin{aligned} \bar{y} &= \frac{3 \cdot 110 + 2 \cdot 120}{5} \\ &= 114 \end{aligned}$$

Der *Mittelwert der Gruppenmittelwerte* ist $\frac{110+120}{2} = 115$.

Es gilt hier also:

$$\bar{y} \neq \frac{(\bar{y}_1 + \bar{y}_2)}{2}$$

Mit dem vorhergehenden Beispiel konnte also gezeigt werden, dass der Mittelwert der Gruppenmittelwerte und der Gesamtmittelwert in der Regel nicht identisch sind, wenn unterschiedlich große Gruppen vorliegen.

Problematisch ist die Berechnung von Mittelwerten aus gruppierten Daten, wenn „offene“ Randklassen vorliegen – wie etwa bei den in Klassen eingeteilten IQ-Werten auf Seite 66 mit den Klassen „< 55“ und

„≥ 145". Hier ist das arithmetische Mittel im Allgemeinen nicht sinnvoll zu bestimmen. In diesem Fall kann jedoch der Median genutzt werden, der im Folgenden dargestellt wird.

6.1.2 Median

Der *Median* ist eine Maßzahl für die zentrale Tendenz von Variablen, die mindestens auf Ordinalskalenniveau gemessen wurden. Diese Statistik kann damit auch für metrische Variablen bestimmt und sinnvoll interpretiert werden. Wie wir noch zeigen werden, ist er für metrische Variablen insbesondere dann geeignet, wenn extreme Werte vorliegen. Median

Da die Abstände zwischen den Werten ordinalskalierter Variablen nicht definiert sind, hier lediglich eine Rangordnung vorliegt, kann eine Maßzahl für die zentrale Tendenz von Variablen dieses Skalenniveaus auch nur Informationen über die Rangordnung der Werte nutzen.

Der Median ist derjenige Wert einer ordinalskalierten Variablen, der in der Mitte der Rangordnung liegt. Formal ist der Median durch die folgende Definition festgelegt:

Definition: Median
Betrachtet man die der Größe nach geordneten Variablenwerte, so gilt für den Median: Mindestens 50% der geordneten Werte sind kleiner/gleich dem Median und zugleich sind mindestens 50% der geordneten Werte größer/gleich dem Median. Der Median wird mit y_{med} bezeichnet. y_{med}

Bei einer ungeraden Anzahl von Werten wird zur Bestimmung des Medians der mittlere Wert aus der (geordneten) Rangreihe gewählt. So ist beispielsweise bei drei geordneten Werten der mittlere Wert der Median. In diesem Fall ist der Median ein eindeutiger Wert.

Beispiel zur Bestimmung des Medians bei einer ungeraden Anzahl von Werten: Messungen des diastolischen Blutdrucks

Es liegen 3 Werte des diastolischen Blutdrucks vor: $70, 87, 92$.
Der Median ist hier der mittlere Wert in der (geordneten) Rangreihe der Variablenwerte, also 87.

Bei einer geraden Anzahl von Werten existiert kein mittlerer Wert in der Rangreihe. Hier unterteilen die beiden mittleren Werte sowie jeder Wert zwischen ihnen die Rangreihe derart in zwei Hälften, dass mindestens 50% der Werte kleiner/gleich einem solchen Wert sind und mindestens 50% der Werte größer/gleich einem solchen Wert.

Damit ist der Median im Falle einer geraden Anzahl von Werten nur dann eindeutig definiert, wenn die beiden mittleren Werte numerisch identisch sind. Ansonsten können die beiden mittleren Werte und alle Werte zwischen diesen beiden Beobachtungen als Median genutzt werden. Um dennoch einen einzigen Wert für den Median zu erhalten, wird in der Regel der Mittelwert zwischen den beiden in der Mitte liegenden Werten berechnet.

Beispiel zur Bestimmung des Medians bei einer geraden Anzahl von Werten: Messungen des diastolischen Blutdrucks

Es liegen 4 Werte des diastolischen Blutdrucks vor: $70, 71, 87, 92$. Der Median ist hier größer/gleich 71 und kleiner/gleich 87. In der Regel wählt man den Mittelwert des kleinst- und größtmöglichen Wertes, also hier $\frac{71+87}{2} = 79$.

Das zweite Beispiel zeigt noch einmal, dass das arithmetische Mittel der beiden Werte, die sich auf den beiden mittleren Rangplätzen befinden, die Eigenschaft eines Medians besitzt. Betrachten wir die vier Werte 70, 71, 87 und 92 und bestimmen alle möglichen Mediane, so sind alle Werte zwischen 71 und 87 einschließlich dieser beiden Werte ein Median.

Für den Wert 71 gilt, dass mindestens 50% der geordneten Werte (= 2 Werte) kleiner/gleich 71 sind und mindestens 50% der geordneten Werte (= 3 Werte) größer/gleich 71. Damit erfüllt der Wert 71 die Eigenschaften eines Medians für die vier Datenpunkte. Analog kann man zeigen, dass auch der Wert 87 als Median infrage kommt.

Die Berechnung des Medians als Mittelwert der beiden mittleren Werte in der Rangreihe stellt lediglich eine Konvention dar, die etwa in Programmen wie SPSS oder R realisiert wird. Hier wird der Mittelwert der beiden mittleren Werte als *der* Median ausgegeben.

Eigenschaften des Medians

Im Gegensatz zum arithmetischen Mittel ist der Median robust gegenüber Extremwerten, wie das Beispiel im Kasten auf der nächsten Seite zeigt.

Der Median ist eine zulässige Statistik für ordinalskalierte Variablen. Werden die Variablenwerte anhand einer streng monotonen Funktion f transformiert, dann ist $f(y_{med}) = (f(y))_{med}$. Bestimmen wir nun einen Median y_{med}, so stellt $(f(y))_{med}$ einen Median für die transformierten Variablenwerte dar. Der Median ist damit äquivariant gegenüber den auf Ordinalskalenniveau zulässigen streng monotonen Transformationen und insofern eine sinnvolle Statistik für dieses Skalenniveau.

Beispiel zur Demonstration der Robustheit des Medians gegenüber Ausreißern: Daten aus der Zwillingsstudie

IQ-Werte der erstgeborenen Zwillinge aus der Zwillingsstudie:

$$85,\ 87,\ 88,\ 96,\ 96 \downarrow 97,\ 101,\ 103,\ 124,\ 127$$
$$y_{med} = 96.5 \quad (\bar{y} = 100.4)$$

Läge der Maximalwert der erstgeborenen Zwillinge bei 145 anstatt 127, so ergäbe sich:

$$y_{med} = 96.5 \quad (\bar{y} = 102.2)$$

Offensichtlich ändert sich der Median nicht, während sich der Mittelwert durch den Extremwert verändert.

Auch bei intervallskalierten Daten kann es sinnvoll sein, den Median dem Mittelwert vorzuziehen. Liegen extreme Werte vor, mag insbesondere bei kleinen Stichproben der Mittelwert kein guter Repräsentant für die zentrale Tendenz sein. Deshalb ist es oft ratsam, auch bei intervall- und ratioskalierten Variablen den Median zu bestimmen, da dieser nicht durch extreme Werte beeinflusst wird.

Während das arithmetische Mittel die Summe der Abweichungsquadrate minimiert, minimiert der Median die Summe der Abweichungsbeträge:

$$y_{med} = \min_{c \in \mathbb{R}} \left(\sum_{i=1}^{n} |y_i - c| \right)$$

Das bedeutet, dass die Summe der Abweichungsbeträge für keinen anderen Wert c aus den reellen Zahlen $\mathbb{R}$ kleiner ist als für den Median. Diese Eigenschaft belegt, dass die Nutzung des Medians für intervall- oder ratioskalierte Variablen dann sinnvoll ist, wenn eine Statistik gesucht wird, die die Summe der Abweichungsbeträge von der zentralen Tendenz minimiert. Es gibt eine Reihe sogenannter robuster statistischer Verfahren, die mit Abweichungsbeträgen arbeiten und in denen der Median eine zentrale Rolle spielt.

6.1.3 Modus

Modus
Modalwert

Der *Modus*, auch als *Modalwert* bezeichnet, ist ein Lagemaß, das bereits für nominalskalierte Variablen sinnvoll zu bestimmen ist.

y_{mod}

Definition: Modus
Ein Variablenwert mit der größten absoluten bzw. relativen Häufigkeit wird als Modus (Modalwert) bezeichnet. Der Modus muss wie der Median nicht eindeutig sein und wird durch y_{mod} symbolisiert.

Der Modus ist nur eindeutig, wenn die Häufigkeitsverteilung ein eindeutiges Maximum besitzt. Ansonsten kann der Modus mehrere Werte annehmen. Im Output des Statistikprogramms SPSS werden im Falle mehrerer Modalwerte nicht alle Werte aufgeführt, sondern es wird lediglich der kleinste Modalwert ausgegeben.

Das folgende Beispiel zeigt, dass der Modalwert bei nominalskalierten Variablen sinnvoll zu interpretieren ist, d. h. äquivariant ist gegenüber auf Nominalskalenniveau zulässigen injektiven Transformationen.

Beispiel zur Äquivarianz des Modus gegenüber injektiven Transformationen

In einer Stichprobe von zehn Personen befinden sich acht weibliche und zwei männliche Probanden. Weiblich wurde mit 0, männlich mit 1 kodiert. Dann gilt: $y_{mod} = 0$.

Wird eine Transformation f mit $0 \mapsto 3$ und $1 \mapsto -5$ vorgenommen, so ist $f(0) = 3$ wieder der Modalwert, es gilt also $f(y_{mod}) = (f(y))_{mod}$

Da sich die Werte nominalskalierter Variablen, wie beispielweise die Ausprägungen der Augenfarbe, nicht in eine sinnvolle Reihenfolge bringen lassen, ist leicht nachvollziehbar, dass das arithmetische Mittel und der Median keine sinnvoll interpretierbaren Statistiken für nominalskalierte Variablen sind und von den hier vorgestellten Statistiken nur der Modalwert zulässig ist.

Der Modus kann natürlich auch für ordinal- und intervallskalierte Variablen bestimmt werden. Da positiv affine Transformationen auch streng monoton und injektiv sind, ist der Modus demzufolge äquivariant gegenüber streng monotonen und positiv affinen Transformationen. Das heißt also, dass der Modus bei ordinalskalierten Variablen eine streng monotone und bei intervallskalierten Variablen eine positiv affine Transformation „mitmacht". Weiterhin gilt auch, dass der Median bei intervallskalierten Variablen eine positiv affine Transformation „mitmacht". Erhält man beispielsweise für mehrere Temperaturwerte einen Modus von 0 bzw. einen Median von 0 und transformiert dann die Celsius-Werte zu Fahrenheit-Werten, erhält man als Modus bzw. Median für die Fahrenheit-Werte einen Wert von 32, das ist der Wert der Fahrenheit-Skala, der dem Nullpunkt auf der Celsius-Skala entspricht.

Wesentliche Merkmale der Maße der zentralen Tendenz

- Der Mittelwert ist für intervall- und ratioskalierte Variablen eine zulässige (sinnvolle) Statistik.
- Der Median ist für ordinalskalierte Variablen und Variablen mit einem höheren Skalenniveau eine zulässige Statistik.
- Der Modus (Modalwert) ist für nominalskalierte Variablen und Variablen mit einem höheren Skalenniveau eine zulässige Statistik.
- Der Mittelwert minimiert die Summe der Abweichungsquadrate.
- Der Median minimiert die Summe der Abweichungsbeträge.
- Der Mittelwert ist äquivariant gegenüber positiv affinen Transformationen.
- Der Median ist äquivariant gegenüber streng monotonen Transformationen.
- Der Modus ist äquivariant gegenüber injektiven Transformationen.
- Median und Modus werden nicht durch Ausreißer beeinflusst.

6.2 Quantile

Eine Verallgemeinerung des Medians stellen die *Quantile* dar. Während der Median einen geordneten Datensatz derart in zwei Hälften aufteilt, dass unterhalb bzw. oberhalb des Medians mindestens 50% der Werte liegen, ist dieser Prozentsatz bei den Quantilen beliebig festzusetzen. Sind z. B. nur die 5% größten Beobachtungen von Interesse, dann teilt man den Datensatz entsprechend dieses Verhältnisses in zwei Teile. Quantile

Beispiel eines Quantils

Das .20-Quantil $y_{.20}$ der Verteilung einer Varaiblen unterteilt die geordneten Werte derart in zwei Teile, dass mindestens 20% der Werte kleiner/gleich und mindestens 80% der Werte größer/gleich diesem Quantil sind.

Definition: Quantile
Quantile sind Maße, die die n geordneten Werte einer Variablen in einem bestimmten, vorher festzulegenden Verhältnis unterteilen.

Das p-Quantil ($0 < p < 1$) einer Verteilung ist der Wert, der die geordneten Werte so in zwei Teile teilt, dass mindestens $p \cdot 100\%$ der Werte kleiner/gleich und mindestens $(1-p) \cdot 100\%$ größer/gleich dem p-Quantil sind. Allgemein wird ein p-Quantil mit y_p bezeichnet.

Bestimmte Quantile sind in der Statistik von besonderer Bedeutung und tragen daher eigene Bezeichnungen. Diese Quantile sind in der Tabelle 6.2 aufgeführt.

Tabelle 6.2: Für die Statistik besonders bedeutsame Quantile

Quantil	**Bezeichnung**
$y_{.50} = y_{med}$	Median
$y_{.25}$	unteres Quartil
$y_{.75}$	oberes Quartil
$y_{.10}, y_{.20}, \ldots, y_{.90}$	Dezile
$y_{.01}, y_{.02}, \ldots, y_{.99}$	Perzentile

Der Median entspricht dem $y_{.50}$-Quantil, er halbiert somit die Werte. *Quartile* hingegen vierteln den Datensatz. Das untere Quartil wird mit $y_{.25}$ und das obere Quartil wird mit $y_{.75}$ bezeichnet. Weitere häufig verwendete Quantile sind die *Dezile* $y_{.10}, y_{.20}, \ldots, y_{.90}$ und *Perzentile* $y_{.01}$, $y_{.02}, \ldots, y_{.99}$.

Quartile

Dezile

Perzentile

Zur Bestimmung des p-Quantils y_p sind die Beobachtungen $y_1, \ldots, y_n$ zunächst der Größe nach zu ordnen. Im zweiten Schritt multipliziert man p mit dem Stichprobenumfang n. Nun ist danach zu unterscheiden, ob das Ergebnis von $n \cdot p$ ganzzahlig oder nicht ganzzahlig ist.

Ist das Ergebnis $n \cdot p$ *ganzzahlig*, ist y_p nicht eindeutig und es wird der Mittelwert der $(n \cdot p)$-ten und der $(n \cdot p + 1)$-ten Beobachtung in der geordneten Liste der Beobachtungen bestimmt.

Ist das Ergebnis von $n \cdot p$ *nicht ganzzahlig*, befindet sich y_p in der Liste der Beobachtungen an der Position, die sich ergibt, wenn man $n \cdot p$ aufrundet.

Neben der hier dargestellten Berechnung eines Quantils gibt es weitere Berechnungsformeln für Quantile. Die Begründung dafür lautet, dass bei Quantilen – wie beim Median – oft mehrere Werte die Forderungen der Definition erfüllen.

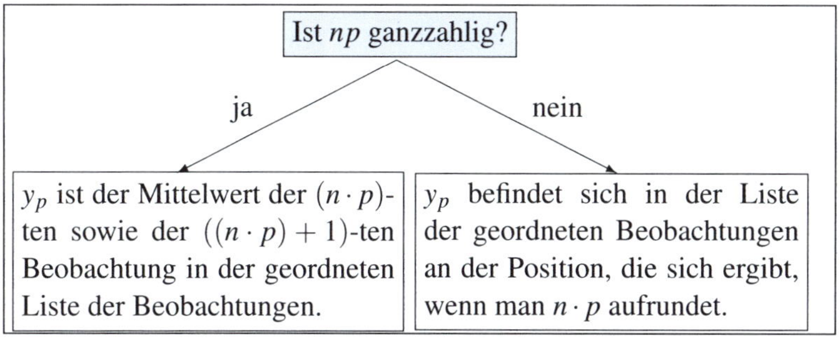

Abbildung 6.1: Berechnung eines Quantils

Während es beim Median eine allgemeine Konvention gibt, wie bei Uneindeutigkeit zu verfahren ist, gibt es für die Quantilberechnung keine derartige Konvention. So unterscheiden sich die Funktionen zur Berechnung von Quantilen und Quartilen aus SPSS und R geringfügig. Diese Unterschiede können sich insbesondere bei kleinen Stichproben bemerkbar machen. Das Programmpaket R bietet darüber hinaus sogar 9 verschiedene Möglichkeiten zur Bestimmung von Quantilen an.

Beispiel zur Bestimmung von Quantilen

Es liegen die folgenden Daten vor: $4,5,6,7,7,7,8,8,9,10$

Es soll nun das untere Quartil $y_{.25}$ bestimmt werden. Es gilt:

$n \cdot p = 10 \cdot .25 = 2.5$

Dieses Ergebnis ist *nicht ganzzahlig*. Daher wird 2.5 auf 3 aufgerundet und der dritte Wert der geordneten Beobachtungen bestimmt. Damit folgt: $y_{.25} = 6$

Es lässt sich leicht überprüfen, dass mindestens 25% der Beobachtungen, hier sind es 30% der Beobachtungen, ≤ 6 sind und mindestens 75% der Daten, hier 80% der Beobachtungen, ≥ 6 sind.

Weiterhin soll das sechste Dezil $y_{.6}$ bestimmt werden. Es gilt:

$n \cdot p = 10 \cdot .6 = 6$

Das Ergebnis ist *ganzzahlig*. Daher werden aus der geordneten Liste der Beobachtungen die sechste und die siebte Beobachtung ausgewählt und deren Mittelwert berechnet. Für dieses Beispiel resultiert: $y_{.6} = \frac{7+8}{2} = 7.5$

60% der Beobachtungen sind ≤ 7.5 und 40% sind ≥ 7.5.

6.3 Statistiken für die Streuung von Variablen

Man könnte glauben, die Maße der zentralen Tendenz seien die wichtigsten Statistiken, da sie einen zentralen Wert der Verteilung repräsentieren. Nicht minder wichtig sind jedoch Streuungsmaße, wie wir hier ausführlich erläutern werden. Wir beginnen wiederum mit Streuungsmaßen, die für metrische, d. h. intervall- und ratioskalierte Variablen sinnvoll zu berechnen sind.

Abbildung 6.2 zeigt Verteilungen mit einer unterschiedlichen Streuung. Abgebildet sind dort Histogramme für zwei Stichproben mit jeweils $n = 5000$ Beobachtungen.

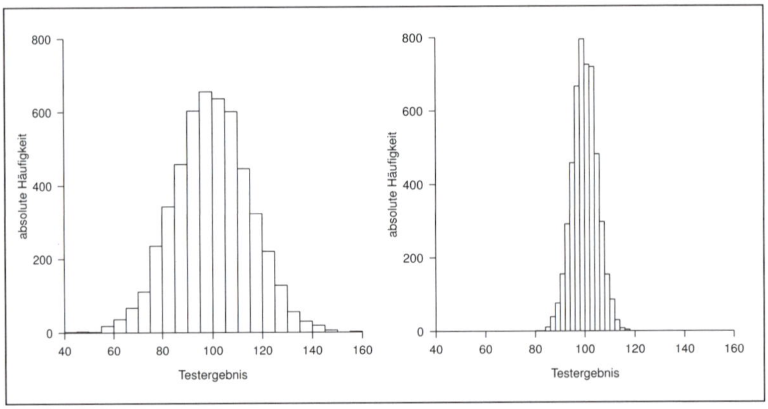

Abbildung 6.2: Verteilungen mit verschiedener Streuung bei gleicher Lage

Die beiden dargestellten Verteilungen sind jeweils annähernd symmetrisch und haben die gleiche zentrale Tendenz. Dennoch unterscheiden sie sich ganz offensichtlich, da die Beobachtungen unterschiedlich stark um den zentralen Wert streuen. Nun stellt sich die Frage, wie man die Streuung der Beobachtungen in einer Stichprobe numerisch beschreiben kann.

6.3.1 Die Spannweite einer Variablen

Spannweite

Range

Ein relativ einfaches Streuungsmaß für metrische Daten ist die *Spannweite* einer Variablen (engl. *Range*).

d_r

Definition: Spannweite (Range)
Als Spannweite bzw. Range d_r bezeichnet man die Differenz zwischen dem größten und dem kleinsten Wert einer Variablen. Damit wird die Länge des Bereichs, in dem alle Werte liegen, erfasst.

Zur Berechnung der Spannweite wird also einfach der Wert mit der minimalen Ausprägung y_{min} von dem mit der maximalen Ausprägung y_{max} abgezogen:

$$d_r = y_{max} - y_{min}$$

Beispiel zur Berechnung der Spannweite

Bei der Erhebung der Körpergröße von 9 Personen ergeben sich die folgenden Werte (in cm): $160, 160, 160, 160, 161, 162, 165, 165, 190$

Bestimmung der Spannweite:

$$d_r = y_{max} - y_{min} = 190 - 160 = 30$$

Der Range ist – wie das Beispiel zeigt – kein sehr informationshaltiges Maß für die Streuung, da er nur den maximalen und den minimalen Wert berücksichtigt und alle anderen Werte außer Acht lässt. Beim Minimum bzw. Maximum kann es sich jedoch um untypische, extrem große oder kleine Werte – sogenannte Ausreißer – handeln. Der Range sagt dann wenig über die restlichen Werte aus.

Um einen weiteren Nachteil zu begründen, müssen wir schon einmal der Inferenzstatistik vorgreifen. Statistiken dienen neben der Beschreibung der Verteilungen der in einer Stichprobe erhobenen Werte einer Variablen auch der Abschätzung der entsprechenden Größe – also hier der Spannweite – in der Population. Allgemein soll eine Statistik – berechnet anhand der Daten einer Stichprobe – den entsprechenden Wert in der gesamten Population, den sogenannten Parameter, vorhersagen bzw. schätzen.

Zu diesem Zweck ist der Range wenig geeignet, da die Spannweite – gewonnen anhand einer Stichprobe – die Spannweite in der Population fast immer unterschätzt. Das liegt daran, dass der Range einer Stichprobe nur dann mit dem Range in der Population übereinstimmt, wenn die Mitglieder mit dem kleinsten und größten Wert aus der Population in die Stichprobe gelangen. Für die Variable *Größe* heißt das, dass die kleinste und größte Person aus der Population in die Stichprobe aufgenommen werden müssen. Ansonsten – und das dürfte nahezu immer der Fall sein – wird der Populationswert unterschätzt.

6.3.2 Interquartilabstand

Interquartilabstand

Der *Interquartilabstand* ist ein Streuungsmaß, das aus dem Abstand zwischen oberem und unterem Quartil berechnet wird und lediglich auf Rängen basierende Informationen berücksichtigt. Der Interquartilabstand ist robust gegenüber extremen Beobachtungen.

Definition: Interquartilabstand
Der Interquartilabstand ist ein Streuungsmaß, das den Abstand zwischen dem oberen und dem unteren Quartil erfasst, also die Streuung der mittleren Beobachtungen. Der Interquartilabstand wird mit d_Q bezeichnet.

d_Q

$$d_Q = y_{.75} - y_{.25}$$

Ist die Anzahl der Beobachtungen relativ groß, handelt es sich um die mittleren 50% der Beobachtungen. Bei einer kleineren Anzahl von Beobachtungen kann der Prozentsatz der Beobachtungen zwischen dem unteren und oberen Quartil etwas größer sein.

Beispiel zur Bestimmung des Interquartilabstands

Bei einer Erhebung der Körpergröße von zehn Versuchspersonen ergeben sich die folgenden Werte (in cm):

$$158, 163, 169, 175, 177, 180, 181, 184, 192, 195$$

Für diese Werte werden zur Berechnung des Interquartilabstands zunächst das obere und das untere Quartil ermittelt:

$$y_{.75} = 184; y_{.25} = 169$$

Es resultiert der folgende Interquartilabstand:

$$d_Q = y_{.75} - y_{.25} = 184 - 169 = 15$$

Der Interquartilabstand d_Q beträgt also 15 cm.

Fünf-Punkte-Zusammenfassung

Wesentliche Informationen über eine Variable erhält man anhand der sogenannten *Fünf-Punkte-Zusammenfassung*. Sie beinhaltet Minimum, Maximum, Median, unteres und oberes Quartil der Variablen:

$$y_{min}, y_{.25}, y_{med}, y_{.75}, y_{max}$$

6.3.3 Abweichungsquadrate, Varianz und Standardabweichung

Betrachten wir nun die Streuung metrischer Variablen. Zur Festlegung eines Wertes, um den die Beobachtungen streuen, bietet sich hier der Mittelwert $\bar{y}$ an, da er den zentralen Wert metrischer Variablen repräsentiert. Als Maß für die Abweichung der Beobachtungen vom Mittelwert verwenden wir die *Summe der Abweichungsquadrate* (sum of squares, SS):

Summe der Abweichungsquadrate

$$SS = \sum_{i=1}^{n} (y_i - \bar{y})^2$$

Die Summe der Abweichungsquadrate wird auch als *Variation* bezeichnet.

Variation

Ein entscheidender Grund, die Variation als Streuungsmaß heranzuziehen, ist die Möglichkeit, die Abweichungsquadrate in verschiedene Anteile zu zerlegen, womit das Kernanliegen der Forschung, Vorhersagen und Erklärungen für empirische Sachverhalte zu liefern, ermöglicht wird. Im nächsten Kapitel werden wir ausführlich auf diesen Punkt eingehen.

Basieren zwei Variablen X und Y, die auf einer Skala gemessen wurden, *auf der gleichen Anzahl von Beobachtungen*, können die zugehörigen Abweichungsquadratsummen SS_X und SS_Y verglichen werden. Ist $SS_X > SS_Y$, dann zeigt die Summe der Abweichungsquadrate an, dass die Werte der Variablen X stärker um den Mittelwert streuen, als dies bei der Variablen Y der Fall ist. Solange man nicht gezwungen ist, die Streuung von Variablen über verschiedene Stichprobengrößen hinweg zu vergleichen, reicht somit die Variation aus, um die Streuung einer Variablen zu beschreiben.

Wir wissen, dass $\bar{y}$ für die Summe der Abweichungsquadrate in dem Sinne minimal ist, dass es keine andere reelle Zahl c gibt, die die Summe der Abweichungsquadrate um c kleiner ausfallen lässt als $\bar{y}$. Zusätzlich lässt sich nun angeben, wie sehr sich SS vergrößert, wenn statt $\bar{y}$ irgendeine andere Zahl c genutzt wird. Es gilt die folgende Beziehung, die im Internetsupplement bewiesen wird:

$$\begin{aligned} \sum_{i=1}^{n} (y_i - c)^2 &= \sum_{i=1}^{n} (y_i - \bar{y})^2 + n(\bar{y} - c)^2 \\ &= SS + n(\bar{y} - c)^2 \end{aligned}$$

Diese Eigenschaft lässt sich nutzen, um SS ausgehend von den Quadraten der Abweichungen der Beobachtungen von c (d. h. nicht vom

Mittelwert) zu berechnen. Dieser Zusammenhang wird auch als *Verschiebungssatz* bezeichnet:

Verschiebungssatz

$$SS = \left[\sum_{i=1}^{n}(y_i - c)^2\right] - n(\bar{y} - c)^2$$

Insbesondere ergibt sich für $c = 0$ die rechentechnisch günstige Formel zur Berechnung der Abweichungsquadratsumme SS:

Rechentechnisch günstige Formel für Summen von Abweichungsquadraten

$$SS = \left[\sum_{i=1}^{n} y_i^2\right] - n\bar{y}^2$$

Beispiel zur Berechnung der Summe der Abweichungsquadrate:
Streuung des IQ der erstgeborenen Zwillinge

i	y_i	$y_i - \bar{y}$	$(y_i - \bar{y})^2$	y_i^2
1	85	-15.4	237.16	7225
2	87	-13.4	179.56	7569
3	88	-12.4	153.76	7744
4	96	-4.4	19.36	9216
5	96	-4.4	19.36	9216
6	97	-3.4	11.56	9409
7	101	0.6	0.36	10201
8	103	2.6	6.76	10609
9	124	23.6	556.96	15376
10	127	26.6	707.56	16129
Summe	1004	0.0	1892.40	102694

Mittelwert:

$$\bar{y} = \frac{1004}{10} = 100.4$$

Summe der Abweichungsquadrate:

$$\begin{aligned} SS &= (y_1 - \bar{y})^2 + \ldots + (y_n - \bar{y})^2 \\ &= \sum_{i=1}^{n}(y_i - \bar{y})^2 = 1892.4 \end{aligned}$$

Rechentechnisch günstige Formel:

$$\begin{aligned} SS &= \left[\sum_{i=1}^{n} y_i^2\right] - n\bar{y}^2 \\ &= 102694 - 10 \cdot 100.4^2 = 1892.4 \end{aligned}$$

Die Zerlegung von Abweichungsquadraten: Ein Beispiel

Die Zerlegung von Abweichungsquadraten ist eine der am häufigsten genutzten Techniken in der Statistik. Sie wird bereits in den folgenden Kapiteln bei der bivariaten Statistik sowie der einfachen Regression und dem linearen Modell eine sehr bedeutende Rolle spielen. In diesem Kapitel werden wir anhand des Beispiels der Vorhersage der Mathematiknote durch andere, als Ursache infrage kommende, Variablen zeigen, wie die Zerlegung von Abweichungsquadraten zur Erklärung von Unterschieden in den Werten einer Variablen und damit zur inhaltlichen Theorienbildung genutzt werden kann.

Ein wesentliches Ziel der Forschung in der pädagogischen Psychologie ist es, herauszufinden, warum sich die zumeist über die Noten erfassten Leistungen von Schülern unterscheiden. Kennt man die Gründe dafür, kann man auch die Noten vorhersagen und gegebenenfalls praktische Maßnahmen planen, um die Noten von Schülern zu verbessern. Eine exakte Erklärung der Notenunterschiede und damit eine perfekte Vorhersage der Noten ist in der Praxis allerdings so gut wie ausgeschlossen und wird in diesem fiktiven Beispiel aus didaktischen Gründen vorgenommen.

Als Erklärungsfaktoren für Unterschiede in der Mathematiknote betrachten wir die Faktoren *didaktische Fähigkeit des Lehrers*, *Leistungsmotivation* und *naturwissenschaftliches Interesse*, die in unserem Beispiel jeweils zwei Ausprägungen haben. Bei allen drei Faktoren entspricht 0 einer niedrigen und 1 einer hohen Ausprägung. Wir gehen von der Annahme aus, dass nur diese drei Variablen einen Einfluss auf die Mathematiknote haben und die Notenunterschiede gänzlich erklären.

Tabelle 6.3: Werte der Mathematiknote und der drei Faktoren

Nr.	Mathematiknote	quadrierte Abweichung	didaktische Fähigkeit	Leistungs-motivation	naturw. Interesse
1	8	4	0	0	0
2	9	1	0	0	1
3	9	1	0	1	0
4	10	0	0	1	1
5	10	0	1	0	0
6	11	1	1	0	1
7	11	1	1	1	0
8	12	4	1	1	1
	$\bar{y} = 10$	$SS = 12$			

Tabelle 6.3 enthält die an 8 Schülern erhobenen Mathematiknoten (gemessen auf der Abiturnotenskala) sowie die Ausprägungen der Variab-

len *didaktische Fähigkeit des Lehrers* (dF), *Leistungsmotivation* (LMot) und *naturwissenschaftliches Interesse* (NWInt). Der Gesamtmittelwert der Mathematiknote beträgt 10. Als Maß für die Variabilität betrachten wir die Summe der Abweichungsquadrate (*SS*) vom Mittelwert, die ebenfalls in dieser Tabelle enthalten ist. Die Summe der Abweichungsquadrate als Maß für die Unterschiedlichkeit beträgt hier $SS = 12$.

Nun möchten wir den Einfluss des Faktors *didaktische Fähigkeit* auf die Mathematiknote erfassen. Bei Schülern, die von einem Lehrer mit einer geringen didaktischen Fähigkeit (didaktische Fähigkeit= 0) unterrichtet werden, ist die Mathematiknote im Durchschnitt um 2 Punkte schlechter als bei Schülern mit einem Lehrer, der eine hohe didaktische Fähigkeit besitzt. Um den Einfluss der didaktischen Fähigkeit zu erfassen, „eliminieren" wir diesen Einfluss und betrachten, um wie viel die Unterschiede in den Noten – gemessen anhand von *SS* – geringer geworden sind.

Wir schalten den Einfluss der didaktischen Fähigkeit (in unserem *fiktiven* Beispiel) dadurch aus, dass alle Lehrer mit einer geringen didaktischen Fähigkeit so lange trainiert werden, bis sie ebenfalls eine hohe didaktische Fähigkeit besitzen. (Eine andere Möglichkeit bestünde darin, die Lehrer mit einer geringen didaktischen Fähigkeit durch solche mit einer hohen didaktischen Fähigkeit zu ersetzen.)

Nun werden alle Schüler durch einen Lehrer mit einer hohen didaktischen Fähigkeit unterrichtet. Damit wird auch die Mathematiknote der Schüler, die zuvor einen Lehrer mit einer geringen didaktischen Fähigkeit hatten, um 2 Notenpunkte angehoben und der Einfluss dieses Faktors eliminiert. Die somit resultierenden Daten sind in Tabelle 6.4 dargestellt.

Tabelle 6.4: Werte der Mathematiknote und der drei Faktoren nach Erhöhung der didaktischen Fähigkeit der Lehrer

Nr.	Mathematiknote gegeben dF=1	quadrierte Abweichung	didaktische Fähigkeit	Leistungs-motivation	naturw. Interesse
1	10	1	1	0	0
2	11	0	1	0	1
3	11	0	1	1	0
4	12	1	1	1	1
5	10	1	1	0	0
6	11	0	1	0	1
7	11	0	1	1	0
8	12	1	1	1	1
	$\bar{y} = 11$	$SS = 4$			

Als Abweichungsquadratsumme resultiert nun ein Wert von 4. Die Unterschiedlichkeit in der Mathematiknote fällt also geringer aus und der „Einfluss“ der didaktischen Fähigkeit kann jetzt durch die Differenz in den Abweichungsquadratsummen quantifiziert werden:

$$\begin{aligned} SS(\text{dF}) &= SS(gesamt) - SS(gesamt|\text{dF} = 1) \\ &= 12 - 4 = 8 \end{aligned}$$

$SS(gesamt|\text{dF} = 1)$ bedeutet hier, dass die Summe der Abweichungsquadrate unter der Bedingung berechnet wurde, dass die *didaktische Fähigkeit* immer den Wert 1 annimmt. Für $SS(gesamt|\text{dF} = 1)$ sagt man auch kürzer *SS gegeben* dF= 1.

In einem weiteren Schritt berücksichtigen wir nun zusätzlich den Einfluss der Leistungsmotivation (LMot). Die (nach Berücksichtigung der didaktischen Fähigkeit der Lehrkraft) bereinigte Mathematiknote ist für die weniger motivierten Schüler im Durchschnitt um einen Punkt geringer als für die motivierten Schüler. Wird die Motivation der weniger motivierten Schüler durch eine psychologische Intervention ebenfalls auf das Niveau der motivierten Schüler angehoben, steigt die Mathematiknote dieser Schüler um einen Punkt und es resultieren die in Tabelle 6.5 dargestellten Daten.

Tabelle 6.5: Werte der Mathematiknote und der drei Faktoren nach Erhöhung der didaktischen Fähigkeit der Lehrkräfte und der Leistungsmotivation der Schüler

Nr.	Mathematiknote gegeben dF=1 und LMot=1	quadrierte Abweichung	didaktische Fähigkeit	Leistungs-motivation	naturw. Interesse
1	11	0.25	1	1	0
2	12	0.25	1	1	1
3	11	0.25	1	1	0
4	12	0.25	1	1	1
5	11	0.25	1	1	0
6	12	0.25	1	1	1
7	11	0.25	1	1	0
8	12	0.25	1	1	1
	$\bar{y} = 11.5$	$SS = 2$			

Wiederum ist die Unterschiedlichkeit in der Mathematiknote geringer geworden und der (zusätzliche) „Einfluss“ der Leistungsmotivation anhand der *SS*-Differenz beträgt nun:

$$\begin{aligned} SS(\text{LMot}) &= SS(gesamt|\text{dF} = 1) - SS(gesamt|\text{dF=1, LMot=1}) \\ &= 4 - 2 = 2 \end{aligned}$$

Schließlich kann durch die Steigerung des naturwissenschaftlichen Interesses (NWInt) bei den Schülern mit einem geringen naturwissenschaftlichen Interesse der Einfluss des letzten Faktors eliminiert werden, indem die Mathematiknote der vormals naturwissenschaftlich wenig interessierten Schüler um einen Punkt gesteigert wird und so auf das Niveau der interessierten Schüler angehoben wird. Es resultieren die in Tabelle 6.6 dargestellten Ergebnisse.

Nun sind die Noten aller Schüler gleich, es besteht keine Variation mehr. Die Summe der Abweichungsquadrate beträgt 0 und der Einfluss des Faktors *naturwissenschaftliches Interesse* beträgt 2. Damit wird die gesamte Variation der Noten durch die drei Faktoren erklärt.

Die Reihenfolge der Aufnahme der Prädiktoren spielt in diesem Design keine Rolle. Wir hätten somit auch mit jedem der anderen Prädiktoren anfangen können, dessen Einfluss „herauszurechnen".

Tabelle 6.6: Werte der Mathematiknote und der drei Faktoren nach Erhöhung der didaktischen Fähigkeit der Lehrkräfte sowie der Leistungsmotivation und des naturwissenschaftlichen Interesses der Schüler

Nr.	Mathematiknote gegeben dF = 1 und LMot = 1 und NWInt = 1	quadrierte Abweichung	didaktische Fähigkeit	Leistungs-motivation	naturw. Interesse
1	12	0	1	1	1
2	12	0	1	1	1
3	12	0	1	1	1
4	12	0	1	1	1
5	12	0	1	1	1
6	12	0	1	1	1
7	12	0	1	1	1
8	12	0	1	1	1
	$\bar{y} = 12$	$SS = 0$			

Den größten Einfluss besitzt der Faktor didaktische Fähigkeit, die beiden anderen Faktoren üben einen gleich großen Einfluss aus. In Tabelle 6.7 sind die Ergebnisse der Zerlegung der Abweichungsquadrate zusammengestellt.

Es gilt: $SS(gesamt) = SS(\text{dF}) + SS(\text{LMot}) + SS(\text{NWInt})$.

Die Gesamtvariation ist damit vollständig in Anteile der Einflussfaktoren zerlegt. Die Anteile können auch in Prozenten angegeben werden. Demnach beträgt der prozentuale Einfluss des Faktors *didaktische Fähigkeit* $\frac{8}{12} = 66.6\%$ und der Einfluss der Faktoren *Leistungsmotivation* und *naturwissenschaftliches Interesse* jeweils $\frac{2}{12} = 16.6\%$.

Tabelle 6.7: Ergebnisse der Zerlegung der Abweichungsquadrate

SS	Ergebnis
SS(gesamt)	12
SS(didaktische Fähigkeit)	8
SS(Leistungsmotivation)	2
SS(naturwissenschaftliches Interesse)	2

Anhand dieses Beispiels wurde das grundlegende Prinzip erklärt, das vielen statistischen Verfahren, wie z. B. der Varianz- und Regressionsanalyse, zugrunde liegt. Diese statistischen Modelle besitzen eine eminent wichtige Bedeutung für die empirische Forschung. Sie erlauben die Erklärung und Vorhersage von empirischen Sachverhalten und dienen damit der Bildung von Theorien.

Varianz

Die Variation, d. h. die Summe der Abweichungsquadrate SS, als Maß für die Unterschiedlichkeit der Werte einer Variablen heranzuziehen, ist dann von Nachteil, wenn die Variation verschiedener Variablen verglichen werden soll, da ein solcher Vergleich nur bei identischen Stichprobengrößen sinnvoll ist. Ein weiterer genereller Nachteil der Variation besteht darin, dass die Variation zumeist sehr große, unanschauliche Werte annimmt. Daher gilt es, ein Streuungsmaß zu entwickeln, das unabhängig von der Stichprobengröße ist.

Ein solches Maß stellt die *empirische Varianz* $\tilde{s}^2 = SS/n$ dar. Das Attribut *empirisch* soll hier ausdrücken, dass dieses Maß lediglich auf die vorliegenden Beobachtungen Bezug nimmt, aber nicht dem Zweck dient, von dieser Stichprobenstatistik auf die entsprechende Größe in der Population zu schließen. empirische Varianz

Ein anderes Streuungsmaß, das ebenfalls unabhängig von der Anzahl der Beobachtungen n zu interpretieren ist, stellt die sogenannte *Stichprobenvarianz* dar, die im Folgenden kurz als *Varianz* bezeichnet wird. Hier wird SS nicht durch den Stichprobenumfang n, sondern durch $n-1$ dividiert. Stichprobenvarianz Varianz

$$
\begin{aligned}
s^2 &= \frac{SS}{n-1} \\
&= \frac{1}{n-1}\sum_{i=1}^{n}(y_i-\bar{y})^2
\end{aligned}
$$

Bei großen Stichprobenumfängen unterscheiden sich die beiden Maße kaum, jedoch ist die Stichprobenvarianz eine bessere Schätzung der Varianz in der gesamten Population. Wir haben gesehen, dass der anhand der Stichprobendaten berechnete Range den Range in der Population fast immer unterschätzt. In analoger Weise unterschätzt, wie wir später ausführlicher in der Inferenzstatistik zeigen werden, die empirische Varianz systematisch die Varianz in der Population.

An dem folgenden (hypothetischen) Beispiel sei diese systematische Unterschätzung kurz erläutert. Wir gehen davon aus, dass die Varianz der Körpergröße erwachsener Bürger eines bestimmten Landes 100 beträgt. Diese Varianz für alle Mitglieder einer Population bezeichnen wir als Populationsvarianz. Nun werden sehr viele, z. B. 1 000 000 Stichproben – ganz genau genommen müssten es unendlich viele sein – mit einem Stichprobenumfang von z. B. $n = 20$ gezogen. Dann werden für jede Stichprobe die empirische und die Stichprobenvarianz berechnet. Dabei werden jedoch die empirische sowie die Stichprobenvarianz in den wenigsten Fällen genau dem Wert der Populationsvarianz entsprechen, d. h. in unserem Beispiel dem „wahren" Wert 100. Mal fallen die empirische wie die Stichprobenvarianz höher oder geringer als die Populationsvarianz aus. Berechnet man dann den Mittelwert aller Stichprobenvarianzen, so stimmt dieser Mittelwert genau mit dem Wert der Populationsvarianz überein. Man bezeichnet diese Eigenschaft, die die Stichprobenvarianz erfüllt, allgemein als *Erwartungstreue*. Hingegen ist die empirische Varianz nicht erwartungstreu, da der Mittelwert aller empirischen Varianzen etwas kleiner als der Wert der Populationsvarianz ausfällt. Hier wird die Summe der Abweichungsquadrate durch n anstatt durch $n-1$ geteilt, in unserem Beispiel durch 20 anstatt 19, damit ist die empirische Varianz im Mittel kleiner als die Populationsvarianz.

Erwartungstreue

Definition: Varianz

Die Varianz der Beobachtungen $y_1, \ldots, y_n$ beschreibt die mittlere quadratische Abweichung der Beobachtungen von ihrem Mittelwert. Sie ist definiert als Quotient aus der Summe der Abweichungsquadrate und der Anzahl der Messwerte minus 1. Die Varianz der Beobachtungen $y_1, \ldots, y_n$ wird mit s^2 bezeichnet. Bei der Betrachtung mehrerer Variablen verwendet man zur Unterscheidung einen Index. So werden z. B. die Varianzen der Variablen X und Y mit s_X^2 und s_Y^2 bezeichnet.

Die Unterschätzung des Populationsparameters durch die empirische Varianz ist zwar sehr gering und nimmt mit zunehmender Stichprobengröße ab. Diese Verzerrung kann aber durch die Verwendung der Stichprobenvarianz vermieden werden. Der Begriff *Stichprobenvarianz* soll verdeutlichen, dass dieses Maß ausgehend von den Daten einer Stichprobe (als Teilmenge einer Population) auch zur Schätzung der Populationsvarianz dient. Fast alle Statistikprogramme berechnen automatisch die Stichprobenvarianz.

Da wir bei der Definition der Varianz die Summe der Abweichungsquadrate lediglich mit einem Faktor multiplizieren, kann der Verschiebungssatz hier angewendet werden:

$$s_Y^2 = \frac{1}{n-1}\left(\left[\sum_{i=1}^{n}(y_i - c)^2\right] - n(\bar{y} - c)^2\right)$$

Weiterhin erhalten wir für die Berechnung der Varianz eine rechentechnisch günstigere Formel:

$$s^2 = \frac{1}{n-1}\left(\sum_{i=1}^{n} y_i^2 - n\bar{y}^2\right)$$

Bei dieser Formel sind lediglich die Quadrate der Werte, deren Summe und der Mittelwert zu berechnen, um die Varianz zu bestimmen.

Die Berechnung der Varianz beruht auf der Normierung der quadrierten Abstände aller Werte einer Variablen von deren Mittelwert. Eine alternative Herleitung der Varianz geht von der Betrachtung aller möglichen paarweisen Abstände der Werte einer Variablen aus. Berechnet man den quadrierten Abstand für alle möglichen Paare von Werten einer Variablen und teilt deren Summe durch die Anzahl dieser Paare, so resultiert das Doppelte der Varianz. Die Ableitung dieses Zusammenhangs findet sich im Internet-Supplement. Im folgenden Kasten wird diese Form der Berechnung der Varianz demonstriert.

Beispiel : Durchschnittliche quadratische Abweichungen und Varianz

Die Intelligenzquotienten von drei Personen seien: $95, 100, 105$

Es gilt hier offensichtlich: $\bar{y} = 100 \quad s^2 = 25$

Die Berechnung der Summe der quadrierten Abstände aller drei möglichen Paare von Beobachtungen $(95, 100), (95, 105)$ und $(100, 105)$ ergibt:

$$(95 - 100)^2 + (95 - 105)^2 + (100 - 105)^2 = 150$$

Teilen wir die Summe 150 durch die Anzahl der Paare, so resultiert die zweifache Varianz: $\frac{150}{3} = 50 = 2s^2$

Während die Variation – wie oben gezeigt wurde – einfach in bestimmte Anteile zerlegt werden kann, ist eine solche Aufgliederung bei der Varianz mit Schwierigkeiten verbunden (vgl. Internetsupplement).

Standardabweichung

Die Interpretation der Varianz ist insofern schwierig, als die Einheit der Varianz nicht der Einheit entspricht, in der die Variable gemessen wurde. Messen wir die Größe beispielsweise in cm, so ist die Einheit der Varianz cm^2.

Standardabweichung

Dieses Problem wird durch die *Standardabweichung* gelöst.

Definition: Standardabweichung
Die Standardabweichung ist die (positive) Wurzel aus der Varianz und wird mit s bezeichnet.

Formal gilt:

$$s = +\sqrt{s^2}$$

Die Einheiten der Standardabweichung stimmen mit der ursprünglichen Messeinheit überein. Wird die Größe in Zentimetern erhoben, so stellen auch Zentimeter die Einheit der Standardabweichung dar.

Beispiel zur Bestimmung von Varianz und Standardabweichung:
Streuung des IQ der erstgeborenen Zwillinge (Daten aus dem Beispiel von Seite 106)

Varianz:

$$s^2 = \frac{1}{n-1} SS = \frac{1}{9} \cdot 1892.4 = 210.27$$

Standardabweichung:

$$s = \sqrt{210.27} = 14.5$$

Eigenschaften der Varianz und Standardabweichung

Die Standardabweichung und die Varianz erfassen die Streuung um den Mittelwert. Besteht keine Streuung, sind also alle beobachteten Werte gleich, so ist $s^2 = 0$ bzw. $s = 0$. In jedem anderen Fall sind Varianz und Standardabweichung größer als 0. Je größer die Streuung um den Mittelwert ist, desto größer sind auch Standardabweichung und Varianz.

Es stellt sich nun die Frage, wie sich die auf Intervallskalenniveau erlaubten positiv affinen Transformationen der Form

$$y_i' = f(y_i) = by_i + a$$

auf die Berechnung der Varianz und Standardabweichung auswirken. Abbildung 6.3 veranschaulicht die Veränderung einer Verteilung durch verschiedene positiv affine Transformationen.

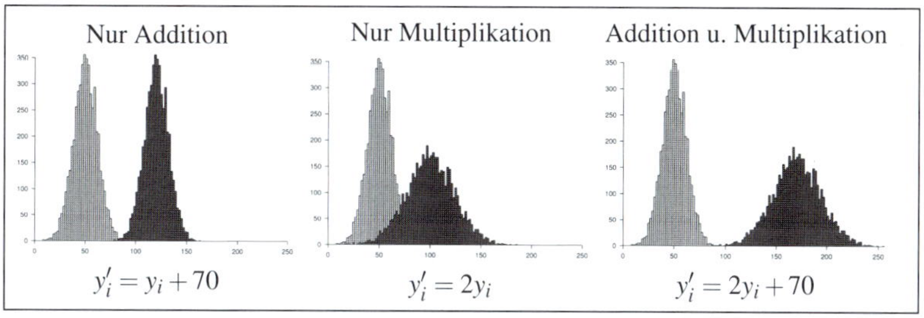

Abbildung 6.3: Auswirkungen positiv affiner Transformation auf eine Verteilung

Werden positiv affine Transformationen auf Variablen angewendet, so müssen Varianz und Standardabweichung für die transformierten Daten nicht erneut bestimmt werden, sondern können direkt anhand der folgenden Formeln berechnet werden, wie im Internetsupplement gezeigt wird:

$$s_{Y'}^2 = b^2 s_Y^2 \qquad \text{und} \qquad s_{Y'} = |b| s_Y$$

An diesen Formeln lässt sich auch der Effekt positiv affiner Transformationen auf Varianz und Standardabweichung ablesen.

Durch die Addition einer Konstanten wird nur die zentrale Tendenz einer Verteilung verändert, die Verteilung wird um einen konstanten Wert verschoben, ohne dass sich die Streuung ändert (vgl. auch Abb. 6.3). Damit werden Varianz und Standardabweichung durch die Addition einer Konstanten nicht beeinflusst.

Im Gegensatz dazu beeinflusst die Multiplikation mit einer Konstanten immer die Streuung. Wie aus den obigen Formeln ersichtlich ist, wird die Varianz bei einer positiv affinen Transformation mit dem Quadrat der Steigung, die Standardabweichung mit dem Betrag der Steigung multipliziert.

Auch die zentrale Tendenz einer Verteilung wird durch die Multiplikation einer Konstanten beeinflusst, jedoch mit der folgenden Ausnahme: Gilt $\bar{y} = 0$, ändert sich die zentrale Tendenz nicht durch die Multiplikation mit einer Konstanten.

Wesentliche Merkmale der Streuungsmaße

- Für metrische Daten können Varianz, Standardabweichung und Spannweite (Range) als Streuungsmaße berechnet werden.
- Der Interquartilabstand ist ein Maß für die Streuung, das bereits für ordinalskalierte Variablen berechnet werden kann.
- Für metrische Daten können Varianz, Standardabweichung und Spannweite (Range) als Streuungsmaße berechnet werden.
- Die Grundlage für die Berechnung der Varianz und Standardabweichung stellt die Summe der Abweichungsquadrate dar. Diese Summe der Abweichungsquadrate wird auch Variation genannt.
- Um den Einfluss unabhängiger Variablen auf eine abhängige Variable zu quantifizieren, kann die Summe der Abweichungsquadrate in einzelne Anteile untergliedert werden.
- Die Summe der Abweichungsquadrate hängt von der Anzahl der Beobachtungen ab. Ein von der Stichprobengröße unabhängiges Maß stellen die Varianz und die daraus abgeleitete Standardabweichung dar.
- Bei der empirischen Varianz wird die Summe der Abweichungsquadrate durch den Stichprobenumfang geteilt, während bei der Stichprobenvarianz die Summe der Abweichungsquadrate durch den Stichprobenumfang minus 1 geteilt wird.
- Da die Stichprobenvarianz die Varianz in der Population besser schätzt, wird in der Regel die Stichprobenvarianz berechnet.
- Die Standardabweichung ist die positive Wurzel aus der Varianz. Sie stellt (im Gegensatz zur Varianz) ein Maß dar, das anhand der gleichen Skaleneinheit wie die ihr zugrunde liegende Variable gemessen wird.
- Für die Varianz einer positiv affin transformierten Variablen ist die Varianz der untransformierten Variablen mit dem Quadrat des Steigungskoeffizienten zu multiplizieren.
- Für die Standardabweichung einer positiv affin transformierten Variablen ist die Standardabweichung der untransformierten Variablen mit dem Betrag des Steigungskoeffizienten zu multiplizieren.

6.4 Statistiken für die Schiefe einer Verteilung

Symmetrische Verteilungen haben den Vorteil, dass sie einfacher zu interpretieren sind als schiefe Verteilungen. So sind bei symmetrischen Verteilungen die mittleren Abstände links und rechts vom Zentrum gleich groß. Weiterhin fallen bei unimodalen symmetrischen Verteilungen, wie man sich schnell klar macht, Mittelwert, Median und Modus zusammen. Im Folgenden geht es nun darum, den Grad der Schiefe von Verteilungen zu charakterisieren.

6.4.1 Lageregeln

Wir betrachten zunächst die Schiefe von Verteilungen metrischer Variablen. Hier kann man die sogenannten Lageregeln nutzen, um die Schiefe von unimodalen Verteilungen zu erkennen. Dazu werden das arithmetische Mittel, der Median und der Modus verglichen, die – wie oben bemerkt – bei unimodalen symmetrischen Verteilungen übereinstimmen. Je stärker sich nun diese Maße voneinander unterscheiden, desto schiefer ist die Verteilung.

Abbildung 6.4 illustriert die Lageregeln an den Histogrammen zweier Variablen mit einer schiefen Verteilung.

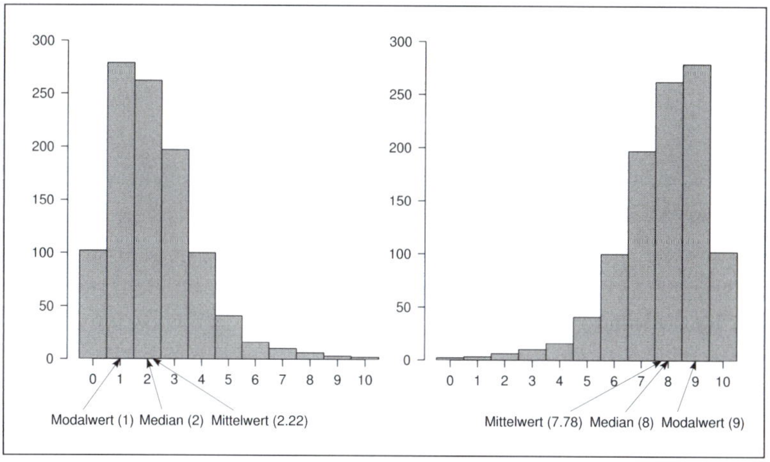

Abbildung 6.4: Beispiele zur Illustration der Lageregeln

Allgemein lassen sich die *Lageregeln* wie folgt spezifizieren: Lageregeln

$$\bar{y} > y_{med} > y_{mod} \quad \Rightarrow \quad \text{rechtsschiefe Verteilung}$$
$$\bar{y} < y_{med} < y_{mod} \quad \Rightarrow \quad \text{linksschiefe Verteilung}$$

Gilt $\bar{y} \approx y_{med} \approx y_{mod}$, d. h. sind diese drei Statistiken in etwa gleich, so sind die Verteilungen im Allgemeinen annähernd symmetrisch. Bei Histogrammen mit sehr breiten Intervallen kann allerdings der Fall auftreten, dass sich diese drei Kennwerte auch bei schiefen Verteilungen nicht unterscheiden oder zumindest sehr ähnlich sind.

6.4.2 Schiefekoeffizient für metrische Variablen

Schiefekoeffizient

Zur numerischen Erfassung der Schiefe metrischer Daten wurden verschiedene Schiefekoeffizienten definiert. Ein in inferenzstatistischer Hinsicht optimaler Koeffizient ist der folgende *Schiefekoeffizient*:

$$g_m = \frac{n^2}{(n-1)(n-2)} \frac{\sum_{i=1}^{n}(y_i-\bar{y})^3}{ns_Y^3}$$

Vom ersten Faktor dieser Formel können wir absehen. Er beträgt insbesondere für große Stichprobenumfänge ungefähr 1 und dient dazu, die Schätzung der Schiefe in der Population zu verbessern. Der zweite Faktor ist der hier entscheidende Teil der Formel. Im Zähler steht hier die Summe der mit dem Exponenten 3 versehenen Abweichungen vom Mittelwert und im Nenner befindet sich die ebenfalls mit dem Exponenten 3 versehene Standardabweichung, die sinnvollerweise größer als Null ist.

Der Nenner ist immer positiv, während der Zähler sowohl negativ als auch positiv werden kann, da hier Abweichungen vom Mittelwert mit dem Exponent 3 aufsummiert werden. g_m erhält also den Wert 0, wenn die Summe der negativen und positiven Abweichungsterme gleich groß ist. Dieser Fall tritt bei symmetrischen Verteilungen auf.

Bei linksschiefen/rechtssteilen Verteilungen liegt ein negativer Koeffizient g_m vor, da die Summe der so berechneten Abweichungsterme für die Beobachtungen unterhalb des Mittelwertes größer ist als die entsprechende Summe der Abweichungsterme oberhalb des Mittelwertes. Bei rechtsschiefen/linkssteilen Verteilungen verhält es sich genau umgekehrt und es resultiert ein positiver Koeffizient g_m.

Allgemein gilt aufgrund der Definition der Schiefe anhand dieses Koeffizienten:

$g_m = 0$ für symmetrische Verteilungen

$g_m > 0$ für rechtsschiefe Verteilungen

$g_m < 0$ für linksschiefe Verteilungen

Im Falle linksschiefer/rechtssteiler Verteilungen spricht man auch (entsprechend des Vorzeichens von g_m) von negativer Schiefe und bei rechtsschiefen/linkssteilen Verteilungen von positiver Schiefe. Allgemein gilt, je weiter der Schiefekoeffizient von 0 abweicht, desto rechts- bzw. linksschiefer ist die Verteilung. Im Rahmen der Inferenzstatistik ergeben sich weitere Interpretationsmöglichkeiten dieses Schiefekoeffizienten.

6.4.3 Quartilskoeffizient der Schiefe

Der metrische Schiefekoeffizient hat den Nachteil, dass Ausreißer in den Daten die Werte dieses Koeffizienten stark beeinflussen können. Ein anderer Schiefekoeffizient basiert auf den Quartilen und wird auch Quartilskoeffizient der Schiefe genannt. Bei symmetrischen Verteilungen ist der Abstand zwischen dem unteren Quartil und dem Median genauso groß wie der zwischen dem Median und dem oberen Quartil. Abbildung 6.7 veranschaulicht diesen Zusammenhang.

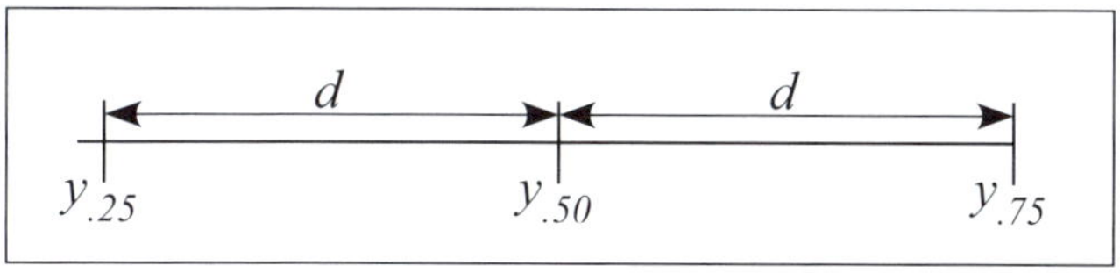

Abbildung 6.5: Intervalllängen zwischen Median und unterem bzw. oberem Quartil bei symmetrischen Verteilungen

Quartilskoeffizient der Schiefe

Die Differenz zwischen dem oberen Quartil und dem Median sollte bei symmetrischen Verteilungen also identisch sein mit der Differenz zwischen Median und unterem Quartil. Damit lässt sich unmittelbar der *Quartilskoeffizient der Schiefe* einer Verteilung ableiten:

$$QS(25) = \frac{(y_{.75} - y_{.50}) - (y_{.50} - y_{.25})}{y_{.75} - y_{.25}}$$

Ist die Distanz zwischen dem oberen Quartil und dem Median größer als die Distanz zwischen dem Median und dem unteren Quartil, dann liegt eine rechtsschiefe/linkssteile Verteilung vor und $QS(25)$ erhält ein positives Vorzeichen. Im umgekehrten Fall einer linksschiefen/rechtssteilen Verteilung ist das Vorzeichen negativ. Bei einer symmetrischen Verteilung nimmt $QS(25)$ den Wert 0 an. Da die Distanzen zwischen dem Median und dem oberen bzw. unteren Quartil maximal so groß werden können wie die im Nenner von $QS(25)$ stehende Differenz zwischen dem oberen und unteren Quartil, liegt der Wertebereich dieses Koeffizienten zwischen -1 und $+1$. Je größer der Betrag dieses Koeffizienten also ausfällt, umso schiefer ist die Verteilung.

Der Quartilskoeffizient der Schiefe berücksichtigt nur die mittleren 50% der Beobachtungen. Man kann diesen Koeffizienten verallgemeinern, sodass ein größerer, frei festzulegender Bereich der mittleren Beobachtungen berücksichtigt wird. So kann beispielsweise der Koeffizient

$QS(15)$ verwendet werden, bei dem die mittleren 70% der Beobachtungen berücksichtigt werden. Zumeist wird jedoch der auf den Quartilen beruhende Koeffizient $QS(25)$ verwendet.

6.5 Statistik für die Wölbung einer Verteilung

Wölbung
Kurtosis

Ein weiteres Maß zur Beschreibung von Verteilungen ist die *Wölbung*, auch *Kurtosis* genannt. Die Wölbung charakterisiert, wie der zentrale Bereich einer bestimmten Verteilung im Verhältnis zu den Randbereichen besetzt ist. Dabei wird diese Verteilung mit einer Normalverteilung verglichen, die die gleiche Varianz besitzt. Eine zur Normalverteilung unterschiedliche Wölbung kann somit nicht durch eine zur Normalverteilung unterschiedliche Varianz entstehen. Eine Verteilung, die der Normalverteilung entspricht, wird auch *mesokurtisch* genannt.

mesokurtisch

Zwei Fälle können bei der Abweichung der Wölbung einer Verteilung von einer Normalverteilung mit identischer Varianz unterschieden werden.

Im ersten Fall liegen im Vergleich zur Normalverteilung mehr Beobachtungen im Zentrum der Verteilung und zugleich liegen – da die Varianzen identisch sind – vergleichsweise mehr Beobachtungen an den Rändern der Verteilung. Dadurch sind solche Verteilungen, die auch *leptokurtisch* genannt werden, in der Regel steiler als die entsprechende Normalverteilung (vgl. Abb. 6.6).

leptokurtisch

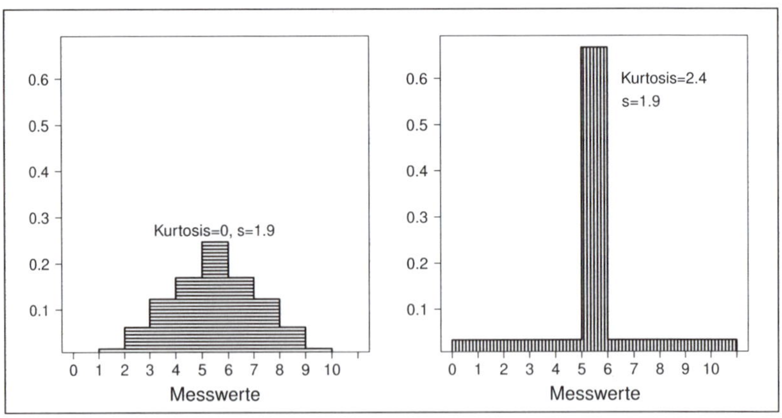

Abbildung 6.6: Vergleich einer annähernd normalverteilten Variablen mit einer leptokurtischen Variablen mit gleicher Varianz

Im zweiten Fall sind relativ zur entsprechenden Normalverteilung mehr Beobachtungen in dem Bereich der Verteilung konzentriert, der etwa eine Standardabweichung vom Zentrum entfernt liegt. Diesen Bereich nennt man auch die Schultern einer Verteilung. Die Form einer solchen Verteilung, bei der Beobachtungen sowohl vom Zentrum als auch von den Rändern der Verteilung in Richtung „mittlere Abweichung" wandern, wird *platykurtisch* genannt. In der Regel sind diese Verteilungen flacher als die entsprechende Normalverteilung (vgl. Abb. 6.7).

platykurtisch

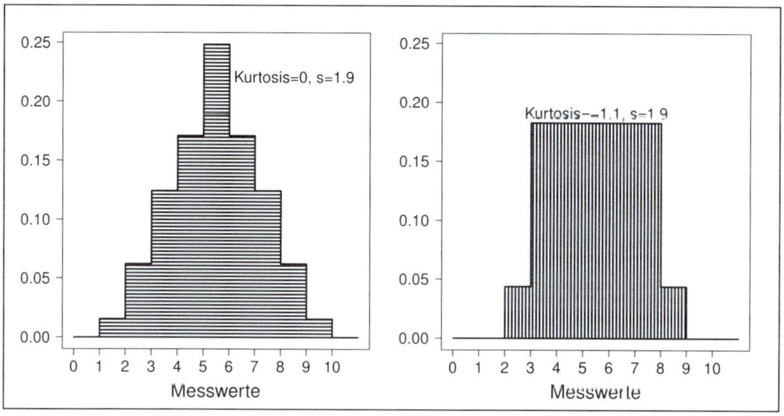

Abbildung 6.7: Vergleich einer annähernd normalverteilten Variablen mit einer platykurtischen Variablen mit gleicher Varianz

Die Wölbung kann anhand verschiedener Koeffizienten quantifiziert werden. Der für metrische Daten einschlägige *Kurtosiskoeffizient* γ ist so definiert, dass für normalverteilte Variablen $\gamma = 0$ gilt. Für Verteilungen, die nicht der Gauß'schen Glockenkurve folgen, nimmt γ einen negativen oder positiven Wert an. γ wird wie folgt bestimmt:

Kurtosiskoeffizient für metrische Daten

$$\gamma = \frac{n^2(n+1)}{(n-1)(n-2)(n-3)} \frac{\sum_{i=1}^{n}(y_i - \bar{y})^4}{n s_Y^4} - 3\frac{(n-1)^2}{(n-2)(n-3)}$$

Die Wölbung der Normalverteilung entspricht dem zweiten Teil der Formel:

$$3\frac{(n-1)^2}{(n-2)(n-3)}$$

Sieht man beim ersten Teil der Formel von dem Faktor

$$\frac{n^2(n+1)}{(n-1)(n-2)(n-3)}$$

ab, der nahezu 1 beträgt, so zeigt sich, dass dieser Koeffizient insbesondere dann positiv wird, wenn Beobachtungen mit relativ großen Abständen zum Zentrum vorliegen.

Ein positiver Kurtosiskoeffizient zeigt damit eine leptokurtische Verteilung an und ein negativer Kurtosiskoeffizient eine platykurtische Verteilung.

Kurz zusammengefasst gilt:

$$\gamma = 0 \Rightarrow \text{mesokurtische Verteilung (annähernd normalverteilt)}$$

$$\gamma > 0 \Rightarrow \text{leptokurtische Verteilung}$$

$$\gamma < 0 \Rightarrow \text{platykurtische Verteilung}$$

Die Betrachtung der Wölbung einer Verteilung ist insbesondere dann relevant, wenn, wie es häufig der Fall ist, überprüft werden soll, ob eine Variable zumindest annähernd normalverteilt ist. Normalverteilte Variablen lassen sich, wie wir noch sehen werden, einfach interpretieren und sind auch in inferenzstatistischer Hinsicht von bedeutendem Vorteil.

Die hier eingeführten Schiefekoeffizienten für metrische Daten lassen unter Einbezug weiterer, später einzuführender inferenzstatistischer Größen eine erste einfache Analyse der Abweichung von der Normalverteilung zu.

Wesentliche Merkmale der Maße für Schiefe und Wölbung

- Für metrische Daten kann die Schiefe anhand der Lageregeln und des Schiefekoeffizienten g_m berechnet werden.
- Für mindestens ordinalskalierte Variablen kann der Quartilskoeffizient der Schiefe verwendet werden.
- Der Quartilskoeffizient der Schiefe kann durch die Verwendung anderer Quantile verallgemeinert werden.
- Der Kurtosiskoeffizient γ dient zur Erfassung der Wölbung von metrischen Variablen. Er vergleicht die Wölbung einer bestimmten Variablen mit der Wölbung einer normalverteilten Variablen mit identischer Varianz.
- Man unterscheidet mesokurtische, leptokurtische und platykurtische Verteilungen.

6.6 Software

6.6.1 SPSS

Anhand des SPSS-Menüs lassen sich die hier dargestellten deskriptiven Statistiken und Grafiken erzeugen.

Menü

Analysieren
↓
Deskriptive Statistiken → **Häufigkeiten**

Im Dialogfeld kann die Darstellung der Häufigkeitstabelle unterdrückt werden. Außerdem kann unter **„Statistiken"** angegeben werden, welche Perzentile, Lage-, Streuungs- und weitere Verteilungsmaße zusätzlich zur tabellarischen Häufigkeitsverteilung ausgegeben werden sollen.

6.6.2 R

Die wichtigsten Statistiken werden im R-Commander unter dem Menüpunkt *deskriptive Statistik* angeboten.

R-Commander

Statistik
↓
Deskriptive Statistik → **Datenmatrix**

Es erfolgt die Fünf-Punkte-Zusammenfassung aller Variablen in der aktiven Datenmatrix. Des Weiteren werden der Mittelwert und die Anzahl der fehlenden Werte (NA) ausgegeben.

Statistik
↓
Deskriptive Statistik → **Zusammenfassung numerischer Variablen**

Wahlweise können zudem Mittelwert, Standardabweichung und Quantile berechnet werden.

Auch mithilfe der Syntax von R lassen sich deskriptive Statistiken abrufen.

Syntax

`summary(Y)`	5-Punkte-Zusammenfassung und Mittelwert der Variablen *Y*

Syntax

`summary(Daten)`	5-Punkte-Zusammenfassung und Mittelwert für alle Variablen des Datensatzes „Daten“
`mean(Y)`	Mittelwert der Variablen *Y* (Die Spezifikation eines Datensatzes ist ebenfalls möglich.)
`var(Y)`	Varianz der Variablen *Y* (Die Spezifikation eines Datensatzes ist ebenfalls möglich.)
`sd(Y)`	Standardabweichung der Variablen *Y* (Die Spezifikation eines Datensatzes ist ebenfalls möglich.)
`quantile(Y, c(.2, .5, .8), type=1)`	Quantile der Variablen Y: $y_{.2}$, $y_{.5}$ und $y_{.8}$

Zusammenfassung

Die in diesem Kapitel vorgestellten Maßzahlen (Statistiken) dienen zur zusammenfassenden numerischen Beschreibung der Verteilung einer Variablen. Es wurden Koeffizienten zur zentralen Tendenz, Streuung, Schiefe und Wölbung dargestellt. Je nach Skalenniveau einer Variablen können unterschiedliche Statistiken berechnet werden.

Zur Erfassung der zentralen Tendenz von metrischen Variablen kann das arithmetische Mittel berechnet werden. Das arithmetische Mittel minimiert die Summe der Abweichungsquadrate, es kann insbesondere bei kleinen Stichproben empfindlich auf extrem hohe oder niedrige Werte (Ausreißer) reagieren. Unterteilt man die Gesamtstichprobe erschöpfend in mehrere Substichproben, stimmen im Allgemeinen der Mittelwert der Gruppenmittelwerte und der Gesamtmittelwert nicht überein. Für mindestens ordinalskalierte Variablen kann der Median und für mindestens nominalskalierte Variablen der Modus berechnet werden.

Der Median minimiert die Summe der Beträge der Abweichungen und ist wie der Modus robust gegenüber Ausreißern. Quantile stellen eine Verallgemeinerung des Medians dar, sie unterteilen die Werte einer Variablen anhand eines vorher festgelegten Verhältnisses in zwei Teile.

Der Mittelwert ist äquivariant gegenüber den auf Intervallskalenniveau zulässigen positiv affinen Transformationen, der Median gegenüber den auf Ordinalskalenniveau zugelassenen streng monotonen Transformationen und der Modus gegenüber den auf Nominalskalenniveau erlaubten injektiven Transformationen.

Die Streuung metrischer Variablen kann durch die Summe der Abweichungsquadrate erfasst werden. Dieses Maß hängt jedoch vom Stichprobenumfang ab. Daher werden als Maße für die Streuung metrischer Variablen in der Regel die Varianz und Standardabweichung berichtet. Die Standardabweichung besitzt im Gegensatz zur Varianz die gleiche Maßeinheit wie die zugrunde liegende Variable. Für die Berechnung der Varianz bzw. Standardabweichung einer positiv affin transformierten Variablen ist die ursprüngliche Statistik mit dem Quadrat bzw. Betrag des Steigungskoeffizienten zu multiplizieren. Ein weiteres Maß für die Streuung metrischer Variablen stellt der Range dar. Für mindestens ordinalskalierte Variablen dient der Interquartilabstand zur Messung der Streuung.

Zwei weitere Arten von Maßzahlen erfassen die Schiefe bzw. Wölbung einer Variablen. Für mindestens intervallskalierte Variablen kann die Schiefe anhand der Lageregeln und des Schiefekoeffizienten für metrische Daten berechnet werden. Zur Messung der Schiefe mindestens ordinalskalierter Variablen eignet sich der Quartilskoeffizient der Schiefe. Durch die Verwendung anderer Quantile kann dieses Maß verallgemeinert werden. Der Kurtosiskoeffizient, der metrische Daten voraussetzt, vergleicht die Wölbung einer bestimmten Variablen mit der Wölbung einer normalverteilten Variablen mit identischer Varianz. Stimmen beide Variablen annähernd überein, liegt eine mesokurtische Verteilung vor, ansonsten eine leptokurtische oder platykurtische Verteilung.

Zentrale Begriffe

Das *arithmetische Mittel* – auch als Mittelwert bezeichnet – ist ein Maß der zentralen Tendenz für metrische Variablen, das definiert ist als die Summe der Beobachtungen einer Variablen geteilt durch die Anzahl der Beobachtungen.

Der *Median* ist ein Maß der zentralen Tendenz für mindestens ordinalskalierte Variablen, für das gilt: Mindestens 50% der geordneten Werte liegen oberhalb dieses Wertes und mindestens 50% der geordneten Werte liegen unterhalb dieses Wertes.

Der *Modus* bzw. *Modalwert* ist ein Maß der zentralen Tendenz, das bereits für nominalskalierte Variablen berechnet werden kann. Dieses Maß ist nicht immer eindeutig. Ein Modus repräsentiert einen Wert einer Variablen mit der größten Häufigkeit.

Quantile teilen einen Datensatz in einem bestimmten Größenverhältnis auf. Das *p-Quantil* $(0 < p < 1)$ einer Verteilung teilt die geordneten Beobachtungen so in zwei Teile, dass mindestens $p \cdot 100\%$ der Beobachtungen kleiner/gleich und mindestens $(1-p) \cdot 100\%$ größer/gleich dem p-Quantil sind. Das $p_{.50}$- Quantil entspricht daher dem Median.

Quartile sind die Quantile $p_{.25}$, $p_{.50}$ und $p_{.75}$. Sie „vierteln" den Datensatz.

Der *Interquartilabstand* ist ein Streuungsmaß für mindestens ordinalskalierte Variablen und wird als die Differenz zwischen dem oberen und dem unteren Quartil berechnet.

Die *Fünf-Punkte-Zusammenfassung* beschreibt eine Verteilung anhand von $y_{min}, y_{.25}, y_{med}, y_{.75}, y_{max}$.

Die *Varianz* gibt die Streuung der Messwerte einer metrischen Variablen an. Sie wird berechnet als die Summe der quadrierten Abweichungen der Werte vom Mittelwert geteilt durch die Anzahl der Werte minus 1.

Die *Standardabweichung* ist die (positive) Wurzel aus der Varianz. Ihre Einheit entspricht im Gegensatz zur Varianz der Einheit, anhand derer die Variable gemessen wurde.

Schiefe Verteilungen weichen von symmetrischen Verteilungen ab und können entweder rechtsschief/linkssteil (positive Schiefe) oder linksschief/rechtssteil (negative Schiefe) sein.

Die *Kurtosis* bezeichnet die Wölbung einer statistischen Verteilung. Weisen Variablen eine von der Normalverteilung mit identischer Varianz abweichende Kurtosis auf, so liegen relativ mehr Beobachtungen gleichzeitig im Zentrum und an den Rändern (leptokurtisch, positive Kurtosis) oder in dem Bereich der Schultern einer Verteilung (platykurtisch, negative Kurtosis). Ist die Verteilung einer Variablen annähernd normalverteilt, spricht man von einer mesokurtischen Verteilung.

Notation

Notation	**Bedeutung**
$\bar{y}$	Mittelwert von Y
y_{med}	Median von Y
y_{mod}	Modalwert von Y
s_Y^2	Varianz von Y
s_Y	Standardabweichung von Y
y_p	p-Quantil von Y
SS	Summe der Abweichungsquadrate
g_m	Metrischer Schiefekoeffizient
$QS(25)$	Quartilskoeffizient der Schiefe
γ	Kurtosiskoeffizient

Kapitel 7

Standardisierung und extreme Werte von Variablen

Inhaltsübersicht

Löst eine Person in einem Konzentrationstest 20 von 50 Aufgaben richtig, so ist es unklar, ob damit ein gutes oder schlechtes Ergebnis vorliegt, wenn man nicht über weitere Informationen zu diesem Testergebnis verfügt. Kennt man die kumulierte relative Häufigkeit dieses Messwertes, weiß man etwas über die Position des Messwertes im Vergleich zu anderen Messwerten einer Stichprobe. Informationen über die relative Position eines Messwertes erhält man auch durch eine Standardisierung eines Messwertes. Wir stellen zunächst die wichtigste Form der Standardisierung, die z-Standardisierung, vor und anschließend einige weitere, häufig benutzte Standardisierungen. Ausgehend von standardisierten Variablen behandeln wir dann die Bestimmung von extremen Werte und Ausreißern, die untypische Beobachtungen repräsentieren. Für die Identifikation von extremen Werten und Ausreißern können auch Boxplots verwendet werden, die wir zum Schluss dieses Kapitels vorstellen.

7.1 Standardisierung von Variablen

Ziel der Standardisierung ist die Angabe der relativen Lage von Messwerten in einer gegebenen Verteilung. Setzt man zunächst einen Messwert in Beziehung zum Mittelwert einer Stichprobe oder – soweit bekannt – einer Population, so weiß man, ob ein unterdurchschnittliches, mittleres oder überdurchschnittliches Ergebnis in Bezug auf die Vergleichsgruppe erzielt wurde. Um weiterhin detailliertere Informationen über den Abstand eines Messwertes vom Mittelwert zu erhalten, ist es sinnvoll zu erheben, wie viele Standardabweichungen der Messwert vom Mittelwert entfernt liegt (s. u.). Dadurch ist eine z-Standardisierung von Variablen gegeben, die die Abweichung eines Wertes vom Mittelwert anhand der neuen Einheit *Standardabweichung* angibt:

$$z_i = \frac{y_i - \bar{y}}{s_Y} = \frac{y_i}{s_Y} - \frac{\bar{y}}{s_Y}$$

Die mittels der obigen Gleichung transformierten Werte werden allgemein als *z-standardisierte Werte* oder kurz *z-Werte* bezeichnet. z-Werte

Zuweilen werden in statistischen Verfahren die Werte $y_i - \bar{y}$ verwendet. Diese Abweichungen vom Mittelwert werden als zentrierte Werte bezeichnet. Die Zentrierung wie die Berechnung von z-standardisierten Variablen setzt mindestens Intervallskalenniveau voraus, schon allein wegen der Verwendung von Mittelwerten bei ihrer Berechnung.

Bei der z-Standardisierung dient der Mittelwert $\bar{y}$ als fester Bezugspunkt und die Standardabweichung s_Y zur Normierung. Aus dieser Standardisierung folgt, dass z-Werte immer einen Mittelwert von 0 haben. Von allen Werten einer Variablen wird der Mittelwert abgezogen, also auch von dem Wert, der den Mittelwert repräsentiert. Daher nimmt der Mittelwert den z-Wert 0 an. (Ein Beweis für diese Behauptung findet sich ebenso wie ein Beweis für die folgende Behauptung im Internetsupplement.)

Darüber hinaus haben standardisierte Werte immer eine Varianz bzw. Standardabweichung von 1. Da die zentrierten Werte durch die Standardabweichung geteilt werden, erhält der ursprüngliche Wert, der eine Standardabweichung oberhalb des Mittelwerts liegt, einen z-Wert von 1.

Zusammenfassend gilt somit für z-transformierte Variablen $\overline{z_Y} = 0$ und $s^2_{z_Y} = 1$.

Um die Bedeutung der z-Standardisierung aufzuzeigen, betrachten wir die in Tabelle 7.1 wiedergegebenen Beobachtungen einer Stichprobe von fünf Versuchspersonen für drei völlig unterschiedliche Variablen, *Größe*, *Herzrate* und *Score*, wobei *Score* die Anzahl richtig beantworteter Aufgaben von insgesamt 50 Aufgaben eines Konzentrationstests repräsentiert.

Tabelle 7.1: Fiktive Ausprägungen der Variablen *Größe* (in cm), *Herzrate* und *Score* (Zahl richtiger Antworten in einem Konzentrationstest)

Vp	Größe	Herzrate	Score
1	160	70	30
2	165	66	34
3	175	78	30
4	185	74	32
5	190	62	34

Die verwendeten Skalen basieren auf uns im Alltag vertrauten Einheiten, die jeweils eine unterschiedliche Bedeutung haben. Für die Berechnung der z-Werte der Variablen aus Tabelle 7.1 sind zunächst die Mittelwerte und Standardabweichungen zu bestimmen (Tab. 7.2).

Tabelle 7.2: Mittelwerte und Standardabweichungen der Variablen aus Tabelle 7.1

	Größe	Herzrate	Score
Mittelwert	175	70	32
Standardabweichung	12.75	6.32	2.00

Tabelle 7.3: Ursprüngliche (urspr.) und z-standardisierte (stand.) Werte der Variablen aus Tabelle 7.1

Vp	Größe		Herzrate		Score	
	urspr. Wert	stand. Wert	urspr. Wert	stand. Wert	urspr. Wert	stand. Wert
1	160	-1.17	70	0.00	30	-1.00
2	165	-0.78	66	-0.63	34	1.00
3	175	0.00	78	1.26	30	-1.00
4	185	0.78	74	0.63	32	0.00
5	190	1.17	62	-1.26	34	1.00

In Tabelle 7.3 sind die z-Werte dieser drei Variablen dargestellt. Diese standardisierten Werte geben an, um wie viele Standardabweichungen die ursprünglichen Werte vom Mittelwert entfernt liegen. So liegt der ursprüngliche Wert 32 der Variablen *Score*, der dem Mittelwert entspricht, 0 Standardabweichungen vom Mittelwert entfernt, während der Wert 30 eine Standardabweichung unterhalb des Mittelwerts liegt (vgl. Tab. 7.2) und somit den z-Wert -1 erhalt.

Durch die Standardisierung wird der Informationsgehalt einer intervallskalierten Variablen erhöht. Ohne die Einbeziehung des Mittelwertes und der Standardabweichung könnte man nicht sagen, ob beispielsweise ein Score von 26 eine gute, mittlere oder schlechte Leistung darstellt. Bei einem Mittelwert von 32 und einer Standardabweichung von 2 wäre der entsprechende z-Wert $(26-32)/2=-3$. Ein Score von 26 repräsentiert somit eine unterdurchschnittliche Leistung.

Ein weiterer Vorteil, der aus der Standardisierung resultiert, ist die Vergleichbarkeit der Werte von Variablen mit ursprünglich völlig unterschiedlichen Einheiten, wie z. B. *cm*, *kg* oder *Anzahl gelöster Aufgaben*. Durch die z-Standardisierung verlieren die Variablen ihre spezifische Einheit, es gilt nun für alle Variablen die Maßeinheit *Standardabweichung*.

Betrachtet man die z-Werte der dritten Versuchsperson in Tabelle 7.3, so lassen diese erkennen, dass die Person durchschnittlich groß ist, ihre Herzrate höher als der Durchschnitt bei dieser Variablen ist und dass diese Person unterdurchschnittlich viele Aufgaben gelöst hat.

Durch die z-Standardisierung lassen sich außerdem Werte hinsichtlich ihrer relativen Lage innerhalb verschiedener Populationen vergleichen. So mag ein japanischer Mann mit der Größe von 170 cm in Japan eine durchschnittliche Größe besitzen, während er im Vergleich zu den deutschen Männern unterhalb des Durchschnitts liegt.

Im folgenden Beispiel wird die Thematik unterschiedlicher Referenzpopulationen nochmals ausführlicher dargestellt.

Beispiel eines Vergleichs von Daten hinsichtlich unterschiedlicher Populationen: IQ eines Hauptschülers und eines Gymnasiasten

Weisen ein Hauptschüler und ein Gymnasiast jeweils einen IQ von 109 auf, sind beide Schüler gleich intelligent. Wie sieht es jedoch mit ihrer Intelligenz relativ zur jeweiligen Population aus?

Zur Beantwortung dieser Frage sind zunächst die Mittelwerte und Standardabweichungen der beiden Populationen zu bestimmen:

	Populations-mittelwert	Standardabweichung in der Population
Hauptschule	84.11	12.70
Gymnasium	107.95	13.16

Der Hauptschüler erhält bei einem IQ von 109 im Vergleich zum Durchschnitt der Hauptschüler einen z-Wert von

$$\frac{109 - 84.11}{12.70} = 1.96$$

Der Gymnasiast erhält bei einem IQ von 109 im Vergleich zum Durchschnitt aller Gymnasiasten einen z-Wert von

$$\frac{109 - 107.95}{13.16} = 0.08$$

Damit ist der ausgewählte Hauptschüler relativ zu allen Hauptschülern sehr intelligent, während der Gymnasiast mit dem gleichen IQ im Vergleich zu allen Gymnasiasten im Mittelbereich liegt.

Der hier gezeigte Bezugsgruppeneffekt für das Selbstkonzept der Leistung von Schülern tritt insbesondere bei einem Schulwechsel zutage. Schüler mit etwa gleicher Leistungsfähigkeit verfügen in Schulen mit schwächeren Schülern eher über ein stärker ausgeprägtes Selbstkonzept der Leistung als in Schulen mit besseren Schülern.

7.1.1 Wichtige Standardisierungen

Anstelle der z-Transformation sind auch andere Transformationen üblich. So werden beispielsweise bei der Intelligenzmessung zumeist sogenannte *IQ-Werte* verwendet. Für andere psychologische Testverfahren

IQ-Werte

werden *Z-Werte* („groß-Z-Werte"), *T-Werte* und sogenannte *Stanine-Werte* verwendet. Weitere Transformationen sind die mit PISA bezeichnete Transformation, die im Rahmen der *PISA-Studie* verwendet wird und die Schulnotenskala (von 1 bis 5) sowie die speziellere Abiturnotenskala. Diese Transformationen gehen von z-Werten aus, wie in Tabelle 7.4 dargestellt wird. Setzt man $\frac{y-\bar{y}}{s_Y}$ in Tabelle 7.4 für z ein, so resultieren die entsprechenden Transformationen ausgehend von den ursprünglichen Werten.

Z-Werte
T-Werte
Stanine-Werte
PISA-Studie

Tabelle 7.4: Transformationen von z-Werten

Bezeichnung		Transformation
IQ	=	$100+15z$
Z	=	$100+10z$
T	=	$50+10z$
PISA	=	$500+100z$
Schulnote	=	$3-z$
Abiturnote	=	$8+3z$
Stanine	=	$5+2z$

Beispiel einer Skalentransformation: Messung der Intelligenz einer Person mithilfe von zwei verschiedenen Tests anhand unterschiedlicher Skalen

Eine Person erzielt in einem ersten Intelligenztest einen Wert von IQ$=130$, in einem zweiten Test den Wert $Z=120$.

Entsprechen sich die Ergebnisse der beiden Tests?

Um diese Frage zu beantworten, transformieren wir beide Werte auf den jeweiligen z-Wert:

$$z = \frac{Z-100}{10} = \frac{120-100}{10} = 2$$

$$z = \frac{IQ-100}{15} = \frac{130-100}{15} = 2$$

Die Ergebnisse der Person liegen also in beiden Fällen genau zwei Standardabweichungen über dem Mittelwert.

Die oben aufgeführten Skalen, die in Abbildung 7.1 (vgl. nächste Seite) dargestellt sind, haben jeweils den gleichen Informationsgehalt, da sie anhand positiv affiner Transformationen ineinander transformiert werden können. Für die Interpretation eines Wertes ist es nur wichtig zu wissen, welche Skala gerade verwendet wird. So benutzen viele Intelligenztests die IQ-Skala, einige aber auch die Z-Skala.

7.1.2 z-Standardisierung normalverteilter Variablen

Da viele Variablen näherungsweise normalverteilt sind, betrachten wir im Folgenden die Standardisierung normalverteilter Variablen. Die Standardisierung normalverteilter Variablen führt zu einem höheren Informationsgehalt, da die standardisierten normalverteilten Variablen immer dieselbe Verteilungsform besitzen. Die kumulierte relative Häufigkeitsverteilung standardisierter normalverteilter Variablen nennt man auch *Prozentrangskala*. Bei der Prozentrangskala wird zu jedem z-Wert der Prozentrang angegeben. Der Prozentrang entspricht der kumulierten relativen Häufigkeit, also dem Prozentsatz an statistischen Einheiten, die im Vergleich zu diesem Wert eine kleinere oder gleich große Ausprägung besitzen. So haben, wie gleich erläutert wird, bei einer normalverteilten Variablen immer 2.3 % aller Mitglieder einer Population einen z-Wert von kleiner/gleich -2 und 84.13 % aller Mitglieder einen z-Wert von kleiner/gleich 1.

Prozentrangskala

Die Berechnung der Quantile erfolgt über die Berechnung der Fläche unter der Gauß'schen Glockenkurve. Die Normalverteilung für die z-Werte mit dem Mittelwert 0 und der Standardabweichung 1 heißt auch *Standardnormalverteilung* und wird durch die Funktion

Standardnormalverteilung

$$f(y) = \frac{1}{\sqrt{2\pi}} e^{-\frac{y^2}{2}}$$

beschrieben. Die Fläche unter der Standardnormalverteilung bis zu einem bestimmten Wert ergibt das Perzentil bzw. den *Prozentrang* und wird durch das folgende Integral bestimmt:

Prozentrang

$$p = F(y) = \int_{-\infty}^{z_p} f(y)dy$$

Werte mit Prozenträngen von 30, 50 bzw. 95 entsprechen also den Quantilen $z_{.30}, z_{.50}$ bzw. $z_{.95}$. Somit haben jeweils 30 %, 50 % bzw. 95 % der statistischen Einheiten einer Population Werte, die kleiner/gleich $z_{.30}, z_{.50}$ bzw. $z_{.95}$ sind.

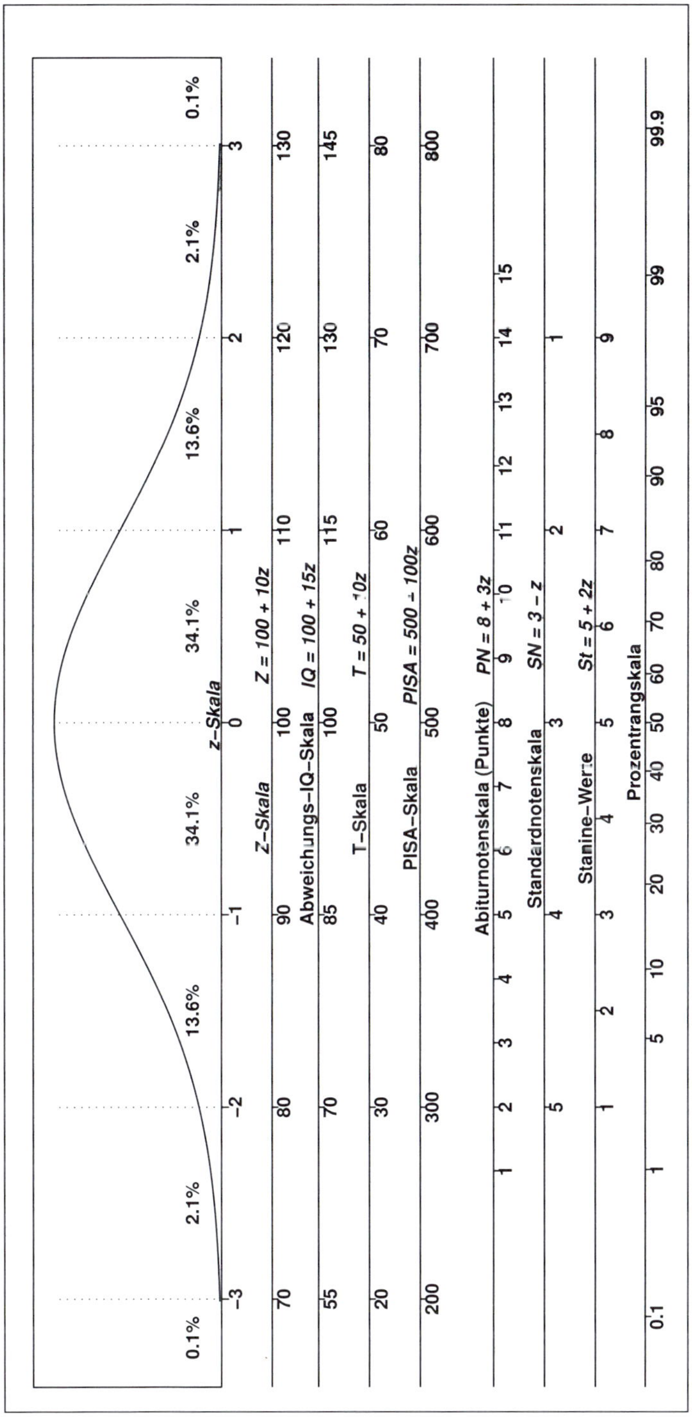

Abbildung 7.1: Darstellung verschiedener Standardisierungen einer normalverteilten Variablen

Tabelle 7.5: z-Werte und zugehörige Prozentränge

z-Wert	Prozentrang	z-Wert	Prozentrang
-3.00	0.13 %	0.50	69.15 %
-2.50	0.62 %	1.00	84.13 %
-2.00	2.28 %	1.50	93.32 %
-1.50	6.68 %	2.00	97.72 %
-0.50	30.85 %	2.50	99.38 %
0.00	50.00 %	3.00	99.87 %

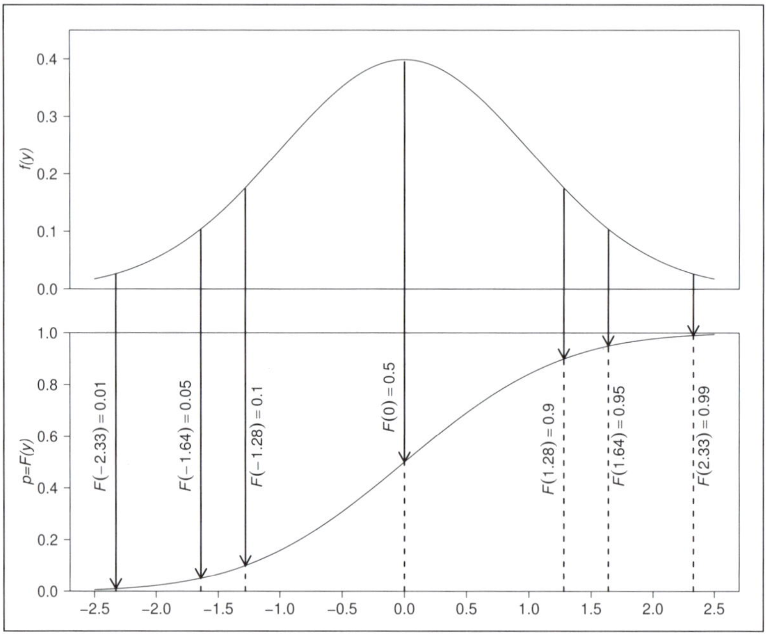

Abbildung 7.2: z-Werte und Prozentränge einer standardnormalverteilten Variablen

Abbildung 7.2 zeigt die Quantile ausgewählter z-Werte einer standardnormalverteilten Variablen. Tabelle 7.5 enthält weitere z-Werte und deren Quantile. Der Anteil der Mitglieder innerhalb einer Standardabweichung unterhalb und oberhalb des Mittelwerts, also innerhalb der z-Werte von -1 und 1, beträgt 68.26 %. Weiterhin liegen 95.44 % der statistischen Einheiten innerhalb von zwei Standardabweichungen unterhalb und oberhalb des Mittelwerts, also zwischen den z-Werten -2 und 2. In Abbildung 7.3 werden diese Angaben veranschaulicht.

Da die wichtigsten Quantile der Normalverteilung zum grundlegenden Statistikwissen gehören und permanent im Gedächtnis repräsentiert sein sollten, ist die ungefähre Lage der Werte z-standardisierter normalverteilter Variablen relativ schnell – d. h. ohne Rückgriff auf Hilfsmittel, wie Tabellen etc. – zu bestimmen.

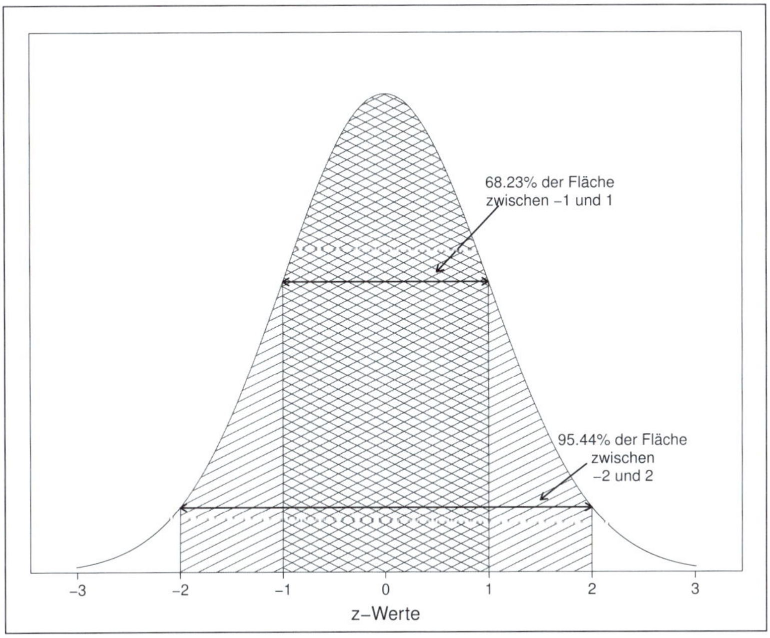

Abbildung 7.3: Flächen der Standardnormalverteilung zwischen −1 und 1 bzw. zwischen −2 und 2

7.1.3 Interpretation von *z*-standardisierten Variablen

Da die Zuordnung von Prozenträngen zu *z*-standardisierten normalverteilten Variablen in der statistischen Praxis sehr häufig erfolgt, ist diese Zuordnung wohlbekannt. Daher sind die Werte *z*-standardisierter normalverteilter Variablen relativ einfach zu interpretieren. Im Fall nicht normalverteilter Variablen ist eine solche Interpretation schwieriger. Man weiß zwar, dass negative *z*-Werte unterdurchschnittliche und positive *z*-Werte überdurchschnittliche Ausprägungen bedeuten, jedoch sind die genauen Prozentränge unbekannt und müssen anhand der empirischen Verteilungsfunktion ermittelt werden.

Für die Interpretation von *z*-Werten im Falle beliebiger Verteilungen, wie z. B. einer Verteilung, die die Form eines Rechtecks oder die Form der rechten Hälfte einer Normalverteilung besitzt, erweist sich die *Ungleichung von Tschebycheff* als hilfreich. Tschebycheff konnte nachweisen, dass bei beliebig verteilten Variablen innerhalb des Intervalls

Tschebycheff-Ungleichung

von k Standardabweichungen um den Mittelwert $[\bar{y} \pm k \cdot s]$ immer mindestens $100 \cdot (1 - \frac{1}{k^2})$ % aller Beobachtungen liegen, wobei $k > 1$ sein muss. In Tabelle 7.6 sind die entsprechenden prozentualen Häufigkeiten für verschiedene Werte von k und beliebige Verteilungen und für die Normalverteilung dargestellt. Die Tschebycheff-Ungleichung gibt somit Untergrenzen an, die für den „worst case" angenommen werden können.

Tabelle 7.6: Prozentualer Anteil der Beobachtungen innerhalb des Intervalls $[\bar{y} \pm k \cdot s]$ basierend auf der Tschebycheff-Ungleichung und der Normalverteilung

k	beliebige Verteilung	Normal-verteilung
1.5	55.56 %	86.64 %
2.0	75.00 %	95.45 %
2.5	84.00 %	98.76 %
3.0	88.89 %	99.73 %
3.5	91.84 %	99.95 %
4.0	93.75 %	99.99 %
5.0	96.00 %	99.99997 %

Die Verwendung der Einheit *Standardabweichung*, wie sie im Fall der z-Werte erfolgt, ist in der empirischen Forschung von grundsätzlicher Bedeutung. Die Definition einer Einheit für intervallskalierte Variablen – wie z. B. für Ängstlichkeit, Intelligenz etc. – erfolgt sehr häufig über die Standardabweichung, wobei die Variablen als normalverteilt angenommen werden. Üblicherweise werden solche Variablen über mehrere Items gemessen, so z. B. die Konzentration über den Score, d. h. die Anzahl aller richtig gelösten Aufgaben. Sind die Scores normalverteilt, wird die Standardabweichung des Scores als Einheit der Intervallskala herangezogen. Damit erhält die so definierte Einheit einer intervallskalierten Variablen ihre Bedeutung im Wesentlichen über die Eigenschaften einer normalverteilten Variablen.

7.2 Extreme Werte und Ausreißer

Wie Tabelle 7.5 zeigt, sind z-Werte kleiner als -3 und größer als 3 sehr unwahrscheinlich. Treten solche Beobachtungen in der Praxis auf, stellt sich daher die Frage, ob diese extremen Werte eventuell Fehler darstellen, die etwa durch eine fehlerhafte Messung oder durch Fehler bei der Dateneingabe oder -übertragung zustande gekommen sind. Andererseits besteht natürlich die Möglichkeit, dass Daten vorliegen, die sehr unwahrscheinlich sind, die aber dennoch keine Fehler darstellen. Somit gilt es jeweils im Einzelfall zu entscheiden, wie mit einem extremen Wert umzugehen ist.

Handelt es sich bei einem extremen Wert ganz eindeutig um einen Fehler, ist der Wert nach Möglichkeit zu korrigieren, ansonsten wegzulassen. Bei einem unwahrscheinlichen Wert ist ebenfalls zu entscheiden, ob man ihn im Datensatz für weitere Analysen berücksichtigt. Insbesondere bei kleinen Stichproben mögen extreme Werte dazu führen, dass bestimmte Statistiken kein repräsentatives Abbild der Population geben, denn wie bereits erwähnt wurde, sind insbesondere der Mittelwert und die Varianz und damit auch die Standardabweichung anfällig für extreme Werte.

Nehmen wir als Beispiel die Messung der Körpergröße an einer Stichprobe von 1 000 Männern. Für einen dieser Männer sei statt des Wertes 2 m der Wert 3 m abgespeichert worden und der wahre Wert 2 m sei nicht mehr zu rekonstruieren. Für die Berechnung des Mittelwertes ist es bei 1 000 Personen relativ unerheblich, ob man diese Beobachtung für die Mittelwertsbestimmung berücksichtigt oder nicht, da sich der Mittelwert lediglich um 1 mm verändert. Ein Messwert von 3 m (statt 2 m) beeinflusst die Berechnung des Mittelwertes bei einer Stichprobe von 10 Personen sehr viel stärker, weil der Gesamtmittelwert um 10 cm verfälscht wird. Ein solch fehlerhafter Wert sollte aber in jedem Fall korrigiert werden oder unberücksichtigt bleiben.

Sind kleine Stichproben für normalverteilte Variablen gegeben und haben bedeutend mehr als 5 % aller z-Werte einen Betrag größer als 1.96 bzw. – etwas ungenauer betrachtet – größer als 2, d. h., gilt $|z| > 2$, ist Vorsicht bei der Berechnung wenig robuster Statistiken, wie des Mittelwerts oder der Varianz bzw. Standardabweichung geboten. Hier ist genau zu prüfen, inwieweit extreme Werte fehlerhafte Daten sein könnten.

Falls solche Werte nicht als fehlerhaft erachtet werden, sollte überprüft werden, wie sie sich auf die Berechnung der Statistiken auswirken. Dazu kann man die Statistiken einmal mit und einmal ohne die extremen Werte berechnen, um den Unterschied in den Statistiken zu ermitteln. Liegt ein beträchtlicher Unterschied vor, sollte der Grund für diese Verzerrungen gesucht und dann eventuell auf die Berechnung von Mittelwerten und Streuung verzichtet werden.

7.3 Boxplots

Bei der Identifikation von extremen Ausprägungen einer Variablen resultiert ein Problem aus der bereits bekannten Eigenschaft von Mittelwert und Standardabweichung, dass sie empfindlich auf Ausreißer reagieren. Die Identifikation von Ausreißern auf der Basis von z-Werten, die auf Mittelwert und Standardabweichung beruhen, kann somit problematisch sein. Ausreißer beeinflussen den Mittelwert und die Standardabweichung und damit die z-transformierten Werte. Somit mögen, insbesondere bei geringen Stichprobenumfängen, tatsächliche Ausreißer gar nicht mehr als solche erkannt werden.

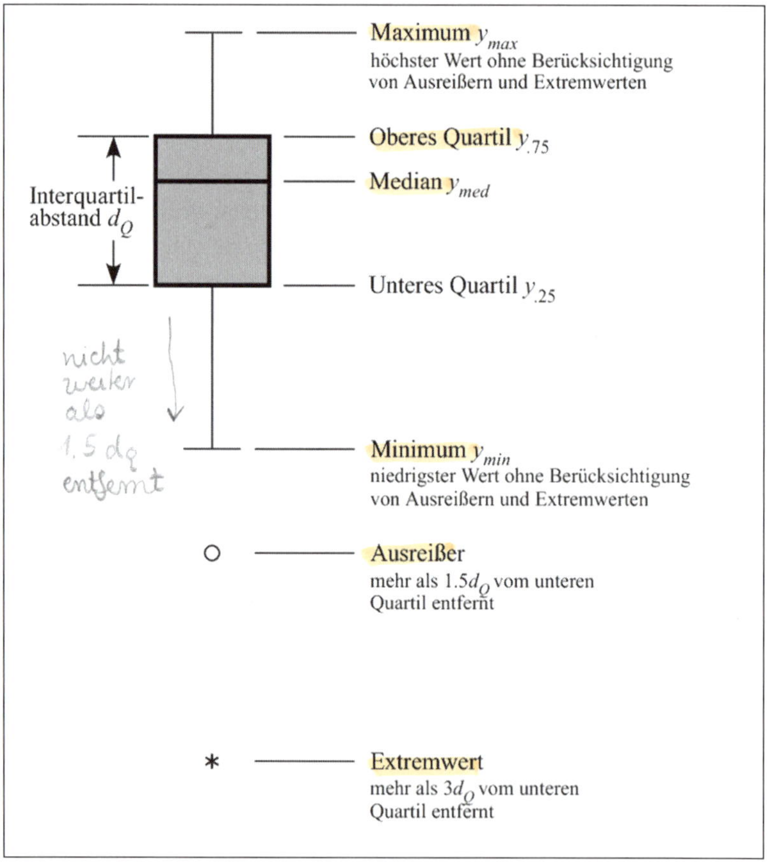

Abbildung 7.4: Aufbau eines Boxplots

Boxplot

Boxplots, die häufig zur Identifikation von extremen Werten herangezogen werden können, sind nicht von dieser Problematik betroffen. Basierend auf der Fünf-Punkte-Zusammenfassung (vgl. Kap. 6.3.2) liefert der

Boxplot zudem eine grafische Darstellung der Verteilung einer Variablen, anhand derer die zentrale Tendenz, Streuung und Schiefe schnell zu beurteilen sind.

In Abbildung 7.4 wird der Aufbau eines Boxplots dargestellt. Zentrum eines Boxplots ist eine Box, deren Länge dem Interquartilabstand entspricht. Damit repräsentiert diese Box die in der Mitte liegenden 50% der Beobachtungen. Für die Erstellung dieser Box wird zunächst der Median (y_{med}) bestimmt und auf der Höhe der entsprechenden Stelle der Y-Achse wird eine horizontale Linie gezeichnet, die die Box unterteilt.

Im zweiten Schritt werden das untere und obere Quartil ($y_{.25}$ und $y_{.75}$) berechnet und als Begrenzung der Box nach oben und unten eingezeichnet. Damit entspricht die Länge der Box dem Interquartilabstand d_Q.

Die unten und oben von der Box ausgehenden Linien werden als *Whiskers* („Barthaare") bezeichnet. Sie stellen die Grenzen für den „normalen" Streubereich einer Variablen dar, d. h. für den Bereich, der keine Ausreißer und Extremwerte umfasst. Um die Whiskers des Boxplots darzustellen, ist daher zunächst zu prüfen, ob Ausreißer und Extremwerte vorliegen. Die Länge der Box fungiert als Maß für die Identifizierung von Ausreißern. Beobachtungen, die mehr als $1.5d_Q$ vom unteren bzw. oberen Quartil entfernt sind, werden als *Ausreißer* definiert. (Diese Konvention gilt auch für SPSS und R.) Beobachtungen, die um mehr als $3d_Q$ vom unteren bzw. oberen Quartil abweichen, werden als *Extremwerte* bezeichnet. (Diese Festlegung gilt für SPSS, nicht aber für R.) Liegen Ausreißer oder Extremwerte vor, werden die Whiskers bis zu der kleinsten bzw. größten Beobachtung gezeichnet, die nicht weiter als $1.5d_Q$ vom unteren bzw. obersten Rand der Box entfernt liegen (vgl. Abb. 7.4).

Whiskers

Ausreißer

Extremwert

Liegen keine Ausreißer bzw. Extremwerte vor, werden die Whiskers bis zum Minimum y_{min} und zum Maximum y_{max} gezeichnet. Ausreißer und Extremwerte werden in Boxplots durch eine bestimmte Markierung (z. B. einen Punkt oder ein Sternchen) gekennzeichnet.

Statistikprogramme erlauben es in der Regel auch, die Fallnummern von Ausreißern und extremen Werten auszugeben. Damit können die statistischen Einheiten, die Ausreißer und extreme Werte aufweisen, identifiziert werden und z. B. hinsichtlich weiterer untypischer Werte näher inspiziert werden. Für die Behandlung von Ausreißern und Extremwerten gelten auch hier die entsprechenden Ausführungen aus Kapitel 7.2.

Beispiel eines Boxplots

Es liegen Werte für den IQ von 10 Personen vor:

$$97, 98, 98, 98, 99, 100, 100, 101, 101, 102$$

Fünf-Punkte-Zusammenfassung:

$$\begin{aligned} y_{min} &= 97 \\ y_{.25} &= 98 \\ y_{med} &= 99.5 \\ y_{.75} &= 101 \\ y_{max} &= 102 \end{aligned}$$

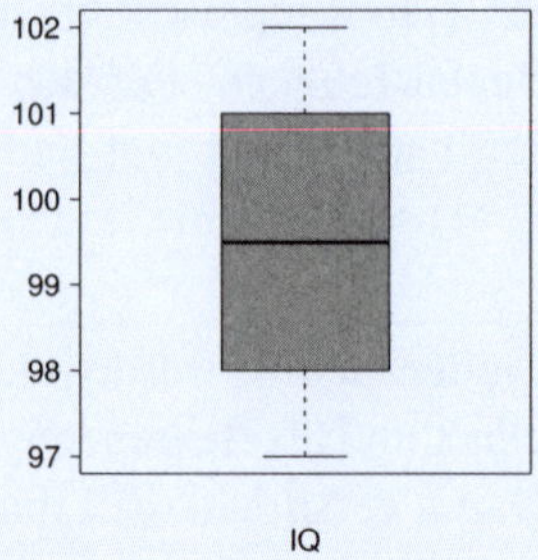

Es liegen keine Ausreißer vor

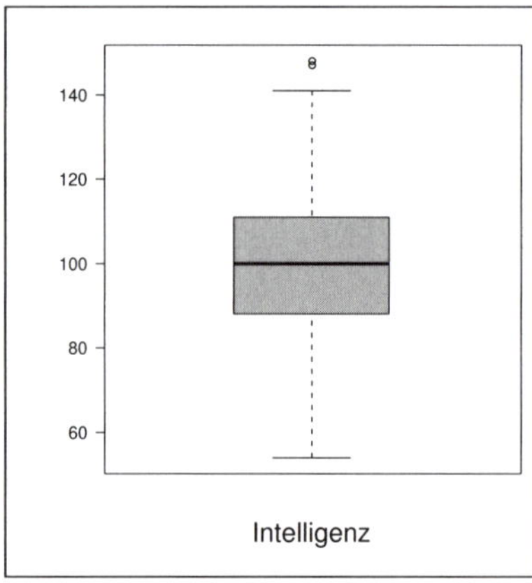

Abbildung 7.5: Boxplot einer symmetrischen Verteilung

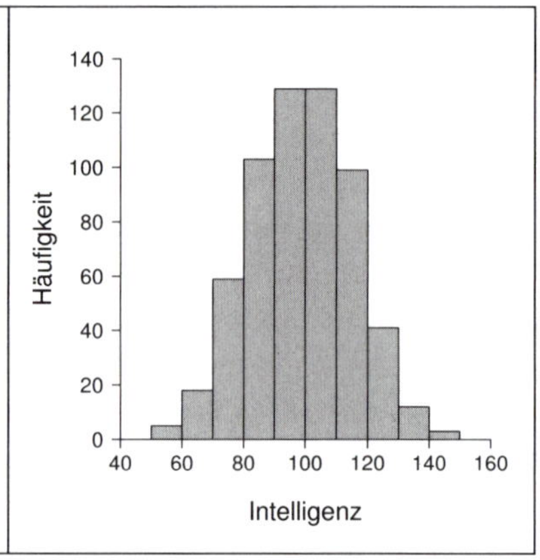

Abbildung 7.6: Histogramm der Verteilung aus Abbildung 7.5

Neben der Identifizierung von Ausreißern und Extremwerten geben Boxplots auch Aufschluss über die Art der Verteilung. Eine symmetrische Verteilung führt auch zu einem symmetrischen Boxplot (vgl. Abb. 7.5). Bei einer rechtsschiefen/linkssteilen Verteilung (vgl. Abb. 7.7 auf der nächsten Seite) ist der Median zumeist unterhalb der Mitte der Box platziert. Ausreißer und Extremwerte rechtsschiefer Verteilungen liegen in der Regel oberhalb der Whiskers.

Bei einer linksschiefen/rechtssteilen Verteilung (vgl. Abb. 7.9) verhält es sich genau umgekehrt. Der Median liegt meistens oberhalb der Mitte der Box. Die Ausreißer und Extremwerte sind vorwiegend unterhalb der Whiskers zu finden.

Der Anschaulichkeit halber wird den Boxplots in den Abbildungen 7.5 bis 7.9 jeweils noch einmal das entsprechende Histogramm (vgl. Abb. 5.3, 5.8 und 5.9) gegenübergestellt.

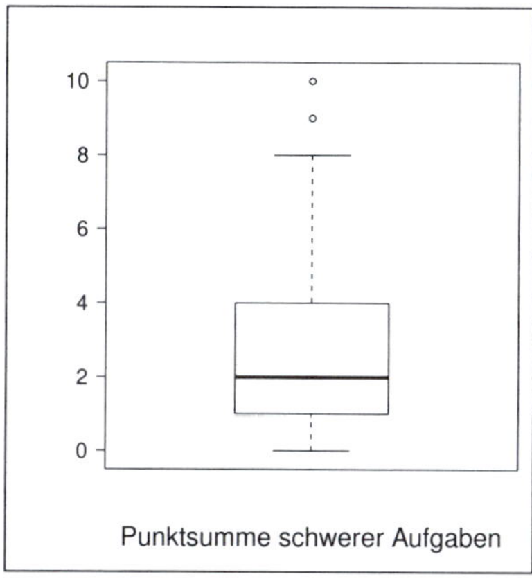

Abbildung 7.7: Boxplot einer rechtsschiefen Verteilung

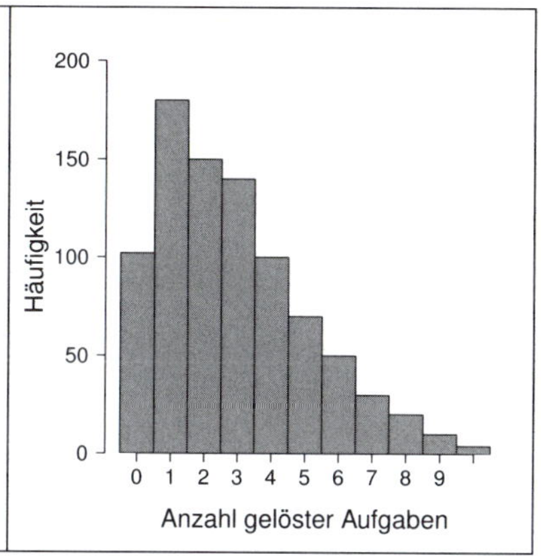

Abbildung 7.8: Histogramm der Verteilung aus Abbildung 7.7

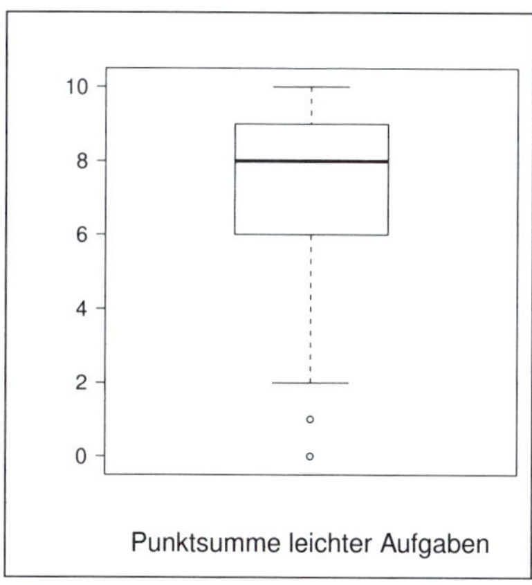

Abbildung 7.9: Boxplot einer linksschiefen Verteilung

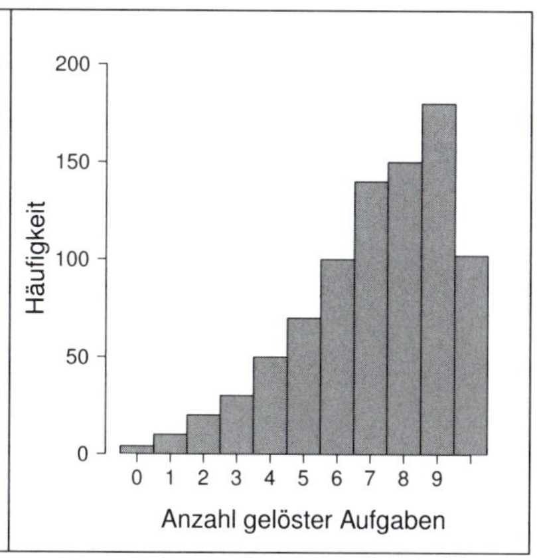

Abbildung 7.10: Histogramm der Verteilung aus Abbildung 7.9

7.4 Software

7.4.1 SPSS

Die z-Standardisierung wird in SPSS wie folgt realisiert:

Menü

Analysieren
↓
Deskriptive Statistiken → Deskriptive Statistiken

Setzt man im Dialogfeld ein Häkchen bei *Standardisierte Werte als Variable speichern*, so werden für die ausgewählten Variablen z-Werte berechnet und abgespeichert.

Der Boxplot wird in SPSS wie folgt aufgerufen:

Menü

Diagramme
↓
Diagrammerstellung → Boxplot

Im Dialogfeld können Variablen und Darstellungsoptionen festgelegt werden.

7.4.2 R

Die z-Standardisierung kann im *R*-Commander erfolgen durch:

R-Commander

Datenmanagement
↓
Variablen bearbeiten → Standardisierte Variable

Im Dialogfeld können die numerischen Variablen ausgewählt werden, die z-standardisiert werden sollen.

Auch Boxplots sind im R-Commander menügeführt zu bestimmen:

R-Commander

Grafiken → Boxplot

Im Dialogfeld können Variablen und Darstellungsoptionen festgelegt werden. Insbesondere ist ein interaktiver Boxplot möglich, wenn ein Häkchen bei *Ausreißer mit der Maus auswählen* gesetzt wird.

Zusammenfassung

In diesem Kapitel wurde zunächst die Standardisierung von Variablen behandelt. Die Werte standardisierter Variablen enthalten zusätzliche Informationen über ihre Position in der Verteilung, ohne dass die kumulierte relative Häufigkeit bekannt sein muss. Standardisierte Werte ermöglichen weiterhin den Vergleich der Werte mehrerer Variablen mit völlig unterschiedlichen Maßeinheiten, wie z. B. kg oder m. Zudem kann ein Messwert im Hinblick auf verschiedene Populationen standardisiert werden, so dass man Auskunft über seine relative Position in unterschiedlichen Populationen erhält.

Ausgangspunkt der Standardisierung ist die Bildung zentrierter Variablen, hier wird von jedem ursprünglichen Wert das arithmetische Mittel abgezogen.

Für die z-Standardisierung, die die wichtigste Form der Standardisierung darstellt, werden die zentrierten Werte durch die Standardabweichung dividiert. z-Werte geben somit an, um wie viele Standardabweichungen die ursprünglichen Werte vom Mittelwert entfernt liegen. Mittelwert bzw. Standardabweichung von z-Werten betragen 0 bzw. 1.

Anstelle der z-Transformation sind auch andere Transformationen, wie die IQ-, Z- und T-Transformation gebräuchlich. Weitere Transformationen bzw. Skalen stellen die Stanine-, PISA-, Schulnoten- und spezielle Abiturnotenskala dar. All diese Skalen lassen sich anhand positiv affiner Transformationen ineinander überführen, besitzen also den gleichen Informationsgehalt. Die Perzentile der Normalverteilung bilden die Prozentrangskala.

Durch die Standardisierung lassen sich leicht Ausreißer und extreme Werte erkennen. Ist eine Variable normalverteilt, geben die z-Werte dieser Variablen Auskunft darüber, ob sie vom Betrag her sehr große und damit unwahrscheinliche Werte repräsentieren, die eventuell fehlerhafte Werte darstellen. Zur Abschätzung, inwieweit z-Werte von Variablen mit einer beliebigen Verteilung betragsmäßig sehr groß sind, dient die Tschebycheff-Ungleichung.

Ein häufig genutztes grafisches Verfahren zur Identifikation von Ausreißern und extremen Werten stellen Boxplots dar. Boxplots beruhen auf Statistiken, die bereits ab Ordinalskalenniveau zulässig sind, und erlauben weiterhin eine Abschätzung der Lage, Streuung und Schiefe der Verteilung einer Variablen.

Zentrale Begriffe

z-Werte sind standardisierte Werte einer Variablen, die aus der z-Transformation resultieren. Dazu zieht man zuerst von allen Werten das arithmetische Mittel ab. Die so gebildeten Differenzen, die auch zentrierte Werte genannt werden, teilt man dann durch die Standardabweichung. z-transformierte Variablen besitzen den Mittelwert 0 und die Standardabweichung 1.

Die *IQ-Skala*, *Z-Skala*, *T-Skala*, *Stanine-Skala*, *PISA-Skala*, *Schulnoten-Skala* und *Abiturnotenskala* sind äquivalent zur z-Skala. Sie unterscheiden sich jeweils durch den Mittelwert und die Standardabweichung.

Prozentränge entsprechen den Perzentilen einer Verteilung.

Die *Tschebycheff-Ungleichung* sagt aus, dass für beliebige Verteilungen immer $100 \cdot (1 - \frac{1}{k^2})$ % aller Beobachtungen im Intervall $[\bar{y} \pm k \cdot s]$ liegen, wobei $k > 1$ gelten muss.

Der *Boxplot* ist ein Diagramm zur grafischen Darstellung einer Verteilung. Mit dem Boxplot werden im Wesentlichen die zentrale Tendenz, Streuung und Schiefe einer Variablen sowie Ausreißer und Extremwerte abgebildet. Als numerische Basis für den Boxplot dienen die Werte der Fünf-Punkte-Zusammenfassung.

Als *Whiskers* werden die horizontalen bzw. vertikalen Linien jenseits der Box eines Boxplots bezeichnet. Die Länge der Whiskers beträgt maximal das 1.5-fache des Interquartilabstands $(1.5d_Q)$. Werte, die jenseits der Whiskers liegen, werden separat in das Diagramm eingetragen. Gibt es keine Werte außerhalb der Whiskers, so reichen die Whiskers bis zum maximalen bzw. minimalen Wert.

Als *Ausreißer* gelten in einem Boxplot die Werte, die zwischen dem 1.5-fachen und dem 3-fachen Interquartilabstand liegen. Ausreißer werden durch spezielle Symbole dargestellt.

Extremwerte sind die Werte, die mehr als 3 Interquartilabstände von der Box entfernt liegen. Sie werden ebenfalls durch spezielle Symbole repräsentiert.

Notation

Notation	**Bedeutung**
z	Transformierte y-Werte anhand von $\frac{y-\bar{y}}{s_Y}$
IQ	Transformierte z-Werte anhand von $\mathrm{IQ} = 100 + 15z$
Z	Transformierte z-Werte anhand von $Z = 100 + 10z$
T	Transformierte z-Werte anhand von $T = 50 + 10z$

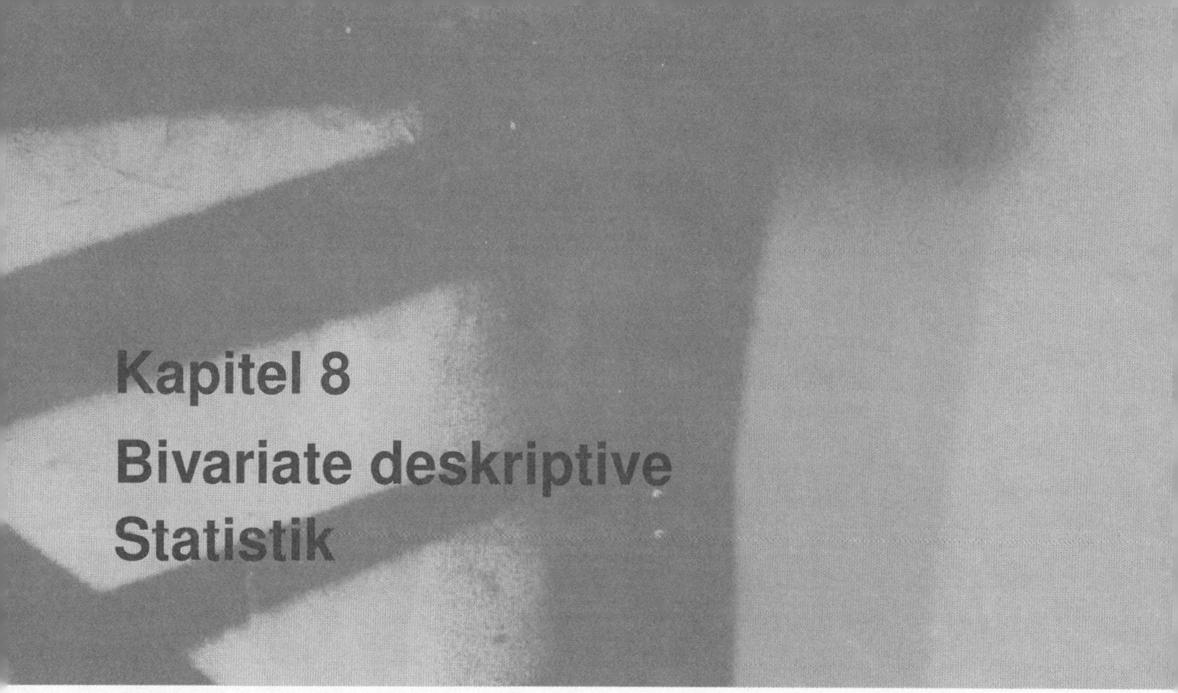

Kapitel 8 Bivariate deskriptive Statistik

Inhaltsübersicht

Während in den vorausgehenden Kapiteln einzelne Variablen isoliert untersucht wurden, betrachten wir in diesem Kapitel jeweils zwei Variablen gleichzeitig. Damit wird es möglich, Zusammenhänge zwischen den beiden Variablen zu analysieren.

Im Allgemeinen spricht man von einem Zusammenhang zwischen zwei Variablen, wenn bestimmte Werte der einen Variablen tendenziell mit bestimmten Werten der anderen Variablen einhergehen. Ein solcher Zusammenhang besteht beispielsweise zwischen den Variablen *Körpergröße* und *Körpergewicht*, da größere Personen auch durchschnittlich mehr wiegen als kleinere Personen.

Generell sind Zusammenhangsmaße auch als Unterschiedsmaße zu interpretieren. So ist etwa das durchschnittliche Gewicht von größeren Personen höher ausgeprägt als das durchschnittliche Gewicht von Personen mit einer mittleren oder geringeren Größe. Unterschiedlich große Personen unterscheiden sich auch tendenziell im Gewicht.

Für die Messung des Zusammenhangs von zwei Variablen existieren zahlreiche Maße; die wesentlichen Koeffizienten stellen wir in diesem Kapitel vor. Zunächst jedoch gehen wir – analog zur univariaten Statistik – auf (bivariate) Häufigkeitsverteilungen ein.

8.1 Bivariate Häufigkeitsverteilungen

Betrachten wir zunächst ein Beispiel für eine bivariate Häufigkeitstabelle, die auch *Kontingenztabelle* genannt wird (Kontingenz = das gemeinsame Auftreten zweier Ereignisse). Es geht hier um den Zusammenhang, auch Assoziation genannt, der beiden Variablen Geschlecht und Englischnote aus der Intelligenzstudie. Kontingenztabelle

Tabelle 8.1 zeigt die absoluten Häufigkeiten der beiden Variablen *Geschlecht* und *Englischnote*. Die letzte Spalte enthält die absolute Häufigkeitsverteilung des Geschlechts, die letzte Zeile die absolute Häufigkeitsverteilung der Englischnote.

Tabelle 8.1: Kontingenztabelle mit den absoluten Häufigkeiten für die Variablen *Geschlecht* und *Englischnote*

	Englischnote					
Geschlecht	1	2	3	4	5	Gesamt
männlich	16	80	116	91	22	325
weiblich	8	46	121	83	15	273
Gesamt	24	126	237	174	37	598

marginale Verteilung

Die beiden an den Rändern der Tabelle stehenden Verteilungen werden im Kontext von Kontingenztabellen auch *Randverteilungen* oder *marginale Verteilungen* genannt. Die Summe der Randhäufigkeiten entspricht jeweils dem Gesamtstichprobenumfang.

Innerhalb der Tabelle sind die gemeinsamen Häufigkeiten der beiden Variablen *Geschlecht* und *Englischnote* dargestellt, also die Anzahl der Personen für jede Kombination der beiden Merkmalsausprägungen. So enthält die Zelle in der ersten Zeile (Note = 1) und der ersten Spalte (Geschlecht = männlich) die Anzahl der männlichen Probanden mit einer 1 als Englischnote (= 16). Die Summe der gemeinsamen Häufigkeiten ergibt ebenfalls den Gesamtstichprobenumfang.

abhängige Variable

unabhängige Variable

Wird angenommen, dass eine Variable (die *abhängige Variable*, AV) durch eine andere Variable (die *unabhängige Variable*, UV) beeinflusst wird, so wird die unabhängige Variable in Kontingenztabellen häufig als die über die Zeilen variierende Variable (Zeilenvariable) X festgelegt und die abhängige als die über die Spalten variierende Variable (Spaltenvariable) Y.

Anstelle der absoluten gemeinsamen Häufigkeiten können auch die relativen gemeinsamen Häufigkeiten dargestellt werden. Dazu wird jeder Eintrag in der (absoluten) Häufigkeitstabelle durch den gesamten Stichprobenumfang geteilt (vgl. Tab. 8.2).

Tabelle 8.2: Kontingenztabelle mit den gemeinsamen relativen Häufigkeiten für die Variablen *Geschlecht* und *Englischnote* (Angaben in %)

	Englischnote					
Geschlecht	1	2	3	4	5	Gesamt
männlich	2.7	13.4	19.4	15.2	3.7	54.3
weiblich	1.3	7.7	20.2	13.9	2.5	45.7
Gesamt	4.0	21.1	39.6	29.1	6.2	100.0

bedingte Häufigkeitsverteilung

Will man die Häufigkeitsverteilungen in den einzelnen Zeilen bzw. Spalten untereinander vergleichen, so ist die Berechnung *bedingter Häufigkeitsverteilungen* von Vorteil. Die bedingten Häufigkeitsverteilungen bestehen aus den bedingten Häufigkeiten, d. h. den relativen Häufigkeiten einer Variablen unter der Bedingung, dass die andere Variable eine bestimmte Ausprägung besitzt.

Wir betrachten dazu zunächst die zeilenweise Berechnung der bedingten Häufigkeitsverteilungen, d. h. der bedingten Häufigkeitsverteilungen für die Englischnote gegeben die beiden Ausprägungen der Variablen *Geschlecht* (vgl. Tab. 8.3).

Bei dieser Berechnung wurden alle in der ersten Zeile der Tabelle 8.1 dargestellten absoluten Häufigkeiten jeweils durch die Anzahl der männlichen Probanden geteilt und alle absoluten Häufigkeiten in der zweiten Zeile durch die Anzahl der weiblichen Probanden.

Tabelle 8.3: Kontingenztabelle mit den bedingten Häufigkeiten für die Englischnote gegeben die beiden Ausprägungen der Variablen *Geschlecht* (Angaben in %)

	Englischnote					
Geschlecht	1	2	3	4	5	Gesamt
männlich	4.9	24.6	35.7	28.0	6.8	100
weiblich	2.9	16.8	44.3	30.4	5.5	100

Die beiden Substichproben der Schülerinnen und Schüler werden hier jeweils getrennt betrachtet. So entspricht die *bedingte* Häufigkeitsverteilung der Schulnoten für die Schülerinnen der *relativen* Häufigkeitsverteilung für die Variable *Englischnote*, wenn lediglich die Schülerinnen in Betracht gezogen und die Schüler außer Acht gelassen werden.

Tabelle 8.4 enthält die spaltenweise berechneten bedingten Häufigkeitsverteilungen, also die bedingten Häufigkeitsverteilungen der Variablen *Geschlecht* gegeben die Ausprägungen der Variablen *Englischnote*. Hier werden die absoluten Häufigkeiten durch die jeweiligen Substichprobenumfänge der Personen mit einer bestimmten Englischnote dividiert. So berechnet sich z. B. der Wert 66.7 in der ersten Zeile und Spalte dieser Tabelle als $16/24$. Dieser Wert repräsentiert die relative Häufigkeit für einen Schüler in der Menge der Personen mit der Note 1.

Tabelle 8.4: Kontingenztabelle mit den bedingten Häufigkeiten für die Variable *Geschlecht* gegeben die unterschiedlichen Englischnoten (Angaben in %)

	Englischnote				
Geschlecht	1	2	3	4	5
männlich	66.7	63.5	48.9	52.3	59.5
weiblich	33.3	36.5	51.1	47.7	40.5
Gesamt	100.0	100.0	100.0	100.0	100.0

Die beiden in Tabelle 8.3 dargestellten bedingten Häufigkeitsverteilungen differieren erkennbar, d. h., Jungen und Mädchen unterscheiden sich hinsichtlich ihrer Englischnote. Außerdem ist aus Tabelle 8.4 ersichtlich, dass sich die relative Anzahl von Jungen und Mädchen über die unterschiedlichen Notenausprägungen hinweg stark unterscheidet.

Diese Heterogenität ist anhand der Tabellen 8.1 und 8.2 weitaus schwieriger zu erkennen, da hier die unterschiedlichen Randhäufigkeiten für die einzelnen Ausprägungen der Englischnote in die Überlegungen einzubeziehen sind. Die Division der absoluten Häufigkeiten durch die Randhäufigkeiten im Rahmen der Berechnung der bedingten Häufigkeitsverteilungen führt zu vergleichbaren Häufigkeitsverteilungen für die einzelnen Substichproben.

Sind die bedingten Häufigkeitsverteilungen einer Variablen X für alle Ausprägungen einer anderen Variablen Y identisch, so treten bestimmte Ausprägungen der Variablen X für alle Ausprägungen der Variablen Y mit der gleichen relativen Häufigkeit auf. In diesem Fall liegt eine sogenannte *Unabhängigkeit* zwischen diesen beiden Variablen vor.

Unabhängigkeit

Unterscheiden sich hingegen die bedingten Häufigkeitsverteilungen einer Variablen X für zwei oder mehr Ausprägungen einer anderen Variablen Y, liegt eine *Abhängigkeit* bzw. ein Zusammenhang zwischen diesen beiden Variablen vor. Hier treten bei bestimmten Ausprägungen der einen Variablen über- bzw. unterproportional viele Beobachtungen der anderen Variablen auf.

Abhängigkeit

Wie wir später zeigen werden, sind im Falle der Unabhängigkeit der beiden Variablen sowohl die spaltenweise berechneten bedingten Häufigkeitsverteilungen identisch als auch die zeilenweise berechneten. Gleichermaßen unterscheiden sich im Falle eines Zusammenhangs der beiden Variablen mindestens zwei spaltenweise berechnete bedingte Häufigkeitsverteilungen voneinander und ebenso mindestens zwei zeilenweise berechnete bedingte Häufigkeitsverteilungen.

Die bedingten Häufigkeitsverteilungen geben somit Aufschluss darüber, ob es einen Zusammenhang zwischen zwei Variablen gibt. Dabei ist dieser Zusammenhang umso größer, je unterschiedlicher die bedingten Verteilungen sind. So hängen für unser Beispiel die beiden Variablen *Geschlecht* und *Englischnote* erkennbar zusammen.

Tabelle 8.5: Kontingenztabelle mit den bedingten Häufigkeiten für die Variable *Deutschnote* gegeben die beiden Ausprägungen der Variablen *Geschlecht* (Angaben in %)

	Deutschnote					
Geschlecht	1	2	3	4	5	Gesamt
männlich	3.7	25.2	44.0	23.7	3.4	100
weiblich	1.5	23.1	50.9	22.7	1.8	100

Ein Beispiel für eine Variable, bei der kein großer Unterschied zwischen Jungen und Mädchen auszumachen ist, zeigt Tabelle 8.5. Hier unterscheiden sich die beiden bedingten Häufigkeitsverteilungen in einem geringen Ausmaß.

Um die Unterschiedlichkeit der bedingten Häufigkeitsverteilungen anhand einer Maßzahl zu quantifizieren, wurden spezifische Koeffizienten eingeführt, die wir später in diesem Kapitel darstellen. Als Grundlage für die Einführung dieser Maßzahlen benötigen wir eine formale Darstellung bivariater Kontingenztabellen.

Tabelle 8.6: Formale Darstellung einer Kontingenztabelle

	Spaltenvariable Y				
Zeilenvariable X	b_1	b_2	…	b_c	Zeilensumme
a_1	n_{11}	n_{12}	…	n_{1c}	$n_{1\bullet}$
a_2	n_{21}	n_{22}	…	n_{2c}	$n_{2\bullet}$
⋮	⋮	⋮	…	⋮	⋮
a_r	n_{r1}	n_{r2}	…	n_{rc}	$n_{r\bullet}$
Spaltensumme	$n_{\bullet 1}$	$n_{\bullet 2}$	…	$n_{\bullet c}$	n bzw. $n_{\bullet\bullet}$

Tabelle 8.6 enthält die Notation für eine bivariate Kontingenztabelle. Die Anzahl der möglichen Ausprägungen für die *Zeilenvariable X* wird hier mit r bezeichnet und die möglichen Ausprägungen dieser Variablen mit $a_1, a_2, ..., a_r$. Entsprechend wird für die c möglichen Ausprägungen der *Spaltenvariablen Y* die Notation $b_1, b_2, ..., b_c$ verwendet. (r bzw. c stehen hier für die Abkürzungen der englischen Bezeichnungen für Zeile und Spalte, row bzw. column.) Für Variablen ab Ordinalskalenniveau bietet es sich an, die Ausprägungen der beiden Variablen der Größe nach zu ordnen.

Zeilenvariable

Spaltenvariable

Die gemeinsame Häufigkeit für die Kombination der Variablenwerte a_i und b_j bezeichnen wir mit n_{ij}. Der Index i gibt dabei die entsprechende Zeile an und der Index j die entsprechende Spalte. Die Randhäufigkeit der Ausprägung a_i der Variablen X resultiert aus der Summe $n_{i1} + n_{i2} + ... + n_{ic}$ und wird mit $n_{i\bullet}$ bezeichnet. $n_{i\bullet}$ stellt die absolute Häufigkeit des Variablenwertes a_i dar. Allgemein gilt: Wird ein Punkt ($\bullet$) anstelle eines bestimmten Index angegeben, wurden die Variablenwerte über alle Ausprägungen dieses Index summiert. Entsprechend gilt für die Spaltenvariable: $n_{1j} + n_{2j} + ... + n_{rj} = n_{\bullet j}$.

Der Gesamtstichprobenumfang kann durch die Summe der Randhäufigkeiten der Variablen X oder der Variablen Y bestimmt werden:

$$\begin{aligned} n_{1\bullet} + n_{2\bullet} + \cdots + n_{r\bullet} &= n_{\bullet\bullet} \\ n_{\bullet 1} + n_{\bullet 2} + \cdots + n_{\bullet c} &= n_{\bullet\bullet} \end{aligned}$$

Gemäß dieser Notation ergeben sich die gemeinsamen relativen Häufigkeiten durch $n_{ij}/n_{\bullet\bullet}$. Die bedingten Häufigkeiten für die Variable X gegeben eine bestimmte Ausprägung b_j der Variablen Y werden anhand von $n_{ij}/n_{\bullet j}$, $i = 1, ..., r$ berechnet. Analog resultieren die bedingten Häufigkeiten für die Variable Y gegeben eine bestimmte Ausprägung a_i der Variablen X durch $n_{ij}/n_{i\bullet}$, $j = 1, ..., c$.

8.2 Grafische Darstellung bivariater Häufigkeitsverteilungen

Analog zu den grafischen Darstellungsformen univariater Häufigkeitsverteilungen existieren entsprechende Möglichkeiten für die Darstellung bivariater Häufigkeitsverteilungen. So lässt sich die gemeinsame Verteilung der absoluten, relativen oder bedingten Häufigkeiten anhand von Balkendiagrammen oder Histogrammen darstellen.

In Abbildung 8.1 sind für die beiden Geschlechter die Verteilungen der absoluten Häufigkeiten für die Englischnote aus Tabelle 8.1 in Form von Balkendiagrammen grafisch wiedergegeben. Abbildung 8.2 stellt die bedingten Häufigkeitsverteilungen dieser Daten als gestapelte Balkendiagramme dar.

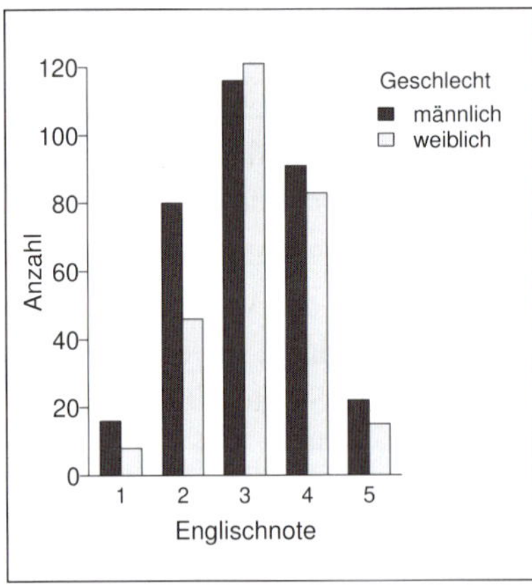

Abbildung 8.1: Gruppierte Balkengrafik

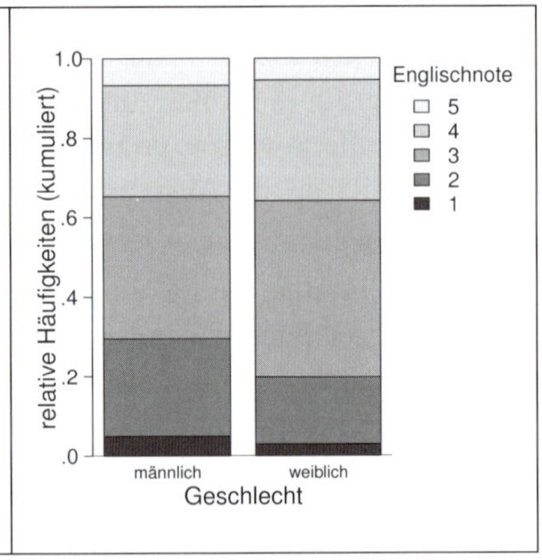

Abbildung 8.2: Gestapelte Balkengrafik

Gestapelte Balkendiagramme von bedingten Häufigkeitsverteilungen lassen gut erkennen, inwieweit eine Abhängigkeit zwischen zwei Variablen (hier Geschlecht und Englischnote) gegeben ist. Im vorliegenden Fall ist erkennbar, dass der Zusammenhang zwischen den beiden Variablen vor allem durch Unterschiede bei der Note 2 gegeben ist.

Anstelle der bisher betrachteten zweidimensionalen Darstellungen bivariater Häufigkeitsverteilungen sind auch dreidimensionale Darstellungen möglich, allerdings sind die Häufigkeiten hier aufgrund der perspektivischen Darstellung oft schwieriger zu erkennen.

Abbildung 8.3 zeigt eine solche dreidimensionale Darstellung der Verteilung der gemeinsamen absoluten Häufigkeiten für die Variablen *Englischnote* und *Geschlecht*.

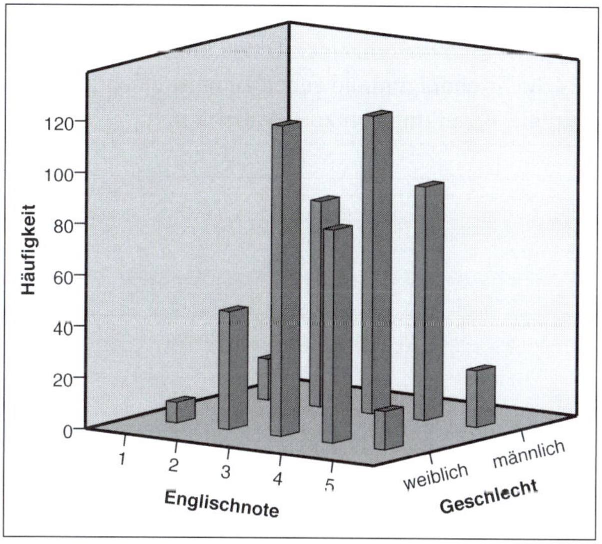

Abbildung 8.3: Dreidimensionale Balkengrafik

Liegen zwei metrische Variablen mit sehr vielen unterschiedlichen Werten vor, so ist das Streudiagramm die geeignete Darstellungsform. Abbildung 8.4 enthält ein Streudiagramm für die Daten eines fiktiven Beispiels. Bei diesem Beispiel, das im Folgenden noch mehrmals verwendet wird, geht es um den Zusammenhang der beiden Variablen *IQ* und *Deutschnote* (gemessen auf der Abiturnotenskala) bei 11 (fiktiven) Schülern (vgl. Tab. 8.7). Die Werte wurden so konstruiert, dass sie den tatsächlichen Zusammenhang dieser beiden Variablen relativ gut widerspiegeln.

Tabelle 8.7: IQ-Werte (verbale Intelligenz) und Deutschnote von 11 Schülern

IQ x_i	Deutschnote y_i	IQ x_i	Deutschnote y_i	IQ x_i	Deutschnote y_i
100	5	110	7	120	7
100	7	110	8	120	9
100	9	110	9	120	11
110	6	110	10		

In Abbildung 8.4 sind die einzelnen Daten jeweils durch Punkte repräsentiert. Solche Streudiagramme geben zumeist einen guten Einblick in die gemeinsame Verteilung von zwei Variablen.

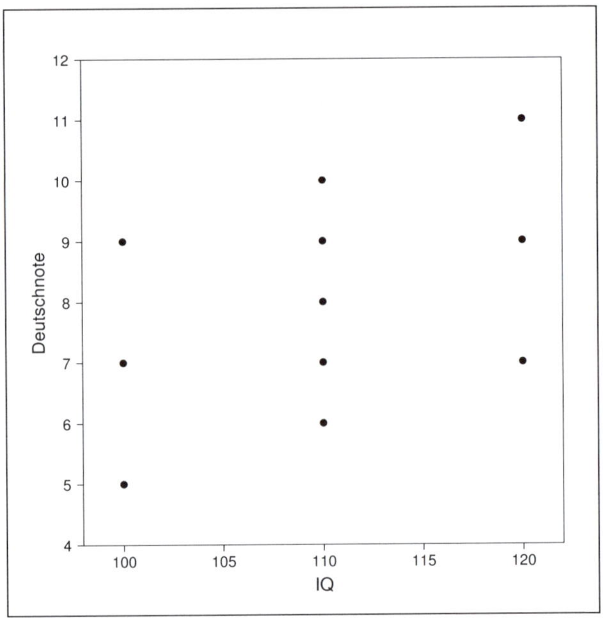

Abbildung 8.4: Streudiagramm von IQ und Deutschnote

Bei einer Unterteilung der beiden Variablen in eine unabhängige Variable (UV) und eine abhängige Variable (AV) wird in Streudiagrammen die unabhängige Variable in der Regel mit X bezeichnet und auf der horizontalen Achse abgetragen, die auch X-Achse oder Abszisse genannt wird. Für die abhängige, zumeist mit Y bezeichnete Variable wird dann die vertikale Achse verwendet, die auch Y-Achse oder Ordinate genannt wird. Unterscheidet man nicht zwischen einer unabhängigen und einer abhängigen Variablen, sind die Achsen frei wählbar. Jedes Wertepaar (a_i, b_i) wird in das Koordinatensystem eingetragen und durch ein Symbol, zumeist einen Punkt, repräsentiert.

Das Streudiagramm vermittelt einen Eindruck von der spezifischen Form und der Stärke des Zusammenhangs der beiden Variablen. Zumeist wird ein linearer Zusammenhang zwischen den beiden Variablen angenommen. Wie wir ausführlicher im nächsten Kapitel darstellen werden, bedeutet ein linearer Zusammenhang, dass sich die Daten anhand einer Geradengleichung beschreiben lassen. Besteht ein perfekter linearer Zusammenhang, so liegen alle Punkte auf einer Geraden. Ist der Zusammenhang nicht perfekt, so streuen die Werte der Variablen Y um eine Gerade. Hat die Geradengleichung eine positive Steigung, spricht man von einem positiven linearen Zusammenhang, bei einer negativen Steigung von einem negativen linearen Zusammenhang. Eine genauere Quantifizierung solcher Zusammenhänge erlauben die im nächsten Abschnitt dargestellten Zusammenhangsmaße.

8.3 Numerische Zusammenhangsmaße für bivariate Verteilungen

Für die Bestimmung des Zusammenhangs zweier Variablen wurde eine Vielzahl von Koeffizienten entwickelt. Aber welcher Koeffizient ist nun für eine bestimmte Situation adäquat?

Zunächst wird die Auswahl eines Koeffizienten für den Zusammenhang von zwei Variablen durch das Skalenniveau der beiden Variablen bestimmt. Jedoch existieren für bestimmte Kombinationen von Skalenniveaus mehrere Koeffizienten, die für die Messung des Zusammenhangs von zwei Variablen infrage kommen. Daher schließt sich sogleich die Frage an, welcher Koeffizient dann auszuwählen ist. Hier gilt es zu beurteilen, inwieweit die Koeffizienten die folgenden wünschenswerten Eigenschaften aufweisen:

- Zusammenhangsmaße sollten invariant unter den für die jeweiligen Skalenniveaus zulässigen Transformationen sein.
- Je enger der Zusammenhang zwischen den beiden Variablen ist, desto größer sollte der numerische Wert des Zusammenhangsmaßes sein.
- Sind die bedingten Verteilungen einer Variablen für alle Ausprägungen der anderen Variablen gleich, d. h., liegt Unabhängigkeit vor, sollte der Wert des Zusammenhangsmaßes gleich 0 sein.
- Sind beide Variablen mindestens ordinalskaliert, sollte das Zusammenhangsmaß ein negatives Vorzeichen erhalten, wenn ein gegensinniger Zusammenhang vorliegt, wenn also mit kleiner werdenden Ausprägungen der einen Variablen die Ausprägungen der anderen Variablen tendenziell größer werden. Im Falle eines gleichsinnigen Zusammenhangs sollte das Vorzeichen positiv sein.

- Das Zusammenhangsmaß sollte normiert sein, das Maximum des Koeffizienten also $+1$ und das Minimum -1 betragen, wenn beide Variablen mindestens ordinalskaliert sind. Ist eine der beiden Variablen nominalskaliert, kann man nicht von einem gleich- oder gegensinnigen Zusammenhang sprechen. In diesem Falle sollte das Minimum des Zusammenhangsmaßes 0 betragen.

Wir behandeln im Folgenden zunächst Zusammenhangsmaße für zwei intervallskalierte, anschließend für zwei ordinalskalierte und dann für zwei nominalskalierte Variablen. Den Abschluss bilden Zusammenhangsmaße für zwei Variablen mit unterschiedlichem Skalenniveau.

8.4 Zusammenhangsmaße für intervallskalierte Variablen

Produkt-Moment-Korrelationskoeffizient

Für lineare Zusammenhänge intervallskalierter Variablen wird in empirischen Studien zumeist der *Produkt-Moment-Korrelationskoeffizient* berechnet, der auch kurz nur *Korrelationskoeffizient* oder *Korrelation* genannt wird. Dieser Koeffizient ist einer der wichtigsten Koeffizienten in der Statistik überhaupt und basiert auf der Kovarianz, die daher zunächst behandelt wird.

8.4.1 Kovarianz

Zusammenhangsmaße für intervallskalierte Variablen zielen auf die Messung des Grades eines gleich- bzw. gegensinnigen Zusammenhangs, d. h. der Überprüfung, inwieweit Werte einer Variablen größer werden, wenn die Werte der anderen Variablen tendenziell größer bzw. kleiner werden. Allerdings ist die Beurteilung der Größe der Ausprägung einer intervallskalierten Variablen anhand des ursprünglichen Wertes, also über die Abweichung vom Nullpunkt, wenig sinnvoll, da aufgrund der erlaubten Transformationen eine beliebige Konstante zu allen Ausprägungen der Variablen addiert werden kann. So ist beispielsweise ein T-Wert von 60 nicht kleiner als ein Z-Wert von 100 (vgl. Kap. 7.1.1).

Dieses Problem umgeht man, wenn man anstelle der ursprünglichen Werte der Variablen, x_i und y_i, die Abweichungen dieser Werte von ihren Mittelwerten, also $(x_i - \bar{x})$ und $(y_i - \bar{y})$, heranzieht. Die Abweichungen vom Mittelwert $(x_i - \bar{x})$ bzw. $(y_i - \bar{y})$, die die Werte *zentrierter Variablen* darstellen, geben an, ob die Werte kleiner bzw. größer als der Mittelwert sind und wie weit sie von diesem entfernt liegen.

zentrierte Variable

Daher ziehen wir zur Bestimmung eines Zusammenhangsmaßes für intervallskalierte Variablen nicht die Wertepaare (x_i, y_i) heran, sondern vielmehr die Paare der zentrierten Werte $(x_i - \bar{x}, y_i - \bar{y})$.

Das Produkt der Abweichungen $(x_i - \bar{x})(y_i - \bar{y})$ ist immer dann positiv, wenn die Werte der beiden zentrierten Variablen jeweils positiv sind, d. h. oberhalb des Mittelwerts liegen, oder sie beide negativ sind und damit jeweils unterdurchschnittlich ausgeprägt sind. Analog dazu ist das Abweichungsprodukt negativ, wenn ein gegensinniger Zusammenhang besteht, also negative Werte der einen zentrierten Variablen mit positiven Werten der anderen zentrierten Variablen einhergehen (vgl. Abb. 8.5).

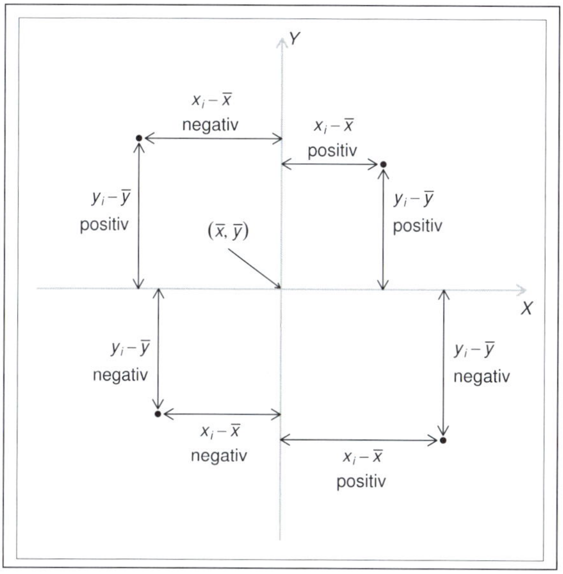

Abbildung 8.5: Mögliche Abweichungsprodukte zentrierter Variablen

Zur Bestimmung des Ausmaßes, in dem die beiden Variablen gleichsinnig bzw. gegensinnig variieren, kann man die Anzahl der Beobachtungen mit einem positiven bzw. einem negativen Abweichungsprodukt auszählen, die wir mit n_K (für gleichsinnige – konkordante – Beobachtungspaare) bzw. n_D (für nicht gleichsinnige – diskordante – Beobachtungspaare) bezeichnen. Daraus lässt sich ein einfaches Maß für den Zusammenhang der beiden Variablen bilden, indem die Differenz $n_K - n_D$ durch die Summe $n_K + n_D$ dividiert wird. Dieses Maß ist der *Fechnersche Korrelationsindex* r_F:

$$r_F = \frac{n_K - n_D}{n_K + n_D}$$

Fechnerscher Korrelationsindex

Da bei der Berechnung von r_F die Differenz $n_K - n_D$ an der Gesamtanzahl der Beobachtungen mit einem positiven oder negativen Vorzeichen relativiert wird, ist r_F normiert. Es gilt: $-1 \leq r_F \leq +1$. Weiterhin ist r_F

nicht von der Skalierung der Variablen abhängig, d. h., dass r_F invariant gegenüber positiv affinen Transformationen ist. Jedoch sind die restlichen drei der oben postulierten Eigenschaften für Zusammenhangsmaße nicht erfüllt. Wie die Abbildungen 8.6 und 8.7 zeigen, kann bei einem nahezu perfekten Zusammenhang $r_F = 0$ gelten und bei einem fast vollständig fehlenden Zusammenhang $r_F = 1$.

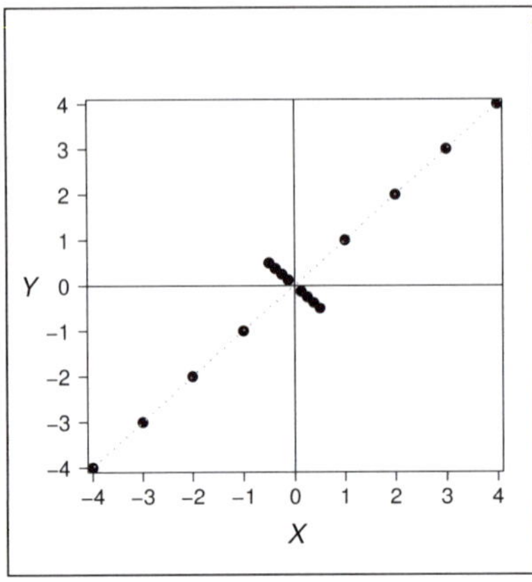

Abbildung 8.6: Hoher linearer Zusammenhang, jedoch r_F=0

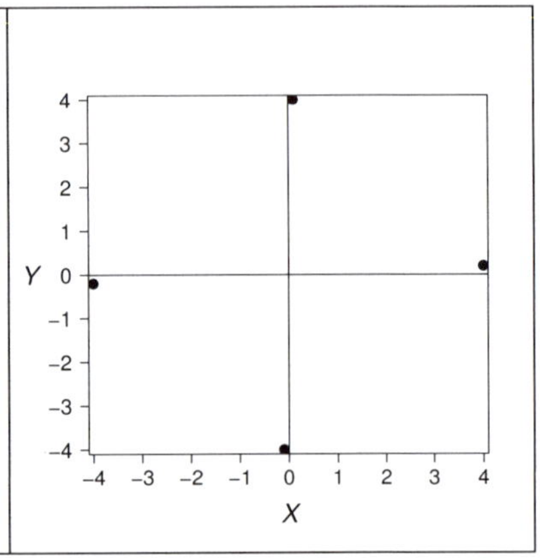

Abbildung 8.7: Fehlender Zusammenhang, jedoch r_F=1

Der entscheidende Mangel des Fechnerschen Korrelationsindex liegt offensichtlich darin, dass nur das Vorzeichen der Produkte der Abweichungen der zentrierten Variablenwerte berücksichtigt wird. Das Produkt selbst, das die Stärke der gemeinsamen Abweichung des Wertepaars von dem Punkt $(\bar{x}, \bar{y})$ erfasst, wird nicht berücksichtigt.

Ein Maß, das Stärke und Richtung des Zusammenhangs zweier Variablen abbildet, ist die *Kovarianz*, das mittlere Abweichungsprodukt.

Kovarianz

Definition: Kovarianz
Die Kovarianz ist ein Maß für den linearen Zusammenhang zweier metrischer Variablen X und Y. Sie ist definiert als die Summe aller Abweichungsprodukte $(x_i - \bar{x})(y_i - \bar{y})$ geteilt durch $n - 1$. Die Kovarianz wird mit s_{XY} bezeichnet und gibt die Richtung des Zusammenhangs an, ist allerdings nicht ein normiertes Maß.

Aus der Definition resultiert die folgende Formel für die Kovarianz:

$$s_{XY} = \frac{1}{n-1} \sum_{i=1}^{n} (x_i - \bar{x})(y_i - \bar{y})$$

Darüber hinaus lässt sich wiederum eine rechentechnisch günstigere Formel ableiten (vgl. Internetsupplement).

$$s_{XY} = \frac{1}{n-1}\left(\sum_{i=1}^{n} x_i y_i - n\bar{x}\bar{y}\right)$$

Betrachten wir als Beispiel zur Berechnung der Kovarianz noch einmal die in Tabelle 8.7 angegebenen (fiktiven) Werte zur verbalen Intelligenz und Deutschnote (Abiturnotenskala) von 11 Schülern.

Beispiel zur Berechnung der Kovarianz: Zusammenhang von IQ (X) und Deutschnote (Y)

	x_i	y_i	x_i^2	y_i^2	$x_i y_i$
	100	5	10000	25	500
	100	7	10000	49	700
	100	9	10000	81	900
	110	6	12 100	36	660
	110	7	12 100	49	770
	110	8	12 100	64	880
	110	9	12 100	81	990
	110	10	12100	100	1 100
	120	7	14400	49	840
	120	9	1 400	81	1 080
	120	11	14400	121	1 320
$\sum$	1 210	88	133 700	736	9 740

Für die 11 Schüler resultieren als Mittelwerte: $\bar{x} = 110$ und $\bar{y} = 8$.
Die Kovarianz lässt sich somit wie folgt berechnen:

$$s_{XY} = \frac{1}{n-1}\left(\sum_{i=1}^{n} x_i y_i - n\bar{x}\bar{y}\right) = \frac{1}{10}\cdot 60 = 6$$

Neben den Termen $x_i y_i$ für die Berechnung der Kovarianz berechnen wir hier die Terme x_i^2 und y_i^2 für die Bestimmung der Standardabweichung der beiden Variablen, da wir diese später noch benötigen werden.

Wie man an der Berechnungsformel sieht, beträgt die Kovarianz 0, wenn die Summe der positiven Abweichungsprodukte genau so groß ist wie die Summe der negativen Abweichungsprodukte. Damit heben sich die Terme, die eine gleichgerichtete bzw. entgegengesetzt gerichtete Kovariaton der beiden Variablen erfassen, gegenseitig auf. Weiterhin liegt im

Fall einer Kovarianz von 0 kein linearer Zusammenhang vor und die beiden Variablen sind unabhängig, d. h., es liegen identische bedingte Häufigkeitsverteilungen einer Variablen für alle Ausprägungen der anderen Variablen vor, wie wir im Internetsupplement zeigen.

Die Kovarianz für die beiden Variablen *verbale Intelligenz* und *Deutschnote* in unserem Beispiel beträgt 6. Die Beurteilung der Stärke des Zusammenhangs der beiden Variablen anhand dieses Wertes ist allerdings schwierig, da die Kovarianz kein normiertes Maß ist, das – wie oben gefordert – Werte zwischen -1 und $+1$ annimmt. Die Höhe der Kovarianz hängt von der gewählten Maßeinheit der beiden Variablen ab, ist also nicht invariant gegenüber positiv affinen Transformationen, wie das folgende Beispiel zeigt.

Beispiel zur fehlenden Invarianz der Kovarianz gegenüber positiv affinen Transformationen: Messung von IQ und Deutschnote auf unterschiedlichen Skalen

Hätten wir die Noten nicht anhand der Abiturnotenskala, sondern anhand der Notenskala von 1 bis 5 erhoben und die Intelligenztestwerte nicht anhand der IQ-Skala, sondern anhand der z-Skala ermittelt, hätte sich als Kovarianz ergeben:

$$s_{X'Y'} = -\frac{1}{3} \cdot \frac{1}{15} \cdot 6 = -0.13$$

Die Begründung resultiert aus den folgenden Transformationen:

Die Abiturnoten lassen sich über die Berechnungsvorschrift

$$\text{Note} = \frac{17}{3} - \frac{1}{3} \cdot \text{Abiturnote}$$

in Standardnoten umrechnen. Es ist also $b_1 = -\frac{1}{3}$.

Die Werte der IQ-Skala lassen sich über

$$z_{IQ} = \frac{1}{15} \cdot \text{IQ} - \frac{100}{15}$$

auf die z-Skala transformieren. Es ist also $b_2 = \frac{1}{15}$.

Allgemein gilt: Nimmt man anstelle der Variablen X und Y die transformierten Variablen $X' = b_1 X + a_1$ und $Y' = b_2 Y + a_2$, resultiert anstelle der Kovarianz s_{XY} nun

$$s_{X'Y'} = b_1 b_2 s_{XY}.$$

Dieser Zusammenhang lässt sich wie folgt zeigen:

$$\begin{aligned} s_{X'Y'} &= \frac{1}{n-1}\sum_{i=1}^{n}(x_i'-\overline{x'})(y_i'-\overline{y'}) \\ &= \frac{1}{n-1}\sum_{i=1}^{n}(b_1x_i+a_1-(b_1\bar{x}+a_1))(b_2y_i+a_2-(b_2\bar{y}+a_2)) \\ &= \frac{1}{n-1}\sum_{i=1}^{n}(b_1x_i-b_1\bar{x})(b_2y_i-b_2\bar{y}) \\ &= \frac{1}{n-1}b_1b_2\sum_{i=1}^{n}(x_i-\bar{x})(y_i-\bar{y}) \\ &= b_1b_2s_{XY} \end{aligned}$$

Wie im Internetsupplement gezeigt wird, ist die maximale Kovarianz für zwei Variablen X und Y durch das Produkt der Standardabweichungen s_Xs_Y gegeben. Diese Eigenschaft kann nun für die Definition eines normierten Maßes, des Korrelationskoeffizienten, genutzt werden.

Wesentliche Merkmale der Kovarianz

- Berechnung der Kovarianz:

$$s_{XY} = \frac{1}{n-1}\sum_{i=1}^{n}(x_i-\bar{x})(y_i-\bar{y})$$

- Die Kovarianz ist 0, wenn kein (linearer) Zusammenhang besteht.
- Die Kovarianz ist positiv (negativ), wenn tendenziell ein gleichsinniger (gegensinniger) affiner Zusammenhang besteht.
- Je stärker der Zusammenhang ist, desto größer ist der Betrag der Kovarianz.
- Die Kovarianz ist nicht invariant gegenüber auf Intervallskalenniveau erlaubten Transformationen.
- Die Kovarianz erfüllt nicht die Normierungsbedingung, der zufolge die untere Grenze -1 und die obere Grenze $+1$ betragen muss.

8.4.2 Korrelation

Der *Korrelationskoeffizient* wird mit r_{XY} bezeichnet oder kurz mit r, falls klar ist, dass es sich um die Korrelation der Variablen X und Y handelt. Dieser Koeffizient resultiert, wenn man die Kovarianz s_{XY} durch s_Xs_Y dividiert: Korrelationskoeffizient

$$r_{XY} = \frac{s_{XY}}{s_Xs_Y}$$

Häufig wird der Korrelationskoeffizient auch als *Produkt-Moment-Korrelationskoeffizient* oder als *Pearsonscher Korrelationskoeffizient* bezeichnet.

Bei einem maximalen positiven (bzw. negativen) Zusammenhang beträgt die Kovarianz $s_X s_Y$ (bzw. $-s_X s_Y$). Somit ist der Korrelationskoeffizient normiert: Er kann im Falle eines positiven Zusammenhangs den Wert 1 nicht überschreiten und im Falle eines negativen Zusammenhangs den Wert -1 nicht unterschreiten.

Der Korrelationskoeffizient lässt sich folgendermaßen berechnen:

$$r_{XY} = \frac{s_{XY}}{s_X s_Y} = \frac{\frac{\sum_{i=1}^{n}(x_i-\bar{x})(y_i-\bar{y})}{n-1}}{\sqrt{\frac{\sum_{i=1}^{n}(x_i-\bar{x})^2}{n-1}\frac{\sum_{i=1}^{n}(y_i-\bar{y})^2}{n-1}}}$$

$$= \frac{\sum_{i=1}^{n}(x_i-\bar{x})(y_i-\bar{y})}{\sqrt{\sum_{i=1}^{n}(x_i-\bar{x})^2 \sum_{i=1}^{n}(y_i-\bar{y})^2}}$$

$$= \frac{\sum_{i=1}^{n}(x_i-\bar{x})(y_i-\bar{y})}{\sqrt{SS_X}\sqrt{SS_Y}}$$

Die Verwendung der rechentechnisch günstigeren Formeln für die Kovarianz und die Standardabweichung führt zu:

$$r_{XY} = \frac{\sum_{i=1}^{n} x_i y_i - n\bar{x}\bar{y}}{\sqrt{\sum_{i=1}^{n} x_i^2 - n\bar{x}^2}\sqrt{\sum_{i=1}^{n} y_i^2 - n\bar{y}^2}}$$

Der Nachteil der Kovarianz, die fehlende Invarianz gegenüber positiv affinen Transformationen, gilt nicht für die Korrelation. Damit ist die Höhe des Korrelationskoeffizienten unabhängig von den verwendeten Maßeinheiten der Variablen, wie im Folgenden gezeigt wird.

Für die transformierten Variablen $X' = b_1 X + a_1$ mit $b_1 > 0$ und $Y' = b_2 Y + a_2$ mit $b_2 > 0$ gilt, wie bereits gezeigt:

$$s_{X'Y'} = b_1 b_2 s_{XY}$$
$$s_{X'} = b_1 s_X$$
$$s_{Y'} = b_2 s_Y$$

Damit resultiert für die Korrelation:

$$\begin{aligned} r_{X'Y'} &= \frac{s_{X'Y'}}{s_{X'}s_{Y'}} = \frac{b_1 b_2 s_{XY}}{b_1 s_X b_2 s_Y} \\ &= \frac{s_{XY}}{s_X s_Y} = r_{XY} \end{aligned}$$

Für standardisierte Variablen z_X und z_Y gilt:

$$r_{z_X z_Y} = r_{XY} = \frac{1}{n-1} \sum_{i=1}^{n} z_{x_i} z_{y_i}$$

Die Korrelation zweier Variablen entspricht also der Kovarianz z-standardisierter Variablen. Dieser Zusammenhang lässt sich folgendermaßen ableiten:

$$\begin{aligned} r_{XY} &= \frac{\frac{1}{n-1}\sum\limits_{i=1}^{n}(x_i-\bar{x})(y_i-\bar{y})}{\sqrt{\frac{1}{n-1}\sum\limits_{i=1}^{n}(x_i-\bar{x})^2}\sqrt{\frac{1}{n-1}\sum\limits_{i=1}^{n}(y_i-\bar{y})^2}} \\ &= \frac{1}{n-1}\frac{\sum\limits_{i=1}^{n}(x_i-\bar{x})(y_i-\bar{y})}{s_X s_Y} \\ &= \frac{1}{n-1}\sum_{i=1}^{n}\left(\frac{x_i-\bar{x}}{s_X}\right)\left(\frac{y_i-\bar{y}}{s_Y}\right) \\ &= \frac{1}{n-1}\sum_{1}^{n} z_{x_i} z_{y_i} \end{aligned}$$

Beispiel zur Berechnung des Korrelationskoeffizienten: Zusammenhang von IQ und Deutschnote

Wir betrachten wiederum die in Tabelle 8.7 angegebenen (fiktiven) Werte zur verbalen Intelligenz und Deutschnote von 11 Schülern auf der Abiturnotenskala.

Man rechnet leicht aus, dass die Kovarianz $s_{XY} = 6$ und die Standardabweichungen $s_X = 7.75$ bzw. $s_Y = 1.79$ betragen.

Damit resultiert als Korrelationskoeffizient:

$$r_{XY} = \frac{6}{7.75 \cdot 1.79} = .43$$

Gilt für den Korrelationskoeffizienten $r_{XY} = 1$, liegen alle Punkte im Streudiagramm auf einer Geraden mit positiver Steigung. Im Falle eines perfekten negativen linearen Zusammenhangs auf einer Geraden mit negativer Steigung. Liegt lineare Unabhängigkeit zwischen den beiden Variablen vor, beträgt der Korrelationskoeffizient 0 (vgl. Internetsupplement).

Die Abbildungen 8.8 bis 8.11 zeigen Streudiagramme, die Korrelationen unterschiedlicher Größe aufweisen. Wie wir im nächsten Abschnitt zeigen, ist der Betrag des Korrelationskoeffizienten umso größer, je näher die Messwerte an einer Geraden liegen, die „mitten" durch die Beobachtungspunkte verläuft.

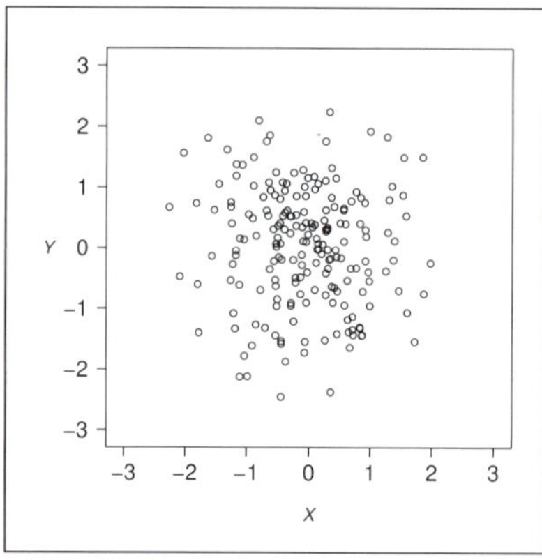

Abbildung 8.8: Korrelation $r = .0$

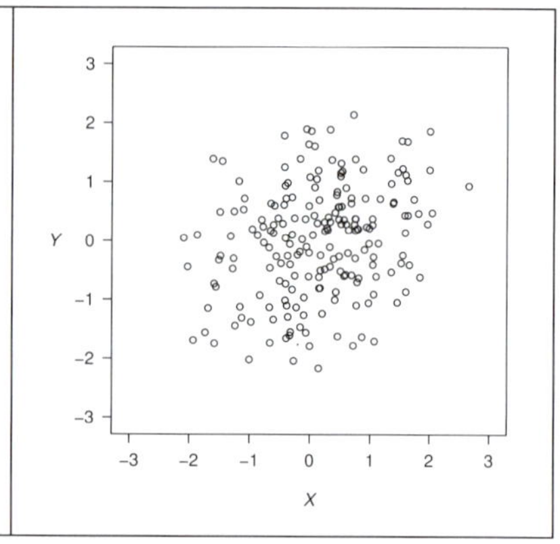

Abbildung 8.9: Korrelation $r = .2$

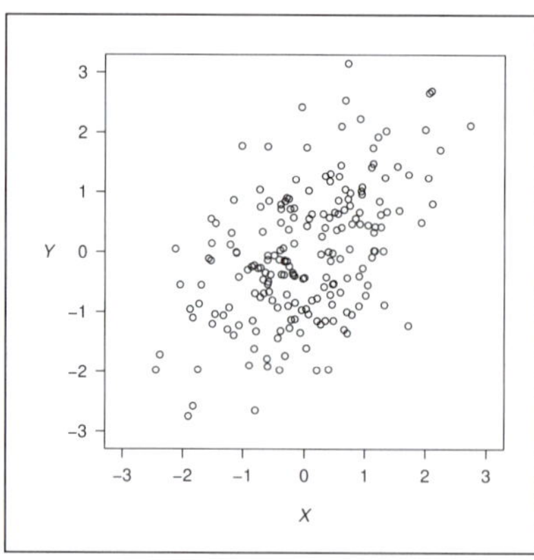

Abbildung 8.10: Korrelation $r = .5$

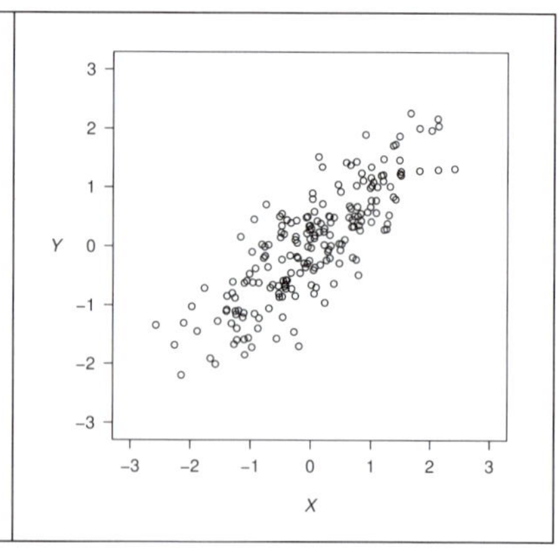

Abbildung 8.11: Korrelation $r = .8$

8.4.3 Interpretation der Korrelation

Bei einer Korrelation handelt es sich um eine Statistik, die weniger intuitiv zu verstehen ist als viele andere Statistiken, wie z. B. der Mittelwert. Deshalb sollen an dieser Stelle einige Hinweise zur Interpretation des Korrelationskoeffizienten gegeben werden.

Interpretation der Höhe einer Korrelation

Häufig wird die Frage gestellt, ab wann ein Korrelationskoeffizient als hoch bzw. niedrig zu bewerten ist. Dazu hat Cohen (1988) viel zitierte Richtwerte aufgestellt:

- .1 = „kleine Korrelation“
- .3 = „mittlere Korrelation“
- .5 = „große Korrelation“

Diese Konvention liefert zwar grobe Anhaltspunkte, ist jedoch mit Vorsicht zu betrachten, denn die Bewertung der Höhe von Korrelationskoeffizienten sollte immer im Kontext der inhaltlichen Thematik erfolgen.

So ist auch eine Korrelation von $r = .60$ im Rahmen von bestimmten diagnostischen Fragestellungen für die Vorhersage der Ergebnisse von einzelnen statistischen Einheiten als relativ gering zu werten. Wie im Kapitel zur Regression ausführlicher gezeigt wird, unterscheiden sich in der Regel mehr als 32 % der Personen einer Stichprobe um mehr als 24 *IQ*-Punkte in zwei Intelligenztests, wenn diese beiden Intelligenztests mit $r = .60$ korrelieren. Ein solch großer Unterschied kann die Diagnose „geeignet für die Hauptschule“ in einem Test und die Diagnose „geeignet für das Gymnasium“ in dem anderen Test bedeuten. Eine Korrelation von .60 in diesem Kontext als hoch zu bezeichnen, dürfte somit alles andere als angemessen sein.

Auf der anderen Seite kann selbst eine Korrelation von $r = .14$, die nach der obigen Taxonomie als gering zu werten ist, sehr bedeutsam sein. Korreliert beispielsweise ein Auswahltest zu $r = .14$ mit der beruflichen Leistung, folgt daraus, dass Bewerber mit einem hohen Testwert später im Durchschnitt eine höhere berufliche Leistung erbringen als Bewerber mit einem niedrigen Testwert. Werden nun *sehr viele Bewerber* mit einem hohen Testscore für eine lange Zeit eingestellt, mag die Steigerung der Produktivität durch die Anwendung dieses Testverfahrens enorm sein, wie zahlreiche Studien gezeigt haben (vgl. z. B. Holling, 1999).

Linearität

Bei der Interpretation von Korrelationen gilt es zu bedenken, dass es sich beim Korrelationskoeffizienten um ein Maß für *lineare* Zusammenhänge handelt, nicht aber um ein Maß für *nicht lineare* Zusammenhänge.

Ein nicht linearer Zusammenhang wird beispielsweise durch das Yerkes-Dodson-Gesetz für den Zusammenhang von Aktivierung (Anspannung, Erregungsniveau) und Leistung postuliert. Hier wird ein umgekehrt U-förmiger Zusammenhang angenommen, wie in Abbildung 8.12 anhand fiktiver Daten veranschaulicht wird. Ein mittleres Maß an Aktivierung führt demgemäß zu einer maximalen Leistung, während ein davon abnehmendes wie zunehmendes Ausmaß an Aktivierung eine Verringerung der Leistung zur Folge hat.

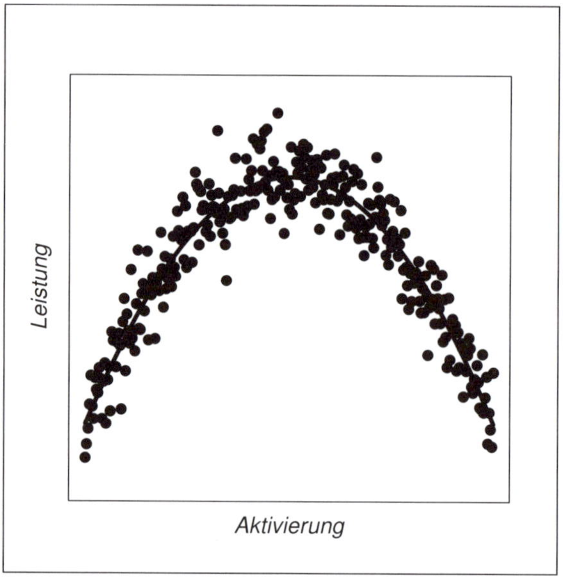

Abbildung 8.12: Das Yerkes-Dodson-Gesetz (durchgezogene Linie) und fiktive Datenpunkte

Eine erste Maßnahme zur Sicherstellung von linearen Zusammenhängen ist die Inspektion der Streudiagramme. Hier ist zumeist schon relativ klar zu erkennen, ob Verletzungen der Linearität vorliegen. Für eine Modellierung solch nicht linearer Zusammenhänge gibt es entsprechende Regressionsansätze, auf die wir im Rahmen des linearen Modells eingehen werden.

Einfluss von Drittvariablen und Kausalität

Aus einer Korrelation zwischen zwei Variablen kann nicht gefolgert werden, dass ein kausaler Zusammenhang zwischen diesen beiden Variablen existiert. Ein einfaches Beispiel stellt die positive Korrelation zwischen dem Wortschatz und der Schuhgröße bei Kindern dar. Beide Variablen sind durch das Alter bzw. das Entwicklungsniveau beeinflusst.

Für einen kausalen (linearen) Zusammenhang muss der Korrelationskoeffizient als notwendige Bedingung ungleich 0 sein, jedoch sind weitere Bedingungen für eine kausale Beziehung erforderlich. So muss das verursachende Ereignis zeitlich stets vor dem verursachten Ereignis auftreten und der Zusammenhang sollte auch dann vorliegen, wenn der Einfluss der Drittvariablen eliminiert wird. Weiterhin sollten keine weiteren alternativen Erklärungsansätze vorliegen.

Wesentliche Merkmale der Korrelation

- Berechnung der Korrelation:

$$r_{XY} = \frac{s_{XY}}{s_X s_Y}$$

- Die Korrelation ist 0, wenn kein (linearer) Zusammenhang besteht.
- Die Korrelation ist positiv (negativ), wenn tendenziell ein gleichsinniger (gegensinniger) linearer Zusammenhang besteht.
- Je stärker der Zusammenhang ist, umso größer ist der Betrag der Korrelation.
- Die Korrelation ist invariant gegenüber den auf Intervallskalenniveau erlaubten Transformationen.
- Die Korrelation ist normiert mit der unteren Grenze von -1 und der oberen Grenze von $+1$.
- Die Korrelation erfüllt alle geforderten Eigenschaften für Zusammenhangsmaße.

8.5 Zusammenhangsmaße für ordinalskalierte Variablen

Die Produkt-Moment-Korrelation kann für ordinalskalierte Variablen nicht berechnet werden, da zwischen den Werten ordinalskalierter Variablen keine Abstände bestimmt werden können. Die Werte dieser Variablen lassen sich lediglich der Größe nach ordnen. Werden die Werte einer Variablen nach ihrer Größe geordnet, so heißt der „Platz" des Werts sein *Rang* (rank), die Auflistung der Ränge aller Werte nennt man *Rangreihe* (ranking). Rang

Rangreihe

Variablen können von vornherein auf Rangreihen beruhen, wenn nur die Rangreihe der Ausprägungen einer Variablen erhoben oder angegeben wird. So können Personen bei der Einstellung für einen bestimmten Beruf hinsichtlich ihrer Eignung in eine Reihenfolge gebracht werden. Andererseits werden Ränge auch aus genuin metrischen Daten abgeleitet. So ist es unter bestimmten Umständen, wie wir später sehen, vorteilhaft, auch bei metrischen Daten ein Zusammenhangsmaß zu berechnen, das lediglich Ordinalskalenniveau der beteiligten Variablen voraussetzt.

Andererseits mag man bei bestimmten Skalen Zweifel am Intervallskalenniveau hegen, sodass es besser ist, von einem Ordinalskalenniveau auszugehen. Ein Beispiel mag die Einschätzung der Intelligenz von Schülern durch einen Lehrer sein. Hier kann man der Überzeugung sein, dass ein solches Rating nicht den Anforderungen einer Intervallskala genügt und lediglich vom Ordinalskalenniveau auszugehen ist.

Werden nicht von vornherein Ränge erhoben, so erfolgt die Bestimmung der Ränge über die sogenannte Rangtransformation, bei der jedem Variablenwert x_i sein Rang $rg(x_i)$ zugeordnet wird. Mehreren identischen Werten wird der Mittelwert der infrage kommenden Ränge zugeordnet. Liegen mehrere identische Ränge vor, spricht man auch von

Rangbindung *Rangbindungen* (ties).

Im folgenden Beispiel wird die Bildung von Rängen demonstriert.

Beispiel zur Bildung von Rängen: Rangtransformation der Einschätzung der Intelligenz von 9 Schülern durch einen Lehrer anhand der IQ-Skala

	Intelligenz	
Schüler	Rating	Rang
1	130	1
2	125	2.5
3	125	2.5
4	110	4
5	105	5
6	100	6
7	90	8
8	90	8
9	90	8

Zur Bestimmung der Ränge für die ursprüngliche Variable *Rating der Intelligenz durch einen Lehrer* werden zunächst die Werte dieser

Variablen der Größe nach geordnet. Der Wert 125 taucht zweimal auf und steht an zweiter und dritter Stelle der Rangreihe. Daher wird hier der Mittelwert dieser beiden Ränge, also 2.5, gebildet. Der Wert 90 liegt dreimal vor, infrage kommen die Ränge 7, 8, 9, daher wird der Durchschnittsrang 8 gebildet.

Für die Erläuterung der in den nächsten Abschnitten behandelten Zusammenhangsmaße für ordinalskalierte Daten verwenden wir die im folgenden Beispiel dargestellten (fiktiven) Daten.

Beispiel für Rangreihen: Rangreihen von 10 Bewerbern in einem multimodalen Interview für die Variablen *soziale Kompetenz* und *Belastbarkeit*

In einem multimodalen Interview wurden 10 Personen hinsichtlich ihrer sozialen Kompetenz und beruflichen Belastbarkeit bewertet.

Ein multimodales Interview besteht aus mehreren teilstandardisierten Komponenten, wie z. B. einem Vortrag, einem Rollenspiel und der Beantwortung von mehreren Fragen zu eignungsrelevanten beruflichen Situationen. Es resultierten die beiden folgenden Rangreihen.

	Ränge	
Bewerber	rg(soz. Kompetenz)	rg(Belastbarkeit)
1	1	2
2	2	1
3	3	3
4	4.5	4.5
5	4.5	4.5
6	6.5	6
7	6.5	8
8	8	7
9	9	9
10	10	10

Es wurde bisher eine Vielzahl von Korrelationskoeffizienten für ordinalskalierte Variablen entwickelt, wir stellen hier die wichtigsten Koeffizienten dar, im Internetsupplement werden weitere Zusammenhangsmaße für ordinalskalierte Variablen behandelt.

8.5.1 Rangkorrelation nach Spearman

Spearmans r_S

Spearmans ρ

Ein häufig berechnetes Maß für den Zusammenhang ordinalskalierter Variablen ist die Rangkorrelation nach Spearman (*Spearmans* r_S), die auch *Spearmans* ρ (sprich: Rho) genannt wird. Diese Korrelation entspricht der Produkt-Moment-Korrelation der Ränge zweier Variablen.

Wenn die Rangreihen aus ursprünglich metrischen Variablen abgeleitet wurden, misst die Spearmansche Rangkorrelation den Grad eines monotonen Zusammenhangs zwischen den ursprünglichen Variablen. Eine positive Spearmansche Rangkorrelation bedeutet, dass mit wachsenden Werten der Variablen X tendenziell auch die Werte der Variablen Y wachsen. Im Fall von $r_S = 1$ wachsen die Werte der Variablen Y streng monoton, wenn die Werte der Variablen X zunehmen. Dementsprechend fallen bei einer negativen Spearmanschen Rangkorrelation die Werte der Variablen Y tendenziell für wachsende Werte der Variablen X.

Definition: Spearmans Rangkorrelation (Spearman rank-order correlation coefficient)

$$r_S = \frac{\sum_{i=1}^{n}\left(rg(x_i) - \overline{rg(x)}\right)\left(rg(y_i) - \overline{rg(y)}\right)}{\sqrt{\sum_{i=1}^{n}\left(rg(x_i) - \overline{rg(x)}\right)^2}\sqrt{\sum_{i=1}^{n}\left(rg(y_i) - \overline{rg(y)}\right)^2}}$$

Dabei bezeichnen $\overline{rg(x)}, \overline{rg(y)}$ die Mittelwerte der Ränge.

Eine rechentechnisch günstige Formel analog zur Produkt-Moment-Korrelation ist:

$$r_S = \frac{\sum_{i=1}^{n} rg(x_i)rg(y_i) - n\,\overline{rg(x)}\;\overline{rg(y)}}{\sqrt{\sum_{i=1}^{n}(rg(x_i))^2 - n\,\overline{rg(x)}^2}\sqrt{\sum_{i=1}^{n}(rg(y_i))^2 - n\,\overline{rg(y)}^2}}$$

Somit ist r_S als ein Zusammenhangsmaß für lineare und für monotone, nicht lineare Zusammenhänge metrischer Daten geeignet. In Abbildung 8.13 sind drei Beispiele für einen streng monotonen Zusammenhang für den Fall $r_S = 1$ dargestellt.

Für Rangreihen *ohne Bindungen* kann eine vereinfachte Formel zur Berechnung von r_S genutzt werden (vgl. Internetsupplement):

$$r_S = 1 - \frac{6\sum_{i=1}^{n} d_i^2}{(n^2-1)n}$$

Dabei gilt $d_i = rg(x_i) - rg(y_i)$.

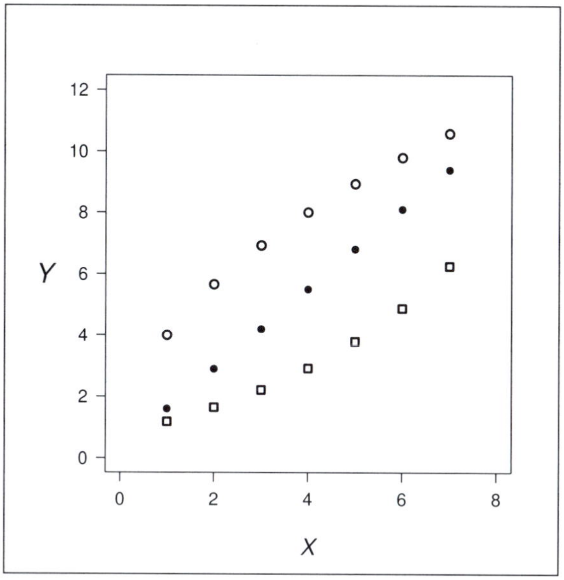

Abbildung 8.13: Verschiedene Zusammenhänge von X und Y mit $r_S = 1$

Im Gegensatz zu r ist r_S robust gegenüber Ausreißern in den ursprünglichen Beobachtungen, aus denen die Ränge abgeleitet werden. Egal, ob in einer Stichprobe von 10 Personen die größte Person mit 2.10 m, 1.80 m oder 1.78 m gleichzeitig auch das höchste Gewicht von 150 kg, 80 kg oder 70 kg aufweist, in jedem Fall würde für beide Variablen jeweils der Rang 10 in die Berechnung von r_S eingehen, sollten keine Rangbindungen vorliegen.

Die Rangkorrelation von Spearman r_S erfüllt somit alle wünschenswerten Eigenschaften, die wir an einen Korrelationskoeffizienten für ordinalskalierte Daten stellen können.

Die Definition dieses Maßes ist jedoch nicht unproblematisch: Durch die Rangtransformation werden Ränge, also Werte mit jeweils einem gleichen Abstand von 1 gebildet, für die die Produkt-Moment-Korrelation berechnet wird. Anstelle der Rangtransformation könnten aber auch andere auf Ordinalskalenniveau erlaubte, d. h. streng monotone Transformationen gewählt werden, so z. B. eine Transformation auf die Werte $1^2, 2^2, ..., n^2$. Die Formel für die Produkt-Moment-Korrelation könnte dann auf die so transformierten Daten angewendet werden.

Berechnen wir z. B. die Spearmansche Rangkorrelation zwischen der Rangreihe $1,2,3,4$ und der Rangreihe $3,2,1,4$, so resultiert $r_S = .20$. Würden wir anstelle der Rangplätze $1,2,3,4$ die Werte $1,4,9,16$ benutzen, ergäbe sich eine Korrelation von .504.

Die im Folgenden betrachteten Korrelationsmaße für ordinalskalierte Variablen sind nicht von dieser Problematik betroffen, da sie nicht auf Rangtransformationen, sondern auf dem Konzept der Konkordanz/Diskordanz beruhen.

Beispiel zur Berechnung der Rangkorrelation: Zusammenhang von sozialer Kompetenz (SK) und Belastbarkeit (Bel) anhand der Daten aus dem multimodalen Interview

Person	$rg(\text{SK}_i)rg(\text{Bel}_i)$	$(rg(\text{SK}_i))^2$	$(rg(\text{Bel}_i))^2$
1	2	1	4
2	2	4	1
3	9	9	9
4	20.25	20.25	20.25
5	20.25	20.25	20.25
6	39	42.25	36
7	52	42.25	64
8	56	64	49
9	81	81	81
10	100	100	100
Σ	381.5	384	384.5

$$r_S = \frac{381.5 - 10 \cdot 5.5 \cdot 5.5}{\sqrt{384 - 10 \cdot 5.5^2}\sqrt{384.5 - 10 \cdot 5.5^2}} = \frac{79}{81.75} = .966$$

Wesentliche Merkmale der Rangkorrelation von Spearman

- Der Spearmansche Rangkorrelationskoeffizient beträgt 0, wenn zwischen den Rängen zweier Variablen Unabhängigkeit besteht.
- Der Spearmansche Rangkorrelationskoeffizient ist positiv (negativ), wenn tendenziell ein gleichsinniger (gegensinniger) Zusammenhang zwischen den Rängen zweier Variablen besteht.
- Je stärker der Zusammenhang zwischen den Rängen zweier Variablen ist, umso größer ist der Betrag des Spearmanschen Rangkorrelationskoeffizienten.
- Der Spearmansche Rangkorrelationskoeffizient ist invariant gegenüber den auf Ordinalskalenniveau erlaubten Transformationen.
- Der Spearmansche Rangkorrelationskoeffizient ist normiert mit der unteren Grenze von -1 und der oberen Grenze von $+1$.
- r_S ist – im Gegensatz zu r – robust gegenüber Ausreißern in den ursprünglichen Variablen, da keine Abstände berücksichtigt werden.

8.5.2 Zusammenhangsmaße basierend auf Konkordanz und Diskordanz

Eine Alternative zur Rangtransformation bildet die Bestimmung von *Konkordanz* (Gleichsinnigkeit) bzw. *Diskordanz* (Gegensinnigkeit). Dieser Ansatz basiert auf dem paarweisen Vergleich von zwei statistischen Einheiten hinsichtlich der Werte der beiden zu korrelierenden Variablen, ohne dass Abstände definiert sein müssen.

Konkordanz

Diskordanz

Wir gehen im Folgenden immer von Personen als statistische Einheiten aus. Es werden insgesamt alle möglichen Paare von Personen gebildet und auf Konkordanz bzw. Diskordanz geprüft.

Wir betrachten zunächst die Werte der zweiten und dritten Person aus unserem Beispiel zum multimodalen Interview:

	soziale Kompetenz	Belastbarkeit
Person 2	2	1
Person 3	3	3

Bei Person 2 wurde die soziale Kompetenz besser bewertet als bei Person 3. Gleichermaßen wurde auch die Belastbarkeit bei Person 2 höher eingestuft als bei Person 3. Die Werte der beiden Variablen verhalten sich hier gleichsinnig bzw. konkordant.

Allgemeiner können wir festhalten, dass Konkordanz dann gegeben ist, wenn gilt: Ist $x_i > x_j$, so ist auch $y_i > y_j$. Und umgekehrt: Ist $y_i > y_j$, so ist auch $x_i > x_j$.

Oder kurz: Konkordanz gilt, wenn die Aussage „$x_i > x_j$ *und* $y_i > y_j$“ wahr ist.

Hätten wir die beiden Personen in umgekehrter Reihenfolge verglichen (wie in der folgenden Tabelle dargestellt), so würde selbstverständlich auch Konkordanz vorliegen.

	soziale Kompetenz	Belastbarkeit
Person 3	3	3
Person 2	2	1

Ein *konkordantes Paar* liegt also auch dann vor, wenn $x_i < x_j$ *und* $y_i < y_j$ gilt.

konkordantes Paar

Die Anzahl aller konkordanten Paare wird mit C bezeichnet.

C

Betrachten wir die Werte der ersten und zweiten Person aus unserem Beispiel, so verhält es sich genau umgekehrt zu dem obigen Fall:

	soziale Kompetenz	Belastbarkeit
Person 1	1	2
Person 2	2	1

diskordantes Paar

Hier gilt: $x_i < x_j$ und $y_i > y_j$. Damit ist ein *diskordantes Paar* gegeben.

D

Die Anzahl dieser Paare wird mit D bezeichnet.

Für diskordante Paare gilt also $x_i < x_j$ *und* $y_i > y_j$ bzw. wenn die umgekehrte Reihenfolge betrachtet wird: $x_i > x_j$ *und* $y_i < y_j$.

Beim Vergleich der Personen 6 und 7 resultiert das folgende Bild:

	soziale Kompetenz	Belastbarkeit
Person 6	6.5	6
Person 7	6.5	8

Hier liegen für die Variable *soziale Kompetenz* Rangbindungen vor. Diese Konstellation von Werten verletzt sowohl die Bedingungen für die Konkordanz als auch die Bedingungen für die Diskordanz.

T_X T_Y

Die Anzahl solcher Paare, die bei der Variablen X, aber nicht bei der Variablen Y Rangbindungen aufweisen, wird mit T_X bezeichnet. Analog dazu wird die Anzahl der Paare, die bei der Variablen Y, aber nicht bei der Variablen X Rangbindungen aufweisen, mit T_Y bezeichnet. Auch diese Paare sind weder konkordant noch diskordant.

Schließlich können auch Paare mit Rangbindungen in beiden Variablen auftauchen, wie z. B. beim Vergleich der Personen 4 und 5 in unserem Beispiel.

	soziale Kompetenz	Belastbarkeit
Person 4	4.5	4.5
Person 5	4.5	4.5

T_{XY}

Auch bei solchen Paaren, die wir mit T_{XY} bezeichnen, sind weder die Bedingungen für die Konkordanz noch für die Diskordanz erfüllt. Im Vergleich zu den Paaren T_X und T_Y enthalten die Paare T_{XY} weniger Informationen, da bei T_X und T_Y eine Größer- bzw. Kleiner-Relation für die Werte einer Variablen mit der Gleichheitsrelation für die Werte der anderen Variablen gekoppelt ist. Damit liegt zwar keine strenge monotone Relation vor, wie für die Konkordanz bzw. Diskordanz gefordert wird, aber eine monotone Relation (vgl. Internetsupplement). Daher werden die Paare T_X und T_Y im Gegensatz zu den Paaren T_{XY} bei der Definition einiger Zusammenhangsmaße berücksichtigt (s. u.).

Insgesamt können in einem Datensatz konkordante und diskordante Paare auftreten sowie Paare mit Rangbindungen in einer der beiden Variablen oder in beiden Variablen. Nun gilt es, die Anzahl dieser einzelnen Paare für einen Datensatz zu bestimmen. Wie man dazu vorgeht, wird im folgenden Kasten anhand des Beispieldatensatzes zum multimodalen Interview gezeigt.

Beispiel zur Bestimmung der Anzahl von konkordanten Paaren, diskordanten Paaren und der Paare mit Rangbindungen: Variablen *soziale Kompetenz* und *Belastbarkeit* aus dem multimodalen Interview

In der Tabelle *Daten* sind unten noch einmal die beiden ordinalskalierten Variablen X und Y dargestellt. Dabei sind die Werte von Y aufsteigend sortiert, wodurch die Auswertung erheblich erleichtert wird.

Im ersten Schritt wird die erste Person mit allen Personen verglichen, die unterhalb dieser ersten Person stehen, also mit den Personen 2 bis 10. Dann betrachtet man die Person 2 und vergleicht sie wiederum mit allen darunter liegenden Personen, also 3 bis 10. Auf diese Weise fährt man dann mit allen weiteren Personen fort.

Bei jedem dieser Vergleiche wird ermittelt, ob die Paare konkordant bzw. diskordant sind oder eine bestimmte Konstellation von Rangbindungen aufweisen. Die Ergebnisse aller so vorgenommenen Vergleiche sind in der Matrix *Vergleiche* festgehalten. In der ersten Spalte dieser Matrix befinden sich die Ergebnisse der Vergleiche der ersten Person mit allen darunter liegenden Personen, also den Personen mit den Nummern 2 bis 10.

In der zweiten Spalte der Vergleichsmatrix sind die Ergebnisse der Vergleiche der zweiten Person mit allen darunter liegenden Personen festgehalten, in der Spalte 3 die entsprechenden Vergleiche der Person 3 mit allen darunter liegenden Personen und so weiter.

Schließlich wird dann für jede Spalte der Vergleichsmatrix ausgezählt, wie häufig die unterschiedlichen Paare (konkordant, diskordant etc.) jeweils auftreten und in der entsprechenden Spalte der darunter liegenden Matrix *Summe* festgehalten. In einem letzten Schritt wird jeweils die Gesamtanzahl der unterschiedlichen Paare in der letzten Spalte der Matrix *Summe* ermittelt.

	Vergleiche								
Nr.	1	2	3	4	5	6	7	8	9
1									
2	D								
3	C	C							
4	C	C	C						
5	C	C	C	T_{XY}					
6	C	C	C	C	C				
7	C	C	C	C	C	T_Y			
8	C	C	C	C	C	C	D		
9	C	C	C	C	C	C	C	C	
10	C	C	C	C	C	C	C	C	C

Daten			
X		***Y***	
x_1	2	y_1	1
x_2	1	y_2	2
x_3	3	y_3	3
x_4	4.5	y_4	4.5
x_5	4.5	y_5	4.5
x_6	6	y_6	6.5
x_7	8	y_7	6.5
x_8	7	y_8	8
x_9	9	y_9	9
x_{10}	10	y_{10}	10

	Summe									
D	1						1			**2**
C	8	8	7	5	5	3	2	2	1	**41**
T_X										**0**
T_Y						1				**1**
T_{XY}				1						**1**

In dem Beispiel sind die Daten hinsichtlich der Variablen Y sortiert. Damit wird die Auszählung erleichtert, da der Fall $y_i < y_j$ nicht vorkommt und somit nur die Fälle $y_i > y_j$ und $y_i = y_j$ (für $i > j$) zu berücksichtigen sind. Dadurch resultieren nur die folgenden sechs Kombinationen, die auszuzählen sind:

	$x_i > x_j$	$x_i = x_j$	$x_i < x_j$
$y_i > y_j$	C	T_X	D
$y_i = y_j$	T_Y	T_{XY}	T_Y

Insgesamt gibt es $S = \frac{n \cdot (n-1)}{2}$ Paare. Wegen $S = C + D + T_X + T_Y + T_{XY}$ gilt:

$$\begin{aligned} D &= S - (C + T_X + T_Y + T_{XY}) \text{ bzw.} \\ C &= S - (D + T_X + T_Y + T_{XY}) \end{aligned}$$

Da die Summe nur von n abhängt, kann man D bzw. C aus den restlichen Werten berechnen. In diesem Fall sind nur die Paare auszuzählen, die seltener auftauchen.

Im Folgenden stellen wir drei wichtige Zusammenhangsmaße vor, die auf dem Konzept der Konkordanz/Diskordanz basieren. Dabei handelt es sich um die Maße γ, τ_b und τ_c.

Das Zusammenhangsmaß γ

Wenn keine Rangbindungen gegeben sind, liegen nur konkordante und diskordante Paare vor. In diesem Fall ist das *Zusammenhangsmaß* γ (sprich: Gamma; auch als Goodman-Kruskal γ bezeichnet) ein adäquates Maß für den Zusammenhang ordinalskalierter Variablen.

Zusammenhangsmaß γ

$$\gamma = \frac{C-D}{C+D}$$

Hier wird die Differenz der Anzahl der konkordanten und diskordanten Paare in Relation zu allen konkordanten und diskordanten Paaren gesetzt. Sind nur konkordante Paare gegeben, ist $\gamma = 1$, liegen nur diskordante Paare vor, so gilt $\gamma = -1$. Ist die Anzahl der konkordanten Paare gleich der Anzahl der diskordanten Paare folgt $\gamma = 0$. Liegen mehr konkordante als diskordante Paare vor, dann erhält dieser Koeffizient ein positives, im umgekehrten Fall ein negatives Vorzeichen.

Sehr häufig liegen jedoch Rangbindungen vor. In diesem Fall kann γ ebenfalls berechnet werden, wobei die Paare mit Rangbindungen einfach ignoriert werden.

Beispiel zur Berechnung von γ: Zusammenhang von sozialer Kompetenz und Belastbarkeit anhand der Daten aus dem multimodalen Interview

Die Basis der Berechnung bildet die Anzahl der unterschiedlichen Arten von Datenpaaren.
Es gilt $C = 41;\ D = 2;\ T_X = 0;\ T_Y = 1;\ T_{XY} = 1$
Damit folgt für das Zusammenhangsmaß: $\gamma = \frac{41-2}{41+2} = .91$

Insbesondere wenn viele Paare mit Rangbindungen vorliegen, ist die Berechnung von γ problematisch. Für den Extremfall $C + D = 0$, wenn also nur Datenpaare mit Rangbindungen vorliegen, ist γ nicht definiert. Aber auch wenn $C + D > 0$ ist, kann γ unangemessen hoch ausfallen, wie das folgende Beispiel verdeutlicht.

Beispiel zu Problemen von γ bei sehr vielen Rangbindungen: Perfekter Zusammenhang zweier Variablen anhand von γ

	X	Y
1	3	1
2	3	2
3	3	3
4	3	4
5	3	7.5
6	6	7.5
7	7	7.5
8	8	7.5
9	9	7.5
10	10	7.5

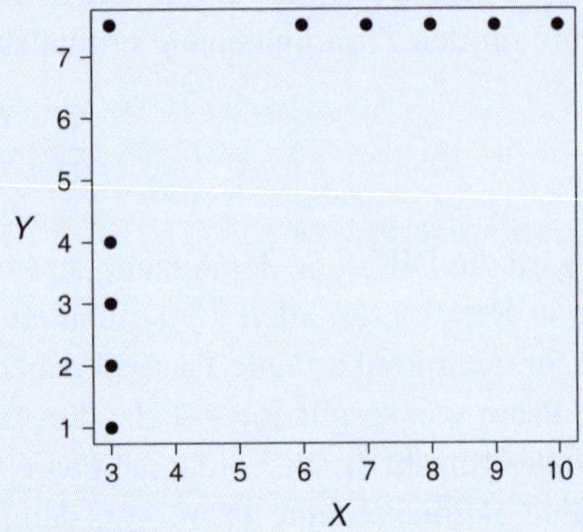

Anzahl konkordanter Paare: $C = 20$

Anzahl diskordanter Paare: $D = 0$

Zusammenhangsmaß: $\gamma = 1$

Das Maß γ wird neben der Rangkorrelation nach Spearman sehr häufig angewendet. Jedoch ist bei Rangbindungen Vorsicht geboten, da γ in diesem Fall den Zusammenhang in einem nicht geringen Ausmaß überschätzen kann.

Die Zusammenhangsmaße τ_b und τ_c

Wie oben gezeigt, kann es bei sehr vielen Bindungen zu Problemen bei
τ_b der Interpretation von γ kommen. Das Zusammenhangsmaß τ_b (sprich: Tau-b) für Variablen auf Ordinalskalenniveau berücksichtigt Bindungen daher explizit:

$$\tau_b = \frac{C-D}{\sqrt{(C+D+T_x)}\sqrt{(C+D+T_y)}}$$

Im Nenner von τ_b werden die Bindungen, die nur in X sowie nur in Y auftauchen, zusätzlich berücksichtigt und damit ist der Betrag dieses Koeffizienten geringer als der Betrag von γ. Die Bindungen T_{XY} werden nicht berücksichtigt, da sie nichts über den Zusammenhang aussagen. Somit gilt $|\tau_b| \leq |\gamma|$.

Beispiel zur Berechnung von τ_b: Zusammenhang von sozialer Kompetenz und Belastbarkeit anhand der Daten aus dem multimodalen Interview

Basis der Berechnung bildet die 6-Felder-Tabelle:

	$x_i > x_j$	$x_i = x_j$	$x_i < x_j$
$y_i > y_j$	41	0	2
$y_i = y_j$	1	1	0

Damit gilt: $C = 41;\ D = 2;\ T_X = 0;\ T_Y = 1$

$$\tau_b = \frac{41-2}{\sqrt{41+2+0}\sqrt{41+2+1}} = .90$$

Allerdings hat auch τ_b einen Nachteil. Ist die Anzahl unterschiedlicher Ausprägungen von X und Y nicht gleich, so kann τ_b die Werte 1 bzw. -1 nicht erzielen. Aus diesem Grund wurde τ_c als eine Alternative zu τ_c τ_b vorgeschlagen. Bei diesem Maß werden die Rangbindungen anders verrechnet als bei τ_b.

Bezeichnen wir mit k die Anzahl der unterschiedlichen Werte von X, mit l die Anzahl der unterschiedlichen Werte von Y und mit $\min(k,l)$ die kleinere dieser beiden Anzahlen, so wird τ_c wie folgt definiert:

$$\tau_c = \frac{(C-D)}{\frac{n^2(\min(k,l)-1)}{2\min(k,l)}} = \frac{2\min(k,l)(C-D)}{n^2(\min(k,l)-1)}$$

Der Nenner von τ_c stellt das theoretische Maximum dar, das auch bei einer unterschiedlichen Anzahl von Werten der beiden Variablen erzielt werden kann. Dies gilt allerdings nur unter der Bedingung, dass die beiden Variablen jeweils für alle Ausprägungen identische Häufigkeiten aufweisen. Besitzt Variable X vier Ausprägungen und Variable Y fünf Ausprägungen, dann müssen die relativen Häufigkeiten für alle Ausprägungen der Variablen X .25 betragen und die relativen Häufigkeiten für alle Ausprägungen der Variablen Y .20. Damit kann τ_c auch nur für diesen Spezialfall die Werte $+1$ und -1 erreichen.

Im Allgemeinen fällt τ_c im Fall einer unterschiedlichen Anzahl von Ausprägungen der beiden Variablen, auch wenn inhomogene Randhäufigkeiten vorliegen, etwas höher aus als τ_b. Jedoch ist die Interpretation des Koeffizienten τ_c bei inhomogenen Randhäufigkeiten unklarer als die Interpretation von τ_b.

Beispiel zur Berechnung von τ_c: Zusammenhang von sozialer Kompetenz und Belastbarkeit anhand der Daten aus dem multimodalen Interview

Es liegen $n = 10$ Datenpaare vor. Es gibt $k = 9$ unterschiedliche Messwerte in X und $l = 8$ unterschiedliche Messwerte in Y. Es wurden $C = 41$ konkordante Paare und $D = 2$ diskordante Paare bestimmt. Damit ist:

$$\tau_c = \frac{2 \cdot 8(41-2)}{10^2 \cdot (8-1)} = \frac{624}{700} = .89$$

Wesentliche Merkmale der Korrelationsmaße γ, τ_b und τ_c

- Alle vorgestellten Maße sind invariant gegenüber den auf Ordinalskalenniveau erlaubten Transformationen.
- Alle Maße sind positiv (negativ), wenn tendenziell ein gleichsinniger (gegensinniger) Zusammenhang besteht.
- Alle Maße sind robust gegenüber Ausreißern in den Daten.
- Gegenüber Spearmans ρ basieren die Maße γ, τ_b und τ_c auf dem Konzept der Konkordanz/Diskordanz. Dieses Konzept ist voraussetzungsärmer und benötigt nicht die Annahme der Gleichabständigkeit von Rängen, sondern lediglich die Größer- bzw. Kleiner-Relation von Wertepaaren.
- Liegen keine Rangbindungen und gleich viele Merkmalsausprägungen vor, fallen γ, τ_b und τ_c identisch aus. In diesem Fall fällt der Rangkorrelationskoeffizient von Spearman in der Regel höher aus als die drei auf dem Konkordanz/Diskordanz-Konzept beruhenden Maße. Oftmals ist der Betrag dieser drei Maße gegenüber Spearmans ρ um ca. $1/3$ des Betrags von ρ reduziert.
- Die Maße γ, τ_b und τ_c erhalten den Wert 0, wenn die Anzahl der konkordanten und diskordanten Paare übereinstimmt.
- Je stärker die Anzahl der konkordanten und diskordanten Paare abweicht, umso größer ist der Betrag dieser drei Maße.
- γ kann bei Rangbindungen einen übermäßig hohen Betrag für die Höhe des Zusammenhangs annehmen.
- τ_b ist nur für den Fall einer identischen Anzahl von Ausprägungen der beiden Merkmale normiert mit der unteren Grenze von -1 und der oberen Grenze von $+1$.
- τ_c ist normiert mit der unteren Grenze von -1 und der oberen Grenze von $+1$, auch wenn eine unterschiedliche Anzahl von Ausprägungen bei beiden Variablen vorliegt. Allerdings müssen die Randverteilungen der beiden Variablen homogen sein.

8.6 Zusammenhangsmaße für nominalskalierte Variablen

Zwischen den Werten nominalskalierter Variablen ist kein Abstand definiert und die Werte nominalskalierter Variablen können auch nicht in eine natürliche Reihenfolge gebracht werden. Daher sind die bisher betrachteten Konzepte für den Zusammenhang von zwei intervall- bzw. ordinalskalierten Variablen nicht auf nominalskalierte Variablen anzuwenden. Wie bereits in Kapitel 8.1 gezeigt wurde, kann für die Entwicklung eines Zusammenhangsmaßes jedoch die gemeinsame Häufigkeitsverteilung zweier Variablen genutzt werden.

Zwei Variablen werden als unabhängig bezeichnet, wenn die bedingten Häufigkeitsverteilungen einer Variablen X für alle Ausprägungen der anderen Variablen Y übereinstimmen. Damit liefern alle Ausprägungen der Variablen X die gleiche Information für die Vorhersage der Ausprägungen der Variablen Y. Diese Aussage gilt auch dann, wenn die Rollen der Variablen X und Y vertauscht werden. Damit ist von keinem Zusammenhang zwischen den beiden Variablen auszugehen.

Das Ausmaß des Zusammenhangs zwischen zwei Variablen kann man nun über das Ausmaß der Abweichung von der Unabhängigkeit definieren, d. h. inwieweit sich die bedingten Häufigkeitsverteilungen unterscheiden. Auf diesem Konzept basieren mehrere Koeffizienten, die den Zusammenhang von zwei nominalskalierten Variablen erfassen.

Zur Bestimmung des Ausmaßes der Abweichung von der Unabhängigkeit werden zwei Kontingenztabellen verglichen, die beobachtete Kontingenztabelle und die dazu „passende“ sogenannte Indifferenztabelle, in der die beiden Variablen unabhängig sind. Diese Indifferenztabelle wird jeweils speziell zu einer Kontingenztabelle mit den beobachteten Häufigkeiten erstellt. Für die Indifferenztabelle werden die gleichen Randhäufigkeiten wie für die Kontingenztabelle mit den beobachteten Häufigkeiten spezifiziert und für die gemeinsame Häufigkeitsverteilung der Indifferenztabelle wird angenommen, dass die bedingten Häufigkeitsverteilungen (beider Variablen) identisch sind. Damit sind die beiden Variablen in der Indifferenztabelle unabhängig. Anhand eines Beispiels zum Zusammenhang von Geschlecht und Lieblingsfach in der Schule wird die Erstellung einer Indifferenztabelle erläutert.

Beispiel einer Kontingenztabelle: Zusammenhang von Geschlecht und Lieblingsfach in der Schule

In einer Studie zur Berufswahl erhoben Abele, Schute und Andrä (1999) bei 1482 Studierenden ihre Lieblingsfächer in der Schule. Im Folgenden fassen wir die sprachlichen Fächer (Sprachen) zusammen sowie die naturwissenschaftlichen Fächer und Mathematik (Ma/NW) und weiterhin Kunst und Musik (Ku/Mu). Hinzu kommen das Fach *Sport* und die sonstigen Fächer (sonst.). Aus den Angaben der Schüler resultiert dann die folgende Häufigkeitsverteilung:

	Lieblingsfach					
Geschlecht	Sprachen	Ma/NW	Sport	Ku/Mu	sonst.	Gesamt
männlich	116	409	116	31	196	868
weiblich	190	197	62	64	101	614
Gesamt	306	606	178	95	297	1482

Ausgehend von der Kontingenztabelle aus der Beispielstudie wird zunächst die relative Häufigkeitsverteilung für eine der beiden Variablen (Randhäufigkeiten) erstellt. Welche der beiden Variablen gewählt wird, ist beliebig. Wir nehmen hier die Variable *Lieblingsfach*. Zugleich löschen wir die gemeinsamen Häufigkeiten, behalten aber die Randverteilung der anderen Variablen (hier der Variablen *Geschlecht*) bei. Das Ergebnis enthält die folgende Tabelle in der letzten Zeile.

	Lieblingsfach					
Geschlecht	Sprachen	Ma/NW	Sport	Ku/Mu	sonst.	Gesamt
männlich						868
weiblich						614
rel. Häufigkeiten	.21	.41	.12	.06	.20	

Um nun solche gemeinsamen Häufigkeiten zu erhalten, sodass die beiden Variablen unabhängig sind, sind in einem weiteren Schritt die 868 männlichen Probanden entsprechend dieser relativen Häufigkeitsverteilung aufzuteilen. Dazu werden die Produkte $.21 \cdot 868$, $.41 \cdot 868$, ..., $.20 \cdot 868$ gebildet, die die erste Zeile der Indifferenztabelle bilden. Ebenso werden die 614 weiblichen Probanden entsprechend dieser relativen Häufigkeitsverteilung aufgeteilt, indem die Produkte $.21 \cdot 614$, $.41 \cdot 614$, ..., $.20 \cdot 614$ berechnet werden, die in der zweiten Zeile der folgenden Indifferenztabelle stehen.

Geschlecht	Lieblingsfach Sprachen	Ma/NW	Sport	Ku/Mu	sonst.	Gesamt
männlich	179.2	354.9	104.3	55.6	174.0	868
weiblich	126.8	251.1	73.7	39.4	123.0	614
Gesamt	306	606	178	95	297	1482

Die Indifferenztabelle enthält dieselben Randverteilungen wie die Kontingenztabelle, auf der sie beruht, jedoch sind die bedingten Häufigkeitsverteilungen (einer Variablen für alle Ausprägungen der anderen Variablen) identisch. Damit sind die beiden Variablen in der Indifferenztabelle unabhängig.

In formaler Hinsicht ist die Indifferenztabelle so aufgebaut wie die Kontingenztabelle (vgl. Tab. 8.8), die gemeinsamen Häufigkeiten in der Indifferenztabelle werden jedoch mit $\tilde{n}_{ij}$ bezeichnet. Tabelle 8.8 stellt die allgemeine Form einer *Indifferenztabelle* dar. Indifferenztabelle

Tabelle 8.8: Formale Struktur der Indifferenztabelle

	b_1	b_2	$\dots$	b_m	Gesamt
a_1	$\tilde{n}_{11}$	$\tilde{n}_{12}$	$\dots$	$\tilde{n}_{1c}$	$n_{1\bullet}$
a_2	$\tilde{n}_{21}$	$\tilde{n}_{22}$	$\dots$	$\tilde{n}_{2c}$	$n_{2\bullet}$
$\dots$	$\dots$	$\dots$	$\dots$	$\dots$	$\dots$
a_k	$\tilde{n}_{r1}$	$\tilde{n}_{r2}$	$\dots$	$\tilde{n}_{rc}$	$n_{r\bullet}$
Gesamt	$n_{\bullet 1}$	$n_{\bullet 2}$	$\dots$	$n_{\bullet c}$	n

Allgemein werden die gemeinsamen Häufigkeiten in der Indifferenztabelle anhand der folgenden Formel berechnet:

$$\tilde{n}_{ij} = \frac{n_{\bullet j}}{n} n_{i\bullet} \quad \text{für} \quad i = 1, \dots, r \quad \text{und} \quad j = 1, \dots, c$$

Somit sind die bedingten Häufigkeitsverteilungen zeilenweise identisch, d. h., die bedingten Häufigkeiten der Variablen X weisen für jede Ausprägung b_j der Variablen Y den gleichen Wert auf.

Aufgrund von

$$\tilde{n}_{ij} = \frac{n_{\bullet j}}{n} n_{i\bullet} = \frac{n_{i\bullet}}{n} n_{\bullet j}$$

sind auch spaltenweise die bedingten Häufigkeitsverteilungen identisch. Je stärker die Kontingenztabelle (mit den beobachteten Häufigkeiten) und die Indifferenztabelle differieren, umso größer ist der Zusammenhang zwischen den beiden Variablen. Es gilt nun, eine Maßzahl für den Abstand zwischen diesen beiden Tabellen zu entwickeln. Dazu wurden verschiedene Koeffizienten vorgeschlagen, die auf der sogenannten χ^2-*Statistik* (gesprochen: *Chi-Quadrat*) beruhen. Diese χ^2-Statistik ist eine wichtige Größe in der Inferenzstatistik und dient in normierter Form zur Beschreibung der Höhe des Zusammenhangs von zwei Variablen (s. u.).

χ^2-Statistik

$$\chi^2 = \sum_{i=1}^{k}\sum_{j=1}^{m}\frac{(n_{ij}-\tilde{n}_{ij})^2}{\tilde{n}_{ij}}$$

Beispiel zur Berechnung der χ^2-Statistik: Geschlecht und Lieblingsfach in der Schule

Zunächst werden die χ^2-Anteile für jede Zelle berechnet. Für die erste Zelle resultieren $n_{11} = 116$ und $\tilde{n}_{11} = 179.2$. Als χ^2-Anteil ergibt sich:

$$\frac{(116-179.2)^2}{179.2} = 22.29$$

Die berechneten χ^2-Anteile für alle Zellen sind in der folgenden Tabelle wiedergegeben.

	Lieblingsfach				
Geschlecht	Sprachen	Ma/NW	Sport	Ku/Mu	sonst.
männlich	22.29	8.25	1.31	10.88	2.78
weiblich	31.50	11.66	1.86	15.36	3.93

Als Gesamtsumme resultiert:

$$\chi^2 = 22.29 + 31.50 + \ldots + 2.78 + 3.93 = 109.82$$

Die χ^2-Statistik hat die folgenden Eigenschaften:

- χ^2 ist immer größer oder gleich 0, wobei der Wert 0 dann angenommen wird, wenn die beiden Variablen unabhängig sind.
- Je stärker sich die bedingten Häufigkeitsverteilungen unterscheiden, desto größer ist χ^2.
- Der Wert von χ^2 verändert sich bei Vertauschungen von Zeilen und/oder Spalten nicht.
- Es wird keine Richtung eines Zusammenhangs (positiv vs. negativ) angegeben.

Die beiden zuletzt aufgeführten Eigenschaften der χ^2-Statistik sind kompatibel mit dem grundlegenden Merkmal nominalskalierter Variablen, dass die Ausprägungen nicht geordnet sind.

Die χ^2-Statistik ist allerdings nicht normiert und kann beliebig große Werte annehmen, denn dieses Maß ist abhängig von der Anzahl der Zeilen und Spalten sowie der Gesamtzahl der Beobachtungen. Damit ist χ^2 als Maß für den Zusammenhang von zwei Variablen schwer zu interpretieren.

Der maximale Wert der χ^2-Statistik beträgt $n \cdot k$, mit

$$k = min(r-1, c-1).$$

Hat z. B. eine Kontingenztabelle 4 Zeilen und 3 Spalten, dann ist das entsprechende Minimum 3 und $k = 3 - 1 = 2$. Teilt man nun die χ^2-Statistik durch das mögliche Maximum, resultiert ein normiertes Zusammenhangsmaß, das alle wünschenswerten Eigenschaften für den Zusammenhang zweier nominalskalierter Variablen besitzt. Dieses Maß heißt nach dem Autor Cramers V. Berechnet wird *Cramers V* anhand der folgenden Formel:

Cramers V

$$V = \sqrt{\frac{\chi^2}{n \cdot min(r-1, c-1)}}$$

Ein anderes zuweilen verwendetes Maß für den Zusammenhang zweier nominalskalierter Variablen ist der *Kontingenzkoeffizient K*:

Kontingenzkoeffizient K

$$K = \sqrt{\frac{\chi^2}{\chi^2 + n}}$$

Dieser Koeffizient kann jedoch den Wert 1 nicht erreichen, da der Nenner immer größer als der Zähler ist. Daher ist dieses Maß nicht so adäquat wie Cramers V.

Wird der Kontingenzkoeffizient durch den maximalen Wert, den er für eine Kontingenztabelle mit einer bestimmten Anzahl von Zeilen und Spalten annehmen kann, dividiert, resultiert der *korrigierte Kontingenzkoeffizient* K^*:

korrigierter Kontingenzkoeffizient K^*

$$K^* = \frac{K}{K_{max}} \quad \text{mit} \quad K_{max} = \sqrt{\frac{min(r,c) - 1}{min(r,c)}}$$

Dieser Koeffizient kann ebenfalls den Wert 1 annehmen und besitzt damit auch alle wünschenswerten Eigenschaften eines Zusammenhangsmaßes für nominalskalierte Variablen.

Beispiel der Berechnung verschiedener Zusammenhangsmaße für nominalskalierte Variablen: Geschlecht und Lieblingsfach in der Schule

Bekannt sind die Werte:

$$\chi^2 = 109.82 \quad n = 1482 \quad r = 2 \; c = 5$$

Damit lassen sich die bisher angegebenen Indizes berechnen:

$$K = .263 \quad K^* = .371 \quad V = .272$$

Cramers V und der korrigierte Kontingenzkoeffizient nehmen im Fall der Unabhängigkeit immer den Wert 0 an, da dann der Zähler (unter der Wurzel) gleich 0 ist. Ebenso nehmen beide Koeffizienten bei perfekter Abhängigkeit der beiden Variablen denselben Wert von 1 an. Für die Bestimmung der perfekten Abhängigkeit betrachtet man zunächst das Minimum der Zeilen- und Spaltenanzahl.

Tabelle 8.9: Perfekter Zusammenhang in einer 4x2-Tabelle

0	100
100	0
100	0
0	100

Tabelle 8.10: Perfekter Zusammenhang in einer 3x4-Tabelle

100	0	0	0
0	100	0	0
0	0	100	100

Tabelle 8.11: Perfekter Zusammenhang in einer 3x3-Tabelle

100	0	0
0	100	0
0	0	100

Tabelle 8.12: Perfekter Zusammenhang in einer 4x4-Tabelle

100	0	0	0
0	0	100	0
0	100	0	0
0	0	0	100

Liegen weniger Spalten als Zeilen vor, so ist eine perfekte Abhängigkeit der beiden Variablen einer Kontingenztabelle dann gegeben, wenn in jeder Zeile der Kontingenztabelle lediglich eine Zelle einen Wert größer 0 enthält und die anderen Zellen den Wert 0 (vgl. Internetsupplement). Das Beispiel in Tabelle 8.9 veranschaulicht diesen Sachverhalt. Sind weniger Zeilen als Spalten gegeben, liegt bei einem perfekten Zusammenhang jeweils nur in einer Zelle jeder Zeile ein Wert größer 0 vor (vgl. Tab. 8.10). Bei gleicher Zeilen- und Spaltenanzahl liegen jeweils nur in einer Zelle von jeder Zeile und Spalte Beobachtungen vor, wie die Tabellen 8.11 und 8.12 beispielhaft zeigen.

Ist weder Unabhängigkeit noch perfekte Abhängigkeit gegeben, fällt der Wert des korrigierten Kontingenzkoeffizienten aufgrund des unterschiedlichen Normierungsvorgehens immer etwas höher aus als der Wert von Cramers V. Zumeist wird jedoch Cramers V berichtet, nicht zuletzt deshalb, weil bestimmte Statistikprogramme, wie z. B. SPSS, den korrigierten Kontingenzkoeffizienten nicht ausgeben. Jedoch erscheint auch das Normierungsverfahren von Cramers V, bei dem die χ^2-Statistik sogleich durch das mögliche Maximum geteilt wird, das einfacher zu interpretierende Maß zu sein.

Allerdings ist hier generell anzumerken, dass sowohl Cramers V als auch der korrigierte Kontingenzkoeffizient zwar etwas über den Grad der Abhängigkeit zweier Variablen aussagen, dass aber völlig unterschiedliche Muster des Zusammenhangs hinter dem gleichen Koeffizienten stehen können, wie die Beispiele in den Tabellen 8.9 bis 8.12 zeigen. Daher ist es zumeist opportun, auch die Kontingenztabelle mit zu publizieren.

8.6.1 Fehlerreduktionsmaße

Die Zusammenhangsmaße, die auf der χ^2-Statistik basieren, erfassen den Grad der Abweichung von der Unabhängigkeit. Auf einem anderen grundlegenden Konzept beruhen die sogenannten PRE-Maße. *PRE* ist PRE
die Abkürzung von *proportional reduction of error*. Bei diesen Maßen wird der Anteil der Fehlerreduktion erfasst, der erfolgt, wenn man zur Vorhersage der Werte einer bestimmten Variablen Y zusätzlich Informationen über eine andere Variable X nutzt. Im vorliegenden Fall nominalskalierter Variablen werden statt der Häufigkeitsverteilung einer Variablen zusätzlich die Ausprägung einer anderen Variablen und die gemeinsame Häufigkeitsverteilung der beiden Variablen genutzt. Dieses Konzept wird im Folgenden der Einfachheit halber anhand eines fiktiven Beispiels dargestellt.

Tabelle 8.13: Fiktives Beispiel zum Zusammenhang des besuchten Gymnasialtyps und dem Studienfach

	Studienfach				
Gymnasium	Sport	Mathe	BWL/VWL	Sprachen	Gesamt
Sprache	10	30	10	210	260
Wirtschaft	20	40	380	60	500
Naturwissenschaft	10	210	10	10	240
Gesamt	40	280	400	270	1 000

Bei 1 000 ehemaligen Abiturienten von sogenannten Spezialschulen mit den drei Schwerpunkten Sprachen, Wirtschaft und Mathematik/Naturwissenschaften (Variable X) wurde die später gewählte Studienrichtung Sport, Mathematik/Naturwissenschaften, BWL/VWL und Sprachen (Variable Y) ermittelt (vgl. Tab. 8.13).

Wir gehen von der folgenden Aufgabe aus: Es wird zufällig eine beliebige Person aus dieser Stichprobe gezogen und es ist das (nicht bekannte) Studienfach dieser Person vorherzusagen. Dabei sei die Randverteilung für diese Variable (Studienrichtung) bekannt. Um eine möglichst hohe Trefferquote zu erzielen, bietet es sich an, für diesen Schüler ein wirtschaftswissenschaftliches Studium vorherzusagen. Diese Ausprägung kommt in 400 Fällen und damit am häufigsten vor. Daher wird die Ausprägung mit der größten Häufigkeit in der letzten Zeile der Kontingenztabelle gewählt. Verfährt man für alle Stichprobenmitglieder nach diesem Verfahren, erhält man bei den dann erfolgenden 1 000 Vorhersagen 400-mal eine richtige Vorhersage und in 600 Fällen eine falsche Vorhersage. Die Anzahl der Fehler beträgt damit 600.

Allgemein nennen wir eine Regel zur Vorhersage einer Variablen, die lediglich auf der Kenntnis von Charakteristika ihrer eigenen Verteilung beruht, kurz Regel 1 und die entsprechende Anzahl der Fehler bezeichnen wir mit $E1$.

Eine weitere Regel, die wir Regel 2 nennen und die damit verbundenen Fehler $E2$, basiert auf mehr Informationen. Hier werden die gemeinsame Häufigkeitsverteilung und damit die absoluten Häufigkeitsverteilungen für jede der drei Gymnasialtypen berücksichtigt, die sich in den oberen drei Zeilen der Kontingenztabelle befinden. Weiterhin wird für Regel 2 angenommen, dass für die Person, für die die Studienrichtung vorhergesagt werden soll, die Ausprägung des besuchten Gymnasialtyps bekannt ist.

Gemäß Regel 2 wird nicht wie bei Regel 1 die Ausprägung mit der maximalen Randhäufigkeit bei der vorherzusagenden Variablen *Studienfach* gewählt, sondern die Ausprägung mit der maximalen Häufigkeit für den gegebenen Schultyp. Je nach dem Typ der besuchten Schule wird in der entsprechenden absoluten Häufigkeitsverteilung (der entsprechenden Zeile der Kontingenztabelle) die Ausprägung der Variablen *Studienfach* mit der größten Häufigkeit gesucht.

Für den Schultyp *sprachliches Gymnasium* ist die größte Häufigkeit für die Ausprägung *Sprachen* der Variablen *Studienrichtung* gegeben, hier beträgt die entsprechende absolute Häufigkeit 210. Daher sagt man für alle Studierenden, die ein sprachliches Gymnasium besucht haben, die Fachrichtung *Sprachen* voraus. Somit werden 210 Personen korrekt vorhergesagt. Für die Ausprägung *wirtschaftliches Gymnasium* erreicht die Studienrichtung *BWL/VWL* das Maximum mit einer absoluten Häufigkeit von 380. Daher sagt man für alle Studierenden, die ein wirtschaftliches Gymnasium besucht haben, die Fachrichtung *BWL/VWL* voraus und erzielt 380 korrekte Vorhersagen. Für ehemalige Schüler eines naturwissenschaftlichen Gymnasiums sagt man die Studienrichtung *Mathematik/Naturwissenschaften* vorher, womit 210-mal eine korrekte Prognose erfolgt.

Insgesamt resultieren bei diesem Vorgehen $210+380+210=800$ korrekte Prognosen. Diese Regel, bei der die Ausprägung der zweiten Variablen sowie die gemeinsame Häufigkeitsverteilung berücksichtigt wird, wird mit Regel 2 und die Anzahl der Fehler mit $E2$ bezeichnet. Regel 1 liefert 600 bzw. 60 % fälschliche Prognosen, Regel 2 hingegen nur 200 bzw. 20 %. Damit liegt eine Reduktion um 40 % falscher Prognosen vor.

Anhand des Koeffizienten λ_{YX} (sprich Lambda) messen wir jetzt die relative Reduktion falscher Prognosen der Studienfachwahl (Variable Y) durch die Kenntnis des Schultyps (Variable X). Der Koeffizient λ_{YX} ist damit definiert als:

$$\lambda_{YX} = \frac{E1 - E2}{E1}$$

Für unser Beispiel resultiert:

$$\lambda_{YX} = \frac{600 - 200}{600} = .67$$

λ_{YX} misst also die proportionale Reduktion der Fehler $E1$, die durch Anwendung der Regel 2 anstelle von Regel 1 resultiert. In unserem Beispiel erfolgt eine Reduktion der ursprünglich 600 Fehler um .67 bzw. 67 % auf 200 Fehler.

Im obigen Beispiel wurde das Studienfach (Y) durch den Schultyp (X) vorhergesagt. Umgekehrt kann man anhand der oben dargelegten Logik den Schultyp (X) durch Studienfach (Y) vorhersagen. Für den entsprechenden Koeffizienten λ_{XY} – hier wird die Variable X durch die Variable Y vorhergesagt – gilt $E1 = 500$, da nun die Ausprägung *Wirtschaft* für den Schultyp mit der größten Häufigkeit vorhergesagt wird und dann in 500 Fällen eine falsche Prognose erfolgt. Ausgehend von den in den einzelnen Spalten dargestellten absoluten Häufigkeitsverteilungen der Variablen *Studienrichtung* resultieren als korrekte Prognosen: $20+210+380+210=820$. Damit gilt $E2 = 1\,000 - 820 = 180$. Die proportionale Fehlerreduktion für die Vorhersage des besuchten Schultyps beträgt damit $\lambda_{XY} = \frac{500-180}{500} = .64$

λ_{YX} bzw. λ_{XY} sind sogenannte asymmetrische Maße, hier ist eine Variable als vorherzusagende Variable festzulegen, während die Information der anderen Variablen zur Verbesserung der Vorhersagegenauigkeit dient. Wie oben für das Beispiel gezeigt wurde, können diese beiden Koeffizienten unterschiedlich hoch ausfallen.

Bei symmetrischen Maßen spielen beide Variablen die gleiche Rolle. Für die bisher betrachteten, auf der χ^2-Statistik basierenden Maße war das der Fall. Für eine symmetrische Version des Koeffizienten λ werden die beiden asymmetrischen λ-Maße kombiniert, indem die entsprechenden Fehler jeweils summiert werden. Im vorliegenden Beispiel resultiert für die beiden Fehler $E1$ die Summe $500 + 600 = 1\,100$ und die Summe für die beiden Fehler $E2$ ergibt $200 + 180 = 380$. Damit resultiert als symmetrisches Zusammenhangsmaß λ für unsere Beispieldaten:

$$\lambda = \frac{1\,100 - 380}{1\,100} = .65$$

Allgemein werden die beiden gerichteten Koeffizienten λ_{YX} und λ_{XY} sowie das symmetrische Maß λ anhand der folgenden Formeln berechnet:

λ_{YX}

$$\begin{aligned}\lambda_{YX} &= \frac{n - \max_j(n_{\bullet j}) - (n - \sum_{i=1}^{r} \max_j(n_{ij}))}{n - \max_j(n_{\bullet j})} \\ &= \frac{\sum_{i=1}^{r} \max_j(n_{ij}) - \max_j(n_{\bullet j})}{n - \max_j(n_{\bullet j})}\end{aligned}$$

Analog lässt sich durch Vertauschen von Zeilen und Spalten λ_{XY} berechnen:

λ_{XY}

$$\lambda_{XY} = \frac{\sum_{j=1}^{c} \max_i(n_{ij}) - \max_i(n_{i\bullet})}{n - \max_i(n_{i\bullet})}$$

λ berechnet sich als ein gewichtetes Mittel aus den beiden gerichteten Werten λ_{YX} und λ_{XY}. Für die Berechnung dieses Maßes, das ein Zusammenhangsmaß darstellt, gilt:

λ

$$\lambda = \frac{\sum_{j=1}^{l} \max_i(n_{ij}) + \sum_{i=1}^{k} \max_j(n_{ij}) - \max_i(n_{i\bullet}) - \max_j(n_{\bullet j})}{2n - \max_i(n_{i\bullet}) - \max_j(n_{\bullet j})}$$

λ beruht auf einem eingängigen Prinzip der Vorhersage. Allerdings kann λ anders als die auf χ^2 basierenden Statistiken auch dann den Wert 0 annehmen, wenn die beiden Variablen X und Y abhängig sind (vgl. Internetsupplement). Damit ist bei diesem Maß eine wesentliche Eigenschaft von Zusammenhangsmaßen nicht erfüllt.

8.6.2 Zusammenhangsmaße für die Übereinstimmung von Urteilen

In einigen empirischen Studien stellt sich die Aufgabe, die Übereinstimmung von Urteilen zu erheben, um deren Zuverlässigkeit abzuschätzen.

Beispiel zur Messung der Übereinstimmung von Urteilen: Übereinstimmung von drei möglichen Diagnosen bei 100 Klienten durch zwei Gutachter

		Gutachter 1			
		Diagnose A	Diagnose B	Diagnose C	Gesamt
	Diagnose A	**20**	10	0	30
Gutachter 2	Diagnose B	10	**20**	0	30
	Diagnose C	0	10	**30**	40
	Gesamt	30	40	30	100

In diesem Beispiel scheinen die beiden Gutacher einigermaßen gut übereinzustimmen. Als Beleg dafür könnte man das Maß P_a heranziehen, das die relative Häufigkeit der Übereinstimmungen misst. Dazu wird die Anzahl der übereinstimmenden Urteile (Summe der Diagonalzellen) ins Verhältnis zu allen n Urteilen gesetzt:

$$P_a = \frac{1}{n}\sum_{i=1}^{k} n_{ii}$$

Für das Beispiel gilt $P_a = .70$. Jedoch ist hier zu bedenken, dass eine gewisse Anzahl an Übereinstimmungen selbst dann zu erwarten wäre, wenn die beiden Gutachter ihre Urteile rein zufällig fällen würden. Eine solche völlig zufällige Urteilsbildung würde nicht auf diagnostische Informationen zurückgreifen und die Urteile der beiden Gutachter würden nicht zusammenhängen. Diese Situation entspricht der statistischen Unabhängigkeit, die wir bereits kennengelernt haben.

Die Idee ist es nun, ein Maß für die Übereinstimmung der beiden Gutachter zu entwickeln, das den Wert 0 ergibt, wenn die Urteile der Gutachter unabhängig sind, d. h. die bedingten Häufigkeitsverteilungen zeilenweise bzw. spaltenweise übereinstimmen. Dazu greifen wir auf die Indifferenzwerte aus Kapitel 8.6 zurück. Bei Unabhängigkeit der Urteile der beiden Gutachter sind folgende Werte zu erwarten:

$$\tilde{n}_{11} = \tfrac{n_{\bullet 1} n_{1 \bullet}}{n} = \frac{30 \cdot 30}{100} = 9$$
$$\tilde{n}_{22} = \tfrac{n_{\bullet 2} n_{2 \bullet}}{n} = \frac{40 \cdot 30}{100} = 12$$
$$\tilde{n}_{33} = \tfrac{n_{\bullet 3} n_{3 \bullet}}{n} = \frac{30 \cdot 40}{100} = 12$$

Bei einer zufälligen Urteilsbildung beider Gutachter sind somit 33 Übereinstimmungen zu erwarten. Um diesen Einfluss in Rechnung zu stellen, wird der Wert P_a um den Zufallsanteil korrigiert. Der Zufallsanteil wird mit P_c bezeichnet und wird anhand folgender Formel berechnet:

$$P_c = \frac{1}{n} \sum_{i=1}^{k} \tilde{n}_{ii}$$

Cohens κ

Das folgende Übereinstimmungsmaß *Cohens* κ (sprich: Kappa) berücksichtigt den Anteil der zufällig übereinstimmenden Urteile. Dazu wird sowohl von dem relativen Anteil der übereinstimmenden Urteile P_a als auch von der relativen Häufigkeit aller Urteile, die ja 1 beträgt, der Anteil zufällig übereinstimmender Urteile P_c abgezogen. Somit wird nicht P_a zu 1 in Beziehung gesetzt, sondern $P_a - P_c$ zu $1 - P_c$:

$$\kappa = \frac{P_a - P_c}{1 - P_c} = \frac{\frac{1}{n}\sum_{i=1}^{k} n_{ii} - \frac{1}{n}\sum_{i=1}^{k} \tilde{n}_{ii}}{1 - \frac{1}{n}\sum_{i=1}^{k} \tilde{n}_{ii}}$$

Der Wertebereich von κ reicht von -1 bis 1. $\kappa = 0$ bedeutet, dass die Anzahl der beobachteten Übereinstimmungen exakt der Anzahl der Urteile bei einer zufälligen Urteilsbildung entsprechen würde. Ein negatives κ sagt aus, dass die Anzahl der beobachteten Übereinstimmungen geringer ausfällt als die unter einer zufälligen Urteilsbildung zu erwartende Anzahl von Übereinstimmungen.

Für das obige Beispiel resultiert:

$$\kappa = \frac{.70 - .33}{1 - .33} = \frac{.37}{.67} = .55$$

Beispiel zur Messung der Übereinstimmung von Urteilen: Beurteilung durch Therapeuten

In der Studie von Behrendt (2008) ging es unter anderem um die Güte der Klassifikation von Zwangsstörungen und Ticstörungen bei Kindern und Jugendlichen. Hier wurde bei 68 Probanden mit Zwangs-

oder Ticstörungen die Diagnose aus den Dokumenten zur Einweisung in eine psychiatrische Klinik mit der Diagnose durch Experten der Klinik verglichen.

	Diagnose gemäß Einweisung		
Expertenurteil	keine Zwangsstörung	Zwangsstörung	Gesamt
keine Zwangsstörung	**8**	0	8
Zwangsstörung	9	**51**	60
Gesamt	17	51	68

Zu erwartende Übereinstimmungen bei zufälliger Urteilsbildung:

	Diagnose gemäß Einweisung		
Expertenurteil	keine Zwangsstörung	Zwangsstörung	Gesamt
keine Zwangsstörung	**2**	6	8
Zwangsstörung	15	**45**	60
Gesamt	17	51	68

Berechnung von P_a und P_c:

$$\begin{aligned} P_a &= (8+51)/68 = .868 \\ P_c &= (2+45)/68 = .691 \end{aligned}$$

Damit ergibt sich für die zufallskorrigierte Übereinstimmung:

$$\kappa = \frac{.868 - .691}{1 - .691} = \frac{.177}{.309} = .573$$

Offensichtlich scheint die Übereinstimmung nicht befriedigend zu sein, weshalb nach Behrendt (2008) die Qualität der Diagnosen bei der Einweisung problematisch ist.

8.6.3 Zusammenhangsmaße für 2 × 2-Tabellen

Für den Zusammenhang von zwei dichotomen nominalskalierten Merkmalen, wie in Tabelle 8.14 dargestellt, gibt es eine Reihe von spezifischen Maßen, die wir im Folgenden vorstellen.

Tabelle 8.14: Aufbau einer 2 × 2-Kontingenztabelle

	b_1	b_2	Gesamt
a_1	n_{11}	n_{12}	$n_{1\bullet}$
a_2	n_{21}	n_{22}	$n_{2\bullet}$
Gesamt	$n_{\bullet 1}$	$n_{\bullet 2}$	n

Wie im allgemeinen Fall einer $r \times c$-Kontingenztabelle können auch für 2 × 2-Tabellen der Kontingenzkoeffizient, der korrigierte Kontingenzkoeffizient, Cramers V und die λ-Maße berechnet werden.

ϕ-Koeffizient für 2×2-Tabellen

Cramers V für 2×2-Tabellen wird auch ϕ (sprich: phi) genannt und lässt sich vereinfachend anhand der folgenden Formel berechnen:

$$\phi = \left| \frac{n_{11}n_{22} - n_{12}n_{21}}{\sqrt{n_{1\bullet}n_{2\bullet}n_{\bullet 1}n_{\bullet 2}}} \right|$$

ϕ ist weiterhin identisch mit dem Betrag der Produkt-Moment-Korrelation r für zwei dichotome Variablen, d. h. $\phi = |r|$ für zwei dichotome Variablen (vgl. Internetsupplement).

Sensitivität

Spezifität

Speziell für diagnostische Zwecke sind zwei Maße relevant, die Sensitivität und Spezifität, die wir anhand des folgenden Beispiels zur Diagnose von Depression anhand eines Testverfahrens erläutern. Wie die Kontingenztabelle in dem Beispiel zeigt, erfasst der Term $n_{11}/n_{\bullet 1}$ den Anteil an allen erkrankten Personen, die auch als krank diagnostiziert wurden. Dieser Anteil wird *Sensitivität* des Tests genannt. Im vorliegenden Beispiel beträgt die Sensitivität $45/50 = .90$. $n_{22}/n_{\bullet 2}$ erfasst den Anteil korrekter Diagnosen gesund zu sein unter allen gesunden Probanden und wird als *Spezifität* bezeichnet. Des Weiteren beträgt die Spezifität $99/104 = .95$. Sensitivität und Spezifität sind grundlegende Kriterien für die Güte von Testverfahren.

> **Beispiel zur Sensitivität und Spezifität:** Diagnose einer Depression mittels eines Fragebogens (Lehr, Hillert, Schmitz und Sosnowsky, 2008)
>
> 154 Lehrerinnen und Lehrer wurden anhand der Kurzform der Allgemeinen Depressionsskala (ADS-K) auf Depression getestet. Dieser Fragebogen liefert einen Summenwert anhand mehrerer Items. Falls eine Person einen Summenwert ≥ 18 erreichte, wurde die Diagnose *Depression* (Test positiv) gestellt, ansonsten eine negative Diagnose (Test negativ). Aufgrund dieses Vorgehens wurde bei 50 Lehrkräften eine depressive Störung diagnostiziert.
>
> Weiterhin wurde für jede der 154 Lehrkräfte eine eingehende klinische Diagnose zur Depression erstellt. Das Ergebnis dieses Verfahrens „depressiv" oder „nicht depressiv" diente als Kriterium bzw. Referenz für das Testergebnis.

Es resultierte die folgende 2×2-Kontingenztabelle:

	depressiv	nicht depressiv	Gesamt
Test positiv	45	5	50
Test negativ	5	99	104
Gesamt	50	104	154

Auch im Rahmen klinischer und epidemiologischer Fragestellungen gibt es spezifische Maße, die auf den Häufigkeiten von 2×2-Kontingenztabellen basieren. Dazu betrachten wir das folgende Beispiel.

Beispiel zum Zusammenhang von Arbeitslosigkeit und Angststörungen: Arbeitslosigkeit und Angststörungen

Rose und Jacobi (2006) führten eine Analyse zur Häufigkeit von Angststörungen unter Arbeitslosen und Erwerbstätigen durch. Wir benutzen die von den Autoren publizierten relativen Häufigkeiten, gehen aber der Einfachheit halber davon aus, dass jeweils 1 000 Arbeitslose sowie 1 000 Erwerbstätige befragt wurden.

Es resultiert die folgende Kontingenztabelle mit den absoluten Häufigkeiten für die Variable *Angststörung* unter den Bedingungen *Berufsstatus = arbeitslos* und *Berufsstatus = erwerbstätig*:

	Angststörung	keine Angststörung	Gesamt
Arbeitslos	$n_{11} = 231$	$n_{12} = 769$	$n_{1\bullet} = 1\,000$
Erwerbstätig	$n_{21} = 125$	$n_{22} = 875$	$n_{2\bullet} = 1\,000$

Die bedingten Häufigkeiten $n_{11}/n_{1\bullet}$ bzw. $n_{21}/n_{2\bullet}$, also im Beispiel der Anteil der Erkrankten unter den Arbeitslosen bzw. Erwerbstätigen, können auch als Risiko bezeichnet werden. Das Risiko zu erkranken beträgt für die Arbeitslosen .231, für die Erwerbstätigen hingegen nur .125.

Das Verhältnis der beiden bedingten Häufigkeiten bzw. Risiken $\frac{n_{11}/n_{1\bullet}}{n_{21}/n_{2\bullet}}$ stellt das sogenannte *relative Risiko* dar. Hier wird das Risiko für eine spezifische Gruppe in Beziehung zu dem Risiko für eine Referenzgruppe gesetzt. Das relative Risiko für das Beispiel beträgt $.231/.125 = 1.85$. Gegenüber Erwerbstätigen ist das Risiko zu erkranken für die Arbeitslosen 1.85-mal so hoch. relatives Risiko

Ein weiteres, weit verbreitetes Zusammenhangsmaß, das nicht spezifisch für diagnostische oder klinische Fragestellungen ist, stellt das Odds Ratio dar. Es ist eng verwandt mit dem relativen Risiko, setzt jedoch bedingte Häufigkeiten in einer anderen Form zueinander in Beziehung.

Das Verhältnis der bedingten Häufigkeiten für eine Gruppe, z. B. für

Odds

die Arbeitslosen $\frac{n_{11}/n_{1\bullet}}{n_{12}/n_{1\bullet}}$ nennt man auch *Odds*. Dieser englische Begriff hängt eng mit dem Wetten zusammen und kann allgemein als Chancen übersetzt werden. So ergeben sich als Odds für die Arbeitslosen $\frac{231/1\,000}{769/1\,000}$ bzw. $\frac{231}{769} = 0.30$.

Die Chancen zu erkranken vs. nicht zu erkranken betragen hier 231 zu 769 oder anders ausgedrückt 1 zu 3.3. Auf eine erkrankte Person kommen bei den Arbeitslosen 3.3 gesunde Personen. Die Odds für die Erwerbstätigen fallen günstiger aus mit 125 zu 875 (1 zu 7) bzw. 0.14.

Das Verhältnis der Odds der beiden Gruppen $\frac{n_{11}/n_{1\bullet}}{n_{12}/n_{1\bullet}} = \frac{n_{11}}{n_{12}}$ und $\frac{n_{21}/n_{2\bullet}}{n_{22}/n_{2\bullet}} = \frac{n_{21}}{n_{22}}$ stellt das Odds Ratio dar:

$$OR = \frac{n_{11}/n_{12}}{n_{21}/n_{22}} = \frac{n_{11}n_{22}}{n_{12}n_{21}}$$

Odds Ratio

Das *Odds Ratio* wird auch Kreuzprodukt genannt, da hier die Einträge der Hauptdiagonalen n_{11}, n_{22} und der Nebendiagonalen n_{12}, n_{21} jeweils multipliziert werden und diese beiden Produkte dividiert werden. Für unser Beispiel resultiert für das Odds Ratio (OR) ein Wert von $\frac{231 \cdot 875}{769 \cdot 125} = 2.1$.

Dieses Ergebnis bedeutet, dass die Chancen zu erkranken vs. nicht zu erkranken in der Gruppe der Arbeitslosen im Vergleich zur Gruppe der Erwerbstätigen mehr als doppelt so groß sind.

Bei Unabhängigkeit zwischen den beiden Variablen gilt $OR = 1$. Die beiden bedingten Häufigkeitsverteilungen – hier zeilenweise betrachtet – sind bei Unabhängigkeit identisch, d. h.:

$$\frac{n_{11}}{n_{1\bullet}} = \frac{n_{21}}{n_{2\bullet}} \quad \text{und} \quad \frac{n_{12}}{n_{1\bullet}} = \frac{n_{22}}{n_{2\bullet}}$$

Daraus resultiert:

$$\frac{n_{11}/n_{1\bullet}}{n_{21}/n_{2\bullet}} = \frac{n_{12}/n_{1\bullet}}{n_{22}/n_{2\bullet}} = 1$$

Damit gilt auch:

$$\frac{\frac{n_{11}/n_{1\bullet}}{n_{21}/n_{2\bullet}}}{\frac{n_{12}/n_{1\bullet}}{n_{22}/n_{2\bullet}}} = \frac{n_{11}n_{22}}{n_{12}n_{21}} = 1$$

Häufig liegen den binären Variablen metrische Variablen zugrunde, die nachträglich dichotomisiert wurden. Man nennt solche Variablen auch

künstlich dichotome Variable

künstlich dichotome Variablen. So basiert die Zulassung zu einem Studium oftmals auf dem Notendurchschnitt. Hier wird ein bestimmter Cut-off-Wert festgelegt, der überschritten werden muss, um zum Studium zugelassen zu werden. Auch viele der Diagnosen *erkrankt* bzw. *nicht erkrankt* beruhen auf solchen Cut-off-Werten für metrische Merkmale, wie z. B. Testscores. Durch die Dichotomisierung werden die statistischen Einheiten in zwei Gruppen bzw. Klassen unterteilt. Alle Werte, die kleiner/gleich diesem Trennwert sind, ergeben eine Klasse, alle Werte, die größer als der Trennwert ausfallen, definieren die andere Klasse.

Liegen zwei künstlich dichotome Variablen vor, kann die ϕ-Korrelation als Zusammenhangsmaß berechnet werden. Werden zwei normalverteilte metrische Variablen dichotomisiert, kann man bei der Korrelation der beiden resultierenden binären Variablen die Information über die Normalverteilung nutzen. Ein – bei einem Stichprobenumfang von ca. $n > 100$ – genaueres Zusammenhangsmaß stellt dann die sogenannte *tetrachorische Korrelation* dar. Die tetrachorische Korrelation wird ausgehend von den dichotomisierten Daten wie folgt berechnet: tetrachorische Korrelation

$$r_{tet} = cos\left(\frac{\pi}{1+\sqrt{OR}}\right)$$

Beispiel zur Berechnung eines Zusammenhangs zwischen künstlich dichotomen Merkmalen: Tetrachorische Korrelation zwischen Durchschnittsnote und IQ

In der Intelligenzstudie beträgt die Korrelation zwischen der Durchschnittsnote und dem IQ $r = -.446$. Die Noten werden anhand des Cut-off-Wertes 3 und der IQ anhand des Cut-off-Wertes 100 dichotomisiert. Es resultiert die folgende Kontingenztabelle:

	Note < 3	Note ≥ 3	Gesamt
$IQ < 100$	83	213	296
$IQ \geq 100$	168	134	302
Gesamt	251	347	598

Anhand der absoluten Häufigkeiten aus der Kontingenztabelle kann nun die tetrachorische Korrelation zwischen den beiden dichotomisierten Variablen berechnet werden:

$$r_{tet} = cos\left(\frac{\pi}{1+\sqrt{\frac{83\cdot 134}{213\cdot 168}}}\right) = -.432$$

Die tetrachorische Korrelation entspricht damit recht gut der Produkt-Moment-Korrelation zwischen den metrischen Variablen mit $r = -.446$.

Wesentliche Merkmale der Zusammenhangsmaße für nominalskalierte Variablen

- Die χ^2-Statistik ist nicht normiert, das Minimum beträgt 0 (im Fall der Unabhängigkeit zweier Variablen), das Maximum hängt vom Stichprobenumfang sowie von der Anzahl der Zeilen und Spalten der Kontingenztabelle ab.
- Teilt man die χ^2-Statistik durch das Maximum, das sie für eine Kontingenztabelle mit der entsprechenden Anzahl von Zeilen und Spalten annehmen kann, resultiert das Zusammenhangsmaß Cramers V, das alle wünschenswerten Eigenschaften für Zusammenhangsmaße für nominalskalierte Variablen erfüllt.
- Der Kontingenzkoeffizient ist ein alternatives Zusammenhangsmaß für nominalskalierte Variablen, das aber den Wert 1 nicht annimmt.
- Teilt man den Kontingenzkoeffizienten durch den maximalen Wert, den er für eine bestimmte Kontingenztabelle erreichen kann, resultiert der korrigierte Kontingenzkoeffizient, der ebenfalls alle wünschenswerten Eigenschaften für Zusammenhangsmaße für nominalskalierte Variablen aufweist.
- Beim PRE-Konzept wird der Anteil der Fehlerreduktion erfasst, der erfolgt, wenn man zur Vorhersage der Werte einer Variablen zusätzlich die Informationen über eine andere Variable nutzt.
- λ_{YX} und λ_{XY} sind PRE-Maße für nominalskalierte Variablen, hier wird eine Variable durch eine andere Variable vorhergesagt.
- λ ist das gewichtete Mittel aus λ_{YX} und λ_{XY} und stellt ein (symmetrisches) Maß für den Zusammenhang zweier Variablen dar.
- Als Maß für die Übereinstimmung von zwei Urteilern dient Cohens κ.
- Spezielle Maße für 2x2-Tabellen sind die Spezifität und Sensitivität, die Risikomaße, das Odds-Ratio und die tetrachorische Korrelation.

8.7 Zusammenhangsmaße für Variablen mit unterschiedlichem Skalenniveau

Bisher wurde davon ausgegangen, dass beide Variablen dasselbe Skalenniveau haben. Liegen jedoch unterschiedliche Skalenniveaus vor, kann man für beide Variablen von dem Skalenniveau ausgehen, das die Variable mit dem niedrigeren Skalenniveau besitzt. Ist z. B. eine Variable intervallskaliert und die andere Variable ordinalskaliert, so geht man bei beiden Variablen von einem Ordinalskalenniveau aus und berechnet einen entsprechenden Koeffizienten, z. B. τ_b. Für bestimmte Kombinationen von unterschiedlichen Skalenniveaus wurden spezielle Koeffizienten entwickelt. Wir betrachten hier lediglich die beiden wichtigsten Zusammenhangsmaße, das Maß η^2 und die biseriale Korrelation. Während η^2 generell für die Messung des Zusammenhangs zwischen einer nominalskalierten und einer metrischen Variablen geeignet ist, stellt hingegen die biseriale Korrelation ein Zusammenhangsmaß für eine dichotomisierte und eine metrische Variable dar. Weitere Zusammenhangsmaße für Variablen mit unterschiedlichem Skalenniveau werden im Internetsupplement dargestellt.

Das Zusammenhangsmaß η^2

Das Maß η^2 (sprich: Eta-Quadrat) bzw. die Wurzel daraus, der Koeffizient η, erfasst den Zusammenhang zwischen nominal- und intervallskalierten Variablen. Es wird sehr häufig im Zusammenhang mit Varianzanalysen berechnet, bei denen der Einfluss experimenteller Bedingungen auf eine intervallskalierte Variable ermittelt wird. Die experimentellen Bedingungen werden in der Regel durch nominalskalierte Variablen repräsentiert, die in diesem Zusammenhang auch als Faktoren bezeichnet werden. Im letzten Kapitel dieses Buches werden wir auf diesen Spezialfall des linearen Modells eingehen.

Die Logik des Koeffizienten η^2 entspricht dem Konzept der Zerlegung von Abweichungsquadraten, das in Kapitel 6.3.3 dargestellt wurde. Damit wird der Anteil der Variation in der intervallskalierten Variablen gemessen, der durch die nominalskalierte Variable bedingt wird.

Wir erläutern η^2 zunächst anhand eines fiktiven Beispiels und betrachten dann zusätzlich die Berechnung dieses Maßes anhand der Daten aus der Intelligenzstudie.

Die Leistung in verschiedenen Intelligenztests kann durch eine wiederholte Bearbeitung gesteigert werden. (Dabei wird nicht derselbe, sondern ein vergleichbarer, sogenannter Paralleltest eingesetzt.) Weiterhin kann die Leistung in Intelligenztests auch durch gezielte Trainings gesteigert werden, in denen Strategien zur Lösung der Items vermittelt werden. Gehen wir von dem folgenden (fiktiven) Experiment aus, um den Einfluss unterschiedlicher Testbedingungen, *einfache Bearbeitung*, *wiederholte Bearbeitung* und *systematisches Training*, zu erheben.

Beispiel zur Berechnung von η^2: Zusammenhang von Testbedingungen und IQ

Es wurden neun Personen mit einem Intelligenztest, bestehend aus Zahlenreihen, getestet. Beispiele für solche Zahlenreihen sind:

1 3 5 7 9 ?

1 5 7 11 13 ?

(Bei der ersten Zahlenreihe wird in jedem Schritt eine 2 zu der vorhergehenden Zahl addiert, während in der zweiten Zahlenreihe im ersten Schritt eine 4 und im zweiten Schritt eine 2 addiert wird.)

Neun Probanden führten einen solchen Test durch, dabei erreichten drei Probanden einen IQ von 85, drei weitere Probanden einen IQ von 100 und die restlichen drei Probanden einen IQ von 115. Diese Probanden wurden nun zu drei vergleichbaren Gruppen mit jeweils drei Probanden zusammengefasst. Jede Gruppe bestand dabei aus drei Probanden mit den IQ-Werten von 85, 100 und 115.

Eine Gruppe erhielt kein weiteres Treatment, sie bildete die Kontrollgruppe und wies somit die IQ-Werte 85, 100 und 115 auf. Eine zweite Gruppe wiederholte diesen Test. Die Mitglieder dieser Gruppe erreichten nach der zweiten Testung IQ-Werte von 90, 105 und 120. Die dritte Gruppe, die ein spezielles Training zur Bearbeitung solcher Intelligenztestaufgaben erhielt, erzielte nach dem Training in einer zweiten Testung die IQ-Werte von 95, 110 und 125. Diese Werte sind in der dritten Spalte von Tabelle 8.15 zu finden.

Nun stellt sich die Frage, wie sehr sich die drei Gruppen unterscheiden bzw. welchen Einfluss die drei Testbedingungen auf die Variation der IQ-Werte haben. Dazu betrachten wir zunächst die Variation der IQ-Werte der neun Personen. Der Gesamtmittelwert der neun IQ-Werte beträgt 110. Betrachten wir für jeden IQ-Wert die quadrierte Abweichung vom Gesamtmittelwert und dann die Summe dieser so gebildeten Abweichungsquadrate. Es resultiert: $(85-110)^2+(100-110)^2+(90-110)^2+\ldots+(125-110)^2=1\,500$ (vgl. Spalte 5 in Tab. 8.15). Wir bezeichnen diese Abweichungsquadratsumme auch als *totale Abweichungsquadratsumme* und kürzen sie ausgehend von der englischen

SS_T Bezeichnung *total sum of squares* mit SS_T ab.

Im nächsten Schritt ignorieren wir die Mittelwertsunterschiede der drei Gruppen, die aus den unterschiedlichen experimentellen Bedingungen resultieren, und betrachten für die Mitglieder jeder Gruppe jeweils die Variation innerhalb der eigenen Gruppe, d. h., wir betrachten nun die quadrierten Abweichungen vom Gruppenmittelwert. Der Mittelwert der

Kontrollgruppe beträgt 100 und als Summe der Abweichungsquadrate von ihrem Gruppenmittelwert resultiert für die Mitglieder der Kontrollgruppe: $(85-100)^2+(100-100)^2+(115-100)^2=450$. Für die Mitglieder der Wiederholungsgruppe beträgt der Gruppenmittelwert 105, daher sind hier die Abweichungsquadrate von diesem Gruppenmittelwert zu berechnen etc.

Tabelle 8.15: Schritte zur Berechnung von η^2 anhand der Daten des fiktiven Beispiels zum Zusammenhang von Testbedingungen und Intelligenz (KG = Kontrollgruppe, WG = Wiederholungsgruppe, TG = Trainingsgruppe)

ID	Gruppe	IQ	mittlerer IQ der Gruppe	Beitrag zu SS_T	Beitrag zu SS_W	Beitrag zu SS_B
1	KG	85	100	400	225	25
2	KG	100	100	25	0	25
3	KG	115	100	100	225	25
4	WG	90	105	225	225	0
5	WG	105	105	0	0	0
6	WG	120	105	225	225	0
7	TG	95	110	100	225	25
8	TG	110	110	25	0	25
9	TG	125	110	400	225	25
Summe		945	945	1 500	1 350	150

Die Berechnung der quadrierten Abweichungen vom Gruppenmittelwert wird in der sechsten Spalte der Tabelle 8.15 vorgenommen. Insgesamt resultiert als Summe der Abweichungsquadrate innerhalb aller drei Gruppen 1 350. Diese Abweichungsquadratsumme bezeichnen wir auch als *Abweichungsquadratsumme innerhalb* bzw. entsprechend der englischen Notation als *Sum of Squares Within* und kürzen sie ab mit SS_W. SS_W

Ohne die Beeinflussung durch die experimentellen Bedingungen ist von einer Variation von $SS_W = 1\,350$ auszugehen, während die Variation unter Einbeziehung der experimentellen Bedingungen $SS_T = 1\,500$ beträgt. Der Koeffizient η^2 misst nun den Anteil der Variation an der Gesamtvariation SS_T, der auf die experimentellen Bedingungen zurückgeht. Dazu wird die Differenz zwischen der Gesamtvariation SS_T und der Variation innerhalb SS_W in Beziehung zur Gesamtvariation SS_T gesetzt: η^2

$$\eta^2 = \frac{SS_T - SS_W}{SS_T}$$

Die auf die experimentellen Bedingungen zurückgehende Variation wird auch als $SS_B = SS_T - SS_W$ bezeichnet, sie stellt die Abkürzung für *Sum-* SS_B

me der Abweichungsquadrate zwischen den Gruppen bzw. *Sum of Squares Between* dar. SS_B kann auch folgendermaßen berechnet werden: Es wird allen Mitgliedern einer Gruppe der Mittelwert ihrer Gruppe zugeordnet. Die Mitglieder einer Gruppe werden nicht mehr unterschieden, sondern erhalten den für sie typischen Wert, den Mittelwert ihrer Gruppe. Diese Werte sind in der dritten Spalte von Tabelle 8.15 dargestellt. Über diese neue Reihe von Werten wird dann die Summe der Abweichungsquadrate vom Gesamtmittelwert berechnet (vgl. die siebte Spalte der Tabelle 8.15). Diese Abweichungsquadratsumme ergibt 150. Damit gilt hier $SS_T - SS_W = 150 = SS_B$. Diese Beziehung $SS_B = SS_T - SS_W$ gilt allgemein und wird im Internetsupplement abgeleitet.

Im vorliegenden Beispiel resultiert $\eta^2 = \frac{1500-1350}{1500} = 0.1$. Damit sind 10 % der Gesamtvariation durch die unterschiedlichen Testbedingungen erklärt. Anstatt η^2 wird häufig auch η als die positive Wurzel aus η^2 betrachtet. Für unser Beispiel gilt $\eta = \sqrt{.1} = .32$. Im Folgenden beschreiben wir die Berechnung von η^2 in formaler Hinsicht.

Wir gehen von k unterschiedlichen Gruppen, also einer nominalskalierten Variablen mit k Ausprägungen aus, wobei mit $n_1, ..., n_k$ die Stichprobenumfänge der einzelnen Gruppen bezeichnet werden und mit $\bar{y}_1, ..., \bar{y}_k$ die Mittelwerte der einzelnen Gruppen. Die Gesamtvariation um den Mittelwert der intervallskalierten Variablen Y kann allgemein wie folgt berechnet werden:

$$SS_T = \sum_{i=1}^{n} (y_i - \bar{y})^2$$

Die Berechnung der Variation innerhalb der Gruppen erfolgt anhand der folgenden Formel:

$$SS_W = \sum_{j=1}^{k} \sum_{i=1}^{n_j} (y_{ij} - \bar{y}_j)^2$$

Für die Berechung der Variation zwischen den Gruppen gilt:

$$SS_B = \sum_{j=1}^{k} n_j (\bar{y}_j - \bar{y})^2$$

Neben SS_T ist entweder nur SS_W oder SS_B zu berechnen, da der jeweils andere Term aus dem Zusammenhang $SS_T = SS_B + SS_W$ folgt. Für η^2 gilt dementsprechend:

$$\begin{aligned} \eta^2 &= \frac{SS_B}{SS_T} \\ &= \frac{SS_T - SS_W}{SS_T} \end{aligned}$$

Dabei gilt $0 \leq \eta^2 \leq 1$. Ist $\eta^2 = 0$, stimmen alle Gruppenmittelwerte mit dem Gesamtmittelwert überein. Damit liegt kein Zusammenhang zwischen den beiden Variablen vor. Ist $\eta^2 = 1$, dann ist die Variation innerhalb der Gruppen gleich 0, d. h., alle Mitglieder einer Gruppe haben denselben Wert für Y, Mitglieder unterschiedlicher Gruppen besitzen aber unterschiedliche Y-Werte.

Hat die nominalskalierte Variable nur zwei Ausprägungen, wird η auch als *punktbiseriale Korrelation* (r_{pbis}) bezeichnet. Die punktbiseriale Korrelation kann auch anhand der Produkt-Moment-Korrelation der nominalskalierten Variablen mit der metrischen Variablen berechnet werden. Dabei können den beiden Ausprägungen der nominalskalierten Variablen zwei beliebige Zahlen zugeordnet werden, da die Produkt-Moment-Korrelation invariant gegenüber positiv affinen Transformationen ist.

punktbiseriale Korrelation r_{pbis}

η^2 kann auch im Rahmen des PRE-Konzeptes (vgl. Kap. 8.6.1) interpretiert werden. Dabei wird entsprechend Regel 1 der Gesamtmittelwert $\bar{y}$ als Wert für jedes Stichprobenmitglied vorhergesagt. Als Fehlermaß $E1$ dient die Summe aller quadratischen Abweichungen $(y_i - \bar{y})^2$, die SS_T entspricht.

Gemäß Regel 2 wird für jedes Stichprobenmitglied der Gruppenmittelwert $\bar{y}_k$ vorhergesagt und als entsprechendes Fehlermaß $E2$ wird die Summe aller Abweichungsquadrate $(y_i - \bar{y}_k)^2$ herangezogen, die SS_W entspricht.

Somit resultiert:

$$\eta^2 = \frac{E_1 - E_2}{E_1} = \frac{SS_T - SS_W}{SS_T}$$

Beispiel zur Berechnung des Zusammenhangs zwischen einer nominalskalierten und einer metrischen Variablen: Unterschiede im IQ zwischen Schülern von Gymnasien, Realschulen und Hauptschulen

Wir betrachten wiederum die Daten aus der Intelligenzstudie. Der Gesamtmittelwert der Variablen IQ beträgt hier $\bar{y} = 99.14$.

Die Berechnung der Summe der Abweichungsquadrate aller Werte vom Mittelwert ergibt:

$$SS_T = \sum_{i=1}^{n} (y_i - \bar{y})^2 = 159\,893.48$$

Es resultieren die folgenden Mittelwerte in den drei Gruppen:

Schultyp	Anzahl	Mittelwert
Hauptschule	113	84.11
Realschule	226	96.55
Gymnasium	259	107.95

Wir berechnen die Summe der quadrierten Abweichungen der Gruppenmittelwerte vom Gesamtmittelwert:

$$\begin{aligned} SS_B &= \sum_{j=1}^{k} n_j(\bar{y}_j - \bar{y})^2 \\ &= 113 \cdot (84.11 - 99.14)^2 + 226 \cdot (96.55 - 99.14)^2 \\ &\quad + 259 \cdot (107.95 - 99.14)^2 \\ &= 47\,145.40 \end{aligned}$$

Damit ergibt sich ein Zusammenhang von:

$$\eta^2 = \frac{SS_B}{SS_T} = \frac{47\,145.40}{159\,893.48} = .295$$

Damit liegen zwischen den Schülern der betrachteten Schularten beträchtliche Unterschiede im IQ vor.

Biseriale Korrelation

Liegt eine intervallskalierte Variable vor und eine binäre Variable, die auf der Dichotomisierung einer normalverteilten (metrischen) Variablen beruht, ist die Berechnung des biserialen Korrelationskoeffizienten genauer als die Berechnung von η. Die biseriale Korrelation nutzt die Information, dass die binäre Variable ursprünglich normalverteilt war.

Für die Berechnung der biserialen Korrelation betrachtet man zunächst ausgehend von einem bestimmten Trennwert, wie viele Fälle kleiner bzw. größer/gleich dem Trennwert sind. Die Anzahl der Fälle, die kleiner als der Trennwert sind, wird mit n_1 bezeichnet und die Anzahl der Fälle, die größer/gleich dem Trennwert sind, mit n_2. Dann wird das n_2/n-Quantil der Standardnormalverteilung (z-Wert) ermittelt. (Hierzu kann man z. B. die Normalverteilungstabelle im Anhang benutzen.) Dann bestimmt man zu diesem z-Wert den entsprechenden Wert u der Dichte der Standardnormalverteilung, also den Wert

$$u = \frac{1}{\sqrt{2\pi}} e^{-z^2/2}$$

Nun lässt sich die sogenannte *biseriale Korrelation* r_{bis} als Zusammenhangsmaß für ein dichotomisiertes normalverteiltes und ein metrisches Merkmal bestimmen, wobei die punktbiseriale Korrelation r_{pbis} in diese Berechnung einfließt:

biseriale Korrelation r_{bis}

$$r_{bis} = \frac{r_{pbis}}{u} \frac{\sqrt{n_1 n_2}}{n}$$

Beispiel zur Berechnung eines Zusammenhangs zwischen einem künstlich dichotomen und einem metrischen Merkmal: Biseriale Korrelation zwischen Durchschnittsnote und IQ

Wird in der Intelligenzstudie lediglich der IQ bei dem Wert 100 dichotomisiert, resultieren $n_1 = 296$ und $n_2 = 302$. Die Berechnung der punktbiserialen Korrelation der so dichotomisierten Variablen mit der Durchschnittsnote ergibt:

$$r_{pbis} = -.332$$

Weiterhin gilt:

$$\frac{n_2}{n} = \frac{302}{598} = .505$$

Das Quantil der Standardnormalverteilung für 0.505 beträgt 0.013. Die Ordinate der Standardnormalverteilung für 0.013 ergibt $u = 0.399$. Damit resultiert:

$$r_{bis} = \frac{r_{pbis}}{u} \frac{\sqrt{n_1 n_2}}{n} = \frac{-.332}{.399} \cdot \frac{\sqrt{296 \cdot 302}}{598} = -.416$$

8.8 Übersicht über die behandelten Zusammenhangsmaße

In diesem Kapitel wurden zahlreiche Maße für die Assoziation zweier Variablen in Abhängigkeit vom Skalenniveau der beiden Variablen vorgestellt. Einige dieser Maße wurden für spezifische Zwecke erstellt, wie z. B. Cohens κ für die Messung der Übereinstimmung von Urteilen oder die Maße Sensitivität und Spezifität für die Beurteilung der Güte von Testverfahren mit zwei möglichen Ausgängen. Die Maße λ_{YX} und λ_{XY} sind asymmetrische Maße und dienen der Vorhersage einer Variablen durch eine andere Variable. Sie entsprechen der im nächsten Kapitel vorgestellten linearen Regression.

Tabelle 8.16: Übersichtstabelle zu den behandelten bivariaten Zusammenhangsmaßen für verschiedene Skalenniveaus

		Intervall	Ordinal	Nominal		
				Polytom	Dichotom	
					natürlich	künstlich
Intervall		r	r_S, τ_b, τ_c, γ	η	r_{pbis}	r_{bis}
Ordinal			r_S, τ_b, τ_c, γ	V, K, K^*, λ		
	Polytom			V, K, K^*, λ	V, K, K^*, λ	V, K, K^*, λ
Nominal	Dichotom natürlich				$V = \phi$	$V = \phi$
	Dichotom künstlich					r_{tet}

In Tabelle 8.16 werden die in diesem Kapitel behandelten „genuinen" Zusammenhangsmaße dargestellt. Diese Maße wurden deshalb ausgewählt, weil sie häufig in der einschlägigen Literatur vorkommen. Es gibt jedoch zahlreiche weitere Zusammenhangsmaße, die z. T. im Internetsupplement bzw. in der weiterführenden Literatur zu finden sind (vgl. z. B. Benninghaus, 2005).

Für den Zusammenhang von zwei Variablen mit unterschiedlichen Skalenniveaus, für die keine speziell entwickelten Koeffizienten wie η entwickelt wurden, sind die folgenden Koeffizienten (vgl. Tab. 8.17) zu selektieren. Man wählt von den beiden unterschiedlichen Skalenniveaus das niedrigste Skalenniveau aus und selektiert dann einen Koeffizienten für den Zusammenhang von zwei Variablen mit diesem Skalenniveau. So kann man z. B. für den Zusammenhang zwischen einer intervall- und einer ordinalskalierten Variablen τ_b heranziehen.

Die in Tabelle 8.17 dargestellten Koeffizienten sind die Maße, die wir anhand der vorgestellten Kriterien für Zusammenhangsmaße für die Durchführung eigener empirischer Studien empfehlen möchten. Zum Zusammenhang zweier ordinalskalierter Variablen und zum Zusammenhang zweier nominalskalierter Variablen sind in Tabelle 8.16 jeweils mehrere Koeffizienten aufgeführt. Die Auswahl jeweils eines Koeffizienten wird im Folgenden begründet.

Für den Zusammenhang zweier ordinalskalierter Variablen sind die drei Maße γ, τ_b und τ_c äquivalent, wenn keine Rangbindungen vorliegen. Liegen Rangbindungen vor, so sind τ_b und τ_c empfehlenswert.

Tabelle 8.17: Übersichtstabelle zu den empfohlenen bivariaten Zusammenhangsmaßen für verschiedene Skalenniveaus

		Intervall	Ordinal	Nominal		
				Polytom	Dichotom	
					natürlich	künstlich
Intervall		r	τ_b	η	r_{pbis}	r_{bis}
Ordinal			τ_b	V		
Nominal	Polytom			V	V	V
	Dichotom natürlich				$V = \phi$	$V = \phi$
	Dichotom künstlich					r_{tet}

Für den Fall einer unterschiedlichen Anzahl der Ausprägungen der beiden Variablen ist τ_c entwickelt worden. Dabei stellt τ_c allerdings nur dann ein Maß mit allen wunschenswerten Eigenschaften dar, wenn die Randsummen beider Variablen homogen sind, d. h. für Variable X und für Variable Y die Ausprägungen jeweils gleiche Häufigkeiten aufweisen. Eine solche Homogenität der Randsummen ist jedoch selten gegeben, daher empfiehlt es sich im Fall inhomogener Randsummen, auch wenn eine unterschiedliche Anzahl der Ausprägungen beider Variablen vorliegt, τ_b zu berechnen, da dieses Maß einfacher zu interpretieren ist.

Bei Zusammenhängen zwischen nominalskalierten Variablen ist Cramers V den anderen Kontingenzkoeffizienten vorzuziehen. Der unkorrigierte Kontingenzkoeffizient kann nicht immer den maximalen Wert 1 erreichen und der korrigierte Kontingenzkoeffizient wird nicht von vornherein auf das mögliche Maximum normiert. Das Maß λ kann als interessante Alternative erachtet werden, es beruht jedoch auf einem Prinzip der Vorhersage, das zwar eingängig ist, aber auf einem spezifischen Konzept basiert. Das Konzept von Cramers V als ein normiertes Maß, das den Abstand zur Unabhängigkeit misst, scheint angemessener zu sein. Dazu ist der entscheidende Nachteil von λ anzumerken, dass dieses Maß bei Unabhängigkeit der beiden Variablen nicht immer den Wert 0 annimmt.

8.9 Software

8.9.1 SPSS

Kontingenztabellen

Menü

Analysieren
↓
Deskriptive Statistiken → **Kreuztabellen**

Im Dialogfeld *Zellen* lassen sich zusätzlich zu den absoluten Häufigkeiten die gemeinsamen und bedingten Häufigkeiten ausgeben, indem die Optionen *Prozentwerte*, *Zeilenweise*, *Spaltenweise* und/oder *Gesamt* gewählt werden.

Grafische Darstellung bivariater Verteilungen

Menü

Diagramme
↓
Diagrammerstellung → **Balken**
Gruppierte Balken
Gestapelte Balken
Einfache 3-D-Balken
→ **Boxplot**
Einfacher Boxplot
Gruppierter Boxplot
→ **Streu-/Punktdiagramm**
Einfaches Streudiagramm
Gruppiertes Streudiagramm

Im Dialogfeld können jeweils Variablen und Darstellungsoptionen festgelegt werden.

Numerische Zusammenhangsmaße

Menü

Analysieren
↓
Korrelation → **Bivariat**

Im Dialogfeld können *Pearson*, *Kendall-Tau-b* und/oder *Spearman* gewählt werden.

Analysieren
↓
Deskriptive Statistiken → **Kreuztabellen**

Im Dialogfeld *Statistiken* können *Chi-Quadrat, Kontingenzkoeffizient, Phi, Cramers V, Lambda, Eta, Gamma, Kendall-Tau-b, Kendall-Tau-c* und *Kappa* gewählt werden.

In SPSS ist die κ-Statistik als Option unter *Deskriptive Statistiken* → *Kreuztabellen* zu finden.

Korrelation mit SPSS

Menü

Analysieren
↓
Korrelation → **Bivariat**

Im Dialogfeld können die Variablen und die Korrelationen *Pearson* (Voreinstellung), *Kendall-Tau-b* und/oder *Spearman* gewählt werden.

8.9.2 R

Kontingenztabellen

R-Commander

Zur Erstellung von Kontingenztabellen anhand des R-Commanders müssen die interessierenden Variablen zunächst als Faktoren (=nominalskalierte Variablen) deklariert werden (vgl. S. 58). Danach können die gewünschten Variablen und der gewünschte Typ der Kreuztabelle (*Zeilenprozente*, *Spaltenprozente*, *Prozentuierung auf die gesamte Tabelle*, *keine Prozente*) ausgewählt werden:

Statistik
↓
Kontingenztabellen → **Kreuztabelle**

Grafische Darstellung bivariater Verteilungen

R-Commander

Grafiken
↓
Streudiagramm
Boxplot

Im Dialogfeld können jeweils Variablen und Darstellungsoptionen festgelegt werden.

Numerische Zusammenhangsmaße

Syntax

Beispiel: Berechnung von τ_b

- Die erste Spalte im Beispiel:
```
x<-c(2,1,3,4.5,4.5,6,8,7,9,10)
```
- Die zweite Spalte im Beispiel:
```
y<-c(1,2,3,4.5,4.5,6.5,6.5,8,9,10)
```
- Berechne τ_b:
```
cor(x,y, method="kendall")
```

(Neben *kendall* können *pearson* (voreingestellt) und *spearman* gewählt werden.)

Für die Berechnung von κ mittels R ist es notwendig, ein zusätzliches Paket (*vcd*) zu laden. Die κ-Funktion liefert in R noch ein Ergebnis für ein gewichtetes κ. Werden keine Gewichte eingegeben, so sind gewichtetes und ungewichtetes κ identisch.

Syntax

- Lade das Paket vcd:
```
library(vcd)
```
- Erstelle eine 2×2-Matrix mit den Daten.
  Die Eingabe der Matrix erfolgt hier zeilenweise:
```
daten <- matrix(c(8,0,9,51), nrow = 2,
ncol=2, byrow=TRUE)
```
- Berechne κ:
```
Kappa(daten)
```

Korrelation mit R und dem R-Commander

R-Commander

Statistik
↓
Deskriptive Statistik → **Korrelationsmatrix**

Im Dialogfeld können die Variablen sowie die Zusammenhangsmaße *Pearsons Produkt-Moment-* (Voreinstellung) und *Spearman Rangkorrelation* gewählt werden.

Zusammenfassung

In der bivariaten Statistik geht es um die gemeinsame Analyse zweier Variablen. Die wesentlichen Themen sind hier bivariate Häufigkeitsverteilungen und ihre grafische Darstellung sowie die Messung der Assoziation von zwei Variablen anhand von Zusammenhangsmaßen.

Im Zentrum bivariater Häufigkeitstabellen stehen die absoluten oder relativen Häufigkeiten der Wertepaare zweier Variablen und die sogenannten Randverteilungen, die den univariaten absoluten bzw. relativen Häufigkeitsverteilungen der einzelnen Variablen entsprechen. Weiterhin können die bedingten Häufigkeitsverteilungen betrachtet werden, die aus den relativen Häufigkeiten der Ausprägungen einer Variablen gegeben eine bestimmte Ausprägung der anderen Variablen bestimmt werden.

Zur grafischen Darstellung von bivariaten Häufigkeitsverteilungen können u. a. Balkendiagramme, Histogramme oder Streudiagramme verwendet werden.

Die Auswahl eines geeigneten Zusammenhangsmaßes ist zunächst durch das Skalenniveau der beiden Variablen bestimmt. Für zwei intervallskalierte Variablen ist der Produkt-Moment-Korrelationskoeffizient das adäquate Maß. Dieser Koeffizient stellt das wohl wichtigste Zusammenhangsmaß in den Sozialwissenschaften dar. Sind zwei Variablen ordinalskaliert, wird der Zusammenhang häufig anhand der Spearmanschen Rangkorrelation berechnet. Geeigneter erscheinen jedoch Koeffizienten, die auf dem Konzept der Konkordanz/Diskordanz beruhen. Liegen keine Rangbindungen vor, kann der Koeffizient γ berechnet werden, ansonsten kommen die Koeffizienten τ_b oder τ_c infrage.

Für nominalskalierte Variablen existieren ebenfalls zahlreiche Koeffizienten zur Messung des Zusammenhangs. Hier empfiehlt sich insbesondere die Berechnung von Cramers V.

Für die Messung des Zusammenhangs von Variablen mit unterschiedlichem Skalenniveau gibt es eine Reihe spezifischer Zusammenhangsmaße, von denen insbesondere der Koeffizient η häufig genutzt wird.

Zentrale Begriffe

Die *bivariate Häufigkeitstabelle*, auch *Kontingenztabelle* genannt, enthält die absoluten oder relativen Häufigkeiten der Wertepaare zweier Variablen. So steht in einer Zelle der Tabelle die jeweilige Häufigkeit für die Kombination der Ausprägungen zweier Variablen X und Y.

Unter den *Randverteilungen* versteht man die Verteilungen, die sich am Rand der bivariaten Häufigkeitstabelle ergeben. Sie entsprechen jeweils den Häufigkeitsverteilungen eines Merkmals.

Die *bedingte Häufigkeitsverteilung* enthält die bedingten Häufigkeiten einer Variablen. Das sind die relativen Häufigkeiten einer Variablen unter der Bedingung, dass die andere Variable eine bestimmte Ausprägung hat.

Unabhängigkeit zwischen zwei Variablen liegt dann vor, wenn die bedingten Häufigkeitsverteilungen einer Variablen für alle Ausprägungen der jeweils anderen Variablen identisch sind.

In einem *Streudiagramm* werden die beobachteten Wertepaare von zumeist metrischen Variablen grafisch dargestellt. Sie stellen eine sogenannte Punktwolke in einem Koordinatensystem dar.

Die *Kovarianz* ist ein nicht normiertes Maß für die Richtung und Stärke des linearen Zusammenhangs zweier Variablen X und Y. Ist die Kovarianz 0, so besteht kein linearer Zusammenhang zwischen den beiden Variablen.

Die *Korrelation* ist ein normiertes Maß für die Richtung und Stärke des linearen Zusammenhangs zweier Variablen.

Bei einer *Rangtransformation* einer Variablen erhält der größte Wert den Wert 1, der zweitgrößte den Wert 2 etc.

Bei einer *Rangbindung* teilen sich mehrere Beobachtungen einen Rangplatz. Dieser Rangplatz repräsentiert in der Regel den mittleren Wert der Ränge, die sich bei einer Zuteilung ohne Bindungen ergeben hätten.

Spearmans Rangkorrelation ist die Anwendung der Produkt-Moment-Korrelation auf rangtransformierte Daten. Diese Korrelation ist für mindestens ordinalskalierte Variablen geeignet.

Konkordanz von zwei Wertepaaren zweier Variablen X und Y liegt vor, wenn die Größer-Relation zwischen den Werten des Wertepaares (x_i, x_j) der Variablen X gleichermaßen für die Werte des Wertepaares (y_i, y_j) der anderen Variablen Y zutrifft. Damit gilt: $x_i > x_j$ und $y_i > y_j$ oder $x_i < x_j$ und $y_i < y_j$.

Diskordanz von zwei Wertepaaren zweier Variablen liegt vor, wenn die Größer-Relation zwischen den Werten des Wertepaares einer Variablen X in umgekehrter Richtung für die Werte des Wertepaares der Variablen Y ausfällt. Es gilt somit: $x_i > x_j$ und $y_i < y_j$ oder $x_i < x_j$ und $y_i > y_j$.

γ ist ein Zusammenhangsmaß für ordinalskalierte Variablen. Bei γ wird die Differenz der konkordanten und diskordanten Paare $C - D$ durch die Summe dieser Paare $C + D$ geteilt. Dieses Maß berücksichtigt keine Rangbindungen und kann im Falle von Rangbindungen sehr hoch ausfallen.

τ_b ist ein Zusammenhangsmaß für ordinalskalierte Variablen. Bei diesem Maß werden die Rangbindungen in den beiden einzelnen Variablen berücksichtigt. Bei einer ungleichen Anzahl der Ausprägungen der beiden Variablen kann τ_b die Werte -1 und 1 nicht annehmen.

τ_c ist ein Zusammenhangsmaß für ordinalskalierte Variablen. Bei diesem Maß wird die Differenz der konkordanten und diskordanten Paare $C - D$ in Beziehung gesetzt zum theoretischen Maximum dieser Differenz, das dann erreicht wird, wenn beide Variablen, die hier nicht die gleiche Anzahl an Ausprägungen besitzen müssen, jeweils homogene Häufigkeitsverteilungen besitzen.

Die *Indifferenztabelle* enthält ausgehend von den Randverteilungen einer Kontingenztabelle die aufgrund der Unabhängigkeitsannahme zu erwartenden Häufigkeiten für die Merkmalskombinationen (x_i, y_j) zweier Variablen X und Y.

Die χ^2*-Statistik* misst den Unterschied zwischen der Kontingenz- und der Indifferenztabelle anhand eines Wertes, der zwischen 0 und ∞ liegt.

Cramers V ist ein Zusammenhangsmaß für nominalskalierte Variablen, bei dem der Wert der χ^2-Statistik durch das theoretische Maximum dieser Statistik für die zugrunde liegende Kontingenztabelle geteilt wird. Cramers V erfüllt alle wünschenswerten Eigenschaften für Zusammenhangsmaße zweier nominalskalierter Variablen.

Der *Kontingenzkoeffizient* ist ein Zusammenhangsmaß für nominalskalierte Variablen. Es beruht auf der χ^2-Statistik und nimmt nur Werte kleiner als 1 an.

Der *korrigierte Kontingenzkoeffizient* resultiert, wenn der Wert des Kontingenzkoeffizienten durch den maximalen Wert, den er für eine bestimmte Kontingenztabelle erreichen kann, geteilt wird. Der korrigierte Kontingenzkoeffizient erfüllt alle wünschenswerten Eigenschaften für Zusammenhangsmaße zweier nominalskalierter Variablen.

Beim *PRE-Konzept* wird die proportionale Reduktion eines definierten Fehlers erfasst, die erfolgt, wenn zur Vorhersage der Werte einer Variablen zusätzlich Informationen über eine andere Variable genutzt werden.

λ_{YX} bzw. λ_{XY} sind PRE-Maße für nominalskalierte Variablen, hier wird aufgrund von Modalwerten die Variable Y durch die Variable X vorhergesagt bzw. umgekehrt die Variable X durch die Variable Y.

λ ist das gewichtete Mittel aus λ_{YX} und λ_{XY} und stellt ein (symmetrisches) Maß für den Zusammenhang zweier Variablen dar.

Cohens κ ist ein spezielles Maß für die Übereinstimmung von zwei Urteilern. Dieses Maß berücksichtigt den Anteil der zufällig übereinstimmenden Urteile.

Der Koeffizient ϕ stellt Cramers V für eine $2x2$-Kontingenztabelle dar. Er ist weiterhin identisch mit dem Betrag der Produkt-Moment-Korrelation r für zwei dichotome Variablen.

Die *Spezifität* eines Tests – berechnet anhand einer 2×2-Kontingenztabelle – gibt das Verhältnis $n_{11}/n_{1\bullet}$ wieder, wobei n_{11} die Anzahl der positiven Testausgänge, die korrekt sind, darstellt und $n_{1\bullet}$ die Anzahl aller positiven Testausgänge.

Die *Sensitivität* eines Tests – berechnet anhand einer 2×2-Kontingenztabelle – gibt das Verhältnis $n_{22}/n_{2\bullet}$ wieder, wobei n_{22} die Anzahl der negativen Testausgänge, die korrekt sind, darstellt und $n_{2\bullet}$ die Anzahl aller negativen Testausgänge.

Das *relative Risiko* stellt das Verhältnis der beiden bedingten Häufigkeiten bzw. Risiken $\frac{n_{11}/n_{1\bullet}}{n_{21}/n_{2\bullet}}$ dar, wobei die beiden Zeilen einer 2×2-Kontingenztabelle zwei unterschiedliche Gruppen repräsentieren und die erste bzw. zweite Spalte das Auftreten bzw. Nicht-Auftreten eines bestimmten Ereignisses (z. B. Erkrankung).

Odds bzw. *Chancen* stellen das Verhältnis der beiden bedingten Häufigkeiten für eine Gruppe dar. Mögliche Odds bei einer 2×2-Kontingenztabelle sind $\frac{n_{11}/n_{1\bullet}}{n_{12}/n_{1\bullet}}$ und $\frac{n_{21}/n_{2\bullet}}{n_{22}/n_{2\bullet}}$, wobei die beiden Zeilen der Kontingenztabelle die beiden unterschiedlichen Gruppen repräsentieren und die erste bzw. zweite Spalte das Auftreten bzw. Nicht-Auftreten eines bestimmten Ereignisses (z. B. Erkrankung).

Das *Odds Ratio* stellt das Verhältnis der Odds bzw. Chancen von zwei Gruppen dar.

Die tetrachorische Korrelation ist ein Zusammenhangsmaß für zwei normalverteilte Variablen, die dichotomisiert wurden.

Eta (η) und *Eta Quadrat* (η^2) sind Koeffizienten für den Zusammenhang zwischen einer nominal- und einer intervallskalierten Variablen. Bei η^2 wird die Variation zwischen Gruppen (SS_B) in Beziehung zur Gesamtvariaton SS_T gesetzt. Der Koeffizient η stellt die positive Wurzel aus η^2 dar.

Die *punktbiseriale Korrelation* stellt das Maß η für eine dichotome und eine metrische Variable dar und stimmt mit dem Betrag der Produkt-Moment-Korrelation einer dichotomen mit einer metrischen Variablen überein.

Die *biseriale Korrelation* ist ein Zusammenhangsmaß für eine intervallskalierte Variable und eine binäre Variable, die auf der Dichotomisierung einer normalverteilten (metrischen) Variablen beruht.

Notation

Notation	Bedeutung
s_{XY}	Kovarianz von *X* und *Y*
r_{XY}	Korrelation von *X* und *Y*
r_S	Spearman-Rangkorrelation
γ	Goodman-Kruskal-Rangkorrelation
τ_b	Kendall-Rangkorrelation
τ_c	Kendall-Stuart-Rangkorrelation
V	Cramers *V*
ϕ_{2x2}	Korrelation von binären Variablen
κ	Cohens κ für die Übereinstimmung von Beobachtern
OR	Kreuzprodukt in einer 2×2-Kontingenztabelle
$\lambda_{XY}, \lambda_{YX}$	Gerichtete Fehlerreduktionsmaße
λ	Ungerichtetes Fehlerreduktionsmaß
r_{pbis}	Punktbiseriale Korrelation: Zusammenhangsmaß zwischen einer dichotomen Variablen und einer metrischen Variablen
r_{bis}	Biseriale Korrelation: Zusammenhangsmaß zwischen einer dichotomisierten normalverteilten Variablen und einer metrischen Variablen
r_{tet}	Tetrachorische Korrelation: Zusammenhangsmaß zwischen zwei dichotomisierten normalverteilten Variablen
η^2	Zusammenhangsmaß zwischen einer nominal- und einer intervallskalierten Variablen

Kapitel 9
Einfache lineare Regression

Inhaltsübersicht

Im letzten Kapitel wurden verschiedene Koeffizienten zum Zusammenhang von zwei Variablen vorgestellt. Bei Zusammenhangsmaßen handelt es sich um symmetrische Maße, bei denen beide Variablen „gleichwertig" sind. Es wurden zudem als asymmetrische Maße λ_{YX} und λ_{XY} dargestellt, die sich dadurch auszeichnen, dass eine der beiden Variablen durch die andere Variable vorhergesagt wird. Bei der in diesem Kapitel vorgestellten einfachen linearen Regression wird ebenfalls eine Variable durch eine andere Variable vorhergesagt bzw. erklärt. Während die λ-Maße für nominalskalierte Variablen berechnet werden können, ist bei der linearen Regression für beide Variablen (mindestens) Intervallskalenniveau gefordert. Wie wir sehen werden, hängt die einfache lineare Regression eng mit der Produkt-Moment-Korrelation zusammen.

9.1 Grundlagen der einfachen linearen Regression

Das Streudiagramm stellt, wie im vorhergehenden Kapitel erläutert wurde, eine adäquate Methode für die grafische Darstellung zweier intervallskalierter Variablen dar. In der linearen Regression wird nun eine Gerade durch die Punktwolke gelegt, sodass die Werte der einen Variablen durch die Werte der anderen Variablen möglichst gut vorhergesagt werden können.

Die Variable, die vorhergesagt werden soll, wird als abhängige Variable (AV), Antwort- bzw. Responsevariable oder als *Kriterium* bezeichnet. Die andere Variable, die zur Vorhersage dient, heißt unabhängige Variable (UV) oder auch *Prädiktor*. Welche der beiden Variablen als Kriterium bzw. als Prädiktor dient, ist aufgrund inhaltlicher Erwägungen festzulegen.

Kriterium

Prädiktor

Die unabhängige Variable bezeichnen wir zumeist mit X, die abhängige Variable mit Y. Bei der Regression von Y auf X werden die Werte der Variablen Y auf die Werte der Variablen X zurückgeführt. Wenn eine abhängige Variable lediglich durch einen Prädiktor vorhergesagt wird, liegt eine einfache Regression vor, im linearen Modell, das in Kapitel 10 behandelt wird, können mehrere Prädiktoren eingesetzt werden.

Als Beispiel betrachten wir wiederum die fiktiven Werte für die Intelligenz (IQ) und die Deutschnote von 11 Schülern, die wir in Tabelle 8.7 vorgestellt haben. Da die Intelligenz die Schulnote beeinflusst, dient die Variable *IQ* als unabhängige, die Variable *Deutschnote* als abhängige Variable.

Wie in Abbildung 9.1 dargestellt, können unterschiedliche Geraden durch die Punktwolke gelegt werden. Bei der einfachen linearen Regression wird nun eine solche Gerade gewählt, die eine optimale Vorhersage der abhängigen durch die unabhängige Variable erlaubt. Diese Gerade

Regressionsgerade

wird dann die *Regressionsgerade* genannt.

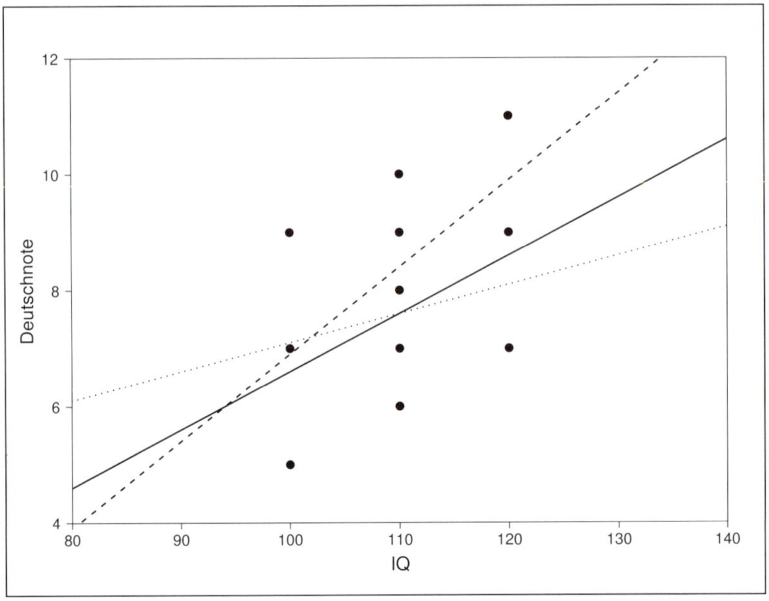

Abbildung 9.1: Datenpunkte und eine Auswahl an Geraden

Regressionsgleichung

Die Funktionsgleichung der Regressionsgeraden lautet:

$$\hat{y}_i = b_0 + b_1 x_i$$

In der Regressionsgleichung steht $\hat{y}_i$ für die vorhergesagten Werte der abhängigen Variablen. Das sind die Werte, die sich auf der Regressionsgeraden befinden.

Der Koeffizient b_1 bezeichnet die Steigung der Geraden, er gibt also an, um wie viele Einheiten sich das Kriterium verändert, wenn der Wert des Prädiktors um eine Einheit erhöht wird. Nimmt man anstelle des Wertes x_i den Wert $x_i + 1$ für den Prädiktor, so verändert sich der Wert des Kriteriums um den Wert b_1:

$$\begin{aligned} \hat{y}_i &= b_0 + b_1(x_i + 1) \\ &= b_0 + b_1 x_i + b_1 \end{aligned}$$

b_0 repräsentiert den Y-Achsenabschnitt *(intercept)*, den vorhergesagten Wert des Kriteriums, wenn der Wert des Prädiktors gleich 0 ist. Abbildung 9.2 zeigt eine Regressionsgerade mit den entsprechenden Parametern.

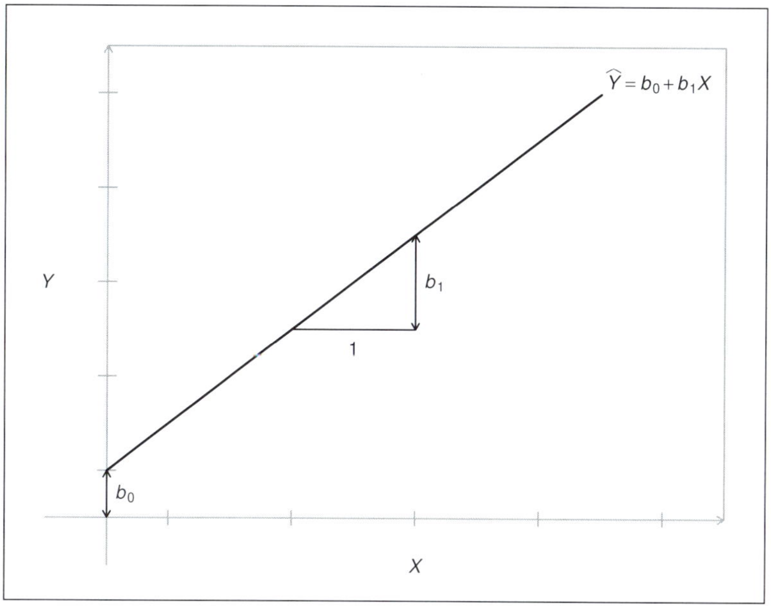

Abbildung 9.2: Funktionsgleichung der Regressionsgeraden

9.2 Bestimmung der Regressionsgeraden

Wann eine Vorhersage durch eine Gerade optimal ist, hängt von den zugrunde liegenden Kriterien ab. Im Folgenden nennen wir drei wünschenswerte Kriterien zur Festlegung der Geraden:

- Die Gerade sollte eindeutig bestimmt sein.
- Die Gerade sollte eine optimale Vorhersage des Kriteriums erlauben, d. h., die Fehler sollten bei der Vorhersage der Kriteriumswerte möglichst gering sein.
- Die Variation der Variablen Y sollte sich in zwei Teile aufteilen lassen, in einen Teil, der durch die Variable X vorhergesagt bzw. erklärt wird und in einen Teil, der nicht durch die Variable X vorhersagbar bzw. zu erklären ist. Damit lässt sich die (gesamte) Variation der Variablen Y in zwei Anteile, einen erklärten und einen nicht erklärten Anteil aufteilen. Dann kann das Verhältnis $\frac{\text{erklärte Variation}}{\text{Gesamtvariation}}$, das ein Maß für die Güte der Prognose darstellt, berechnet werden. Der Wertebereich dieses Maßes liegt zwischen 0 und 1.

Betrachten wir Abbildung 9.3, so werden hier die Werte der abhängigen Variablen nur in drei Fällen perfekt durch die Werte der unabhängigen Variablen vorhergesagt. In den anderen Fällen stimmen die vorhergesagten und die beobachteten Werte nicht überein, hier sind die Differenzen zwischen den vorhergesagten und beobachteten Werten der abhängigen Variablen $y_i - \hat{y}_i$ ungleich 0. Diese Abweichungen der beobachteten von den vorhergesagten Werten werden auch als *Residuen* (Einzahl: Residuum) oder „Fehler" bezeichnet, d. h.: $e_i = y_i - \hat{y}_i$

Residuen

Die Fehler werden hier entsprechend der Abkürzung des englischsprachigen Begriffs *error* mit *e* bezeichnet.

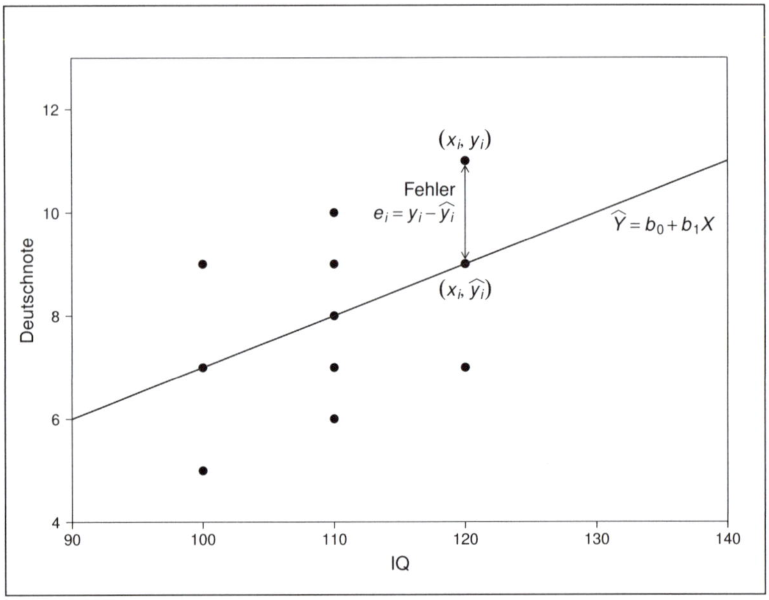

Abbildung 9.3: Vorhergesagte Werte und Vorhersagefehler

Es läge nun nahe, die Gerade so zu bestimmen, dass die Summe der Beträge der Fehler, d. h. $\sum_{i=1}^{n} |e_i| = \sum_{i=1}^{n} |y_i - \hat{y}_i|$, minimal wird. Jedoch existiert dann im Allgemeinen keine eindeutige Lösung, wie die Abbildung 9.4 mit sechs Datenpunkten belegt. Hier ist die Summe der Beträge der Fehler für die drei eingezeichneten Regressionsgeraden gleich groß. Sie beträgt für die obere wie für die mittlere und untere Regressionsgerade jeweils 6. Somit weisen alle parallel verschobenen Regressionsgeraden zwischen der obersten und der untersten Regressionsgeraden einen so definierten Fehler von 6 auf.

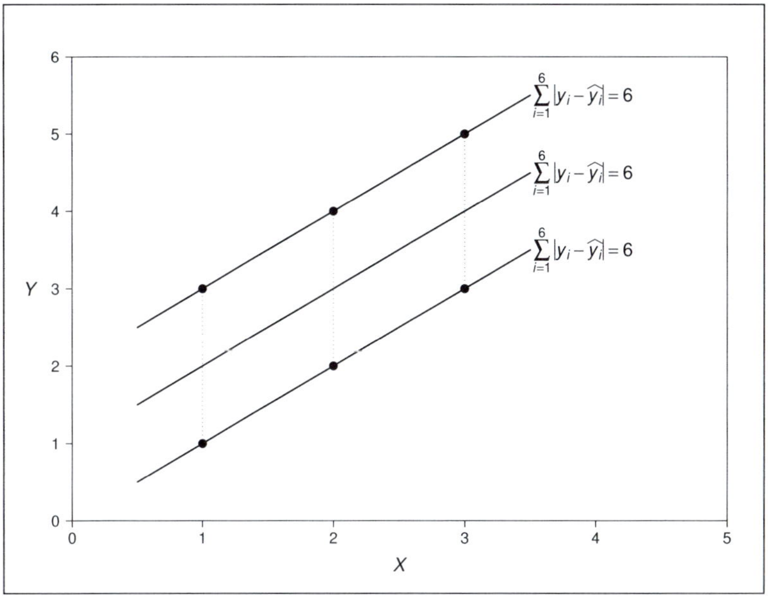

Abbildung 9.4: Problem der Eindeutigkeit der Regressionsgeraden bei der Nutzung von Abstandsbeträgen

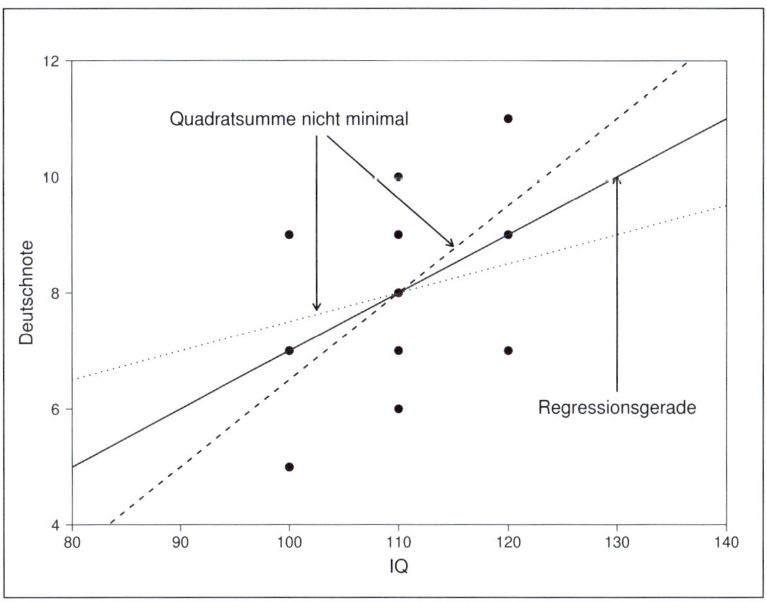

Abbildung 9.5: Illustration zum Kleinste-Quadrate-Kriterium

Ein anderes Fehlerkriterium erfüllt sowohl die Eindeutigkeit als auch die anderen oben als wünschenswert beschriebenen Eigenschaften. Es ist die Summe der quadrierten Differenzen zwischen den vorhergesagten und den beobachteten Werten. Dieses Kriterium zur Minimierung nennt man das *Kleinste-Quadrate-Kriterium* bzw. *Ordinary-Least-Squares-(OLS-)* Kriterium. Die Regressionsgerade wird anhand dieses Kriteriums so bestimmt, dass aus der Menge aller möglichen Geraden (vgl. Abb. 9.5) diejenige Gerade gewählt wird, die die Summe der quadrierten vertikalen Abstände der Beobachtungen von der Geraden minimiert, d. h., es wird das Minimum gesucht von:

Kleinste-Quadrate-Kriterium

$$\begin{aligned}\sum_{i=1}^{n} e_i^2 &= \sum_{i=1}^{n} (y_i - \hat{y}_i)^2 \\ &= \sum_{i=1}^{n} (y_i - b_1 x_i - b_0)^2\end{aligned}$$

Da die Regressionsgerade durch die beiden Koeffizienten b_0 und b_1 bestimmt wird, hängt für gegebene Daten (x_i, y_i) die Quadratsumme der Differenzen zwischen den beobachteten und vorhergesagten Werten lediglich von diesen beiden Bestimmungsgrößen ab. Somit sind unter allen möglichen Werten für b_0 und b_1 diejenigen Werte zu wählen, die zu dem kleinstmöglichen Wert für die Quadratsumme der Fehler führen.

Diese Aufgabe ist ein typisches Extremwertproblem, für das es eine eindeutige Lösung gibt. Die Ableitung kann im Internetsupplement zum Buch nachvollzogen werden. Das Minimum der Summe der quadrierten Fehler resultiert für die folgenden Werte von b_0 und b_1:

Achsenabschnitt der Regressionsgeraden b_0

Steigung der Regressionsgeraden b_1

$$\begin{aligned}b_0 &= \bar{y} - b_1 \bar{x} \\ b_1 &= \frac{s_{XY}}{s_X^2}\end{aligned}$$

Ohne Rückgriff auf Kovarianz und Varianz lässt sich die Steigung b_1 durch das Verhältnis der Summen der Abweichungsprodukte von X und Y und der Variation von X berechnen:

$$b_1 = \frac{\sum_{i=1}^{n} (x_i - \bar{x})(y_i - \bar{y})}{SS_X}$$

Weiterhin lässt sich b_1 ausgehend von den Daten effizient bestimmen, wenn man die rechentechnisch günstigen Formeln für s_{XY} und s_X^2 benutzt:

$$b_1 = \frac{\sum_{i=1}^{n} x_i y_i - n\bar{x}\bar{y}}{\sum_{i=1}^{n} x_i^2 - n\bar{x}^2}$$

Rechentechnisch günstige Formel für die Steigung

Es besteht der folgende Zusammenhang zwischen b_1 und r:

$$b_1 = r\frac{s_Y}{s_X}$$

Diese Beziehung lässt sich zeigen, indem $r = \frac{s_{XY}}{s_Y} s_X$ zu $s_{XY} = r\frac{s_Y}{s_X}$ umgeformt und zur Bestimmung von b_1 genutzt wird:

$$\begin{aligned} b_1 &= \frac{s_{XY}}{s_X^2} \\ &= \frac{r\frac{s_Y}{s_X}}{s_X^2} \\ &= r\frac{s_Y}{s_X} \end{aligned}$$

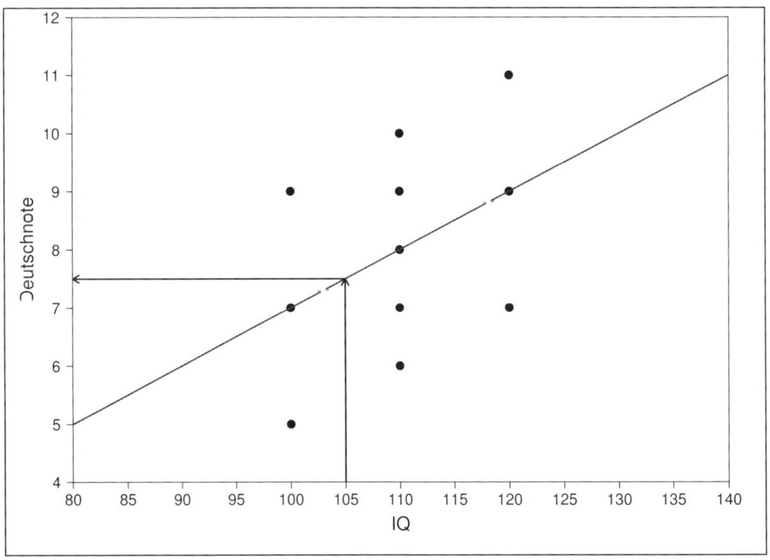

Abbildung 9.6: Vorhersage mithilfe einer Regressionsgleichung

In Abbildung 9.6 ist die Vorhersage der Deutschnote für eine Person mit einem IQ von 105 dargestellt. Der Abbildung ist zu entnehmen, dass für diese Person die Note 7.5 zu erwarten ist. Dieser Wert kann natürlich auch anhand der berechneten Regressionsgleichung (vgl. Kasten auf der nächsten Seite) bestimmt werden:

$$\widehat{\text{Note}} = 0.1 \cdot 105 - 3 = 7.5$$

Mithilfe dieser Formel kann nun für jeden beliebigen IQ-Wert bestimmt werden, welche Deutschnote zu erwarten ist. Beträgt der IQ einer Person beispielsweise 100, dann beträgt der vorhergesagte Wert für die Note $0.1 \cdot 100 - 3 = 7$. Bei einem IQ von 101 beträgt der vorhergesagte Wert $0.1 \cdot 101 - 3 = 7.1$ und bei einem IQ von 110 lautet die Vorhersage $0.1 \cdot 110 - 3 = 8$.

Steigt der IQ also um einen Punkt auf der IQ-Skala, dann steigt der vorhergesagte Wert für die Note um 0.1 Einheiten auf der Abiturnotenskala. Steigt der IQ um 10 Punkte, so steigt die vorhergesagte Note um eine Einheit.

Wie im Folgenden gezeigt wird, stimmt der Mittelwert der vorhergesagten Werte $\hat{y}_i$ mit dem Mittelwert der ursprünglichen Werte y_i überein:

$$\begin{aligned}
\bar{\hat{y}} &= \frac{1}{n}\sum_{i=1}^{n}\hat{y}_i \\
&= \frac{1}{n}\sum_{i=1}^{n}(b_1x_i + b_0) \\
&= \frac{1}{n}\sum_{i=1}^{n}b_1x_i + \frac{1}{n}nb_0 \\
&= b_1\bar{x} + b_0 \\
&= b_1\bar{x} + \bar{y} - b_1\bar{x} \\
&= \bar{y}
\end{aligned}$$

Aus dem oben gezeigten Zusammenhang $b_1\bar{x} + b_0 = \bar{y}$ folgt, dass man beim Einsetzen von $\bar{x}$ in die Regressionsgleichung $\bar{y}$ als vorhergesagten Wert erhält. Damit geht die Regressionsgerade immer durch den Punkt $(\bar{x}, \bar{y})$.

Abbildung 9.6 kann man diese Beziehung für das Beispiel entnehmen, da die Regressionsgerade durch den Punkt $(110, 8)$ geht, wobei 110 dem mittleren IQ und 8 der mittleren Schulnote entspricht.

Beispiel zur Bestimmung der Regressionsgeraden: Vorhersage der Deutschnote durch den IQ (Daten aus Abb. 9.6)

Wir wissen bereits:

$$\bar{x} = 110, \ \ \bar{y} = 8, \ \ s_X = 7.75, \ \ s_X^2 = 60$$

$$s_Y = 1.79, \ \ s_Y^2 = 3.2, \ \ s_{XY} = 6, \ \ r_{XY} = .43$$

Damit resultiert:

$$b_1 = \frac{s_{XY}}{s_X^2} = \frac{6}{60} = 0.1$$

$$b_0 = \bar{y} - b_1\bar{x} = 8 - 0.1 \cdot 110 = -3$$

Alternativ kann b_1 anhand des Korrelationskoeffizienten und der Standardabweichungen bestimmt werden:

$$b_1 = r\frac{s_Y}{s_X} = 0.43 \cdot \frac{1.79}{7.75} = 0.1$$

Es gilt also:

$$\widehat{\text{Note}} = 0.1 \cdot IQ - 3$$

9.3 Standardisierte Regressionskoeffizienten

Die Regressionskoeffizienten wurden bisher für den Fall von Variablen mit einer beliebigen Standardabweichung abgeleitet. In diesem Fall spricht man auch von unstandardisierten Regressionskoeffizienten, da die beteiligten Variablen nicht standardisiert sind.

Liegen z-standardisierte Variablen z_X und z_Y vor und wird dann eine einfache lineare Regression durchgeführt, heißen die Koeffizienten *standardisierte Regressionskoeffizienten* und werden mit b_0^* und b_1^* bezeichnet. Im Fall standardisierter Variablen vereinfacht sich die Bestimmung der Regressionskoeffizienten. Aus

$$\bar{z}_Y = 0, \ \bar{z}_X = 0, \ s_{z_X} = 1, \ s_{z_Y} = 1$$

folgt:

$$\begin{aligned} b_1^* &= r\frac{s_{z_Y}}{s_{z_X}} \\ &= r \end{aligned}$$

Weiterhin gilt im Falle z-standardisierter Variablen:

$$\begin{aligned} b_0^* &= \bar{z}_Y - b_1^*\bar{z}_X \\ &= 0 \end{aligned}$$

Wie oben gezeigt, stimmt im Fall der einfachen linearen Regression der standardisierte Regressionskoeffizient b_1^* mit dem Korrelationskoeffizienten überein. Damit ist der standardisierte Regressionskoeffizient in diesem Fall normiert. Da er dem Korrelationskoeffizienten entspricht, liegt der standardisierte Regressionskoeffizient zwischen −1 und +1 und zeigt damit die Stärke des Einflusses des Prädiktors auf das Kriterium an. (Diese beiden Eigenschaften gelten jedoch im Allgemeinen nicht für die im nächsten Kapitel dargestellte multiple Regression.)

Wird in unserem Beispieldatensatz zum Zusammenhang von IQ und Deutschnote eine z-Standardisierung aller beteiligten Variablen vorgenommen und dann eine einfache lineare Regression mit diesen z-transformierten Daten durchgeführt, so resultiert das in Abbildung 9.7 dargestellte Ergebnis. Mittelwert und Standardabweichung betragen hier für die Variable *Intelligenz* 110 und 7.75 sowie für die *Deutschnote* 8 und 1.79. Damit entspricht dem Wert 0 für die z-standardisierte Variable *Intelligenz* der Wert 110 auf der ursprünglichen Skala und den z-transformierten Werten −1 bzw. 1 die ursprünglichen Werte 117.75 und 102.25.

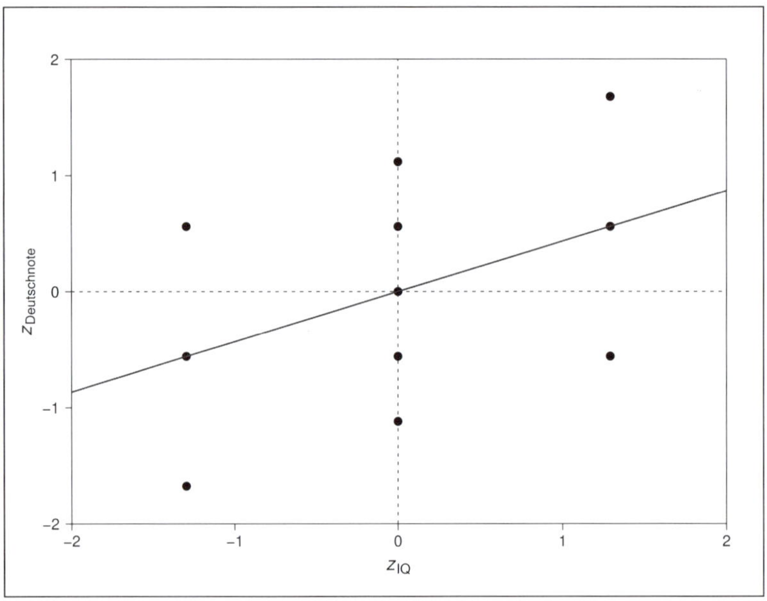

Abbildung 9.7: Einfache Regression mit z-transformierten Variablen

Für die Variable *Deutschnote* entsprechen die z-transformierten Werte −1, 0 bzw. 1 den ursprünglichen Werten 6.21, 8 und 9.79 (die natürlich nur bei gemittelten Notenpunkten realisiert werden können).

Die Einheit für die z-transformierten Werte ist jeweils eine Standardabweichung. Damit gibt der standardisierte Regressionskoeffizient der Variablen *Intelligenz* an, um wie viele Standardabweichungen die *Deutsch-*

note steigt, wenn der Wert der Variablen *Intelligenz* um eine Standardabweichung erhöht wird.

Die Steigung der Regressionsgeraden entspricht bei z-transformierten Variablen der Korrelation und beträgt im Beispiel $r = .43$. Damit verändert sich bei einer Steigerung des IQ um eine Standardabweichung die vorhergesagte Deutschnote um .43 Standardabweichungen.

9.4 Zerlegung der Variation in der einfachen linearen Regression

Bisher wurde gezeigt, dass eine Bestimmung der Regressionsgeraden anhand der Methode der kleinsten Quadrate eine eindeutige Lösung und optimale Vorhersage des Kriteriums erlaubt. Nun wird die Gültigkeit der dritten wünschenswerten Eigenschaft gezeigt, die Zerlegung der gesamten Variation in einen erklärten und einen nicht erklärten Anteil. Das Verhältnis dieser beiden Komponenten kann dann dazu genutzt werden, die Güte der Regression zu beurteilen.

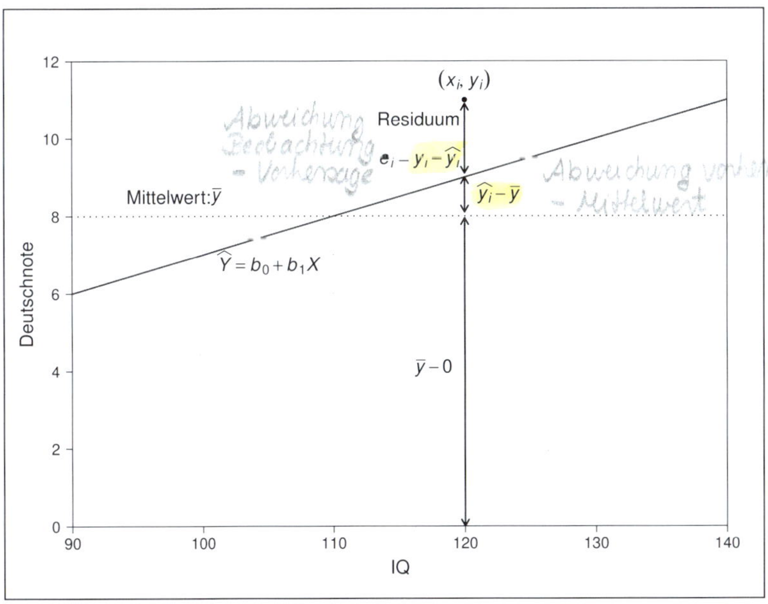

Abbildung 9.8: Zerlegung der Abweichung der Kriteriumswerte

Zunächst werden die ursprünglichen Messwerte y_i in drei Anteile zerlegt, wie in Abbildung 9.8 grafisch veranschaulicht wird:

- Abweichung des Mittelwertes vom Nullpunkt: $\bar{y} - 0$
- Abweichung des vorhergesagten Wertes vom Mittelwert: $\hat{y}_i - \bar{y}$

- Abweichung des beobachteten vom vorhergesagten Wert (Fehler): $y_i - \hat{y}_i$

Insgesamt folgt also:

$$y_i - 0 = (\bar{y} - 0) + (\hat{y}_i - \bar{y}) + (y_i - \hat{y}_i)$$

Wir schreiben hier $y_i - 0$, um zu verdeutlichen, dass die Abweichung der Messwerte vom Nullpunkt betrachtet wird. Im Folgenden analysieren wir zunächst nur die Abweichungen der Messwerte vom Mittelwert und kommen später auf diese Zerlegung zurück. Ziehen wir in der obigen Gleichung von beiden Seiten den Mittelwert ab, resultiert die Zerlegung der Abweichungen der Messwerte vom Mittelwert:

$$y_i - \bar{y} = (\hat{y}_i - \bar{y}) + (y_i - \hat{y}_i)$$

Die Abweichungen der Messwerte vom Mittelwert $y_i - \bar{y}$ werden in der obigen Gleichung in zwei Anteile unterteilt:

- Abweichung des vorhergesagten Wertes vom Mittelwert: $\hat{y}_i - \bar{y}$
- Abweichung des beobachteten vom vorhergesagten Wert (Fehler): $y_i - \hat{y}_i$

In Abbildung 9.9 wird diese Zerlegung grafisch veranschaulicht.

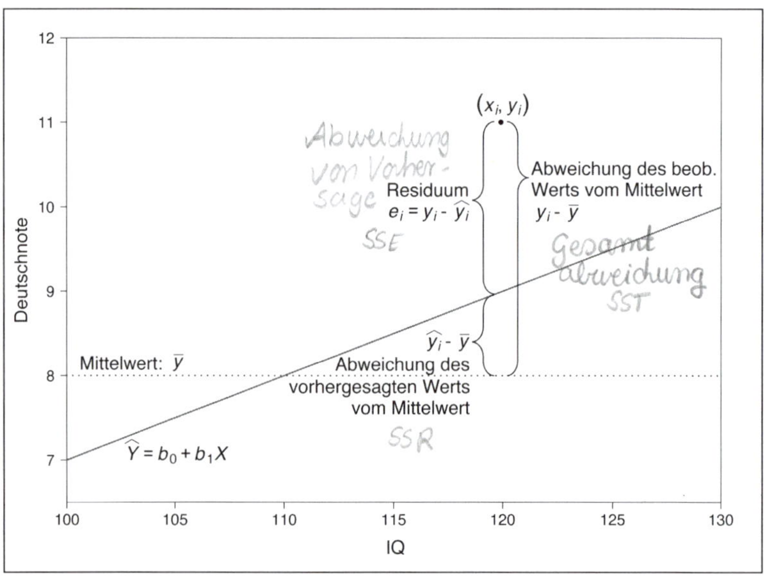

Abbildung 9.9: Zerlegung der Abweichung des beobachteten Werts des Kriteriums vom Mittelwert

Im folgenden Beispiel wird die oben dargestellte Zerlegung der zentrierten Messwerte für die (fiktiven) IQ-Werte aufgrund der Deutschnoten bei 11 Schülern vorgenommen.

Beispiel zur Zerlegung der Messwerte in systematische Anteile und Fehleranteile in der einfachen linearen Regression: Zusammenhang von IQ (X) und Deutschnote (Y)

x_i	y_i	$\hat{y}_i$	$y_i - \bar{y}$	$\hat{y}_i - \bar{y}$	$y_i - \hat{y}_i$
100	5	7	−3	−1	−2
100	7	7	−1	−1	0
100	9	7	1	−1	2
110	6	8	−2	0	−2
110	7	8	−1	0	−1
110	8	8	0	0	0
110	9	8	1	0	1
110	10	8	2	0	2
120	7	9	−1	1	−2
120	9	9	1	1	0
120	11	9	3	1	2

Alle Personen mit dem gleichen Prädiktorwert x_i erhalten den gleichen vorhergesagten Wert $\hat{y}_i$. Damit kann bei identischen Prädiktorwerten nur der nicht erklärte Anteil $(y_i - \hat{y}_i)$ für diese Personen variieren. Dieser nicht erklärte Anteil – das Residuum – stellt für jede Person den Fehler dar, der bei der Prognose der abhängigen Variablen aufgrund der Ausprägung des Prädiktors gemacht wird.

Analog zur Zerlegung der einzelnen Messwerte in bestimmte Anteile können auch die Abweichungsquadratsummen in Anteile unterteilt werden. Dazu wird gezeigt, dass sich die Summe der quadrierten Abweichungen der Y-Werte von ihrem Mittelwert, d. h. SS_Y, additiv aus den beiden folgenden Anteilen zusammensetzt:

- Summe der quadrierten Abweichungen der vorhergesagten Werte von ihrem Mittelwert
- Summe der quadrierten Abweichungen der Y-Werte vom vorhergesagten Wert, d. h. der Fehler

Im Internetsupplement wird dieser Zusammenhang abgeleitet. Somit gilt:

$$\sum_{i=1}^{n} (y_i - \bar{y})^2 = \sum_{i=1}^{n} (\hat{y}_i - \bar{y})^2 + \sum_{i=1}^{n} (y_i - \hat{y}_i)^2$$

Wir benutzen der Einfachheit halber die folgenden Abkürzungen für die drei betrachteten Quadratsummen (*sums of squares, SS*):

SS_T • $SS_T = \sum_{i=1}^{n} (y_i - \bar{y})^2$: gesamte (totale) Summe der Abweichungsquadrate (*Sum of Squares Total*, SS_T)

SS_R • $SS_R = \sum_{i=1}^{n} (\hat{y}_i - \bar{y})^2$: Summe der Abweichungsquadrate, die durch die Regression erklärt wird (*Sum of Squares Regression*, SS_R)

SS_E • $SS_E = \sum_{i=1}^{n} (y_i - \hat{y}_i)^2$: Summe der Abweichungsquadrate der Fehler (*Sum of Squares Errors*, SS_E)

Unter Benutzung der gerade dargelegten Bezeichnungen lässt sich die obige Gleichung kurz darstellen als:

$$SS_T = SS_R + SS_E$$

Beispiel zur Quadratsummenberechnung: Zusammenhang von IQ und Deutschnote

Es liegen die folgenden Daten vor:

	x_i	y_i	$\hat{y}_i$	$(y_i - \bar{y})^2$	$(\hat{y}_i - \bar{y})^2$	$(y_i - \hat{y}_i)^2$
	100	5	7	9	1	4
	100	7	7	1	1	0
	100	9	7	1	1	4
	110	6	8	4	0	4
	110	7	8	1	0	1
	110	8	8	0	0	0
	110	9	8	1	0	1
	110	10	8	4	0	4
	120	7	9	1	1	4
	120	9	9	1	1	0
	120	11	9	9	1	4
$\sum$	1210	88	88	32	6	26

Berechnung der Werte:

$$SS_T = \sum_{i=1}^{n} (y_i - \bar{y})^2 = 32$$

$$SS_R = \sum_{i=1}^{n} (\hat{y}_i - \bar{y})^2 = 6$$

$$SS_E = \sum_{i=1}^{n} (y_i - \hat{y}_i)^2 = 26$$

Wir hatten oben lediglich die Zerlegung der Abweichungen der Messwerte vom Mittelwert betrachtet. Auch die Summen der quadrierten Abweichungen der Messwerte vom *Nullpunkt*

$$y_i - 0 = (\bar{y} - 0) + (\hat{y}_i - \bar{y}) + (y_i - \hat{y}_i)$$

lassen sich, wie im Internetsupplement gezeigt wird, in die folgenden Anteile zerlegen:

Quadratsummenzerlegung vom Nullpunkt

$$\begin{aligned} \sum_{i=1}^{n} (y_i - 0)^2 &= \sum_{i=1}^{n} (\bar{y} - 0)^2 + \sum_{i=1}^{n} (\hat{y}_i - \bar{y})^2 + \sum_{i=1}^{n} (y_i - \hat{y}_i)^2 \\ &= n\bar{y}^2 + SS_R + SS_E \end{aligned}$$

In manchen Statistikprogrammen wird zusätzlich eine solche Zerlegung der Messwerte berichtet. Diese Zerlegung ist aber lediglich für ratioskalierte abhängige Variablen sinnvoll. Hier wird als Gesamtvariation die Summe der quadrierten Abweichungen vom Nullpunkt betrachtet und additiv in drei Anteile untergliedert. Diese drei Anteile können wiederum ins Verhältnis zur Gesamtvariation gesetzt werden. Dabei ist aber zu berücksichtigen, wie im Internetsupplement weiter ausgeführt wird, dass lediglich bei ratioskalierten Variablen der Mittelwert und damit der Term $\sum_{i=1}^{n} (\bar{y} - 0)^2$ eindeutig festgelegt ist und nicht durch positiv affine Transformationen der abhängigen Variablen beliebig verändert werden kann.

9.5 Determinationskoeffizient

Da sich die Gesamtvariation additiv aus zwei Variationsanteilen zusammensetzt, kann der sogenannte *Determinationskoeffizient*, der mit R^2 bezeichnet wird, gebildet werden:

Determinationskoeffizient R^2

$$R^2 = \frac{SS_R}{SS_T}$$

Der Determinationskoeffizient misst den prozentualen Anteil der erklärten Variation SS_R an der Gesamtvariation SS_T. R^2 ist umso höher, je höher die erklärte Variation SS_R im Verhältnis zur Gesamtvariation ist oder – gleichbedeutend – R^2 ist umso höher, je kleiner die Variation der Residuen SS_E im Verhältnis zur Gesamtvariation ist.

Der Zusammenhang

$$R^2 = \frac{SS_T - SS_E}{SS_T}$$

PRE-Konzept

lässt sich auch als proportionale Fehlerreduktion (proportional reduction of error, PRE, vgl. auch Kap. 8.6.1) interpretieren und misst, welche prozentuale Reduktion der Vorhersagefehler durch die Kenntnis der Prädiktorwerte erfolgt. Die Summe der Fehler ohne Kenntnis der Prädiktorwerte entspricht hier der Gesamtvariation SS_T und die Summe der Fehler bei Kenntnis der Prädiktorwerte SS_E. Setzt man die Differenz $SS_T - SS_E$, die die absolute Fehlerreduktion wiedergibt, in Beziehung zur Summe der Ausgangsfehler SS_T, d. h., bildet man $\frac{SS_T - SS_E}{SS_T} = R^2$, resultiert die proportionale Fehlerreduktion.

Beispiel zum Determinationskoeffizienten: Zusammenhang von IQ und Deutschnote

Aus vorhergehenden Berechnungen sind die Quadratsummen bekannt: $SS_T = 32$, $SS_R = 6$ und $SS_E = 26$

Damit ergibt sich:

$$R^2 = \frac{SS_R}{SS_T} = \frac{SS_T - SS_E}{SS_T} = \frac{32 - 26}{32} = \frac{6}{32} = .19$$

Die Ähnlichkeit der Bezeichnung R^2 für den Determinationskoeffizienten mit der Bezeichnung r für den Produkt-Moment-Korrelationskoeffizienten ist nicht zufällig. Es gilt, dass der Determinationskoeffizient R^2 dem Quadrat der Korrelation r entspricht: $R^2 = r^2$. Diese Beziehung lässt sich folgendermaßen zeigen:

$$\begin{aligned} R^2 &= \frac{\sum(\hat{y}_i - \bar{y})^2}{\sum(y_i - \bar{y})^2} \\ &= \frac{\sum(b_1 x_i + b_0 - b_1 \bar{x} - b_0)^2}{\sum(y_i - \bar{y})^2} \\ &= \frac{b_1^2 \sum(x_i - \bar{x})^2}{\sum(y_i - \bar{y})^2} \\ &= b_1^2 \frac{s_X^2}{s_Y^2} = r^2 \end{aligned}$$

Abbildung 9.10 stellt die Beziehung der Korrelation r und des Determinationskoeffizienten R^2 grafisch dar. Es ist zu erkennen, dass R^2 in der Regel bedeutend kleiner ausfällt als r. Beide Angaben sind natürlich äquivalent.

Der Determinationskoeffizient lässt sich auch berechnen, wenn lediglich die beobachteten Werte für die abhängige Variable y_i und die vorhergesagten Werte $\hat{y}_i$ vorliegen. Für die Korrelation $r_{Y\hat{Y}}$, die auch R genannt wird, gilt $R = r_{Y\hat{Y}} = |r_{YX}|$ (vgl. Internetsupplement). Somit ist die positive Wurzel aus R^2 ($R = +\sqrt{R^2}$) gleich der Korrelation zwischen den beobachteten und den vorhergesagten Werten von Y. Des Weiteren lässt sich der Determinationskoeffizient alternativ durch das Quadrat der Korrelation $r_{Y\hat{Y}}$ berechnen.

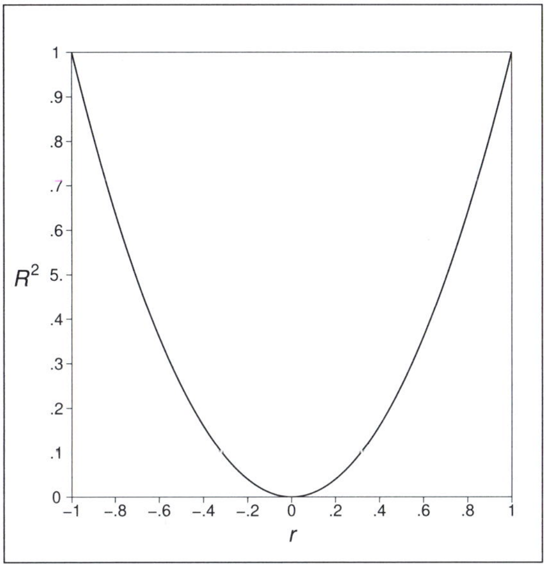

Abbildung 9.10: Beziehung von r und R^2

Die wesentlichen Eigenschaften des Determinationskoeffizienten fassen wir im nachfolgenden Kasten zusammen.

Wesentliche Merkmale des Determinationskoeffizienten

- Berechnung des Determinationskoeffizienten:

$$R^2 = \frac{SS_R}{SS_T} = r^2$$

- Der Determinationskoeffizient gibt die Variation der anhand der Regressionsgeraden vorhergesagten Werte (erklärte Variation) im Verhältnis zur Gesamtvariation der abhängigen Variablen wieder.
- Je höher R^2 ist, umso höher ist die erklärte Variation im Verhältnis zur gesamten Variation und umso niedriger ist die Variation der Fehler im Verhältnis zur gesamten Variation.
- Der Wertebereich für R^2 erstreckt sich von 0 bis 1.
- Der Determinationskoeffizient entspricht dem quadrierten Korrelationskoeffizienten zwischen abhängigen und unabhängigen Variablen.
- Der Determinationskoeffizient ist ein PRE-Maß.

9.6 Fehlervarianz und Standardschätzfehler

Standardschätzfehler

SEE

Ein wichtiges Maß für die Beurteilung der Güte einer Vorhersage ist die Varianz der Fehler bzw. die Standardabweichung der Fehler, die als *Standardschätzfehler* (*standard estimate of error*, *SEE*) bezeichnet wird. Der Standardschätzfehler stellt also die positive Wurzel aus der Fehlervarianz dar.

MS_E

Die Fehlervarianz s_e^2, die auch mit MS_E bezeichnet wird, kann folgendermaßen berechnet werden:

$$MS_E = s_e^2 = \frac{1}{n-2}\sum_{i=1}^{n}(y_i - \hat{y}_i)^2 = \frac{SS_E}{n-2}$$

Es stellt sich hier die Frage, warum SS_E durch $n-2$ und nicht wie bei der Stichprobenvarianz durch $n-1$ geteilt wird. Bei der Stichprobenvarianz wurde der Nenner $n-1$ verwendet, damit eine erwartungstreue Schätzung für den entsprechenden Parameter in der Population vorliegt. Aus dem gleichen Grund wird bei der Fehlervarianz durch $n-2$ geteilt. Der Mittelwert der Fehlervarianzen für alle (theoretisch) möglichen Stichproben entspricht der Fehlervarianz der zugrunde liegenden Population, wenn als Nenner $n-2$ verwendet wird (vgl. Internetsupplement).

Für den Standardschätzfehler gilt:

$$SEE = \sqrt{\frac{SS_E}{n-2}} = \sqrt{MS_E}$$

Wie im Internetsupplement gezeigt wird, kann der Standardschätzfehler auch folgendermaßen berechnet werden:

$$SEE = s_Y\sqrt{(1-r^2)\frac{n-1}{n-2}}$$

Beispiel zur Berechnung des Standardschätzfehlers: Zusammenhang von IQ und Deutschnote

$$SEE = 1.79\sqrt{(1-.43^2)\cdot\frac{11-1}{11-2}} = 1.70$$

Die Fehler $y_i - \hat{y}_i$ sind in vielen Fällen normalverteilt. In diesem Fall kann man einfach abschätzen, wie viel Prozent der Fehler $y_i - \hat{y}_i$ innerhalb eines bestimmten Bereichs um den vorhergesagten Wert liegen. So liegen (für den Fall großer Stichproben) im Bereich $\hat{y} \pm 1 \cdot SEE$ ca. 68 % aller Beobachtungen (vgl. S. 138).

Teilt man die Fehler durch die Standardabweichung, d. h. den Standardschätzfehler, resultieren z-Werte und man kann leicht Ausreißer bei den Fehlern bzw. Residuen erkennen.

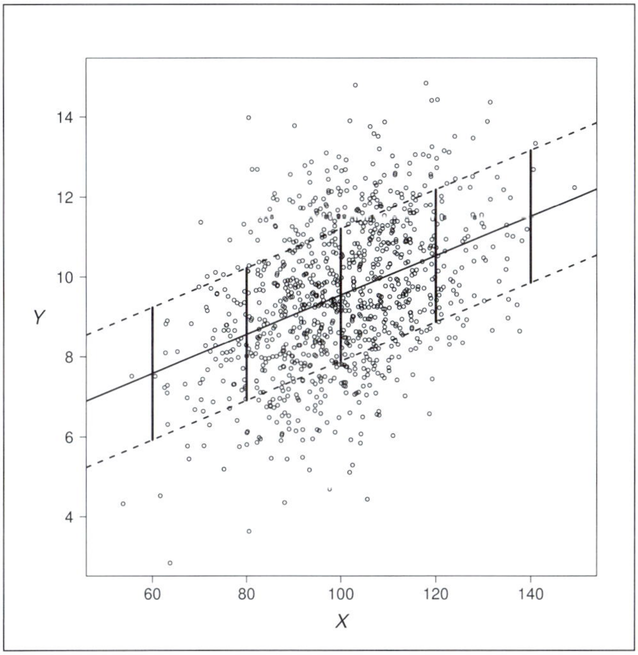

Abbildung 9.11: Intervalle $[\hat{y}_i - 1.70, \hat{y}_i + 1.70]$ für die Vorhersage gemittelter Noten durch die verbale Intelligenz

Betrachten wir die Interpretation des Standardschätzfehlers anhand von zwei Beispielen. Für unser Beispiel zum Zusammenhang von verbaler Intelligenz und Deutschnote resultierte ein Korrelationskoeffizient von .43 und ein Standardschätzfehler von 1.70. Als Werte der abhängigen Variablen fungieren (gemittelte) Schulnoten und wir gehen weiterhin von der nicht unrealistischen Annahme aus, dass die Fehler normalverteilt sind. Damit gilt für alle Mitglieder der Population exakt und für die Mitglieder großer Stichproben annähernd, dass 68 % der Noten innerhalb des Intervalls $[\hat{y} - SEE, \hat{y} + SEE]$ liegen, aber 32 % der Noten außerhalb dieses Intervalls. In Abbildung 9.11 wird diese Situation für eine große Stichprobe veranschaulicht. Somit sieht man, dass eine Korrelation von .43 noch keine allzu präzisen Prognosen zulässt.

Auch eine Korrelation von $r = .6$ ist im Rahmen von bestimmten diagnostischen Fragestellungen als relativ gering zu werten.

Korrelieren zwei Intelligenztests mit $r = .6$, so beträgt der Standardschätzfehler bei Verwendung der IQ-Skala ($\bar{x} = 100, s = 15$):

$$SEE = s_Y \sqrt{(1 - r^2)\frac{n-1}{n-2}} \approx 15 \cdot \sqrt{1 - .36} = 12$$

In aller Regel sind die Fehler solcher Intelligenztests normalverteilt. Damit liegen im Fall großer Stichproben ca. 68 % aller Probanden innerhalb des Intervalls $[\hat{y}_i - SEE, \hat{y}_i + SEE]$ bzw. $[\hat{y}_i - 12, \hat{y}_i + 12]$. Das bedeutet aber auch, dass bei 32 % aller Probanden die mit den beiden Tests gemessenen IQ-Werte außerhalb des Intervalls $[\hat{y}_i - 12, \hat{y}_i + 12]$ liegen, also um 24 Punkte und mehr voneinander abweichen.

Betrachten wir weiterhin das etwas kürzere Intervall

$$[\hat{y}_i - 0.833\,SEE, \hat{y}_i + 0.833\,SEE] = [\hat{y}_i - 10, \hat{y}_i + 10],$$

so liegen, wie im Internetsupplement gezeigt wird, ca. 60 % aller Probanden innerhalb dieses Intervalls und demnach unterscheiden sich rund 40 % aller Probanden um mehr als 20 Punkte (vgl. Abb. 9.12).

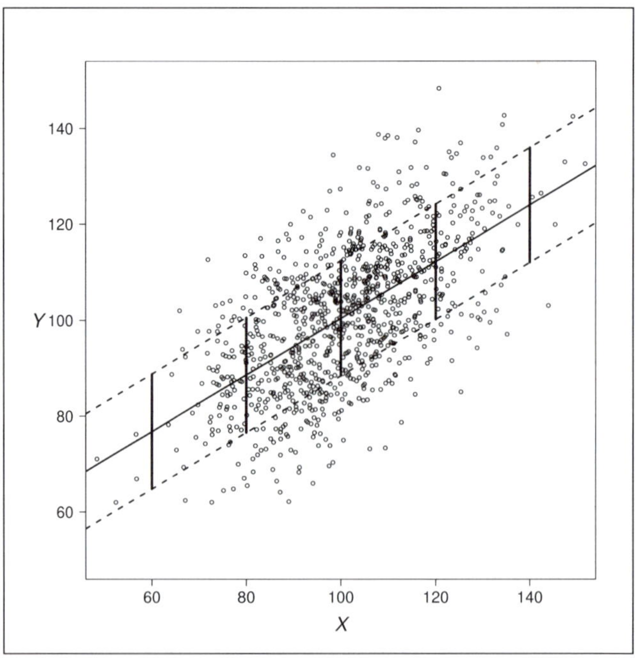

Abbildung 9.12: Intervalle $[\hat{y} - SEE, \hat{y} + SEE] = [\hat{y} - 12, \hat{y} + 12]$ für zwei Intelligenztests mit $r = .60$

9.7 Weitere Statistiken in der einfachen linearen Regression

In der einfachen linearen Regression treten zu den Variablen X und Y das vorhergesagte Kriterium $\hat{Y}$ und das Residuum $e = Y - \hat{Y}$ als neue Variablen auf. Im Folgenden stellen wir den Mittelwert und die Variation für jede dieser Variablen sowie die Korrelationen zwischen ihnen dar (vgl. Tab. 9.1 und Tab. 9.2). Die Ableitungen für diese Statistiken, die im Internetsupplement zu finden sind, geben einen weiteren Einblick in die einfache lineare Regression und werden im Kapitel 10 für die multiple Regression benötigt.

Tabelle 9.1: Mittelwert und Variation des Prädiktors, Kriteriums, vorhergesagten Kriteriums und Residuums

	X	Y	$\hat{Y}$	e
Mittelwert	$\bar{x}$	$\bar{y}$	$\bar{y}$	0
Variation (SS)	SS_X	SS_Y	$r^2 SS_Y$	$(1 - r^2) SS_Y$

Tabelle 9.2: Korrelationen zwischen Prädiktor, Kriterium, vorhergesagtem Kriterium und Residuum

	X	Y	$\hat{Y}$	e
X	1	r	$r_{X\hat{Y}} = \begin{cases} 1 & r > 0 \\ 0 & r = 0 \\ -1 & r < 0 \end{cases}$	0
Y		1	$\lvert r \rvert$	$\sqrt{\frac{n-1}{n-2}(1 - r^2)}$
$\hat{Y}$			1	0
e				1

Die Mittelwerte für die ursprünglichen und vorhergesagten Kriteriumswerte stimmen wie gezeigt überein und der Mittelwert des Residuums beträgt 0. Die Summe der Abweichungsquadrate für die vorhergesagten Kriteriumswerte $r^2 SS_Y$ bzw. für die Residualwerte $(1 - r^2) SS_Y$ zeigen nochmals die PRE-Interpretation als Anteil der aufgeklärten bzw. nicht aufgeklärten Kriteriumsvariation auf.

Die vorhergesagten Werte $\hat{Y}$ korrelieren immer positiv oder mit 0 mit der abhängigen Variablen, wobei die Höhe dieser Korrelation immer mit dem Betrag von r_{YX} übereinstimmt. Dieser Zusammenhang lässt sich intuitiv so erklären, dass die vorhergesagten Werte so bestimmt werden, dass sie (im Sinne des Kleinsten-Quadrate-Kriteriums) so genau wie möglich mit den Y-Werten übereinstimmen. Die beiden Streudiagramme auf der linken bzw. rechten Seite in Abbildung 9.13 veranschaulichen diesen Zusammenhang für einen positiven bzw. negativen Zusammenhang zwischen X und Y.

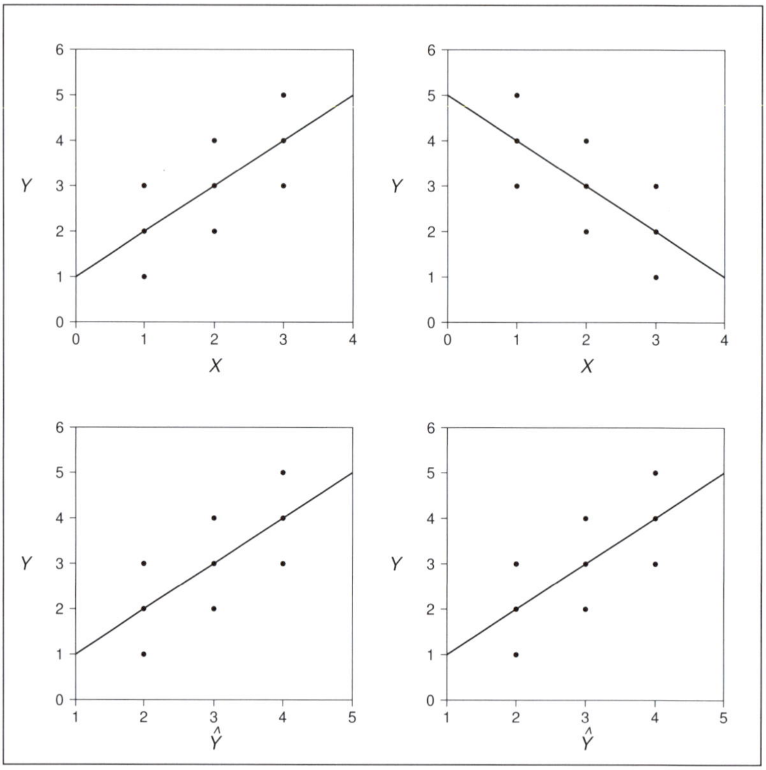

Abbildung 9.13: Streudiagramme für die Variablen X und Y bzw. $\hat{Y}$ und Y

Die Korrelation zwischen den Prädiktorwerten x_i und den Fehlern e_i und damit die Korrelation zwischen den vorhergesagten Werten $\hat{y}_i$ und e_i beträgt immer 0. Diese Nullkorrelation lässt sich folgendermaßen interpretieren: Aus den Fehlern bzw. Residuen ist der gesamte Einfluss des Prädiktors eliminiert oder wie man auch sagt auspartialisiert. Die Variation des Prädiktors wird hier außer Acht gelassen, der Prädiktor wird konstant gehalten und es wird lediglich für einen beliebigen, aber festen Wert des Prädiktors die Variation $(1 - r^2)SS_Y$ betrachtet.

Auspartialisierung

Die Kriteriumsvariable wird in zwei Teilvariablen aufgeteilt, die Schätzvariable und die Residualvariable. Die Schätzvariable enthält die Unterschiedlichkeit in der Kriteriumsvariablen, die auf den Prädiktor zurückzuführen ist, während die Residualvariable die Unterschiede erfasst, die nicht auf den Prädiktor zurückgehen und unabhängig davon sind. Eine weitere Prognose bzw. Erklärung der Residualvariation kann nur durch den Einbezug weiterer Prädiktoren in der multiplen Regression erfolgen (vgl. Kap. 10).

9.8 Voraussetzungen der einfachen linearen Regression

Um die Ergebnisse der einfachen linearen Regression sinnvoll interpretieren zu können, sollten bestimmte Voraussetzungen erfüllt sein. Neben dem Intervallskalenniveau der abhängigen Variablen geht es insbesondere um drei weitere Bedingungen:

- Linearität
- Homoskedastizität, d. h. gleiche Varianzen der Fehler für alle Ausprägungen der unabhängigen Variablen
- Abwesenheit von Ausreißern und einflussreichen Beobachtungen

Als weitere Voraussetzung, die, wie wir oben gesehen haben, die Interpretation der Ergebnisse erleichtert, kann die Annahme normalverteilter Fehler hinzugefügt werden. Auf diese Bedingung gehen wir aber im vorliegenden Kontext nicht ein, da sie erst in inferenzstatistischer Hinsicht benötigt wird.

Die Relevanz der Überprüfung der Voraussetzungen zeigt Anscombe (1973) sehr deutlich anhand von vier fiktiven Datensätzen auf, die in Abbildung 9.14 auf der nächsten Seite dargestellt sind. Die Ergebnisse der linearen Regressionsanalysen sind für alle vier Datensätze identisch. In jedem Fall resultieren: $\bar{x} = 9$, $\bar{y} = 11$, $s_X^2 = 7.5$, $s_Y^2 = 4.12$, $r_{XY} = .816$ und $\hat{y} = 3 + 0.5x$. Trotz dieser identischen Ergebnisse liegen den Daten völlig verschiedene „Muster" zugrunde.

Während Datensatz 1 die Voraussetzungen der einfachen linearen Regression erfüllt, liegt bei Datensatz 2 ein nicht linearer Zusammenhang vor. Im Datensatz 3 liegt eine Beobachtung vor, die einen Ausreißer darstellt und zugleich eine einflussreiche Beobachtung repräsentiert, da sie die Lage der Regressionsgeraden stark beeinflusst. Der vierte Datensatz zeigt, wie eine einzige Beobachtung für die Bestimmungsgrößen der Regressionsgeraden verantwortlich sein kann.

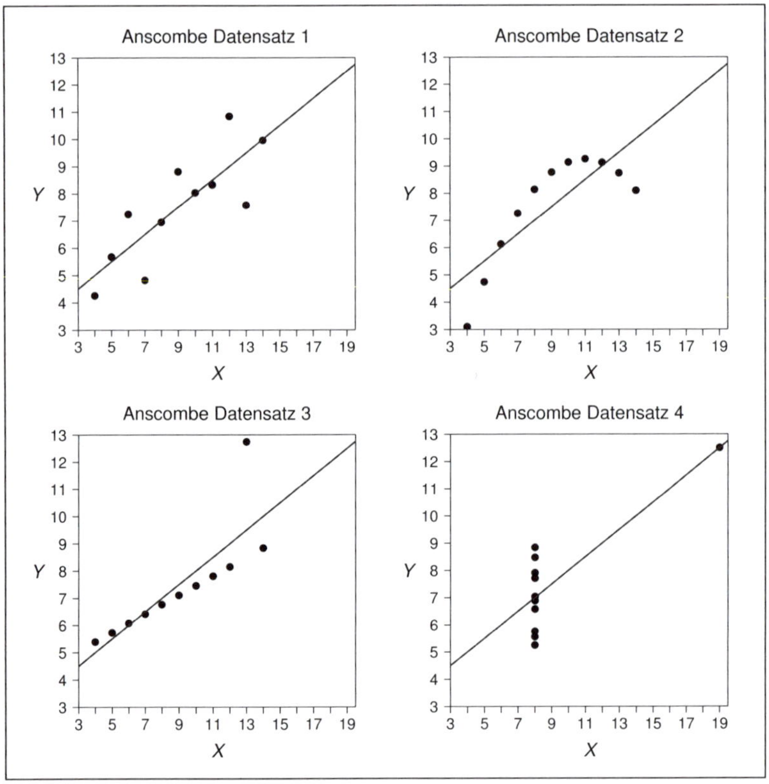

Abbildung 9.14: Streudiagramme mit eingezeichneter Regressionsgeraden für die vier Anscombe-Datensätze

9.8.1 Residualplots

Die Überprüfung, ob die Voraussetzungen der einfachen linearen Regression erfüllt sind, kann sehr gut anhand von sogenannten Residualplots erfolgen. Solche Residualplots sind Modifikationen des Streudiagramms.

Das Streudiagramm des ersten Anscombe-Datensatzes zeigt, dass die Fehler unsystematisch mit gleicher Varianz um die vorhergesagten Kriteriumswerte streuen. Ein solches Streudiagramm zeigt an, dass die Voraussetzungen der einfachen linearen Regression erfüllt sind. Für jeden Wert des Prädiktors sollen die Mittelwerte der Fehler ungefähr 0 betragen und die Varianzen der Fehler etwa gleich groß sein. Für kleine Datensätze, wie die Anscombe-Datensätze, liegen oftmals für jede Ausprägung des Prädiktors nicht genügend Beobachtungen für das Kriterium vor – im Anscombe-Datensatz jeweils lediglich eine Beobachtung pro Wert der Variablen X – , daher fasst man hier jeweils hinreichend viele

Werte des Prädiktors zu Intervallen zusammen und betrachtet dann die Mittelwerte und Varianzen.

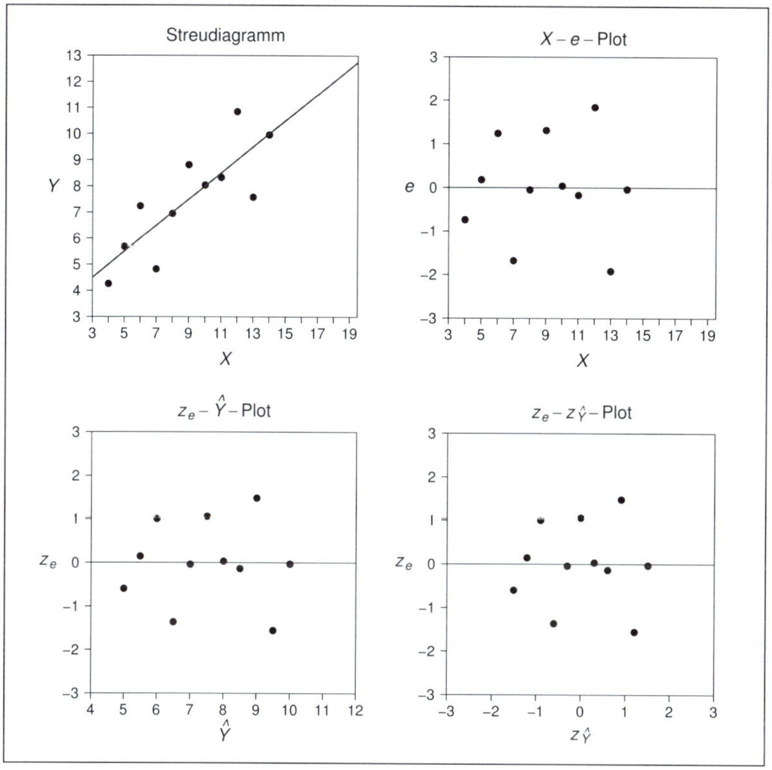

Abbildung 9.15: Streudiagramm und Residualplots für den ersten Anscombe-Datensatz

Anstelle der Streudiagramme der Variablen X und Y verwendet man zumeist andere Diagramme, die *Residualplots*, die häufig eine einfachere grafische Überprüfung der Voraussetzungen erlauben (vgl. Abb. 9.15). Anstelle der Werte y_i des Streudiagramms kann man auf der Ordinate auch die Abweichungen $y_i - \hat{y}_i$, d. h. die Fehler, abtragen. Dann liegt, wie in dem Diagramm oben rechts in Abbildung 9.15 für den ersten Anscombe-Datensatz zu sehen ist, anstelle der Regressionsgeraden eine Gerade mit der Steigung 0 vor. Damit ist häufig eine einfachere Inspektion der Abweichungen gegeben. Residualplot

Weiterhin kann man auf der Abszisse ohne Informationsverlust anstelle der Werte x_i die affin transformierten Werte $\hat{y}_i$, d. h. die vorhergesagten Kriteriumswerte, abtragen. Die Verwendung der vorhergesagten Kriteriumswerte ist im Fall der einfachen Regression nicht unbedingt notwendig, wird es aber im Fall der multiplen Regression. Der Einfachheit halber verwendet man daher auch schon im Falle der einfachen Regression die vorhergesagten Kriteriumswerte. Trägt man auf der Abszisse die Werte $\hat{y}_i$ und auf der Ordinate die standardisierten Fehler ab, wird ein solcher Plot zuweilen auch Tukey-Anscombe-Plot genannt. Ein Beispiel für einen Tukey-Anscombe-Plot stellt das Diagramm unten links in Abbildung 9.15 dar.

Schließlich kann man für die vorhergesagten Werte und die Fehler jeweils die entsprechenden standardisierten Werte heranziehen (vgl. Diagramm unten rechts in Abb. 9.15). Sind die Fehler normalverteilt, ist gerade die Verwendung der standardisierten Fehler eine bedeutende Vereinfachung der Beurteilung, ob die Fehler ungewöhnlich groß ausfallen (vgl. Kap. 9.8.2).

Verschiedene Statistikprogramme erlauben weitere Kombinationen von Werten auf der X- und Y-Achse. So kann man z. B. die X-Werte mit den standardisierten Fehlern in einem Plot kombinieren.

9.8.2 Homoskedastizität

Wie am Ende des letzten Kapitels gezeigt, können die Werte der abhängigen Variablen ausgehend von den Werten der unabhängigen Variablen und der Regressionsgleichung vorhergesagt werden. Von einem besonderen Vorteil sind dabei normalverteilte Fehler. Die Aussage, dass für einen bestimmten vorhergesagten Wert (bei großen Stichproben) innerhalb des Intervalls $[\hat{y} - SEE, \hat{y} + SEE]$ ca. 68 % aller Beobachtungen liegen, ist dann sinnvoll, wenn die SEE und damit die Varianzen der Fehler für alle Werte der unabhängigen Variablen gleich groß sind. Eine gleich große Varianz der Fehler bzw. Varianzhomogenität nennt man *Homoskedastizität*, andernfalls spricht man von *Heteroskedastizität*.

Homoskedastizität
Heteroskedastizität

Ein zweiter Grund, warum die Annahme der Homoskedastizität erfüllt sein sollte, betrifft die Schätzung der Regressionsgeraden bzw. ihrer Statistiken. Liegt für bestimmte Werte der unabhängigen Variablen eine besonders große Varianz der Fehler vor, kann für diese Prädiktorwerte ein größerer Einfluss auf die Schätzung der Regressionskoeffizienten vorliegen. Damit mag eine ungenauere Schätzung der Regressionsparameter erfolgen.

Der Scatterplot des ersten Anscombe-Datensatzes (vgl. Abb. 9.14) weist auf keine Verletzung der Homoskedastizität hin. Hingegen zeigt Abbildung 9.16 eine typische Situation, in der die Annahme der Homoskedastizität verletzt ist. Hier wird die Streuung der Fehler und damit der Standardschätzfehler (SEE) mit zunehmenden X-Werten größer. Ein solcher

Fall von Heteroskedastizität tritt oftmals bei bestimmten abhängigen Variablen auf, die „von Natur aus" eine linkssteile/rechtsschiefe Verteilung aufweisen, wie z. B. Reaktionszeiten oder Einkommen. Im Rahmen der Inferenzstatistik werden wir Maßnahmen kennenlernen, wie man durch eine Transformation der ursprünglichen Variablen Heteroskedastizität vermeidet.

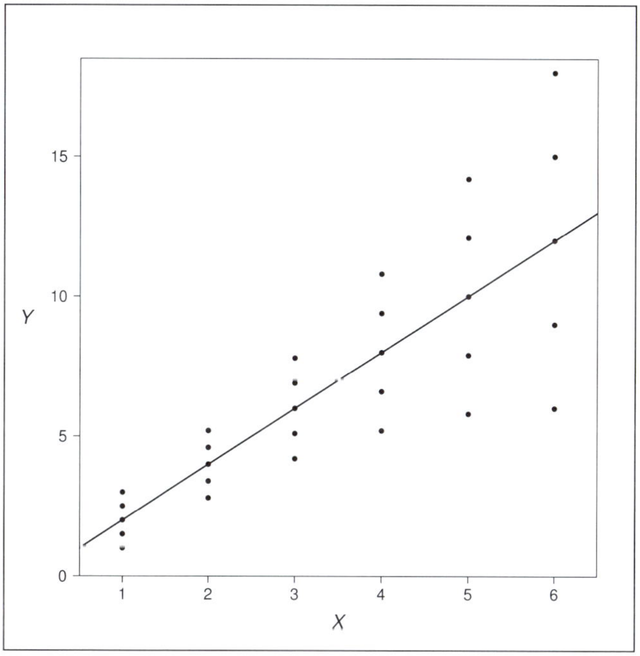

Abbildung 9.16: Heteroskedastizität der Residuen

9.8.3 Linearität

Das Modell der einfachen linearen Regression setzt voraus, dass sich die Beziehung zwischen dem Prädiktor und dem Kriterium durch eine Regressions*gerade* beschreiben lässt. Der Datensatz 2 in Abbildung 9.14 zeigt offensichtlich eine klare Verletzung dieser Annahme, die auch Linearitätsannahme genannt wird. Nicht lineare Zusammenhänge müssen durch andere Regressionsgleichungen spezifiziert werden, die im Kap. 10 thematisiert werden.

Um nicht lineare Beziehungen zwischen dem Prädiktor und dem Kriterium zu identifizieren, ist es häufig ausreichend, das Streudiagramm bzw. Residualplots zu inspizieren. In Abbildung 9.17 ist das Streudiagramm für eine Modifikation des zweiten Anscombe-Datensatzes dargestellt. Dieser Plot zeigt sehr klar die Verletzung der Linearitätsannahme.

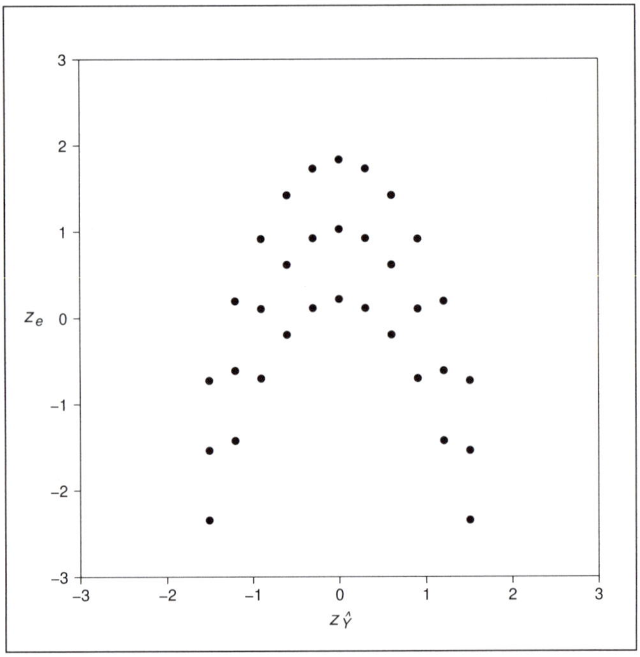

Abbildung 9.17: Streudiagramm der z-standardisierten vorhersagten Werte und der z-standardisierten Residuen bei einem quadratischen Zusammenhang

In dem modifizierten Anscombe-Datensatz sind, wie für empirische Datensätze üblich, mehrere Kriteriumswerte für jede Ausprägung des Prädiktors gegeben. Als Voraussetzung für alle Mitglieder einer Population gilt, dass die Mittelwerte der vorhergesagten Werte auf einer Geraden liegen bzw. äquivalent damit, dass die Mittelwerte der unstandardisierten wie auch der standardisierten Residuen 0 betragen. Für Stichproben, insbesondere kleinere Stichproben, ist diese Bedingung in aller Regel nicht exakt erfüllt. Jedoch sollten die Mittelwerte der Residuen dann unsystematisch um den Wert 0 streuen und kein systematisches Muster erkennen lassen, wie dies z. B. in Abbildung 9.17 der Fall ist. Aus der Art des Musters lassen sich Rückschlüsse auf die Art der nicht linearen Beziehung gewinnen, die, wie wir im Kapitel 10 sehen werden, im Rahmen der multiplen Regression zu spezifizieren ist.

9.8.4 Ausreißer und einflussreiche Beobachtungen

In den univariaten Analysen wurden Ausreißer über den Abstand zur zentralen Tendenz, dem Mittelwert oder Median, bestimmt. In der einfachen linearen Regression stellen die vorhergesagten Werte den Bezugspunkt dar. Hier wird der Absolutbetrag der Residuen bzw. Fehler betrachtet. Dabei sind Ausreißer dann einfacher zu erkennen, wenn die Residuen standardisiert sind. Bei normalverteilten Residuen sollten nicht mehr als ca. 5 % der standardisierten Residuen einen Absolutbetrag von größer als 2 aufweisen.

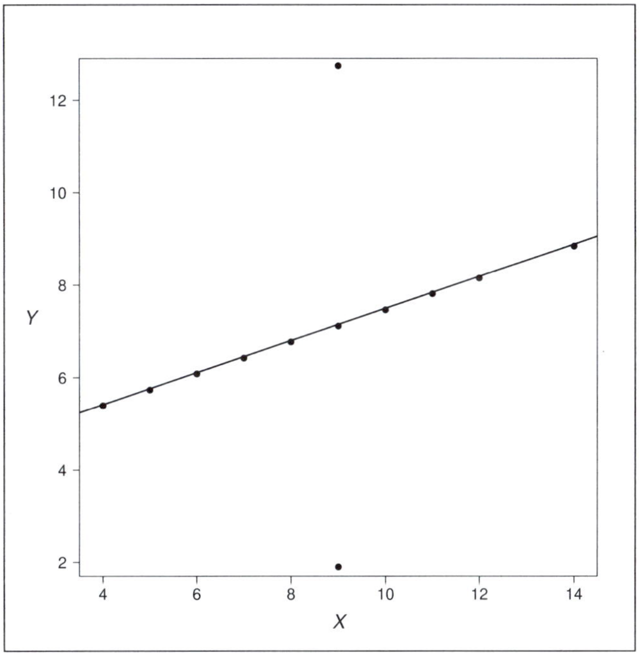

Abbildung 9.18: Ausreißer im Streudiagramm, die (gemeinsam) keine einflussreichen Beobachtungen für die Bestimmung der Regressionskoeffizienten darstellen

Ausreißer können auf der einen Seite zur Verletzung der Homoskedastizität und den damit verbundenen negativen Folgen (vgl. Kapitel 9.9.2) führen, wie Abbildung 9.18 anhand von zwei Ausreißern zeigt. Andererseits entstehen durch Ausreißer möglicherweise weitere negative Konsequenzen, wenn sie zusätzlich sogenannte einflussreiche Beobachtungen darstellen.

Einflussreiche Beobachtungen sind solche Beobachtungen, die in einem besonderen Ausmaß die Schätzung der Statistiken der linearen Regression, insbesondere der Regressionskoeffizienten b_0, b_1 und der Fehlervarianz bzw. SEE beeinflussen. Lässt man eine einflussreiche Beobachtung in einem Datensatz unberücksichtigt und führt dann eine einfache lineare Regression durch, so fallen b_0, b_1 und/oder SEE substanziell anders aus als bei Berücksichtigung einer einflussreichen Beobachtung.

einflussreiche Beobachtungen

Ausreißer müssen nicht einflussreiche Beobachtungen für die Bestimmung bestimmter Statistiken darstellen und umgekehrt müssen einflussreiche Beobachtungen nicht Ausreißer repräsentieren. In Abbildung 9.18 liegen, wie klar zu erkennen ist, zwei Ausreißer vor. Würde man einen der beiden Ausreißer weglassen, würde der Achsenabschnitt b_0 entscheidend beeinflusst. Die Steigung b_1 bliebe durch die Eliminierung einer der beiden Ausreißer unbeeinflusst, da die X-Werte der Ausreißer genau dem Mittelwert $\bar{x}$ entsprechen (vgl. Internetsupplement). Anhand dieses Beispiels ist zu sehen, dass Ausreißer bzw. mehrere Ausreißer gemeinsam nicht immer einflussreiche Beobachtungen für bestimmte Statistiken, hier für die Bestimmung der Steigung, darstellen. Ein extremes Beispiel dafür, dass umgekehrt nicht immer einflussreiche Beobachtungen Ausreißer sind, liegt mit dem vierten Anscombe-Datensatz vor (vgl. Abb. 9.14). Hier bestimmt eine einzige Beobachtung den Y-Achsenabschnitt und die Steigung der Regressionsgeraden, stellt aber keinen Ausreißer dar, da diese Beobachtung unmittelbar auf der Regressionsgeraden liegt.

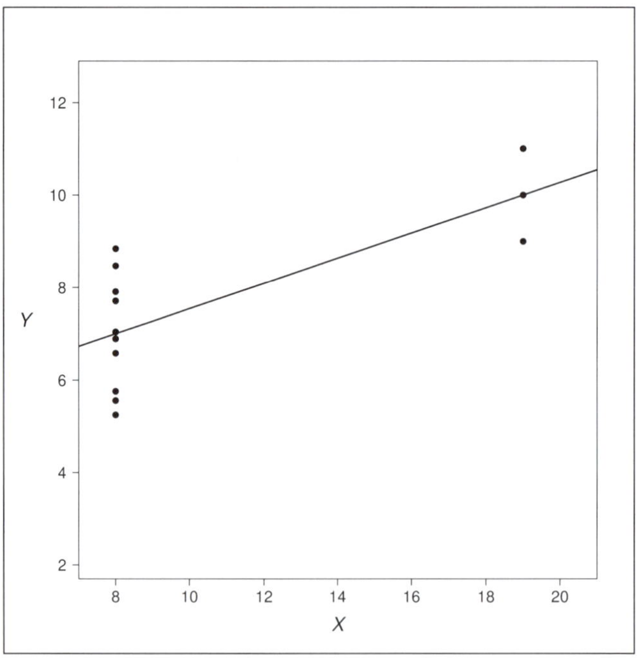

Abbildung 9.19: Einflussreiche Beobachtungen im Streudiagramm

Solche Beispiele kommen in empirischen Analysen allerdings so gut wie nie vor. Eine Situation, die eher in kleinen Stichproben auftreten kann, ist in Abbildung 9.19 dargestellt. Hier liegen für einen Prädiktorwert drei Kriteriumswerte vor, wobei hier Veränderungen einer dieser drei Werte die Steigung der Regressionsgeraden bedeutend beeinflussen mag. In der in Abbildung 9.18 dargestellten Situation beeinflussen hingegen die beiden Ausreißer weder den Y-Achsenabschnitt noch die Steigung der Regressionsgeraden.

Hebelpunkte

Beobachtungen, die von vornherein, d. h. prinzipiell, einflussreich sein können, werden auch als *Hebelpunkte* (engl. *leverage points*) bezeichnet. Betrachten wir dazu den vierten Anscombe-Datensatz (vgl. Abb. 9.14). Würde man hier eine zusätzliche Beobachtung mit $x_i = 8$ hinzufügen, so würde sich wenig an der Bestimmung des Regressionskoeffizienten für die Steigung ändern, wenn nicht der zugehörige y_i-Wert vom Betrag her sehr groß wäre (vgl. Internetsupplement). Hingegen kann eine Beobachtung mit einem anderen Prädiktorwert als 8 von vornherein einen größeren Einfluss auf die Bestimmung der Steigung der Regressionsgeraden haben. Ein solch größerer Einfluss ist insbesondere dann möglich, wenn dieser Wert für den Prädiktor weit von dem Wert 8 entfernt liegt. Hebelpunkte sind also nur potenziell einflussreich. Würde die hinzugefügte Beobachtung mit einem Prädiktorwert $x_i \neq 8$ auf der Regressionsgeraden liegen, die zuvor, d. h. ohne diese Beobachtung, bestimmt wurde, wäre sie nicht einflussreich. Ansonsten ist eine solche Beobachtung umso einflussreicher, je weiter entfernt sie von der Regressionsgeraden liegt, die bestimmt wurde, ohne dass diese Beobachtung sich im Datensatz befand.

Wie der vierte Anscombe-Datensatz illustriert, haben im Allgemeinen Beobachtungen eine umso größere Hebelwirkung, je weiter sie vom Mittelwert $\bar{x}$ entfernt liegen. Daher gilt es, insbesondere die Aufmerksamkeit auf solche Beobachtungen zu richten, die weit vom Zentrum der X-Werte entfernt liegen.

Für die Identifikation von Ausreißern reicht es zumeist aus, das Streudiagramm oder einen Residualplot zu inspizieren. Um einflussreiche Beobachtungen zu entdecken, gilt es neben der Inspektion von Streudiagrammen oder Residualplots, die Regression einmal mit und einmal ohne diese Werte zu berechnen. Verändern sich die Regressionskoeffizienten nur unwesentlich, liegt kein Handlungsbedarf vor. Andernfalls ist im Einzelfall unter Abwägung theoretischer Gesichtspunkte zu entscheiden, ob man die Ergebnisse nach Eliminierung der einflussreichen Beobachtungen heranzieht.

Weitere Ausführungen zur Behandlung von Ausreißern und einflussreichen Beobachtungen sind im Internetsupplement zu finden.

9.9 Software

9.9.1 SPSS

Mithilfe der Statistiksoftware SPSS lässt sich die einfache lineare Regression wie folgt über das Menü aufrufen:

Menü

Analysieren
↓
Regression → **Linear**

Im Dialogfeld wählt man die Variable Y als abhängige und die Variable X als unabhängige Variable.

Um die Zusammenhänge von zwei Variablen in Streudiagrammen darzustellen, gibt es in SPSS die folgenden Möglichkeiten:

Menü

Diagramme
↓
Diagrammerstellung → **Streu-/Punktdiagramm**

Im Dialogfeld können Variablen und weitere Optionen zur Darstellung festgelegt werden.

9.9.2 R

Im R-Commander kann die einfache lineare Regression wie folgt über das Menü abgerufen werden:

R-Commander

Statistik
↓
Regressionsmodelle → **Lineare Regression**

Mithilfe der *R*-Syntax wird die einfache lineare Regression anhand der Funktion *lm* berechnet:

Syntax

```
RegModell <- lm(Y X, data=Datenmatrix)
summary(RegModell)
plot(RegModell)
```

Die erste Anweisung erstellt eine einfache lineare Regression der Form

$$\hat{Y} = b_0 + b_1 X$$

und speichert das Ergebnis als Variable *RegModell* ab.

Mit der zweiten Anweisung *summary* wird die Zusammenfassung der Ergebnisse ausgegeben. Die dritte Anweisung *plot* gibt Diagramme aus. Als erster Plot wird der Tukey-Anscombe-Plot dargestellt.

Mit Hilfe des R-Commanders lassen sich Streudiagramme wie folgt abrufen:

R-Commander

Grafiken
↓
Streudiagramme...

Im Dialogfeld können zwei Variablen und zusätzliche Optionen (z. B. das Einzeichnen einer Regressionsgeraden) festgelegt werden.

R-Commander

Grafiken
↓
Streudiagramme...

Im Dialogfeld können für drei oder mehr Variablen gleichzeitig Streudiagramme in einer Abbildung (sogenannte Matrizenplots) erstellt werden. Zusätzliche Optionen steuern die Darstellung innerhalb der Streudiagramme (z. B. das Einzeichnen einer Regressionsgeraden) und die Plots in der Diagonalen der Matrix, möglich sind z. B. Boxplots oder Histogramme.

Zusammenfassung

In der einfachen linearen Regression wird eine metrische abhängige Variable durch eine metrische unabhängige Variable (linear) vorhergesagt. Dazu wird eine Regressionsgerade so durch das Streudiagramm dieser beiden Variablen gelegt, dass die Summe der quadrierten Abweichungen der Werte der abhängigen Variablen von der Regressionsgeraden minimiert wird.

Sind die abhängige und unabhängige Variable z-transformiert, stimmt der dann berechnete (standardisierte) Regressionskoeffizient für die Steigung der Regressionsgeraden mit dem Produkt-Moment-Korrelationskoeffizienten der beiden Variablen überein.

Anhand der Regressionsgeraden lassen sich die Abweichungen der Messwerte vom Mittelwert in einen erklärten und einen Fehleranteil untergliedern. Auch die Summe der quadrierten Abweichungen vom Mittelwert (gesamte Variation) setzt sich additiv aus der Summe der quadrierten Abweichungen der vorhergesagten Werte vom Mittelwert (erklärte Variation) und der Summe der quadrierten Fehler (nicht erklärte Variation) zusammen. Damit kann der Determinationskoeffizient, der dem quadrierten Produkt-Moment-Korrelationskoeffizienten entspricht, als Verhältnis der erklärten zur gesamten Variation bestimmt werden. Die Wurzel aus der Fehlervarianz ergibt den Standardschätzfehler, der zur Beurteilung der Güte der Vorhersage genutzt werden kann.

Wesentliche Voraussetzungen für eine sinnvolle Interpretation der Ergebnisse der einfachen linearen Regression sind die Linearität, Homoskedastizität (homogene Fehlervarianzen) und Abwesenheit von Ausreißern und einflussreichen Beobachtungen.

Zentrale Begriffe

Die *abhängige Variable* bzw. das *Kriterium* stellt die Variable dar, die durch eine unabhängige Variable vorhergesagt bzw. erklärt werden soll.

Die *unabhängige Variable* bzw. der *Prädiktor* dient zur Vorhersage bzw. Erklärung eines Kriteriums. Für eine bestimmte Ausprägung des Prädiktors kann der Wert für das Kriterium mittels der Regressionsgleichung vorhergesagt werden.

Die *Regressionsgerade* erlaubt die beste Vorhersage der Werte der abhängigen Variablen anhand des Kriteriums der kleinsten Quadrate.

Das *Kleinste-Quadrate-Kriterium* bedeutet, dass die Summe der quadrierten Abweichungen der beobachteten Werte von den anhand der Regressionsgleichung vorhergesagten Werten minimiert wird.

Der *Regressionskoeffizient* b_0 gibt den vorhergesagten Wert für das Kriterium an, wenn der Prädiktor den Wert 0 annimmt. Er wird auch Y-Achsenabschnitt bzw. *intercept* genannt.

Der *Regressionskoeffizient* b_1 gibt den Einfluss des Prädiktors auf das Kriterium Y an, d. h., um wie viele Einheiten sich der vorhergesagte Wert für das Kriterium verändert, wenn man den Wert des Prädiktors um den Wert 1 erhöht.

Der *standardisierte Regressionskoeffizient* b_1^* gibt den Einfluss des standardisierten Prädiktors auf das standardisierte Kriterium an, d. h., er erfasst, um wie viele Standardabweichungen sich der vorhergesagte Wert des Kriteriums verändert, wenn man den Prädiktor um eine Standardabweichung erhöht. Der standardisierte Regressionskoeffizient stimmt im Falle der einfachen linearen Regression mit dem Korrelationskoeffizienten überein.

Der *Standardschätzfehler* SEE ist die (positive) Wurzel aus der Schätzfehlervarianz.

Der *Determinationskoeffizient* R^2 bezeichnet den Anteil der durch die Regression erklärten Variation an der Gesamtvariation. R^2 ist ein PRE-Maß und stimmt im Fall der einfachen linearen Regression mit dem Quadrat der Korrelation überein.

Unter *Homoskedastizität* versteht man die Gleichheit der Fehlervarianzen für alle Ausprägungen der unabhängigen Variablen

Heteroskedastizität liegt vor, wenn für mindestens zwei Ausprägungen der unabhängigen Variablen die Fehlerterme ungleiche Varianzen besitzen.

In einem *Residualplot* werden auf der X-Achse die Werte der unabhängigen Variablen oder die vorhergesagten Kriteriumswerte entweder in ursprünglicher oder in standardisierter Form abgetragen und auf der Y-Achse werden die Residuen in ursprünglicher oder in standardisierter Form abgetragen.

Ausreißer in der einfachen linearen Regression sind solche Beobachtungen, die einen großen Fehler aufweisen.

Einflussreiche Beobachtungen sind solche Beobachtungen, die in einem besonderen Ausmaß die Schätzung der Statistiken der einfachen linearen Regression beeinflussen.

Hebelpunkte sind solche Beobachtungen, die von vornherein, d. h. potenziell, einflussreiche Beobachtungen darstellen.

Notation

Notation	Bedeutung
AV	Abhängige Variable (Kriterium)
UV	Unabhängige Variable (Prädiktor)
b_0	Achsenabschnitt der Regressionsgeraden
b_1	Steigung der Regressionsgeraden
$\hat{y}_i$	Vorhergesagter Wert für y_i ($\hat{y}_i = a + bx_i$)
R^2	Determinationskoeffizient (identisch mit r^2)
SS_T	Summe der Abweichungsquadrate der y_i vom Mittelwert $\bar{y}$
SS_E	Summe der Abweichungsquadrate der $\hat{y}_i$ vom jeweiligen beobachteten Wert y_i
SS_R	Summe der Abweichungsquadrate der $\hat{y}_i$ vom Mittelwert $\bar{y}$
SEE	Standardschätzfehler ($SEE = \sqrt{MS_E}$)

Kapitel 10
Das lineare Modell

Inhaltsübersicht

Gegenstand des letzten Kapitels war die einfache lineare Regression. Dieses Verfahren ist ein Spezialfall eines allgemeinen statistischen Ansatzes, der *allgemeines lineares Modell* oder kürzer *lineares Modell* genannt wird. Das lineare Modell stellt einen universellen und eleganten Ansatz für eine einheitliche Durchführung wie Interpretation vieler statistischer Verfahren dar.

allgemeines lineares Modell

Während in der einfachen linearen Regression ein intervallskaliertes Kriterium durch eine metrische Variable vorhergesagt wird, erlaubt das lineare Modell die Vorhersage eines solchen Kriteriums anhand mehrerer Prädiktoren, die auch nominalskaliert sein können. Damit dient dieses Modell zur statistischen Analyse zahlreicher Fragestellungen, so z. B. zur Vorhersage der mittleren Abiturnote durch die Prädiktoren *Intelligenz*, *Geschlecht* und *Bundesland*, in dem das Abitur gemacht wird.

Im folgenden Abschnitt stellen wir zunächst die grundlegenden Annahmen des linearen Modells dar. Dann behandeln wir recht ausführlich den wichtigsten Spezialfall, die multiple Regression, und anschließend weitere Spezialfälle des linearen Modells.

10.1 Grundlagen des linearen Modells

Die grundlegende Gleichung des linearen Modells mit k Prädiktoren $X_1, X_2, \ldots, X_k$ lautet:

$$Y = b_0 + b_1X_1 + b_2X_2 + \ldots + b_kX_k + e$$

Gleichung des linearen Modells mit k Prädiktoren

Dabei stellt e – wie in der einfachen Regression – das Residuum dar, d. h. den Anteil des Kriteriums, der durch die k Prädiktoren nicht vorhergesagt werden kann. Für die vorhergesagten Werte gilt:

$$\widehat{Y} = b_0 + b_1X_1 + b_2X_2 + \ldots + b_kX_k$$

vorhergesagte Werte des linearen Modells

Somit resultiert analog zur einfachen Regression:

$$e = Y - \widehat{Y} = Y - (b_0 + b_1X_1 + b_2X_2 + \ldots + b_kX_k)$$

Residuum im linearen Modell

Generell ist die abhängige Variable im linearen Modell mindestens intervallskaliert. Neben intervallskalierten Prädiktoren können im linearen Modell bereits nominalskalierte Prädiktoren berücksichtigt werden.

Dazu gilt es, die nominalskalierten Variablen, zumindest wenn sie mehr als zwei Ausprägungen besitzen, in neue Variablen zu transformieren.

Weiterhin ist es möglich, nicht lineare Prädiktorterme in die Regressionsgleichung aufzunehmen, wie z. B. X^2, $\ln(X)$ oder $\exp(X)$. Ebenso können die Produkte zweier oder mehrerer Prädiktoren als UV in der Regressionsgleichung fungieren. Diese Produkte stellen sogenannte Interaktionsterme dar, die die gemeinsame Wirkung zweier oder mehrerer Prädiktoren erfassen.

Zusätzlich zu den obigen Annahmen müssen auch im linearen Modell die Voraussetzungen erfüllt sein, die schon in der einfachen Regression angeführt wurden. Hierzu zählen Linearität, Homoskedastizität und Abwesenheit von Ausreißern und einflussreichen Beobachtungen. Im letzten Abschnitt gehen wir auf diese Voraussetzungen ein. In inferenzstatistischer Hinsicht kommen die beiden Annahmen hinzu, dass die Fehler dieselbe Verteilung besitzen und wechselseitig voneinander unabhängig sind. Fast immer wird eine spezielle Verteilung, die Normalverteilung, für die Fehler angenommen. Diese Annahmen werden im Rahmen der Inferenzstatistik thematisiert.

Varianzanalyse
Kovarianzanalyse

Die wesentlichen Spezialfälle des linearen Modells stellen die einfache und multiple Regression dar, die ein- und mehrfaktorielle *Varianzanalyse* und die *Kovarianzanalyse*. Diese Verfahren unterscheiden sich insbesondere durch die Anzahl und das Skalenniveau der Prädiktoren. Bei der einfachen Regression liegt eine intervallskalierte unabhängige Variable (UV) vor, bei der multiplen Regression sind mehrere intervallskalierte UV gegeben. Eine einfaktorielle Varianzanalyse ist bei einer nominalskalierten UV gegeben und eine mehrfaktorielle Varianzanalyse bei mehreren nominalskalierten UV. Bei der Kovarianzanalyse fungieren sowohl nominalskalierte als auch intervallskalierte Variablen als UV.

Wir behandeln in diesem Band die deskriptiven Eigenschaften des linearen Modells. Dabei beginnen wir mit der multiplen Regression, dem wichtigsten Spezialfall des linearen Modells. Nach der Darstellung der wesentlichen Grundlagen dieses Verfahrens gehen wir auf einige wichtige Eigenschaften der multiplen Regression mit *unkorrelierten* Prädiktoren ein. Dieser spezielle Fall der multiplen Regression stellt eine unmittelbare Erweiterung der einfachen Regression dar und ist einfacher zu interpretieren als die dann behandelte multiple Regression mit korrelierten Prädiktoren. Dabei widmen wir der Interpretation der Regressionskoeffizienten für den Fall korrelierter Prädiktoren eine besondere Aufmerksamkeit, da hier die im zweiten Kapitel zur Relevanz der Statistik aufgezeigte Konfundierung der Wirkung zweier oder mehrerer Variablen zum Tragen kommt. Nach der Darstellung der semipartiellen und partiellen Korrelation behandeln wir die Transformation von nominalskalierten Prädiktoren. Im Anschluss geht es um die Einbeziehung von nicht linearen Termen und Interaktionseffekten und zum Schluss um die Voraussetzungen des linearen Modells.

10.2 Multiple Regression

Bei der multiplen linearen Regression werden in Erweiterung der einfachen linearen Regression mehrere intervallskalierte Prädiktoren zur Vorhersage der abhängigen Variablen herangezogen. Um die Grundlagen dieses Verfahrens verständlich darzulegen, verwenden wir einfache, fiktive Beispieldaten.

10.2.1 Beispiel

Als abhängige Variable dient in unserem Beispiel (vgl. den Beispielkasten auf der nächsten Seite) die anhand der Abiturnotenskala erhobene Mathematiknote (Note). Als unabhängige Variablen ziehen wir die Unterrichtsqualität (UQ) mit drei Ausprägungen (1 = gering, 2 = mittel, 3 = hoch) sowie das Interesse an Mathematik (IM) mit fünf Ausprägungen (1 = sehr gering, 2 = gering, 3 = mittel, 4 = hoch, 5 = sehr hoch) heran.

Die drei Ausprägungen der Variablen *Unterrichtsqualität* sind systematisch mit den fünf Ausprägungen der Variablen *Interesse an Mathematik* kombiniert. Somit resultieren insgesamt 15 unterschiedliche Kombinationen der Merkmalsausprägungen. Im vorliegenden Beispiel wurden 30 Schüler so ausgewählt, dass alle 15 unterschiedlichen Merkmalskombinationen je zweimal auftreten. Damit sind diese beiden Variablen unabhängig, d. h., die χ^2-Statistik nimmt den Wert 0 an. Ebenso beträgt die Produkt-Moment-Korrelation zwischen diesen beiden Variablen 0. Die Daten sind der Tabelle im Beispielkasten zu entnehmen.

Zunächst können zwei einfache lineare Regressionen durchgeführt werden, die einfache Regression der Mathematiknote auf die Unterrichtsqualität sowie die einfache Regression der Mathematiknote auf das mathematische Interesse. Diese beiden Regressionen ergeben die folgenden Gleichungen:

$$
\begin{aligned}
\widehat{Note} &= 5 + 2\,\mathrm{UQ} \\
\widehat{Note} &= 6 + 1\,\mathrm{IM}
\end{aligned}
$$

Beispiel einer multiplen linearen Regression: Vorhersage der Mathematiknote anhand der Prädiktoren *Unterrichtsqualität* und *Interesse an Mathematik*

Gesucht ist die Vorhersage der Mathematiknote anhand der Variablen *Unterrichtsqualität* und *Interesse an Mathematik*.

In diesem fiktiven Beispiel stellt die *Mathematiknote* (Note) die abhängige Variable dar, die *Unterrichtsqualität* (UQ) und das *Interesse an Mathematik* (IM) bilden die Prädiktoren.

Für jedes mögliche Wertepaar von Unterrichtsqualität und Interesse an Mathematik liegen genau zwei Beobachtungen vor, wie die folgende Häufigkeitstabelle zeigt.

	IM				
UQ	1	2	3	4	5
1	2	2	2	2	2
2	2	2	2	2	2
3	2	2	2	2	2

Es resultieren somit insgesamt $n = 30$ Beobachtungen.

UQ	IM	Note
1	1	3
1	1	7
1	2	4
1	2	8
1	3	5
1	3	9
1	4	6
1	4	10
1	5	7
1	5	11
2	1	5
2	1	9
2	2	6
2	2	10
2	3	7
2	3	11
2	4	8
2	4	12
2	5	9
2	5	13
3	1	7
3	1	11
3	2	8
3	2	12
3	3	9
3	3	13
3	4	10
3	4	14
3	5	11
3	5	15

In Abbildung 10.1 sind die bivariaten Streudiagramme mit den eingezeichneten Regressionsgeraden dargestellt. Die unmittelbar auf der Regressionslinie liegenden Wertepaare treten hier zweifach auf und die ihnen entsprechenden Punkte sind daher mit einem größeren Umfang dargestellt als die einmalig auftretenden Wertepaare.

In den beiden einfachen Regressionen werden die Werte des jeweiligen zweiten Prädiktors nicht explizit berücksichtigt.

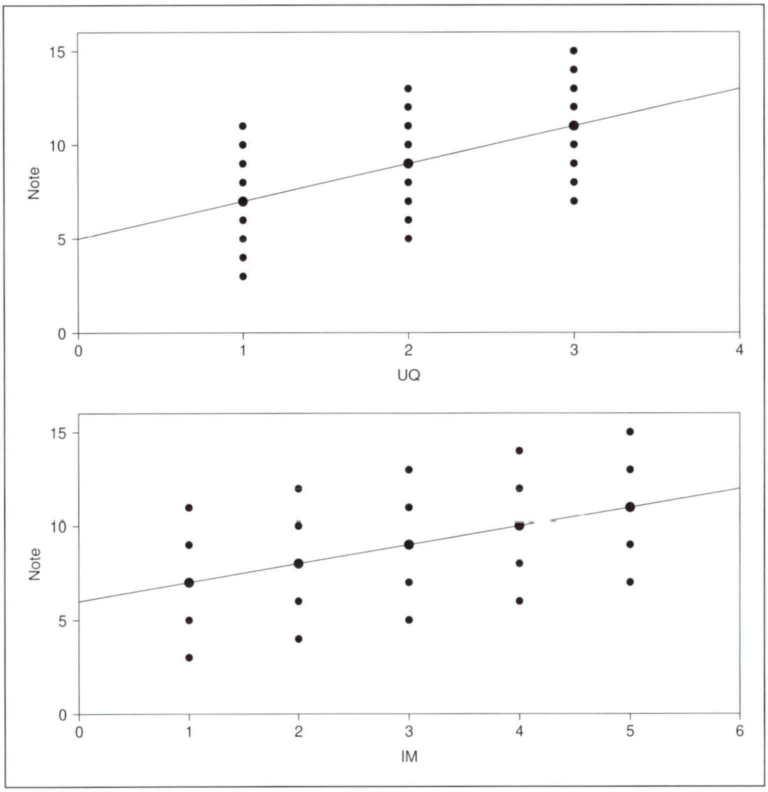

Abbildung 10.1: Einfache Regression der Mathematiknote auf jeden der beiden Prädiktoren

In der multiplen Regression werden hingegen die Werte beider Prädiktoren in die Regressionsgleichung einbezogen. Für unsere Beispieldaten resultiert die folgende Gleichung der multiplen Regression (mit zwei Prädiktoren):

$$\widehat{Note} = b_0 + b_1\mathrm{UQ} + b_2\mathrm{IM}$$

Die Koeffizienten b_0, b_1 und b_2 werden zumeist Regressionskoeffizienten oder *Gewichte* genannt. Genauer gesagt handelt es sich bei diesen Regressionskoeffizienten um unstandardisierte Regressionskoeffizienten. Analog zur einfachen Regression erhalten die Regressionskoeffizienten das Attribut *unstandardisiert*, wenn alle Ausgangsvariablen (Kriterium und Prädiktoren) unstandardisiert sind. Wird die multiple Regression ausgehend von standardisierten Variablen durchgeführt, so spricht man bei den resultierenden *b*-Gewichten von standardisierten

Gewicht

Regressionskoeffizienten, auf die wir später ausführlicher eingehen werden. Sofern wir lediglich die Terme „Regressionskoeffizienten" oder „Gewichte" verwenden, sind immer unstandardisierte Regressionskoeffizienten gemeint.

Im Falle von zwei Prädiktoren lassen sich die Daten dreidimensional darstellen. Abbildung 10.2 veranschaulicht die Daten unseres Beispiels. Bei dreidimensionalen Abbildungen ist es üblich, die abhängige Variable auf der vertikalen (Y-) Achse abzutragen, während die beiden Prädiktoren auf den beiden horizontalen Achsen, also auf der (von links nach rechts verlaufenden) X- und der (von vorne nach hinten verlaufenden) Z-Achse abgetragen werden.

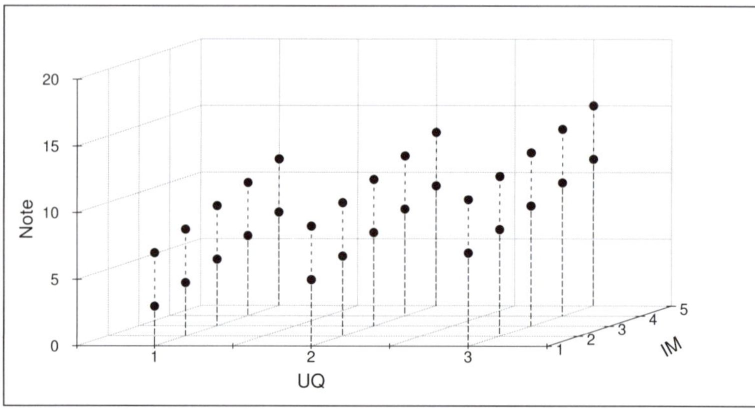

Abbildung 10.2: Dreidimensionale Darstellung der Beispieldaten

Regressionsebene

Der Regressionsgeraden der einfachen linearen Regression entspricht in der multiplen linearen Regression eine *Regressionsebene*, auf der die anhand der Regressionsgleichung vorhergesagten Werte der abhängigen Variablen liegen. Der obere Teil von Abbildung 10.3 zeigt die Regressionsebene für unser Beispiel. Hier sind die Residuen bzw. Fehler, also die Abstände der Daten von der Regressionsebene, als Linien zwischen den vorhergesagten Werten auf der Regressionsebene und den Beobachtungen dargestellt. Dabei repräsentiert b_0 – wie in der einfachen Regression – den Y-Achsenabschnitt, b_1 und b_2 geben die Steigung für die Regressionsebene an.

In Abbildung 10.1 werden lediglich solche Beobachtungen an einer unterschiedlichen Position dargestellt, die bei einem Prädiktor unterschiedliche Werte aufweisen, die unterschiedlichen Werte des zweiten Prädiktors kommen nicht zum Vorschein. In der dreidimensionalen Darstellung in Abbildung 10.2 können zusätzlich die unterschiedlichen Werte des zweiten Prädiktors identifiziert werden. Hier werden die Beobachtungen, die in den beiden Grafiken in Abbildung 10.1 übereinander liegen, gewissermaßen auseinandergezogen, d. h. anhand der zweiten Achse unterschiedlich dargestellt. Damit wird der Einfluss beider Prädiktoren sichtbar.

Die Daten aus der dreidimensionalen Darstellung lassen sich wiederum zu einer zweidimensionalen Darstellung verdichten, wie im unteren Teil der Abbildung 10.3 dargestellt wird. Dazu wird die obere Abbildung so gedreht, dass die dritte Achse *(Interesse an Mathematik)* nicht mehr erscheint. Hierbei handelt es sich um die sogenannte zweidimensionale *Projektion* einer dreidimensionalen Darstellung. Projektion

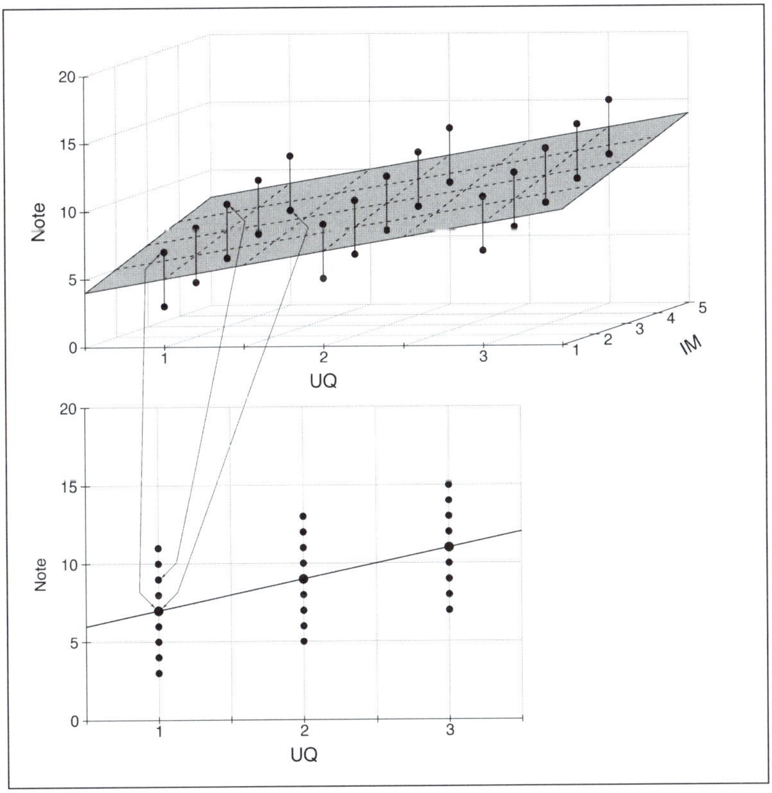

Abbildung 10.3: Dreidimensionale Ansicht der Regressionsebene mit zwei Prädiktoren (oben) und Darstellung einer zweidimensionalen Projektion (unten)

Die Drehung der Regressionsebenen in der zweidimensionalen Projektion erfolgt derart, dass die Werte des Kriteriums für einen bestimmten Wert des Prädiktors nicht mehr seitlich, sondern direkt von vorne dargestellt werden. Somit sind einige Kriteriumswerte nicht mehr zu unterscheiden und fallen aufeinander. (Mehrere im unteren Teil der Abbildung 10.3 auf einer Position dargestellten Beobachtungen werden grafisch wiederum durch größere Punkte dargestellt als einzelne Beobachtungen.)

In Abbildung 10.3 wird die dreidimensionale Darstellung des Zusammenhangs der Note mit beiden Prädiktoren zur zweidimensionalen Darstellung des Zusammenhangs der Note mit dem einen Prädiktor *Unterrichtsqualität* verdichtet, in der gleichen Weise kann man auch die zweidimensionale Darstellung des Zusammenhangs des Kriteriums mit dem anderen Prädiktor *Interesse an Mathematik* erhalten.

10.2.2 Berechnung der Regressionskoeffizienten

Will man nun die Gleichung der Regressionsebene berechnen, so kann man analog zum Vorgehen in der einfachen Regression die Regressionsgewichte der Prädiktoren und die Konstante b_0 (*intercept*) so bestimmen, dass die Summe der Fehlerquadrate minimiert wird:

$$\sum_{i=1}^{n} (y_i - \hat{y}_i)^2 = \sum_{i=1}^{n} e_i^2 \stackrel{!}{=} \text{Min.}$$

beobachtete Werte der AV (y_i) — anhand der multiplen Regressionsgleichung vorhergesagte Werte der AV ($\hat{y}_i$)

Wir geben weiter unten Formeln zur Berechnung der Regressionskoeffizienten für den Fall unabhängiger und abhängiger Prädiktoren an, soweit sie für die Interpretation der Ergebnisse der multiplen Regression notwendig sind. Eine umfassende Kenntnis der rechnerischen Bestimmung der Regressionskoeffizienten erfordert die Kenntnis von Matrixalgebra, ist aber nicht für das Verständnis der grundsätzlichen Logik der multiplen Regression erforderlich. Interessierte Leser finden im Internetsupplement eine Einführung in die Matrixalgebra und eine Ableitung der Formeln zur Berechnung der Regressionskoeffizienten.

Für das Beispiel resultiert die folgende Regressionsgleichung:

$$\widehat{Note} = 2 + 2\ \text{UQ} + 1\ \text{IM}$$

Dabei entsprechen die beiden Regressionskoeffizienten 2 bzw. 1 den Steigungen der Regressionsfläche in Abbildung 10.3, während der Achsenabschnitt $b_0 = 2$ den vorhergesagten Kriterienwert für den (hypothetischen) Wert 0 für beide Prädiktoren darstellt. Die Regressionsgleichung kann damit wie folgt interpretiert werden:

- Wird die *Unterrichtsqualität* um eine Einheit erhöht, steigt der vorhergesagte Wert für die *Mathematiknote* um 2 Einheiten, wobei die Variable *Interesse an Mathematik* einen beliebigen – aber festen – Wert besitzt.
- Für Schüler, die gegenüber anderen Schülern einen um eine Einheit höheren Wert auf der Skala *Interesse an Mathematik* haben, ist der vorhergesagte Wert für die *Mathematiknote* um den Wert 1 höher, wobei die Variable *Unterrichtsqualität* einen beliebigen – aber festen – Wert besitzt.
- Der Achsenabschnitt 2 gibt den (hypothetischen) vorhergesagten Wert des Kriteriums für die Kombination *Unterrichtsqualität* $= 0$ und *Interesse an Mathematik* $= 0$ an.

Beträgt beispielsweise die Ausprägung für die Unterrichtsqualität 1 und für das Interesse an Mathematik 2, dann beträgt der vorhergesagte Wert für die Mathematiknote $\widehat{\text{Note}} = 2 + 2 \cdot 1 + 1 \cdot 2 = 6$. Eine Verbesserung der Unterrichtsqualität von 1 auf 2 führt zu einer Steigerung des vorhergesagten Werts für die Mathematiknote von 6 auf 8. Hingegen führt die Erhöhung des Interesses an Mathematik von 2 auf 3 zu einer Steigerung des vorhergesagten Werts für die Mathematiknote von 6 auf 7.

10.2.3 Multiple Korrelation und multipler Determinationskoeffizient

Wie in der einfachen Regression kann auch in der multiplen Regression eine Zerlegung der Gesamtsumme der Abweichungsquadrate SS_T erfolgen. Dabei setzt sich SS_T zusammen aus:

- SS_R (Summe der quadrierten Abweichungen der vorhergesagten Werte vom Mittelwert der vorhergesagten Werte)
- SS_E (Summe der quadrierten Abweichungen der vorhergesagten Werte von den beobachteten Werten)

Es gilt also:

$$\sum_{i=1}^{n} (y_i - \bar{y})^2 = \sum_{i=1}^{n} (\hat{y}_i - \bar{y})^2 + \sum_{i=1}^{n} (y_i - \hat{y}_i)^2$$

bzw.

$$SS_T = SS_R + SS_E.$$

Ein Zusammenhangsmaß für das Kriterium Y mit allen Prädiktoren $X_1, \ldots, X_k$ stellt die *multiple Korrelation* R bzw. der multiple Korrelationskoeffizient dar. Analog zur einfachen Regression wird R als $r_{Y\hat{Y}}$

multiple Korrelation R

definiert und fällt auch hier immer positiv aus, da die vorhergesagten Werte $\hat{y}_i = b_0 + b_1X_1 + b_2X_2 + ... + b_kX_k$ so berechnet werden, dass ihr (quadrierter) Abstand zu den beobachteten Werten y_i minimal ist. Da für die Berechnung der vorhergesagten Werte k Prädiktoren benutzt werden, wird die multiple Korrelation auch mit $R_{Y\bullet 1,...,k}$ bezeichnet.

$R_{Y\bullet 1,...,k}$

multiple Korrelation

$$R_{Y\bullet 1,...,k} = r_{Y\hat{Y}}$$

Das Quadrat der multiplen Korrelation, der *multiple Determinationskoeffizient*, stellt auch ein PRE-Maß dar. Analog zur einfachen Regression gilt:

multipler Determinationskoeffizient

$$R^2_{Y\bullet 1,...,k} = \frac{SS_T - SS_E}{SS_T} = \frac{SS_R}{SS_T} = \frac{\sum(\hat{y}_i - \bar{y})^2}{\sum(y_i - \bar{y})^2}$$

Die Interpretation des Determinationskoeffizienten kann ebenfalls übernommen werden. Es handelt sich um den prozentualen Anteil der Variation von Y, der durch die multiple lineare Regression auf die k unabhängigen Variablen zurückgeführt werden kann.

Beispiel zur Interpretation des multiplen Determinationskoeffizienten: Erklärte Variation in der multiplen Regression bei der Vorhersage der Mathematiknote

Für die Vorhersage der Mathematiknote erhalten wir:

$$R = r_{\text{Note}\widehat{\text{Note}}} = .734$$

$$R^2_{\text{Note}\bullet\text{UQ,IM}} = .734^2 = .539$$

53.9 % der Streuung der Mathematiknote können also durch die Variablen UQ und IM erklärt werden. Die Vorhersage verbessert sich bei Berücksichtigung beider Prädiktoren um 53.9 % gegenüber einer Vorhersage der Kriteriumswerte ohne Kenntnis der Ausprägungen dieser beiden Prädiktoren.

Wesentliche Merkmale der multiplen Regression

- Die multiple Regression ist eine Erweiterung der einfachen Regression, hier dienen mehrere metrische Prädiktoren zur Vorhersage des Kriteriums.

- Die Gleichung für die multiple Regression lautet:

$$Y = b_0 + b_1X_1 + b_2X_2 + ... + b_kX_k + e$$

bzw.

$$Y = \widehat{Y} + e$$

mit

$$\widehat{Y} = b_0 + b_1X_1 + b_2X_2 + ... + b_kX_k$$

- Die Regressionskoeffizienten werden so bestimmt, dass der quadrierte Abstand zwischen den vorhergesagten Werten

$$\hat{y}_i = b_0 + b_1x_{1i} + b_2x_{2i} + ... + b_kx_{ki}$$

und den beobachteten Werten y_i minimiert wird.
- Der Regressionskoeffizient b_0 gibt den Wert des Kriteriums an, wenn alle Prädiktoren den Wert 0 annehmen.
- Die Regressionskoeffizienten $b_i, i = 1, ..., k$ geben an, dass sich das Kriterium um den Wert b_i verändert, wenn der Prädiktor X_i um eine Einheit erhöht wird und alle anderen Prädiktoren konstant bleiben.
- Die Streuung des Kriteriums lässt sich analog zur einfachen Regression zerlegen: $SS_T = SS_R + SS_E$.
- Der multiple Korrelationskoeffizient ist definiert als $R - r_{Y\hat{Y}}$.
- Der Determinationskoeffizient ist das Quadrat des multiplen Korrelationskoeffizienten.
- Der Determinationskoeffizient stellt ein PRE-Maß dar und kann folgendermaßen berechnet werden:

$$R^2 = \frac{SS_T - SS_E}{SS_T} = \frac{SS_R}{SS_T}$$

10.3 Multiple Regression mit unkorrelierten Prädiktoren

Die Berechnung und insbesondere die Interpretation der Regressionskoeffizienten sind für unkorrelierte Prädiktoren in der multiplen Regression weitaus einfacher als für korrelierte Prädiktoren. Wir gehen daher zunächst auf die multiple Regression mit unkorrelierten Prädiktoren ein und hier im Einzelnen auf die folgenden Punkte:

- Korrelierte vs. unkorrelierte Prädiktoren
- Berechnung und Interpretation der unstandardisierten und standardisierten Regressionskoeffizienten

- Beziehung der Regressionskoeffizienten in der einfachen und multiplen Regression
- Variationsaufklärung durch die einzelnen Prädiktoren

10.3.1 Korrelierte vs. unkorrelierte Prädiktoren

Für die Interpretation der Ergebnisse der multiplen Regression ist es von besonderer Bedeutung, wie die Auswahl der statistischen Einheiten, d. h. in unserem Beispiel der Schüler, erfolgt. Die Auswahl statistischer Einheiten gehört zur Versuchsplanung, die eine wichtige statistische Aufgabe darstellt und bereits vor einer empirischen Untersuchung ansteht. In der Versuchsplanung stellt sich die wesentliche Frage, welche gezielt selektierten Ausprägungen der unabhängigen Variablen mit welcher Häufigkeit beobachtet werden sollen. Die Aussagekraft und die Interpretierbarkeit der Ergebnisse der statistischen Analysen hängen sehr stark von dieser Auswahl ab. Das bedeutet, dass die wesentlichen statistischen Aufgaben bereits bei der Planung empirischer Studien anstehen.

Während die Aussagekraft in Form der sogenannten Power statistischer Verfahren im Rahmen der Inferenzstatistik thematisiert wird, geht es uns hier im Rahmen der deskriptiven Statistik insbesondere um die Interpretation der Regressionskoeffizienten. In der einfachen Regression ist diese Interpretation relativ unproblematisch, in der multiplen Regression hingegen hängen die Werte der Regressionskoeffizienten sehr stark davon ab, welche Kombinationen der Ausprägungen der Prädiktoren in die Analyse einbezogen werden.

Im obigen Beispiel wurden die drei Ausprägungen der Variablen *Unterrichtsqualität* systematisch mit den fünf Ausprägungen der Variablen *Interesse an Mathematik* kombiniert. Damit resultieren insgesamt 15 unterschiedliche Kombinationen der Merkmalsausprägungen, die jeweils zweimal vorkommen. Tabelle 10.1 enthält noch einmal die gemeinsame Verteilung der absoluten Häufigkeiten der beiden Prädiktoren.

Tabelle 10.1: Bivariate Verteilung der Ausprägungen von UQ (Unterrichtsqualität) und IM (Interesse an Mathematik)

		IM				
		1	2	3	4	5
	1	2	2	2	2	2
UQ	2	2	2	2	2	2
	3	2	2	2	2	2

Die Werte der beiden Variablen *Unterrichtsqualität* und *Interesse an Mathematik* variieren also unabhängig voneinander und es liegt keine *Konfundierung* der Wirkung der beiden unabhängigen Variablen vor.

Konfundierung

Die Unabhängigkeit messen wir bei intervallskalierten Prädiktoren anhand der Korrelation der Prädiktoren. Dabei gehen wir weiterhin davon aus, dass die Beziehungen zwischen den Prädiktoren linear sind, d. h. durch eine lineare Regression adäquat beschrieben werden können. Im vorliegenden Fall sind diese Voraussetzungen erfüllt und für die Korrelation gilt $r = 0$.

10.3.2 Berechnung und Interpretation der Regressionskoeffizienten

Wir betrachten hier zunächst die unstandardisierten und anschließend die standardisierten Regressionskoeffizienten.

Unstandardisierte Regressionskoeffizienten

In der einfachen Regression gelten, wie gezeigt:

$$b_0 = \bar{y} - b_1 \bar{x}$$

und

$$\begin{aligned} b_1 &= \frac{s_{YX}}{s_X^2} \\ &= \frac{s_Y}{s_X} r_{YX} \end{aligned}$$

Analog berechnen sich, wie im Internetsupplement abgeleitet wird, die Regressionskoeffizientenin der multiplen Regression mit unkorrelierten Prädiktoren anhand von:

$$b_0 = \bar{y} - (b_1 \bar{x}_1 + \ldots + b_k \bar{x}_k)$$

und

$$\begin{aligned} b_i &= \frac{s_{YX_i}}{s_{X_i}^2} \\ &= \frac{s_Y}{s_{X_i}} r_{YX_i}, i = 1, \ldots, k \end{aligned}$$

Für eine übersichtlichere Beschreibung bezeichnen wir im Folgenden die Prädiktoren in den Formeln zur Varianz, Standardabweichung,

Kovarianz und Korrelation zumeist lediglich mit dem Index, d. h. verwenden anstelle von

$$s_{X_i}^2, s_{X_i}, s_{YX_i} \text{ bzw. } r_{YX_i}$$

die einfachere Schreibweise:

$$s_i^2, s_i, s_{Yi} \text{ bzw. } r_{Yi}$$

Damit folgt:

$$\begin{aligned} b_i &= \frac{s_{Yi}}{s_i^2} \\ &= \frac{s_Y}{s_i} r_{Yi}, i = 1, ..., k \end{aligned}$$

Die Regressionsgleichung lautet damit:

$$\begin{aligned} Y &= b_0 + b_1 X_1 + b_2 X_2 + ... + b_k X_k + e \\ &= \bar{y} - (b_1 \bar{x}_1 + ... + b_k \bar{x}_k) + \\ &\quad \frac{s_Y}{s_1} r_{Y1} X_1 + \frac{s_Y}{s_2} r_{Y2} X_2 + ... + \frac{s_Y}{s_k} r_{Yk} X_k + e \end{aligned}$$

Die Koeffizienten für die Steigung, d. h. $b_i = \frac{s_Y}{s_i} r_{Yi}, i = 1, ..., k$, hängen neben der Korrelation von der Standardabweichung des Kriteriums und der Standardabweichung des Prädiktors ab. Die Standardabweichung des Kriteriums ist für alle Steigungskoeffizienten identisch. Damit kann, auch wenn zwei Prädiktoren – gemessen anhand ihrer Korrelationen mit dem Kriterium – den gleichen Einfluss auf das Kriterium besitzen, die Höhe der beiden Regressionskoeffizienten unterschiedlich ausfallen, wenn die beiden Prädiktoren eine unterschiedliche Standardabweichung besitzen. Will man den Einfluss der Standardabweichung der Prädiktoren auf die Regressionskoeffizienten „ausschalten", sind standardisierte Regressionskoeffizienten zu berechnen.

Standardisierte Regressionskoeffizienten

Sind das Kriterium und die Prädiktoren z-standardisiert und wird mit diesen standardisierten Variablen eine multiple Regression durchgeführt, besitzen alle Prädiktoren eine identische Standardabweichung von 1. Dann resultieren wie in der einfachen Regression standardisierte Regressionskoeffizienten.

Wie gezeigt, werden die standardisierten Regressionskoeffizienten in der einfachen Regression wie folgt berechnet:

$$b_0^* = 0$$

$$b_1^* = r_{YX}$$

Wir bezeichnen im Folgenden die z-transformierte abhängige Variable mit z_Y, die z-transformierten Prädiktoren anstelle von $z_{X_1}, \ldots, z_{X_i}, \ldots, z_{X_k}$ einfacher mit $z_1, \ldots, z_i, \ldots, z_k$ und die standardisierten Regressionskoeffizienten (für die z-transformierten Variablen) mit $b_1^*, \ldots, b_k^*$.

Analog zur einfachen Regression gelten für die multiple Regression mit unabhängigen Prädiktoren:

$$\begin{aligned} b_0^* &= \overline{z_Y} - (b_1\overline{z_1} + \ldots + b_1\overline{z_k}) \\ &= 0 - (b_1 0 + \ldots + b_k 0 \\ &= 0 \end{aligned}$$

und

$$\begin{aligned} b_i^* &= \frac{s_{z_Y}}{s_{z_{X_i}}} r_{Yi} \\ &= \frac{1}{1} r_{Yi} \\ &= r_{Yl} \end{aligned}$$

Damit resultiert die folgende Regressionsgleichung:

$$\begin{aligned} z_Y &= b_1^* z_1 + b_2^* z_2 + \ldots + b_k^* z_k + e \\ &= r_{Y1} z_1 + r_{Y2} z_2 + \ldots + r_{Yk} z_k + e \end{aligned}$$

standardisierte Regressionskoeffizienten

Wie in der einfachen Regression heißen die Regressionskoeffizienten dann standardisierte Regressionskoeffizienten, wenn ihre Berechnung auf standardisierten Variablen beruht. Wie wir sehen werden, ist der standardisierte Regressionskoeffizient in der multiplen Regression im Allgemeinen nicht in dem Sinne standardisiert, dass er innerhalb eines gewissen Intervalls, wie z. B. innerhalb von -1 bis $+1$, liegt. In einigen Büchern werden die standardisierten Regressionskoeffizienten auch *Beta-Gewichte* genannt.

Beta-Gewichte

Wird in unserem Beispieldatensatz eine z-Standardisierung aller beteiligten Variablen durchgeführt und dann eine multiple Regression mit diesen z-transformierten Variablen berechnet, so resultiert das in Abbildung 10.4 dargestellte Ergebnis.

Mittelwert bzw. Standardabweichung betragen für die (unstandardisierte) Variable *Unterrichtsqualität* 2 bzw. 0.83. Damit entspricht dem Wert 0 für die z-standardisierte Variable in Abbildung 10.4 der Wert 2 auf der ursprünglichen Skala und den z-transformierten Werten -1 bzw. 1 die ursprünglichen Werte $2 - 0.83 = 1.17$ und $2 + 0.83 = 2.83$.

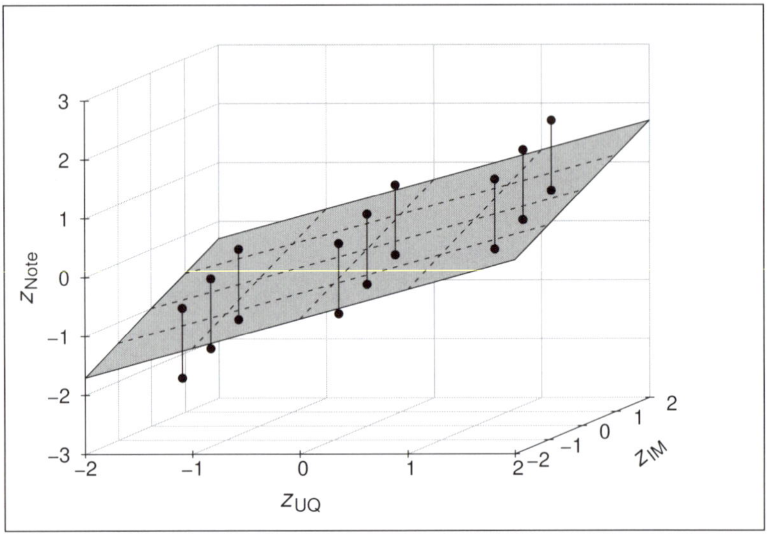

Abbildung 10.4: Multiple Regression mit z-transformierten Variablen

Für die Variable *Interesse an Mathematik* betragen Mittelwert bzw. Standardabweichung 3 bzw. 1.44. Den z-transformierten Werten -1, 0 bzw. 1 entsprechen also die ursprünglichen Werte $3 - 1.44 = 1.66$, 3 und $3 + 1.44 = 4.44$.

10.3.3 Vergleich der Regressionskoeffizienten in der einfachen und multiplen Regression

Für unser Beispiel mit unkorrelierten Prädiktoren resultieren – wie gezeigt – für die einfache Regression die beiden Regressionsgleichungen:

$$\widehat{\text{Note}} = 5 + 2\,\text{UQ}$$
$$\widehat{\text{Note}} = 6 + 1\,\text{IM}$$

und für die multiple Regression die Gleichung:

$$\widehat{\text{Note}} = 2 + 2\,\text{UQ} + 1\,\text{IM}$$

Damit stimmen die entsprechenden Regressionskoeffizienten in der einfachen und multiplen Regression überein. Diese Übereinstimmung gilt – wie wir später zeigen – allgemein, wenn unkorrelierte Prädiktoren in der multiplen Regression vorliegen. Damit entspricht der Einfluss eines Prädiktors in der einfachen Regression dem Einfluss in der multiplen Regression. Wie wir im Fall abhängiger Prädiktoren sehen werden, gilt dort ein solch einfach zu interpretierender Zusammenhang nicht mehr.

10.3.4 Beitrag einzelner Prädiktoren zur Variationsaufklärung

Bei der multiplen Regression mit unkorrelierten Prädiktoren kann die durch alle Prädiktoren erklärte Variation in einzelne Anteile aufgegliedert werden:

$$R^2_{Y\bullet 1,\ldots,k} = r^2_{Y1} + \ldots + r^2_{Yi} + \ldots + r^2_{Yk}$$

Die aufgeklärte Variation kann hier anteilsmäßig auf die einzelnen Prädiktoren aufgeteilt werden. Damit kann der Einfluss der einzelnen Prädiktoren erfasst werden, was ein großer Vorteil für praktische Zwecke ist. Für eine Veränderung der Kriterienwerte kann man gezielt die Prädiktoren verändern, die den größten Einfluss auf das Kriterium haben.

Weiterhin können auch Gruppen von Prädiktoren Variationsanteile zugeordnet werden. Hier werden einfach die Variationsanteile der Variablen, die einer Gruppe zugeordnet wurden, addiert. Verwendet man z. B. zur Vorhersage der beruflichen Leistung von Außendienstmitarbeitern drei Prädiktoren, *emotionale Stabilität, Leistungsmotivation* und *Extraversion*, die Persönlichkeitsvariablen darstellen, und zwei weitere Prädiktoren, *Intelligenz* und *rhetorische Kompetenz*, die Leistungsaspekte erfassen, so kann man die den drei Persönlichkeitsvariablen zugeordneten Variationsanteile zusammenfassen sowie die durch die beiden Leistungsvariablen erklärten Variationsanteile. Damit kann man den gesamten Einfluss der Persönlichkeitsvariablen mit dem gesamten Einfluss der Leistungsvariablen vergleichen.

Wesentliche Merkmale der multiplen Regression mit unkorrelierten Prädiktoren

- Die unstandardisierten Regressionskoeffizienten berechnen sich anhand von:

$$b_0 = \overline{y} - (b_1\overline{x}_1 + \ldots + b_k\overline{x}_k)$$

$$b_i = \frac{s_Y}{s_i} r_{Yi}, i = 1, \ldots, k$$

- Die standardisierten Regressionskoeffizienten berechnen sich anhand von:

$$b_0^* = 0$$

$$b_i^* = r_{Yi}, i = 1, \ldots, k$$

- Die Regressionsgleichung für den Fall unstandardisierter Variablen lautet:

$$\begin{aligned} Y &= \bar{y} - (b_1\bar{x}_1 + \ldots + b_k\bar{x}_k) + \\ & \frac{s_Y}{s_1} r_{Y1} X_1 + \frac{s_Y}{s_2} r_{Y2} X_2 + \ldots + \frac{s_Y}{s_k} r_{Yk} X_k + e \end{aligned}$$

- Die Regressionsgleichung für den Fall standardisierter Variablen lautet:

$$z_Y = r_{Y1} z_1 + r_{Y2} z_2 + \ldots + r_{Yk} z_k + e$$

- Die entsprechenden Regressionskoeffizienten für den Einfluss der einzelnen Variablen auf das Kriterium stimmen in der einfachen und multiplen Regression überein, wenn alle Prädiktoren unkorreliert sind.
- Die aufgeklärte Variation kann anteilig den einzelnen Prädiktoren zugeordnet werden:

$$R^2_{Y\bullet 1,\ldots,k} = r^2_{Y1} + \ldots + r^2_{Yi} + \ldots + r^2_{Yk}$$

10.4 Multiple Regression mit korrelierten Prädiktoren

Für die multiple Regression mit korrelierten Prädiktoren gelten viele der Eigenschaften der multiplen Regression mit unkorrelierten Prädiktoren nicht mehr. So können die Regressionskoeffizienten nicht mehr anhand der Formel $b_i = \frac{s_Y}{s_i} r_{Yi}, i = 1, \ldots, k$ berechnet werden und sie stimmen zugleich nicht mehr mit den Regressionskoeffizienten in der einfachen Regression überein. Zudem gilt nicht mehr der für inhaltliche Zwecke sehr nützliche Zusammenhang: $R^2_{Y\bullet 1,\ldots,k} = r^2_{Y1} + \ldots + r^2_{Yi} + \ldots + r^2_{Yk}$.

Für die multiple Regression mit abhängigen Prädiktoren gelten etwas kompliziertere Beziehungen, die wir im Folgenden darstellen. Dazu gehen wir zunächst auf ein Beispiel einer multiplen Regression mit korrelierten Prädiktoren ein und behandeln dann, weitgehend analog zur multiplen Regression mit unabhängigen Prädiktoren, die folgenden Punkte:

- Berechnung und Interpretation der Regressionskoeffizienten
- Beziehung der Regressionskoeffizienten in der einfachen und multiplen Regression
- semipartielle und partielle Korrelation
- Variationsaufklärung durch die einzelnen Prädiktoren

10.4.1 Beispiel

Wird die Wirkung mehrerer korrelierter Variablen auf eine abhängige Variable erfasst, sind die Effekte der Prädiktoren konfundiert. Im einleitenden Kapitel zur Relevanz der Statistik hatten wir anhand von Beispielen aufgezeigt, dass Effekte, die konfundiert sind, eine detailliertere statistische Analyse erfordern, damit keine Fehlinterpretationen auftreten.

Die Werte der Prädiktoren lassen sich in vielen experimentellen Untersuchungen gezielt einstellen und damit können die Werte von zwei oder mehreren Prädiktoren so gewählt werden, dass sie unkorreliert sind. So können in einem Experiment zur mentalen Rotation, in dem Versuchspersonen bestimmte Stimuli mental (in der Vorstellung) bis zu einem bestimmten Punkt hin rotieren sollen, die Winkelgrade, Darbietungsdauer der Stimuli und Art der Stimuli so bestimmt werden, dass diese drei Prädiktoren jeweils wechselseitig unkorreliert sind.

Schwieriger ist die Herstellung der Unabhängigkeit in zahlreichen anderen Situationen, so z. B. wenn die Prädiktoren aus Persönlichkeitsmerkmalen bestehen. Nehmen wir als Beispiel die Vorhersage des Kriteriums *Schulnote* durch die beiden Prädiktoren *Ängstlichkeit* und *Intelligenz*. Um unkorrelierte Prädiktoren zu erhalten, müssten die Prädiktorwerte einer größeren Menge von Schülern bekannt sein oder vorab erhoben werden, um die zu untersuchenden Schüler dann so auswählen zu können, dass die Prädiktoren unkorreliert sind. Diese Maßnahme würde jedoch mit dem Preis bezahlt, dass man eine Menge von bereits untersuchten Schülern für die weitere Untersuchung außer Acht lassen müsste, um unkorrelierte Prädiktoren zu erhalten. Eine solche Nichtberücksichtigung von Schülern ist jedoch aus statistischen Gründen nicht opportun, wie sich aus den weiteren Ausführungen zum linearen Modell (s. u.) ergibt. Somit liegen in zahlreichen Studien korrelierte Prädiktoren vor.

Für unser obiges Beispiel zur Vorhersage der Mathematiknote wurden die Werte für die Prädiktoren *Unterrichtsqualität* und *Interesse an Mathematik* so gewählt, dass die beiden Prädiktoren unkorreliert waren.

Werden die Schüler nun allerdings nicht gezielt so selektiert, dass die beiden Prädiktoren unabhängig sind (vgl. Kasten auf der nächsten Seite), ist eine Korrelation der beiden unabhängigen Variablen zu erwarten. Denn es ist davon auszugehen, dass eine bessere Unterrichtsqualität zu einem erhöhten mathematischen Interesse führt und andererseits dürfte ein höheres mathematisches Interesse zu einer besseren Unterrichtsqualität beitragen. Damit sind die Kombinationen *niedrige Unterrichtsqua-*

lität und hohes Interesse an Mathematik sowie *hohe Unterrichtsqualität und niedriges Interesse an Mathematik* eher unwahrscheinlich. Wie die Datenreduktion im Beispiel (vgl. Kasten) zeigt, wurden insbesondere solche Wertepaare aus dem Datensatz entfernt.

Beispiel einer multiplen linearen Regression: Vorhersage der Mathematiknote anhand der korrelierten Prädiktoren *Unterrichtsqualität* und *Interesse an Mathematik* (reduzierter Datensatz)

Gesucht ist die Vorhersage der Mathematiknote anhand der Variablen *Unterrichtsqualität* und *Interesse an Mathematik.*

Wir reduzieren die Daten aus dem Beispiel auf Seite 265 derart, dass eine Korrelation der unabhängigen Variablen vorliegt. Es liegen nun noch $n = 18$ Beobachtungen vor. Hierfür sind die schwarz unterlegten Beobachtungen aus dem Datensatz entfernt worden.

Die *Mathematiknote* (Note) stellt weiterhin die abhängige Variable dar, die *Unterrichtsqualität* (UQ) und das *Interesse an Mathematik* (IM) bilden die Prädiktoren.

Durch die Reduzierung der Daten liegen nicht mehr für jedes mögliche Wertepaar von *Unterrichtsqualität* und *Interesse an Mathematik* genau zwei Beobachtungen vor.

	IM				
UQ	1	2	3	4	5
1	2	2	2	0	0
2	0	2	2	2	0
3	0	0	2	2	2

UQ	IM	Note
1	1	3
1	1	7
1	2	4
1	2	8
1	3	5
1	3	9
~~1~~	~~4~~	~~6~~
~~1~~	~~4~~	~~10~~
~~1~~	~~5~~	~~7~~
~~1~~	~~5~~	~~11~~
~~2~~	~~1~~	~~5~~
~~2~~	~~1~~	~~9~~
2	2	6
2	2	10
2	3	7
2	3	11
2	4	8
2	4	12
~~2~~	~~5~~	~~9~~
~~2~~	~~5~~	~~13~~
~~3~~	~~1~~	~~7~~
~~3~~	~~1~~	~~11~~
~~3~~	~~2~~	~~8~~
~~3~~	~~2~~	~~12~~
3	3	9
3	3	13
3	4	10
3	4	14
3	5	11
3	5	15

Aus der Menge aller möglichen Wertekombinationen geht nun lediglich ein Teil der Daten in die multiple Regressionsanalyse ein.

Abbildung 10.5 enthält das Streudiagramm (mit eingezeichneter Regressionsgeraden) für die beiden Prädiktoren des reduzierten Datensatzes. Hier korrelieren die beiden unabhängigen Variablen nun mit $r = .707$, mit einer besseren Unterrichtsqualität geht damit ein höheres Interesse an Mathematik einher.

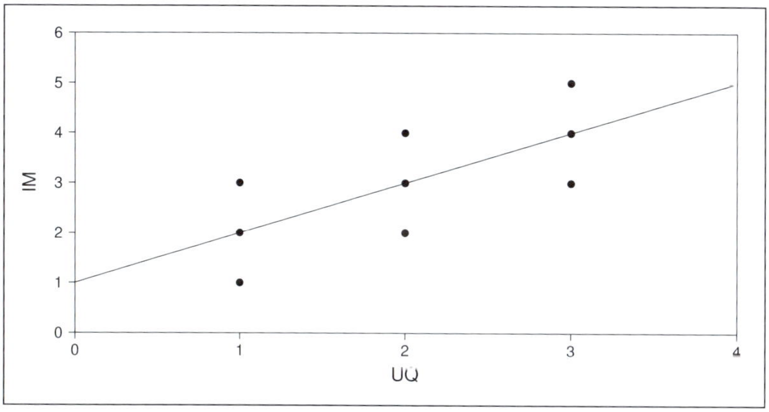

Abbildung 10.5: Darstellung des Zusammenhangs der beiden Prädiktoren UQ und IM

Die Korrelation zwischen den beiden Prädiktoren ist auch anhand des dreidimensionalen Streudiagramms zu erkennen, das in Abbildung 10.6 dargestellt ist.

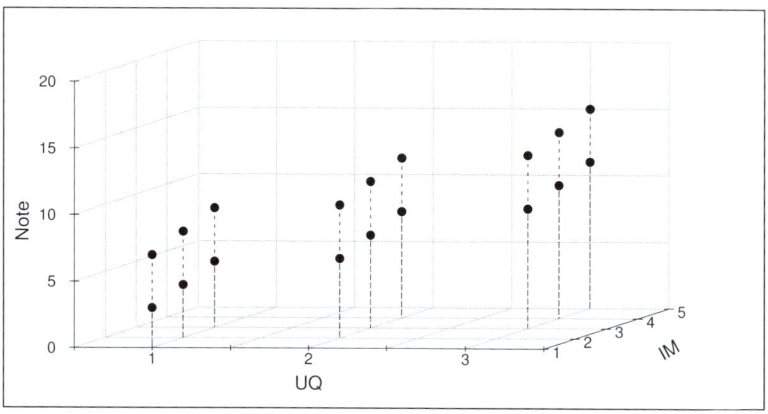

Abbildung 10.6: Dreidimensionale Darstellung des reduzierten Datensatzes

Abbildung 10.7 enthält das Streudiagramm mit eingezeichneter Regressionsebene für den reduzierten Datensatz. Diese Darstellung zeigt, dass sich die beiden Koeffizienten für die Steigung der Ebene im Fall der multiplen Regression mit korrelierten Prädiktoren gegenüber dem Fall unkorrelierter Prädiktoren in unserem Beispiel *nicht geändert* haben.

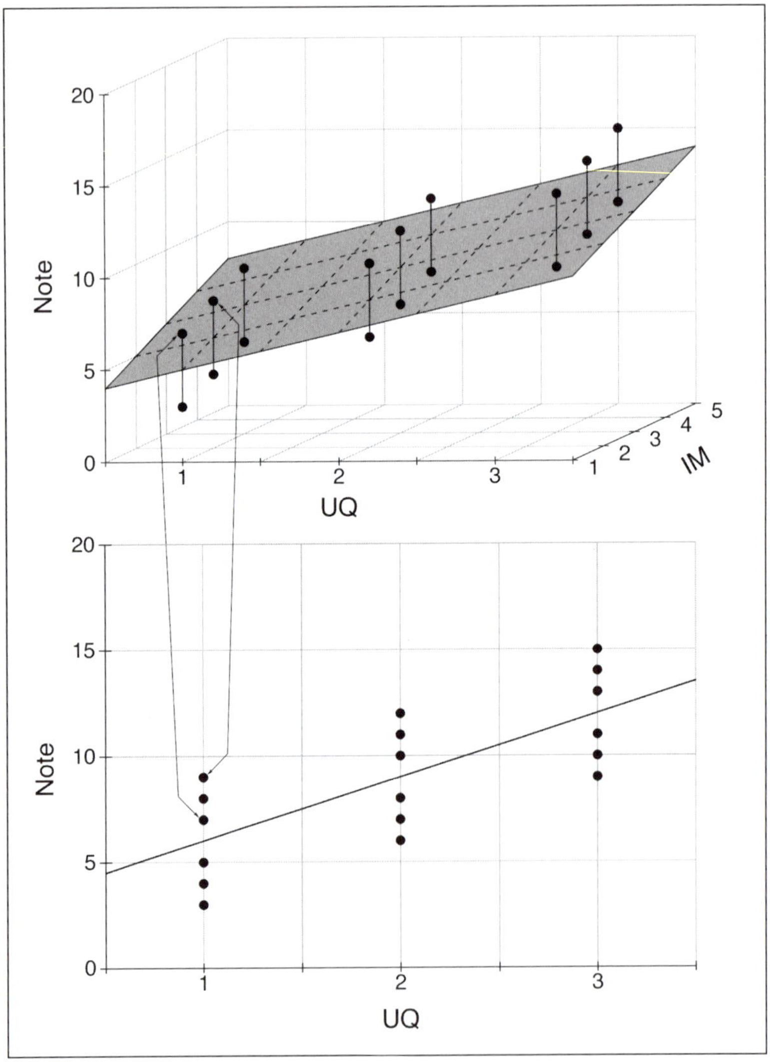

Abbildung 10.7: Dreidimensionale Ansicht der Regressionsebene bei korrelierten Prädiktoren (oben) und Darstellung einer zweidimensionalen Projektion (unten)

Auch in diesem Fall sind die Regressionskoeffizienten durch die folgende Gleichung gegeben:

$$\widehat{\text{Note}} = 2 + 2\ \text{UQ} + 1\ \text{IM}$$

Für die einfache lineare Regression resultieren die beiden folgenden Regressionsgleichungen, die zudem in Abbildung 10.8 zusammen mit den Daten in einem Streudiagramm grafisch dargestellt werden:

$$\widehat{\text{Note}} = 3 + 3\ \text{UQ}$$

$$\widehat{\text{Note}} = 3 + 2\ \text{IM}$$

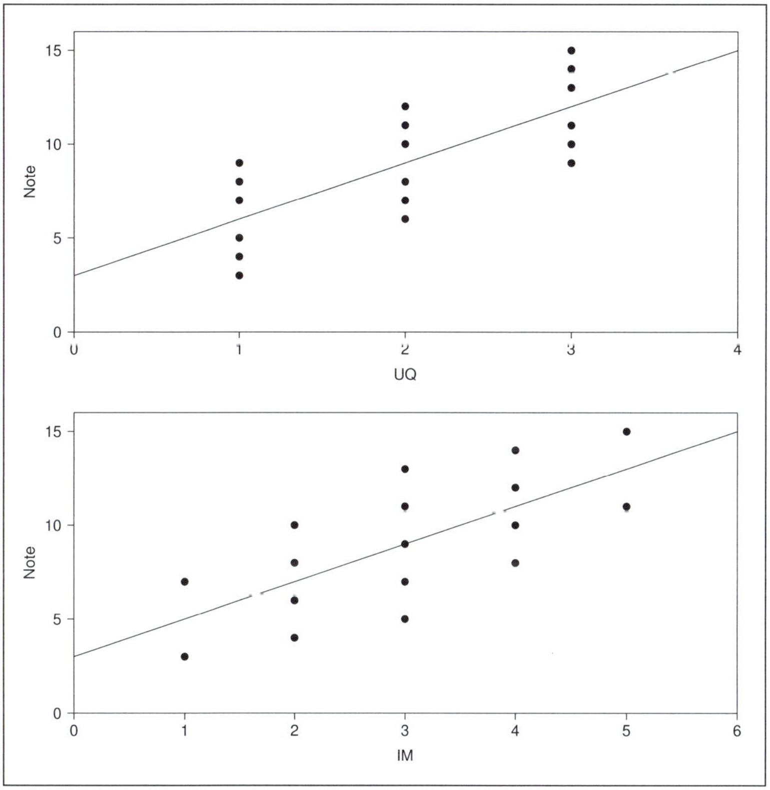

Abbildung 10.8: Einfache Regressionen der Schulnote auf die beiden Prädiktoren für den reduzierten Datensatz

Ein Vergleich der Regressionskoeffizienten für die Steigung aus der einfachen und multiplen Regression zeigt, dass es nun – im Gegensatz zum Beispiel mit unkorrelierten Prädiktoren – systematische Unterschiede gibt. Wie die zweidimensionale Projektion in Abbildung 10.7 (unten) zeigt, fällt die Steigung für den Prädiktor *Unterrichtsqualität* nun höher aus. Gleichermaßen fällt auch der Einfluss des zweiten Prädiktors IM höher aus. In der einfachen linearen Regression betragen die Koeffizienten für die Steigung von UQ bzw. IM 3 bzw. 2 und sind damit jeweils erheblich größer als die entsprechenden Regressionskoeffizienten aus der multiplen Regression mit 2 für UQ und 1 für IM.

Die Begründung für den erhöhten Zusammenhang liegt in der speziellen Zusammenstellung der Werte der Prädiktoren. Schüler mit einem besseren Mathematikunterricht haben auch ein erhöhtes Interesse an Mathematik. Da beide Prädiktoren positiv mit der Mathematiknote korreliert sind, sind mit einem geringen bzw. großen Wert der Variablen *Unterrichtsqualität* zugleich geringe bzw. große Werte der Variablen *Interesse* gegeben, die den vorhergesagten Wert der *Mathematiknote* ebenfalls beeinflussen.

Abbildung 10.9 veranschaulicht die Reduktion des Datensatzes. Die aus dem Gesamtdatensatz eliminierten Daten sind in dieser Abbildung grau dargestellt. Eine Hinzunahme dieser Punkte würde zu einer Verminderung der Steigung der beiden einfachen Regressionsgeraden führen. Für UQ=1 ergäbe sich ein höherer vorhergesagter Wert für die Note, für UQ=2 der gleiche und für UQ=3 ein geringerer Wert. Damit wäre auch die Steigung geringer. Ein analoges Resultat ergibt die Betrachtung des anderen Prädiktors IM.

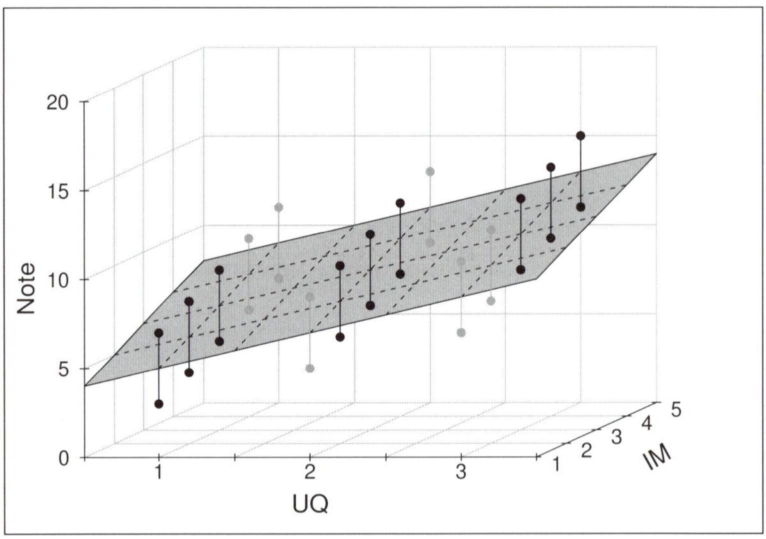

Abbildung 10.9: Veranschaulichung der Reduktion des Datensatzes

Im vorliegenden Fall werden die vorhergesagten Werte der abhängigen Variablen bei einer geringen Ausprägung des ersten Prädiktors auch durch die gleichzeitig geringeren Ausprägungen des zweiten Prädiktors beeinflusst. Ebenso werden im Falle einer hohen Ausprägung des ersten Prädiktors die vorhergesagten Werte durch die gleichzeitig höheren

Ausprägungen des zweiten Prädiktors beeinflusst. In der einfachen Regression bleibt jedoch der Einfluss des zweiten Prädiktors verborgen, sodass dem ersten Prädiktor ein Teil des Einflusses des zweiten Prädiktors zugeschrieben wird.

Wie wir im Kapitel 10.4.2 sehen werden, wird in der multiplen Regression die Korrelation der beiden Prädiktoren systematisch berücksichtigt. In der multiplen Regression wird im Falle der Korrelation eines Prädiktors mit anderen Prädiktoren der „reine“ Einfluss dieses Prädiktors erfasst und der über die Korrelation wirksame Einfluss der anderen Prädiktoren „unterdrückt“. Dazu wird in der multiplen Regression aus jedem Prädiktor der Einfluss der jeweils anderen Prädiktoren „entfernt“. Für unser Beispiel bedeutet das, dass der Einfluss des Prädiktors *IM* aus dem Prädiktor *UQ* entfernt wird und ebenso der Einfluss des Prädiktors *UQ* aus dem Prädiktor *IM*. Hierzu werden jeweils die Residuen betrachtet, das bedeutet etwa für den Prädiktor *UQ* in unserem Beispiel, dass der systematische Einfluss des Prädiktors *IM* auf UQ mittels einer einfachen Regression berechnet und von der Variablen UQ abgezogen wird. Wie wir sehen werden, heißt das nichts anderes, als dass nun das Residuum der Variablen *UQ*, das aus einer einfachen Regression dieser Variablen auf die Variable *IM* stammt, als Prädiktor herangezogen wird.

Wir können hier abschließend für unser Beispiel festhalten, dass im Fall unkorrelierter Prädiktoren die Regressionskoeffizienten für die einfache und multiple Regression identisch sind, im Fall korrelierter Prädiktoren ist diese Identität nicht mehr gegeben. Dass diese Aussage generell gilt und nicht nur für unser Beispiel, wird später in Kapitel 10.4.3 gezeigt.

10.4.2 Berechnung und Interpretation der Regressionskoeffizienten

Auch hier betrachten wir zunächst die unstandardisierten und anschließend die standardisierten Regressionskoeffizienten.

Unstandardisierte Regressionskoeffizienten

Wir erläutern die Berechnung und Interpretation zunächst anhand der Beispieldaten und anschließend in allgemeiner Form. Wie bereits ausgeführt, gibt der Regressionskoeffizient eines bestimmten Prädiktors in der multiplen Regression die Steigung der Regressionsebene für das Kriterium an. In unserem Beispiel werden in der multiplen Regression beide Prädiktoren simultan analysiert. Hier ist nicht wie in der einfachen Regression ein sozusagen versteckter Anteil eines anderen Prädiktors wirksam, da hier der Einfluss eines Prädiktors für alle Ausprägungen des anderen Prädiktors identisch geschätzt wird. So können beispielsweise in Abbildung 10.7 (oben) drei unterschiedliche Regressionsgeraden für den Prädiktor IM für die Ausprägungen UQ=1, UQ=2 und UQ=3 identifiziert werden, die jeweils die gleiche Steigung haben. Es wird also der Einfluss eines Prädiktors für einen festen Wert des anderen Prädiktors auf das Kriterium erfasst. Damit wird der Einfluss der anderen Prädiktoren konstant gehalten bzw. eliminiert. Wie wir im Folgenden erläutern werden, gibt der Regressionskoeffizient in der multiplen Regression lediglich den Einfluss des Teils eines Prädiktors an, der unabhängig von allen anderen Prädiktoren ist.

Der von den jeweiligen restlichen Prädiktoren unabhängige Teil eines Prädiktors wird dadurch bestimmt, dass für diesen Prädiktor der Einfluss aller anderen Prädiktoren konstant gehalten bzw. entfernt wird oder, wie es auch heißt, auspartialisiert wird. Dieser von den restlichen Prädiktoren unabhängige Teil eines Prädiktors wird auch als *Teilvariable* oder *Partialvariable* bezeichnet. Dadurch, dass nun die Partialvariablen als Prädiktoren fungieren, wird die veränderte Steigung der Prädiktoren in der einfachen Regression gegenüber der multiplen Regression gewissermaßen rückgängig gemacht. Für unser Beispiel bedeutet das, dass die im unteren Diagramm der Abbildung 10.7 vorliegende Steigung des Prädiktors UQ, die der Steigung in der einfachen Regression entspricht, reduziert wird auf die im oberen Diagramm dargestellte Steigung dieses Prädiktors, die der Steigung in der multiplen Regression entspricht.

Teilvariable

Partialvariable

Im einfachsten Fall einer multiplen Regression mit zwei Prädiktoren X_1 und X_2 erfolgt die Konstanthaltung des Einflusses des Prädiktors X_2 auf den Prädiktor X_1 bzw. die *Auspartialisierung* des Prädiktors X_2 aus Prädiktor X_1 durch eine einfache lineare Regression von X_1 auf X_2.

Auspartialisierung

In dieser Regression wird X_1 durch X_2 anhand von

$$\hat{X}_1 = X_1 - (g_1 X_2 + g_0)$$

vorhergesagt. (Wir verwenden hier ausnahmsweise den Buchstaben g als Bezeichnung für die Regressionskoeffizienten, damit es nicht zu Verwechslungen mit den Regressionskoeffizienten in der multiplen Regression kommt.) Dann wird das Residuum $X_1 - \hat{X}_1$ bestimmt. Um zu kennzeichnen, dass dieses Residuum aus der Regression von X_1 auf X_2 stammt und es damit von anderen Residuen zu unterscheiden, verwenden wir die Bezeichnung $X_{1\bullet 2}$ für dieses Residuum

$X_{1\bullet 2}$

$$X_{1\bullet 2} = X_1 - \hat{X}_1 = X_1 - (g_1 X_2 + g_0)$$

Allgemein bezeichnen wir das Residuum aus der Regression der Variablen X_i auf X_j mit $X_{i\bullet j}$. Der Punkt soll hier symbolisieren, dass der

Einfluss der zweiten Variablen konstant gehalten bzw. auspartialisiert wird.

Betrachtet man nun den Einfluss des Residuums $X_{1\bullet 2}$ auf das Kriterium Y, so ist der Einfluss der Variablen X_2 ausgeschaltet. Wir wissen aus dem Kapitel zur einfachen Regression, dass ein Prädiktor und das Residuum unkorreliert sind, d. h., die Korrelation zwischen $X_{1\bullet 2}$ und X_2 beträgt 0.

In der gleichen Weise wird der Einfluss des Prädiktors X_1 auf X_2 konstant gehalten, indem analog das Residuum $X_{2\bullet 1}$ gebildet wird. Das Residuum $X_{2\bullet 1}$ erfasst als Prädiktor in der Regression lediglich den Einfluss der Variablen X_2 auf das Kriterium ohne den Einfluss der Variablen X_1, der konstant gehalten wird.

Für unser Beispiel resultieren die beiden folgenden Gleichungen für die einfache Regression eines Prädiktors auf den jeweils anderen Prädiktor:

$$\widehat{\text{UQ}} = .5 + .5 \text{ IM} \quad \text{und} \quad \widehat{\text{IM}} = 1 + 1 \text{ UQ}$$

Die Regression des Kriteriums *Note* auf die Residuen bzw. auspartialisierten Variablen $\text{UQ} - \widehat{\text{UQ}}$ und $\text{IM} - \widehat{\text{IM}}$ für die beiden Prädiktoren ist in den Abbildungen 10.10 und 10.11 dargestellt. Dabei resultieren die Residuenwerte -1, -0.5, 0, 0.5 und 1 für die auspartialisierte Variable *Unterrichtsqualität* und die Residuenwerte -1, 0 und 1 für die auspartialisierte Variable *Interesse an Mathematik*. Das Residuum eines Prädiktors korreliert nun nicht mehr mit dem jeweils anderen Prädiktor, da dessen (linearer) Einfluss entfernt wurde.

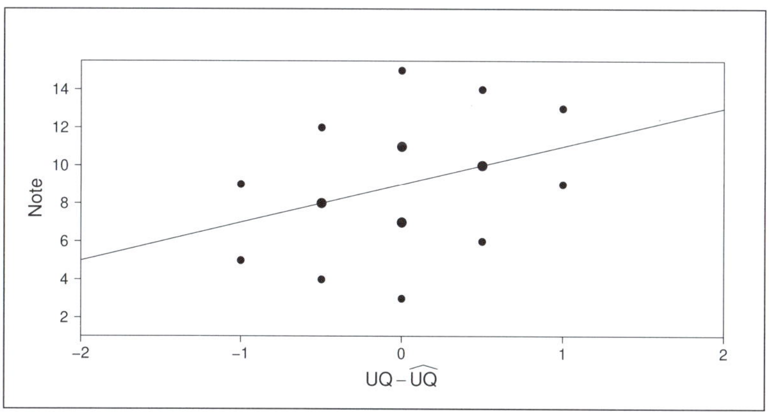

Abbildung 10.10: Streudiagramm für die Residuen des Prädiktors *Unterrichtsqualität* und das Kriterium *Note*

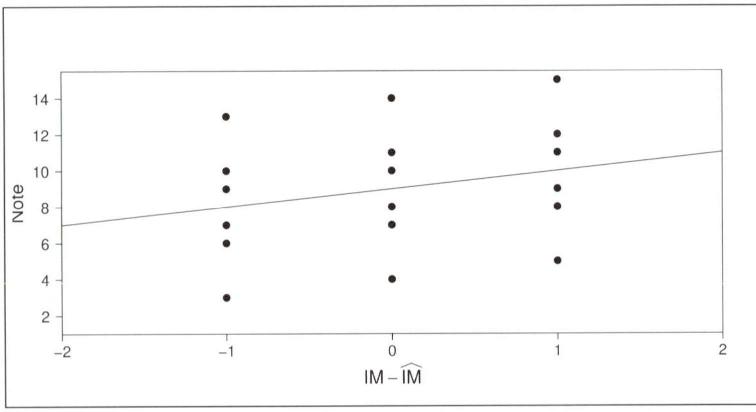

Abbildung 10.11: Streudiagramm für die Residuen des Prädiktors *Interesse an Mathematik* und das Kriterium *Note*

Fungiert nun die Variable *Mathematiknote* als Kriterium und das Residuum $UQ - \widehat{UQ}$ als Prädiktor, ergibt sich als Regressionsgleichung:

$$\widehat{\text{Note}} = 9 + 2\ (\text{UQ} - \widehat{\text{UQ}})$$

Es resultiert eine Steigung von 2, die exakt mit der Steigung in der multiplen Regression übereinstimmt.

Analog lässt sich $IM - \widehat{IM}$ berechnen und man erhält dann die folgende Regressionsgleichung:

$$\widehat{\text{Note}} = 9 + 1\ (\text{IM} - \widehat{\text{IM}})$$

Auch hier resultiert die entsprechende Steigung der Regressionsgeraden in der multiplen Regression, da in diesem Fall der Einfluss der Variablen *Unterrichtsqualität* aus der Variablen *Interesse an Mathematik* auspartialisiert wurde.

Für den allgemeinen Fall der multiplen Regression mit k Prädiktoren ist die Berechnung der Regressionskoeffizienten aufwändiger, da die benötigten Residuen anhand einer multiplen Regression zu bestimmen sind. Diesen Zusammenhang betrachten wir zunächst für den Fall unstandardisierter Prädiktoren und anschließend für den Fall standardisierter Prädiktoren.

Liegen die Prädiktoren $X_1,...,X_k$ vor, ist zur Bestimmung des Regressionskoeffizienten b_1 für die Variable X_1 folgendermaßen zu verfahren: Zunächst werden die Variablen X_2 bis X_k aus der Variablen X_1 mittels der multiplen Regression

$$\widehat{X}_1 = g_0 + g_1 X_2 + g_2 X_3 + \ldots + g_{k-1} X_k$$

auspartialisiert. Das somit entstehende Residuum $X_1 - \widehat{X}_1$ bezeichnen wir mit $X_{1\bullet 2,3,...,k}$. Die Indizes der Variablen, die konstant gehalten bzw. auspartialisiert werden, stehen wiederum hinter dem Punkt.

$X_{1\bullet 2,3,...,k}$

Der Regressionskoeffizient aus der einfachen Regression mit Y als Kriterium und $X_{1\bullet 2,3,...,k}$ als Prädiktor entspricht dem Regressionskoeffizienten der Variablen X_1 in der multiplen Regression mit Y als Kriterium und $X_1, X_2, ..., X_k$ als Prädiktoren. Für die übrigen Prädiktoren ist in analoger Weise zu verfahren, indem man jeweils die auspartialisierte Variable $X_{i\bullet 1,2,...,(i-1),(i+1),...,k}$ bestimmt und dann in Beziehung zum Kriterium setzt.

$X_{i\bullet 1,2,...,(i-1),(i+1),...,k}$

Im Folgenden stellen wir kurz die Formeln der Regressionskoeffizienten für die multiple Regression mit korrelierten Prädiktoren dar. Die entsprechenden mathematischen Ableitungen sind im Internetsupplement zu finden.

Für die Berechnung von b_0 gilt wie im Fall unabhängiger Prädiktoren:

$$b_0 = \bar{y} - (b_1\bar{x}_1 + ... + b_k\bar{x}_k)$$

Die Formeln für die Koeffizienten für die Steigung $b_i, 1, \ldots, k$ entsprechen ebenfalls den jeweiligen Formeln der multiplen Regression mit unkorrelierten Prädiktoren, wenn man hier anstelle der unauspartialisierten Prädiktoren X_i von den Partialvariablen $X_{i\bullet 1,...,(i-1),(i+1),...,k}$ ausgeht. Die Formeln bleiben im Wesentlichen gleich, es werden nun lediglich die entsprechenden Terme für die Partialvariablen eingesetzt. Anstelle von

$$s_i, s_i^2, s_{Yi} \text{ und } r_{Yi}$$

werden nun

$$s_{i\bullet 1,...,(i-1),(i+1),...,k}$$

$$s^2_{i\bullet 1,...,(i-1),(i+1),...,k}$$

$$s_{Yi\bullet 1,...,(i-1),(i+1),...,k}$$

und

$$r_{Y(i\bullet 1,...,(i-1),(i+1),...,k)}$$

verwendet.

Wie bereits gezeigt, lassen sich im Fall unabhängiger Prädiktoren die Regressionskoeffizienten b_i mit $i, 1, ..., k$ bestimmen durch:

$$\begin{aligned} b_i &= \frac{s_{Yi}}{s_i^2} \\ &= \frac{s_Y}{s_i} r_{Yi} \end{aligned}$$

Für den Fall korrelierter Prädiktoren gilt entsprechend:

$$\begin{aligned} b_i &= \frac{s_{Y(i\bullet 1,\ldots,(i-1),(i+1),\ldots,k)}}{s^2_{i\bullet 1,\ldots,(i-1),(i+1),\ldots,k}} \\ &= \frac{s_Y}{s_{i\bullet 1,\ldots,(i-1),(i+1),\ldots,k}} r_{Y(i\bullet 1,\ldots,(i-1),(i+1),\ldots,k)} \end{aligned}$$

Die Korrelation $r_{Y(i\bullet 1,\ldots,(i-1),(i+1),\ldots,k)}$ heißt auch semipartielle Korrelation, auf diese Korrelation gehen wir später in einem gesonderten Abschnitt noch ausführlicher ein.

Standardisierte Regressionskoeffizienten

Für die Berechnung des Achsenabschnitts bei standardisierten Variablen gilt wie im Fall unabhängiger Prädiktoren: $b_0^* = 0$.

Die Berechnung der Regressionskoeffizienten $b_i^*, i = 1,\ldots,k$ lässt sich wie folgt herleiten:

$$\begin{aligned} b_i^* &= \frac{s_{z_Y}}{s_{z_{i\bullet 1,\ldots,(i-1),(i+1),\ldots,k}}} r_{z_Y z_{i\bullet 1,\ldots,(i-1),(i+1),\ldots,k}} \\ &= \frac{1}{s_{z_{i\bullet 1,\ldots,(i-1),(i+1),\ldots,k}}} r_{Y(i\bullet 1,\ldots,(i-1),(i+1),\ldots,k)} \\ &= \frac{r_{Y(i\bullet 1,\ldots,(i-1),(i+1),\ldots,k)}}{\sqrt{1-R^2_{i\bullet 1,\ldots,(i-1),(i+1),\ldots,k}}} \end{aligned}$$

Die standardisierten Regressionskoeffizienten $b_i^*, i = 1,\ldots,k$ geben den Einfluss eines Prädiktors z_i auf das Kriterium z_Y an. Damit wird erfasst, um wie viele Standardabweichungen sich der vorhergesagte Wert des Kriteriums verändert, wenn man den Prädiktor z_i um eine Standardabweichung erhöht und alle anderen Prädiktoren konstant gehalten werden.

10.4.3 Vergleich der Regressionskoeffizienten in der einfachen und multiplen Regression

Wie bereits gezeigt, resultieren für unser Beispiel mit korrelierten Prädiktoren für die einfache Regression die beiden folgenden Regressionsgleichungen:

$$\widehat{\text{UQ}} = .5 + .5\ \text{IM} \quad \text{und}$$

$$\widehat{\text{IM}} = 1 + 1\ \text{UQ}$$

und für die multiple Regression die Gleichung:

$$\widehat{\text{Note}} = 2 + 2\ \text{UQ} + 1\ \text{IM}$$

Damit unterscheiden sich die entsprechenden unstandardisierten Regressionskoeffizienten in der einfachen und multiplen Regression. Dieser Unterschied ist darin begründet, dass in der multiplen Regression mit korrelierten Prädiktoren nur der Einfluss des von den anderen Prädiktoren unabhängigen Teils eines Prädiktors auf das Kriterium erfasst wird und nicht – wie in der einfachen Regression – der gesamte Anteil der Variablen.

Dass die entsprechenden unstandardisierten Regressionskoeffizienten nicht mehr übereinstimmen, sieht man auch an den Berechnungsformeln. Wie gezeigt, gilt für die einfache Regression mit nur einem Prädiktor X_i:

$$b_i = \frac{s_Y}{s_i} r_{Yi}$$

und für die multiple Regression:

$$b_i = \frac{s_Y}{s_{i\bullet 1,\ldots,(i-1),(i+1),\ldots,k}} r_{Y(i\bullet 1,\ldots,(i-1),(i+1),\ldots,k)}$$

Auch im Falle standardisierter Variablen stimmen die standardisierten Regressionskoeffizienten in der einfachen und multiplen Regression nicht überein, wenn die Prädiktoren korreliert sind. Betrachten wir diesen Zusammenhang für unseren Beispieldatensatz mit den korrelierten Prädiktoren. Hier ergibt die multiple Regression:

$$z_{\text{Note}} = b_1^* z_{\text{UQ}} + b_2^* z_{\text{IM}}$$

die beiden folgenden Regressionskoeffizienten:

$b_1^* = .50$ für die Variable *Unterrichtsqualität* und

$b_2^* = .34$ für die Variable *Interesse an Mathematik*.

Für die einfache Regression von z_{Note} auf z_{UQ} gilt: $b_1^* = .75$

und für die einfache Regression von z_{Note} auf z_{IM}: $b_1^* = .71$

Dass sich die standardisierten Regressionskoeffizienten in der einfachen und multiplen Regression unterscheiden, wird auch an der Gegenüberstellung der Berechnungsformeln deutlich:

$b_i^* = r_{Yi}$ für die einfache Regression und

$b_i^* = \frac{1}{\sqrt{1-R^2_{i\bullet 1,\ldots,(i-1),(i+1),\ldots,k}}} r_{Y(i\bullet 1,\ldots,(i-1),(i+1),\ldots,k)}$ für die multiple Regression.

Die letzte Formel zeigt eine wesentliche Eigenschaft der standardisierten Regressionskoeffizienten in der multiplen Regression mit korrelierten Prädiktoren auf. Diese Koeffizienten sind nicht normiert. Der erste Faktor

$$\frac{1}{\sqrt{1-R^2_{i\bullet 1,\ldots,(i-1),(i+1),\ldots k}}}$$

ist immer größer/gleich 1 und der zweite Faktor

$$r_{Y(i\bullet 1,\ldots,(i-1),(i+1),\ldots,k)}$$

stellt einen Korrelationskoeffizienten dar. Damit ist der standardisierte Regressionskoeffizient als Produkt dieser beiden Terme kein Korrelationskoeffizient mehr und nicht mehr normiert. So können die standardisierten Regressionskoeffizienten bei hohen Korrelationen zwischen den Prädiktoren durchaus bedeutend größer als 1 oder kleiner als -1 ausfallen.

Dass die standardisierten Regressionskoeffizienten nicht normiert sind, kann auch wie folgt begründet werden. Wie wir gesehen haben, stimmt in der einfachen Regression der standardisierte Regressionskoeffizient mit dem Korrelationskoeffizienten überein. Hier sind also beide Variablen standardisiert. In der multiplen Regression mit einem standardisierten Kriterium und k standardisierten Variablen entspricht z. B. der Regressionskoeffizient b_1^* dem Regressionskoeffizienten in der einfachen Regression von z_Y auf $z_{X_{1\bullet 2,\ldots,k}}$. Während die Standardabweichung von z_Y 1 beträgt, hat $z_{X_{1\bullet 2,\ldots,k}}$ eine Standardabweichung von $\sqrt{1-R^2_{1\bullet 2,\ldots,k}}$. Wenn jedoch $R^2_{1\bullet 2,\ldots,k}$ nicht 0 beträgt, was bei korrelierten Prädiktoren der Fall ist, fällt die Standardabweichung $\sqrt{1-R^2_{1\bullet 2,\ldots,k}}$ immer kleiner als 1 aus.

Der Regressionskoeffizient aus der multiplen Regression für die Variable z_{X_1}, hier ausnahmsweise mit b_1^{*MR} bezeichnet, entspricht dem Regressionskoeffizienten b_1^{ER} aus der einfachen Regression mit z_Y als Kriterium und $z_{X_{1\bullet 2,\ldots,k}}$ als Prädiktor. In dieser einfachen Regression besitzt z_Y also eine Standardabweichung von 1, $z_{X_{1\bullet 2,\ldots,k}}$ aber eine Standardabweichung, die kleiner ist als 1. Damit ist der Regressionskoeffizient b_1^{ER} in der einfachen Regression nicht standardisiert und stimmt nicht mit dem Korrelationskoeffizienten überein. Da $b_1^{ER} = b_1^{*MR}$ gilt, stimmt der standardisierte Regressionskoeffizient in der multiplen Regression mit korrelierten Prädiktoren nicht mit dem entsprechenden Korrelationskoeffizient überein.

Für die standardisierten und unstandardisierten Regressionskoeffizienten gilt, dass in den meisten empirischen Studien eine Situation vorliegt, wie sie bei unseren Beispieldaten gegeben ist. Die Regressionskoeffizienten in der multiplen Regression sind (vom Betrag her) kleiner als die Regressionskoeffizienten in der einfachen Regression. Damit wird der Einfluss von Prädiktoren in der einfachen Regression überschätzt. Es kann aber auch der umgekehrte Fall auftreten, dass die Regressionskoeffizienten in der einfachen Regression (vom Betrag her) geringer sind als in der multiplen Regression. Das ist z. B. der Fall, wenn die Werte der Prädiktoren so ausgewählt werden, dass die Prädiktoren wie in Abbildung 10.12 dargestellt negativ korrelieren.

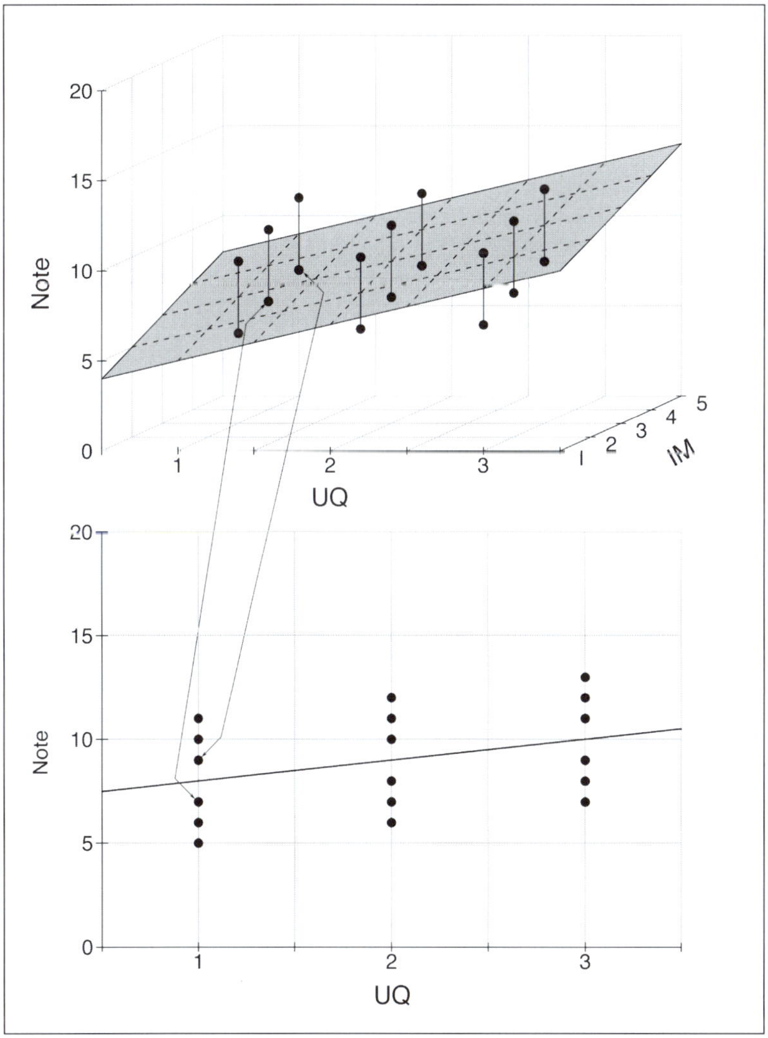

Abbildung 10.12: Regressionsebene und deren Projektion bei negativ korrelierten Prädiktoren

Im Internetsupplement wird dieser Fall ausführlicher behandelt. Dort wird auch belegt, dass diese Situation dem Simpson-Paradox entspricht.

10.4.4 Semipartielle und partielle Korrelation

Der standardisierte Regressionskoeffizient stellt im Allgemeinen kein normiertes Maß für den Einfluss einer Teilvariablen auf ein Kriterium dar, auch wenn bei der Berechnung dieses Koeffizienten die ursprünglichen Variablen in der multiplen Regression standardisiert sind. Korreliert man hingegen die Variablen $z_{i\bullet 1,\ldots,(i-1),(i+1),\ldots,k}$ und z_Y, resultiert die sogenannte *Semipartialkorrelation* (oder auch semipartielle Korrelation), die mit $r_{Y(1\bullet 2,3,\ldots,k)}$ bezeichnet wird. Hier wird die einfache Korrelation zwischen $z_{i\bullet 1,\ldots,(i-1),(i+1),\ldots,k}$ und z_Y berechnet, die ein normiertes Maß darstellt.

Semipartialkorrelation

$r_{Y(1\bullet 2,3,\ldots,k)}$

Da die Korrelation invariant gegenüber positiv affinen Transformationen ist und damit die Korrelation von z-standardisierten Variablen der Korrelation der entsprechenden ursprünglichen Variablen entspricht, stellt die Semipartialkorrelation ebenso ein Maß für den Zusammenhang der Variablen Y und $X_{i\bullet 1,2,\ldots(i-1),(i+1)\ldots k}$ dar.

Die Semipartialkorrelation gibt somit die Höhe des Zusammenhangs eines Prädiktors mit einer abhängigen Variablen an, wobei aus dem Prädiktor der Einfluss der anderen Prädiktoren entfernt worden ist. Die quadrierte semipartielle Korrelation erfasst – für den Fall zweier Prädiktoren X_1 und X_2 – damit den prozentualen Anteil der Variation in Y, der – nach Auspartialisierung des Einflusses von X_2 – durch X_1 vorhergesagt werden kann. Damit liegt ein normiertes Maß vor, das den zusätzlichen Einfluss von X_1 auf Y nach Auspartialisierung von X_2 angibt.

Partialkorrelation

Weiterhin kann auch die *Partialkorrelation* berechnet werden, bei der die beiden Variablen $z_{i\bullet 1,\ldots,(i-1),(i+1),\ldots,k}$ und $z_{Y\bullet 1,\ldots,(i-1),(i+1),\ldots,k}$ miteinander korreliert werden bzw. die beiden Variablen $Y_{i\bullet 1,\ldots,i-1,i+1,\ldots,k}$ und $X_{i\bullet 1,\ldots(i-1),(i+1),\ldots,k}$.

Die Partialkorrelation wird mit $r_{Yi\bullet(1,2,\ldots,(i-1),(i+1),\ldots,k)}$ bezeichnet. Hier ist der Einfluss der restlichen Prädiktoren sowohl aus dem Prädiktor als auch aus dem Kriterium eliminiert. Beide Korrelationen, die semipartielle und die partielle Korrelation, unterscheiden sich jedoch nur durch einen konstanten Faktor, wie wir weiter unten am Beispiel von zwei Prädiktoren zeigen.

Allgemein sind die semipartielle bzw. partielle Korrelation unabhängig von der multiplen Regression definiert. Es geht also nicht immer um die Korrelation eines Prädiktors mit einem Kriterium, wobei aus einer der beiden oder aus beiden Variablen der Einfluss weiterer Prädiktoren auspartialisiert wird. Grundsätzlich bedeuten eine semipartielle bzw. partielle Korrelation, dass bei der Korrelation zwischen zwei Variablen der Einfluss einer oder mehrerer Variablen aus einer der beiden bzw. aus beiden Variablen auspartialisiert wird.

Bei zwei Prädiktoren lassen sich die Semipartialkorrelationen wie folgt berechnen (vgl. Internetsupplement):

Semipartialkorrelationen bei zwei Prädiktoren

$$r_{Y(1\bullet 2)} = \frac{r_{Y1} - r_{Y2}r_{12}}{\sqrt{1-r_{12}^2}}$$

$$r_{Y(2\bullet 1)} = \frac{r_{Y2} - r_{Y1}r_{12}}{\sqrt{1-r_{12}^2}}$$

Für die Partialkorrelationen gilt für den Fall zweier Prädiktoren:

Partialkorrelationen bei zwei Prädiktoren

$$r_{Y1\bullet 2} = \frac{r_{Y1} - r_{Y2}r_{12}}{\sqrt{1-r_{Y2}^2}\sqrt{1-r^2{}_{12}}}$$

$$r_{Y2\bullet 1} = \frac{r_{Y2} - r_{Y1}r_{12}}{\sqrt{1-r_{Y1}^2}\sqrt{1-r^2{}_{12}}}$$

Vergleicht man die Formeln für die partielle und die semipartielle Korrelation, so sieht man, dass die Formeln sehr ähnlich sind. Im Nenner der partiellen Korrelation taucht lediglich der Faktor $\sqrt{1-r_{Y2}^2}$ zusätzlich auf.

Da $\sqrt{1-r_{Y2}^2} \leq 1$ gilt, folgt, dass die Partialkorrelation – vom Betrag her – immer den gleichen oder einen größeren Wert aufweist als die zugehörige Semipartialkorrelation, also:

$$|r_{Y1\bullet 2}| \geq |r_{Y(1\bullet 2)}|$$

10.4.5 Beitrag einzelner Prädiktoren zur Variationsaufklärung

In der multiplen Regression mit unkorrelierten Prädiktoren können den einzelnen Prädiktoren jeweils Anteile der aufgeklärten Variation durch die folgende Gleichung zugewiesen werden:

$$R^2_{Y\bullet 1,\dots,k} = r^2_{Y1} + \ldots + r^2_{Yi} + \ldots + r^2_{Yk}$$

Beispiel zur Berechnung von Partial- und Semipartialkorrelation:
Vorhersage der Mathematiknote (reduzierter Datensatz)

Wir nutzen noch einmal das Beispiel mit dem reduzierten Datensatz, in dem die beiden Prädiktoren korrelieren.

		b		b^*	
Prädiktor(en)	Konstante	UQ	IM	z_{UQ}	z_{IM}
UQ	3	3	–	0.750	–
IM	3	–	2	–	0.707
UQ und IM	2	2	1	0.500	0.354

Korrelationen der Prädiktoren mit der abhängigen Variablen:

Prädiktor	Korrelation	Semipartialkorrelation	Partialkorrelation
UQ	.750	.356	.500
IM	.707	.250	.378

Im Falle korrelierter Prädiktoren ist eine derartige Berechnung nicht möglich, da die Zerlegung von R^2 nicht dieser einfachen Regel folgt.

Im Allgemeinen gelten für den Fall zweier Prädiktoren die folgenden Ungleichungen:

$$R^2_{Y\bullet 1,2} \neq r^2_{Y1} + r^2_{Y2}$$
$$R^2_{Y\bullet 1,2} \neq r^2_{Y(1\bullet 2)} + r^2_{Y(2\bullet 1)}$$

Hingegen sind die folgenden Gleichungen für den Fall zweier Prädiktoren immer gültig:

$$R^2_{Y\bullet 1,2} = r^2_{Y1} + r^2_{Y(2\bullet 1)}$$
$$R^2_{Y\bullet 1,2} = r^2_{Y2} + r^2_{Y(1\bullet 2)}$$

Die gesamte Variation des Kriteriums setzt sich also weder aus der Summe der quadrierten einfachen Korrelationen der Prädiktoren mit dem Kriterium zusammen noch aus der Summe der quadrierten semipartiellen Korrelationen der Prädiktoren mit dem Kriterium. Damit können den einzelnen Prädiktoren keine eigenständigen Variationsanteile zugeordnet werden.

Vielmehr gilt es, die Reihenfolge der Prädiktoren in der Regressionsgleichung zu beachten. Wird zunächst der Prädiktor X_1 und dann der Prädiktor X_2 in die Regressionsgleichung aufgenommen, setzt sich die gesamte aufgeklärte Variation des Kriteriums aus dem Beitrag des (gesamten) Prädiktors X_1 und des auspartialisierten Prädiktors $X_{2\bullet 1}$ zusammen. Ein entsprechender Zusammenhang gilt für die umgekehrte Reihenfolge der beiden Prädiktoren.

Analog zum Fall zweier Prädiktoren gelten allgemein für k Prädiktoren die Ungleichungen:

$$\begin{aligned} R^2_{Y\bullet 1,\ldots,k} &\neq r^2_{Y1} + \ldots + r^2_{Yi} + \ldots + r^2_{Yk} \\ R^2_{Y\bullet,1\ldots,k} &\neq r^2_{Y(1\bullet 2,\ldots,k)} + \cdots + r^2_{Y(i\bullet 1\ldots,(i-1),(i+1),\ldots,k)} + \cdots \\ &\quad + r^2_{Y(k\bullet 1,\ldots,k-1)} \end{aligned}$$

Es können hingegen wieder inkrementelle Variationsanteile betrachtet werden:

$$R^2_{Y\bullet 1,\ldots,k} = r^2_{Y1} + r^2_{Y(2\bullet 1)} + \cdots + r^2_{Y(i\bullet 1,\ldots,i-1)} + \cdots r^2_{Y(k\bullet 1,\ldots,k-1)}$$

Dieser Zusammenhang gilt in analoger Weise für jede andere Reihenfolge der Prädiktoren.

Mit einer zunehmenden Anzahl an Prädiktoren sind hier also sehr viele unterschiedliche Reihenfolgen der Prädiktoren in der Regressionsgleichung und damit Aufgliederungen der aufgeklärten Variation möglich. Man könnte nun alle möglichen Reihenfolgen der Prädiktoren erstellen, um einen Überblick über die inkrementelle Variationsaufklärung zu erhalten. Diese Vorgehensweise erweist sich allerdings schnell als sehr aufwändig, da bereits im Falle von drei Prädiktoren sechs Gleichungen auftreten:

$$\begin{aligned} R^2_{Y\bullet 1,2,3} &= r^2_{Y1} + r^2_{Y(2\bullet 1)} + r^2_{Y(3\bullet 1,2)} \\ &= r^2_{Y1} + r^2_{Y(3\bullet 1)} + r^2_{Y(2\bullet 1,3)} \\ &= r^2_{Y2} + r^2_{Y(1\bullet 2)} + r^2_{Y(3\bullet 1,2)} \\ &= r^2_{Y2} + r^2_{Y(3\bullet 2)} + r^2_{Y(1\bullet 2,3)} \\ &= r^2_{Y3} + r^2_{Y(2\bullet 3)} + r^2_{Y(1\bullet 2,3)} \\ &= r^2_{Y3} + r^2_{Y(1\bullet 3)} + r^2_{Y(2\bullet 1,3)} \end{aligned}$$

Die Anzahl der Gleichungen steigt sehr schnell an, wenn mehr als drei Prädiktoren genutzt werden. Daher sollte man hier aufgrund theoretischer Argumente eine bestimmte Reihenfolge der Prädiktoren wählen. Darüber hinaus gibt es computergestützte Verfahren, die die Prädiktoren sukzessiv nach der Höhe ihres zusätzlichen Beitrags zur Variationsaufklärung des Kriteriums in die Regressionsgleichung einbeziehen.

Auch hier ist es möglich, Variationsanteile Gruppen von Variablen zuzuordnen, jedoch können immer nur Variationsanteile von aufeinanderfolgenden Variablen addiert werden, die dann aber den inkrementellen Anteil an aufgeklärter Variation erfassen. So ist es z. B. bei vier Prädiktoren X_1, X_2, X_3, X_4, die in dieser Reihenfolge in die Regressionsgleichung einbezogen werden, möglich, den inkrementellen Variationsanteil, der gemeinsam auf die Variablen X_3 und X_4 zurückgeht, zu erfassen. Ausgehend von der Gleichung

$$R^2_{Y\bullet 1,2,3,4} = r^2_{Y1} + r^2_{Y(2\bullet 1)} + r^2_{Y(3\bullet 1,2)} + r^2_{Y(4\bullet 1,2,3)}$$

werden dazu die inkrementellen Variationsanteile $r^2_{Y(3\bullet 1,2)}$ und $r^2_{Y(4\bullet 1,2,3)}$ addiert.

Beispiel zur Bestimmung der inkrementellen Variationsaufklärung: Vorhersage der Mathematiknote (reduzierter Datensatz)

Wir betrachten hier die Fragestellung, ob die Berücksichtigung von IM über UQ hinaus zur Aufklärung der Variation in der Mathematiknote beiträgt.

$$.625 = .5625 + .0625$$

$$\nearrow \qquad \uparrow \qquad \nwarrow$$

$$R^2_{\text{Note}\bullet\text{UQ, IM}} \qquad r^2_{\text{Note, UQ}} \qquad r^2_{\text{Note(IM}\bullet\text{UQ)}}$$

Der zusätzliche Beitrag von IM ist nicht allzu hoch, da nur 6.25 % der Variation zusätzlich durch IM aufgeklärt wird.

10.4.6 Vergleich der Regressionskoeffizienten im Fall unkorrelierter und korrelierter Prädiktoren

Bisher ging es beim Vergleich von Regressionskoeffizienten immer um den Vergleich der entsprechenden Regressionskoeffizienten in der einfachen und multiplen Regression. Im Folgenden vergleichen wir die Regressionskoeffizienten aus der multiplen Regression basierend auf entsprechenden Datensätzen mit unkorrelierten und korrelierten Datensätzen. Wurden also dieselben Variablen untersucht, wobei die Prädiktoren einmal unkorreliert und einmal korreliert sind, so stellt sich die Frage, ob die entsprechenden Regressionskoeffizienten identisch sind.

Betrachten wir die Ergebnisse für unsere beiden Beispieldatensätze, so zeigt sich, dass die unstandardisierten Regressionskoeffizienten jeweils übereinstimmen, die standardisierten Regressionskoeffizienten jedoch nicht.

Dieses Ergebnis gilt für die standardisierten Regressionskoeffizienten generell. Hier unterscheiden sich die Regressionskoeffizienten aufgrund der Korrelation der Prädiktoren (vgl. Internetsupplement).

Die unstandardisierten Regressionskoeffizienten bleiben immer dann unverändert, wenn, wie in unserem Beispieldatensatz, die Mittelwerte der

Kriteriumsvariablen für alle Kombinationen der Prädiktorvariablen auf der Regressionsfläche liegen, d. h. mit den vorhergesagten Kriteriumswerten übereinstimmen. Diese Beziehung ist auf Populationsebene, d. h. für die Daten aller Mitglieder einer Population, als eine Voraussetzung gefordert, für Stichproben aber nur selten erfüllt. Dennoch gilt, dass die unstandardisierten Regressionskoeffizienten für unkorrelierte und korrelierte Prädiktoren auch auf Stichprobenebene, insbesondere bei großen Stichproben, weitgehend übereinstimmen (vgl. Internetsupplement). Hingegen können sich die standardisierten Regressionskoeffizienten eines bestimmten Regressionsmodells für unterschiedliche Stichproben, die aus einer bestimmten Population mit sogenannten wahren Regressionskoeffizienten stammen, stärker unterscheiden. Daher kann es zum Vergleich der Ergebnisse multipler Regressionen, die auf den gleichen Variablen basieren, jedoch aus unterschiedlichen Stichproben stammen, sinnvoll sein, die unstandardisierten Regressionskoeffizienten zu betrachten.

Wesentliche Merkmale der multiplen Regression mit korrelierten Prädiktoren

- Grundsätzlich wird in der multiplen Regression mit korrelierten Prädiktoren bei einem Prädiktor nicht der Einfluss des „gesamten" Prädiktors auf das Kriterium betrachtet, sondern lediglich der Einfluss des Anteils eines Prädiktors, der unabhängig von allen anderen Prädiktoren ist.
- Die Regressionsgleichung für den Fall unstandardisierter Variablen lautet:

$$\begin{aligned} Y &= \bar{y} - (b_1\bar{x}_1 + \ldots + b_k\bar{x}_k) + \\ &\quad \frac{s_Y}{s_{1\bullet 2,\ldots,k}} r_{Y(1\bullet 2,\ldots,k)} X_1 + \frac{s_Y}{s_{2\bullet 1,3,\ldots,k}} r_{Y(2\bullet 1,3,\ldots,k)} X_2 + \ldots \\ &\quad + \frac{s_Y}{s_{k\bullet 1,\ldots,k-1}} r_{Y(k\bullet 1,\ldots,k-1)} X_k + e \end{aligned}$$

- Die unstandardisierten Regressionskoeffizienten werden berechnet anhand von:

$$b_0 = \bar{y} - (b_1\bar{x}_1 + \ldots + b_k\bar{x}_k)$$

$$b_i = \frac{s_Y}{s_{i\bullet 1,\ldots,i-1,i+1,\ldots,k}} r_{Y(i\bullet 1,\ldots,i-1,i+1,\ldots,k)}$$

- Die standardisierten Regressionskoeffizienten werden wie folgt berechnet:

$$b_0^* = 0 \quad \text{und}$$

$$b_i^* = \frac{1}{\sqrt{1 - R^2_{i\bullet 1,\ldots,(i-1),(i+1),\ldots,k}}} r_{Y(i\bullet 1,\ldots,i-1,i+1,\ldots,k)}$$

- Die Regressionsgleichung für den Fall standardisierter Variablen lautet:

$$\begin{aligned} z_Y &= \frac{r_{Y(1\bullet 2,\ldots,k)}}{\sqrt{1 - R^2_{1\bullet 2,\ldots,k}}} z_1 + \frac{r_{Y(2\bullet 1,3,\ldots,k)}}{\sqrt{1 - R^2_{2\bullet 1,3,\ldots,k}}} z_2 + \ldots \\ &+ \frac{r_{Y(k\bullet 1,\ldots,k-1)}}{\sqrt{1 - R^2_{k\bullet 1,\ldots,k-1}}} z_k + e \end{aligned}$$

- Die entsprechenden Regressionskoeffizienten für den Einfluss der einzelnen unabhängigen Variablen auf das Kriterium stimmen in der einfachen und multiplen Regression im Allgemeinen nicht überein.
- Die semipartielle Korrelation $r_{Y(i\bullet 1,\ldots,i-1,i+1,\ldots,k)}$ stellt die Korrelation der Variablen Y mit der Teilvariablen $X_{i\bullet 1,2,\ldots(i-1),(i+1)\ldots k}$ dar.
- Die partielle Korrelation $r_{Yi\bullet 1,\ldots,i-1,i+1,\ldots,k}$ stellt die Korrelation zwischen den beiden Teilvariablen $Y_{\bullet 1,\ldots,i-1,i+1,\ldots,k}$ und $X_{i\bullet 1,\ldots(i-1),(i+1),\ldots,k}$ dar.
- Die aufgeklärte Variation kann nicht anteilig den einzelnen Prädiktoren zugeordnet werden, sondern es können immer nur die inkrementellen, über quadrierte semipartielle Korrelationen berechneten Variationsanteile erfasst werden:

$$R^2_{Y\bullet 1,\ldots,k} = r^2_{Y1} + r^2_{Y(2\bullet 1)} + \ldots + r^2_{Y(i\bullet 1,\ldots,i-1)} + \ldots r^2_{Y(k\bullet 1,\ldots,k-1)}$$

10.5 Lineares Modell mit nominalskalierten Prädiktoren

Mit der multiplen Regression liegt nun ein Verfahren vor, das eine (multiple) lineare Vorhersage des Kriteriums durch k intervallskalierte Prädiktoren erlaubt. Der Einbezug nominalskalierter Variablen erlaubt nun eine bedeutsame Erweiterung der Möglichkeiten zur Vorhersage eines metrischen Kriteriums. Wie bereits bemerkt, spricht man auch – insbesondere im Zusammenhang mit den inferenzstatistischen Annahmen – von einer Varianzanalyse, wenn lediglich nominalskalierte Variablen als UV fungieren, und von einer Kovarianzanalyse, wenn nominal- und intervallskalierte UV verwendet werden.

Die Einbeziehung nominalskalierter Prädiktoren mit mehr als zwei Ausprägungen erfordert auf jeden Fall eine Transformation der ursprünglichen Variablen. Aber auch nominalskalierte Variablen mit zwei Ausprägungen werden in der Regel transformiert. Dieser einfache Fall wird zunächst im nächsten Abschnitt behandelt.

10.5.1 Dichotome Prädiktoren

Liegen nominalskalierte Prädiktoren mit zwei Ausprägungen vor, also dichotome bzw. binäre unabhängige Variablen, so können diese Prädiktoren ohne Transformation direkt in eine Regressionsgleichung aufgenommen werden.

Betrachten wir dazu das folgende fiktive Beispiel. Zwei Mädchen stufen ihre mathematische Kompetenz auf der Abiturnotenskala mit 8 bzw. 10 ein, während vier Jungen die folgenden Werte angeben: 10, 11, 13 und 14. Die Variable *Geschlecht* (als Prädiktor für die selbsteingeschätzte mathematische Kompetenz in einer Regression) kann unterschiedlich kodiert werden. So können für die beiden Ausprägungen z. B. die folgenden Kodierungen gewählt werden:

$$\begin{aligned}
\text{weiblich} &= 12\,, & \text{männlich} &= -55\\
\text{weiblich} &= 123\,, & \text{männlich} &= 100\\
\text{weiblich} &= 0\,, & \text{männlich} &= 1\\
\text{weiblich} &= -1\,, & \text{männlich} &= 1
\end{aligned}$$

Diese vier Kodierungen und alle weiteren Möglichkeiten können für die Regression genutzt werden. Jedoch resultieren jeweils unterschiedliche Regressionskoeffizienten. Es gilt nun, solche Kodierungen auszuwählen, die zu einer möglichst einfachen Interpretation der Regressionskoeffizienten führen. Das sind insbesondere die Dummykodierung mit weiblich = 0, männlich = 1 (oder umgekehrt mit männlich = 0, weiblich = 1) und die Effektkodierung mit weiblich = −1, männlich = 1 (bzw. männlich = −1, weiblich = 1).

Bei der *Dummykodierung* erhält eine Gruppe den Wert 0 und die andere Gruppe den Wert 1. Der Mittelwert für die mit 0 kodierte Gruppe der Mädchen sei mit $\overline{y}_0$ bezeichnet und beträgt für unsere Beispieldaten 9, während für den entsprechend bezeichneten Mittelwert der mit 1 kodierten Gruppe der Jungen gilt: $\overline{y}_1 = 12$. Der Mittelwert über alle sechs Personen beträgt $\overline{y} = 11$.

Dummykodierung

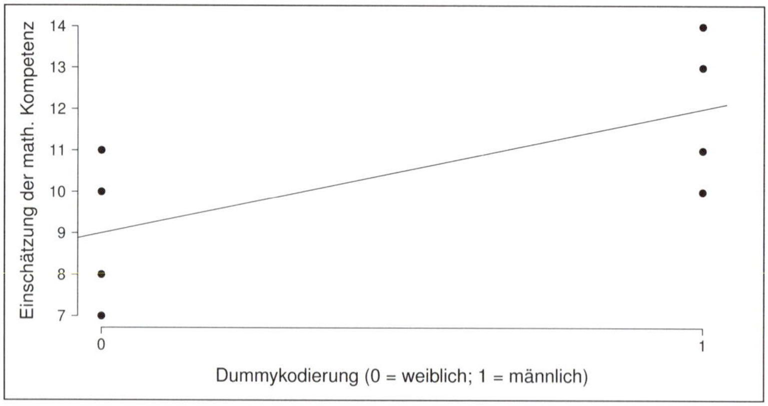

Abbildung 10.13: Beispieldaten und Regressionsgerade mit einer Dummykodierung als Prädiktor

Für die Regressionsgleichung $\widehat{Y} = b_0 + b_1 X$ gelten für einen dummykodierten Prädiktor (vgl. Abb. 10.13) die folgenden Beziehungen. b_0 entspricht dem Mittelwert der mit dem Wert 0 kodierten Gruppe und b_1 entspricht der Differenz zwischen den beiden Gruppenmittelwerten, d. h. $b_1 = \bar{y}_1 - \bar{y}_0$. Für unsere Beispieldaten resultiert: $b_0 = 9$ und $b_1 = 12 - 9 = 3$.

Referenzgruppe

Die mit 0 kodierte Gruppe wird auch als *Referenzgruppe* bezeichnet, da diese Gruppe gewissermaßen die Referenz für die andere Gruppe bildet. Der Begriff der Referenzgruppe ist insbesondere dann sinnvoll, wenn, anders als im vorliegenden Beispiel, eine Gruppe einen natürlichen Bezugspunkt darstellt. So ist es z. B. in vielen experimentellen Studien sinnvoll, die Kontrollgruppe als Referenzgruppe zu wählen.

Die beiden Lösungen $b_0 = \bar{y}_0$ und $b_1 = \bar{y}_1 - \bar{y}_0$ lassen sich wie folgt ableiten. Das Kleinste-Quadrate-Kriterium führt dazu, dass die Mittelwerte der beiden Gruppen jeweils die vorhergesagten Werte darstellen. (Wie wir bereits gesehen haben, minimiert der Mittelwert die Summe der Abweichungsquadrate.) Der vorhergesagte Wert für die mit 0 kodierte Gruppe ist damit $\bar{y}_0$ und der vorhergesagte Wert für die mit 1 kodierte Gruppe $\bar{y}_1$. Setzen wir den Wert 0 in die Regressionsgleichung für die mit 0 kodierte Gruppe ein, so gilt: $b_0 + b_1 X = b_0 + b_1 0 = b_0$. Da der vorhergesagte Wert für die mit 0 kodierte Gruppe $\bar{y}_0$ beträgt, gilt $b_0 = \bar{y}_0$.

Wird der Wert 1 in die Regressionsgleichung eingesetzt, resultiert der vorhergesagte Wert für die mit 1 kodierte Gruppe $\bar{y}_1$: $b_0 + b_1 1 = \bar{y}_0 + b_1 = \bar{y}_1$. Damit gilt: $b_1 = \bar{y}_1 - \bar{y}_0$.

Wird die *Effektkodierung* verwendet, erhält eine Gruppe den Wert -1 und die andere den Wert 1. Man tauscht hier einfach den Wert 0 der Referenzgruppe aus der Dummykodierung gegen den Wert -1 aus.

Effektkodierung

Nun resultiert die folgende Interpretation der beiden Regressionskoeffizienten. b_0 entspricht dem (ungewichteten) Mittelwert aus den beiden Gruppenmittelwerten $\bar{y}_0$ und $\bar{y}_1$, es gilt also $b_0 = \frac{\bar{y}_0+\bar{y}_1}{2}$. Hier ist zu beachten, dass bei ungleichen Gruppengrößen, wie es in unserem Beispiel der Fall ist, der Mittelwert $\bar{y}$ im Allgemeinen *nicht* mit $\frac{\bar{y}_0+\bar{y}_1}{2}$ übereinstimmt. So gilt für unser Beispiel $\bar{y} = 11$ und $\frac{\bar{y}_0+\bar{y}_1}{2} = 10.5$.

Die Steigung b_1 entspricht bei effektkodierten Prädiktoren der Differenz zwischen dem Mittelwert der mit 1 kodierten Gruppe und dem (ungewichteten) Mittelwert der beiden Gruppenmittelwerte, d. h. $b_1 = \bar{y}_1 - \frac{\bar{y}_0+\bar{y}_1}{2}$.

Für unsere Beispieldaten resultiert $b_1 = 12 - 10.5 = 1.5$. Der Mittelwert der von Jungen eingeschätzten mathematischen Kompetenz liegt 1.5 Punkte über dem Mittelwert der beiden Gruppenmittelwerte.

Zunächst mag es etwas verwundern, dass die Gruppenmittelwerte nicht mit dem uns vertrauten Mittelwert $\bar{y}$ verglichen werden. Doch es erscheint auch aus inhaltlichen Gesichtspunkten sinnvoller, das Mittel $\frac{\bar{y}_0+\bar{y}_1}{2}$ heranzuziehen. Würde man den Mittelwert $\bar{y}$ verwenden, so wäre kein vernünftiger Vergleich mehr möglich, wenn eine Gruppe sehr groß und die andere sehr klein ist. Dann wird das Mittel $\bar{y}$ vor allem durch die große Gruppe dominiert. Möchte man beispielsweise den Größenunterschied zwischen erwachsenen Männern und Frauen erheben und besteht z. B. die Gruppe der Männer aus 100 000 Mitgliedern und die Gruppe der Frauen aus 10 Mitgliedern, wird das Mittel $\bar{y}$ fast ausschließlich durch die Messwerte der Männer determiniert und die Differenz zwischen der mittleren Größe der Frauen und dem Mittelwert aller 100 010 Personen wäre kein geeignetes Maß zur Beurteilung der Frage, ob Frauen im Durchschnitt kleiner als Männer sind.

Auch bei der Effektkodierung geht die Regressionsgerade durch die Mittelwerte der beiden Gruppen. Da beide Gruppenmittelwerte gleich weit von der Y-Achse entfernt liegen, resultiert für b_0 das Mittel der beiden Gruppenmittelwerte $\frac{\bar{y}_0+\bar{y}_1}{2}$. Der Abstand der $\hat{y}$-Werte für die Prädiktorwerte 0 und 1 entspricht der Steigung und beträgt somit also $\bar{y}_1 - \frac{\bar{y}_0+\bar{y}_1}{2}$.

Unabhängig davon, ob eine binäre Variable dummykodiert oder effektkodiert ist, resultiert dieselbe Produkt-Moment-Korrelation mit einer intervallskalierten Variablen, da die beiden Kodierungen mittels einer positiv affinen Transformation ineinander überführt werden können. Eine positiv affine Transformation liegt bei binären Variablen immer dann vor, wenn der geringere Wert in einer Kodierung dem geringeren Wert in der anderen Kodierung entspricht.

Schließlich sei hier noch angefügt, dass mehrere binäre Variablen in dummy- oder effektkodierte Variablen transformiert und in eine multiple Regression einbezogen werden können. Die binären Variablen können korreliert oder unkorreliert sein und dementsprechend gelten die diesbezüglichen Ausführungen zur multiplen Regression mit unkorrelierten bzw. korrelierten Prädiktoren.

10.5.2 Polytome Prädiktoren

Für polytome Prädiktoren, d. h. Prädiktoren mit mehr als zwei Kategorien, kann die für binäre Prädiktoren vorgenommene Dummykodierung bzw. Effektkodierung erweitert werden. Jedoch resultiert hier nicht eine transformierte Variable, sondern für nominalskalierte Variablen mit k Gruppen entstehen $k-1$ transformierte Variablen.

Betrachten wir hierzu wieder ein einfaches fiktives Beispiel, in dem zwei Hauptschüler, zwei Realschüler und vier Gymnasiasten ihre mathematische Kompetenz auf einer Abiturnotenskala einschätzen. Folgende Daten, die hier wiederum lediglich aus didaktischen Gründen gewählt wurden, seien gegeben:

- Hauptschüler: $4, 6$
- Realschüler: $6, 8$
- Gymnasiasten: $10, 11, 13, 14$

Bei der Dummykodierung ist zunächst wiederum eine Ausprägung als Referenzkategorie festzulegen. Wir wählen hier – recht willkürlich – die Ausprägung Hauptschule als Referenzkategorie.

Für die Dummykodierung bilden wir nun zwei neue Variablen D_{RS} und D_{GY}. Die Referenzkategorie erhält für beide Dummyvariablen den Wert 0. Liegt die Ausprägung Realschule (RS) vor, erhält die Variable D_{RS} den Wert 1 und die Variable D_{GY} den Wert 0. Analog verhält es sich für die Ausprägung Gymnasium.

Referenzgruppe

Die Gruppe der Personen, die für alle Dummyvariablen den Wert 0 zugewiesen bekommt, bildet die *Referenzgruppe* bzw. Referenzkategorie. Diese Gruppe setzt gewissermaßen den Standard, mit dem alle anderen Gruppen verglichen werden.

Beispiel einer Dummykodierung: Kodierung von drei Schularten

Dummykodierung der drei Schularten *Realschule*, *Gymnasium* und *Hauptschule*. Die Kategorie *Hauptschule* bildet die Referenzkategorie.

Schulart	D_{RS}	D_{GY}
Realschule	1	0
Gymnasium	0	1
Hauptschule	0	0

Lägen beispielsweise vier Ausprägungen der Variablen *Schulart* vor, mit der zusätzlichen Schulart *Förderschule* als Referenzkategorie, würden drei Dummyvariablen resultieren (vgl. den folgenden Beispielkasten).

Beispiel einer Dummykodierung: Kodierung von vier Schularten

Dummykodierung für die vier Schularten *Förderschule*, *Hauptschule*, *Realschule*, *Gymnasium*. Die Kategorie *Förderschule* bildet die Referenzkategorie.

Schulart	D_{HS}	D_{RS}	D_{GS}
Hauptschule	1	0	0
Realschule	0	1	0
Gymnasium	0	0	1
Förderschule	0	0	0

Das Konzept der Dummykodierung lässt sich anhand der oben beschriebenen Vorgehensweise allgemein auf nominalskalierte Variablen mit k Ausprägungen verallgemeinern, wobei $k-1$ neue Variablen entstehen.

Bei dummykodierten Prädiktoren mit mehr als zwei Ausprägungen resultiert in einer multiplen Regression für b_0 wiederum der Mittelwert der Referenzgruppe.

Für unser Beispiel mit drei Gruppen resultiert $b_0 = \bar{y}_{HS} = 5$, wobei $\bar{y}_{HS}$ den Mittelwert der Hauptschüler repräsentiert. Weiterhin seien $\bar{y}_{RS}$ bzw. $\bar{y}_{GY}$ die Mittelwerte der Realschüler bzw. Gymnasiasten. Für die beiden übrigen Regressionskoeffizienten gilt in unserem Beispiel:

$$\begin{aligned} b_{RS} &= \bar{y}_{RS} - \bar{y}_{HS} = 7 - 5 = 2 \\ b_{GS} &= \bar{y}_{GS} - \bar{y}_{HS} = 12 - 5 = 7 \end{aligned}$$

Allgemein werden Dummykodierungen bei $k+1$ Ausprägungen der nominalskalierten Variablen, die $k+1$ Gruppen von statistischen Einheiten entsprechen, folgendermaßen vorgenommen: Zunächst kennzeichnen wir die Referenzgruppe mit dem Index 0 und die k weiteren Gruppen mit den Indizes $1,2,\ldots,k$. Nun erhält die Referenzgruppe auf allen Dummyvariablen den Wert 0, die erste Gruppe für die erste Dummyvariable eine 1, für alle anderen Dummyvariablen eine 0, die zweite Gruppe für die zweite Dummyvariable eine 1, für alle anderen Dummyvariablen eine 0 etc.

Allgemein resultieren dann die folgenden Gleichungen für Regressionskoeffizienten:

$$
\begin{aligned}
b_0 &= \bar{y}_0 \\
b_1 &= \bar{y}_1 - \bar{y}_0 \\
&\vdots \\
b_k &= \bar{y}_k - \bar{y}_0
\end{aligned}
$$

Die Effektkodierung erfolgt analog zur Dummykodierung, allerdings mit dem einen Unterschied, dass hier die Gruppe, die bei der Dummykodierung die Referenzgruppe bildet, für alle effektkodierten Variablen den Wert -1 erhält.

Beispiel einer Effektkodierung: Kodierung von drei Schularten

Effektkodierung der drei Schularten *Realschule*, *Gymnasium* und *Hauptschule*.

Schulart	EK_{RS}	EK_{GY}
Realschule	1	0
Gymnasium	0	1
Hauptschule	-1	-1

Bei der Effektkodierung sind die Regressionskoeffizienten im Falle von $(k+1)$ Ausprägungen des Prädiktors wie folgt zu interpretieren (vgl. Internetsupplement):

$$
\begin{aligned}
b_0 &= \frac{\bar{y}_0 + \bar{y}_1 + \ldots + \bar{y}_k}{k+1} \\
b_1 &= \overline{y_1} - \frac{\bar{y}_0 + \bar{y}_1 + \ldots + \bar{y}_k}{k+1} \\
&\vdots \\
b_k &= \overline{y_k} - \frac{\bar{y}_0 + \bar{y}_1 + \ldots + \bar{y}_k}{k+1}
\end{aligned}
$$

Die effektkodierten Prädiktoren geben die Differenz zwischen den Gruppenmittelwerten $\bar{y}_1, \ldots, \bar{y}_k$ und dem Mittelwert aller Gruppenmittelwerte wieder. Für die Gruppe, die für alle effektkodierten Variablen den Wert -1 erhält, wird kein Regressionskoeffizient bestimmt. Für diese Gruppe beträgt der Abstand des Gruppenmittelwertes vom Mittelwert aller Gruppenmittelwerte $-b_1 - b_2 - \ldots - b_k$ (vgl. Internetsupplement).

Auch hier gilt wiederum, dass mehrere nominalskalierte Variablen durch dummy- oder effektkodierte Variablen beschrieben werden können, um dann als Prädiktoren in einer multiplen Regression zu fungieren.

10.5.3 Variationsaufklärung durch nominalskalierte Prädiktoren

Die Variationsaufklärung durch die nominalskalierten Variablen ergibt unabhängig von der Art der Kodierung – Dummykodierung oder Effektkodierung – den gleichen Wert.

Der Determinationskoeffizient R^2 der multiplen Regression gibt damit die Variationsaufklärung durch die Kodiervariablen an. Wird eine nominalskalierte Variable durch Kodiervariablen beschrieben und werden diese Kodiervariablen in die multiple Regression als Prädiktoren aufgenommen, so entspricht R^2 dem Koeffizienten η^2, der im Kapitel 8.7 vorgestellt wurde. Das multiple R ist somit identisch mit η.

Aufgrund der Identität von R^2 und η^2 gilt, dass R^2 das Verhältnis von SS_B, der Summe der quadrierten Abstände der Gruppenmittelwerte vom Gesamtmittelwert, zu SS_T, der Summe der quadrierten Abstände der einzelnen Beobachtungen vom Gesamtmittelwert, wiedergibt. Damit gilt $SS_R = SS_B$ und weiterhin $SS_E = SS_W$.

SS_B
SS_T

Werden mehrere nominalskalierte Variablen in die multiple Regression einbezogen, lassen sich auch Variationsanteile bestimmen, die durch einzelne nominalskalierte Variablen erklärt werden. Dazu betrachtet man die Variationsanteile des Kriteriums, die auf die Gruppe der Kodiervariablen zurückgehen, die eine bestimmte nominalskalierte Variable definieren. Wiederum können den einzelnen Gruppen von Kodiervariablen bzw. den einzelnen nominalskalierten Variablen nur dann eigenständige Variationsanteile zugeordnet werden, wenn die nominalskalierten Variablen voneinander unabhängig sind, d. h. ihr Zusammenhang anhand der χ^2-Statistik 0 beträgt. Ansonsten können wie im Fall korrelierter intervallskalierter Prädiktoren den einzelnen nominalskalierten Variablen keine eigenständigen Variationsanteile zugeordnet werden, sondern lediglich inkrementelle Variationsanteile.

10.6 Lineares Modell mit nominalskalierten und intervallskalierten Prädiktoren

In die multiple Regression können auch gleichzeitig nominal- und intervallskalierte Variablen einbezogen werden. Wir hatten im Kapitel zur Relevanz der Statistik auf Seite 25 ein Beispiel zur Vorhersage des Einstiegsgehalts (EG) durch die Studiendauer (SD) und das Studienfach vorgestellt. Die Daten dieser Studie werden nochmals in Abbildung 10.14 dargestellt.

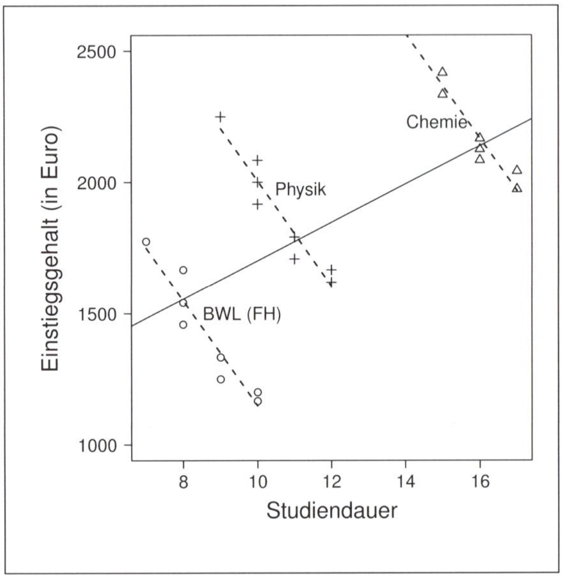

Abbildung 10.14: Studiendauer und Einstiegsgehalt für drei Studienfächer

Für das vorliegende Beispiel ist es offensichtlich unangemessen, die folgende einfache lineare Regression des Einstiegsgehalts auf die Studiendauer zu interpretieren:

$$\widehat{\text{EG}} = 989 + 73\text{SD}$$

Hingegen erscheint eine multiple Regression mit den Prädiktoren *Studienfach* und *Studiendauer* als angemessen. Dazu verwenden wir eine Dummykodierung der Variablen *Studienfach* mit der Ausprägung *BWL* als Referenzkategorie. Damit repräsentieren die beiden Variablen D_{Chemie} und D_{Physik} die beiden Fächer Chemie und Physik.

Nehmen wir diese Variablen zusammen mit der Studiendauer als Prädiktoren für die abhängige Variable *Einstiegsgehalt* in die folgende Regressionsgleichung auf, resultiert:

$$\widehat{\text{EG}} = 3\,151 - 200\text{SD} + 856 D_{\text{Physik}} + 2\,220 D_{\text{Chemie}}$$

In dieser Regressionsgleichung erhält die Variable *Studiendauer* ein negatives Vorzeichen, d. h., eine längere Studiendauer hängt nun negativ mit dem Einstiegsgehalt zusammen. Dieses „vernünftige“ Ergebnis entsteht aus der Eigenschaft der multiplen Regression, dass der Einfluss eines Prädiktors unter Konstanthaltung der anderen Prädiktoren bestimmt wird. Im vorliegenden Fall wird also unter Konstanthaltung des Einflusses der Variablen *Studienfach* die Wirkung der Studiendauer auf das Einstiegsgehalt erfasst. Dabei gilt, wie bereits ausgeführt, dass der Einfluss eines Prädiktors auf das Kriterium für alle Ausprägungen des weiteren Prädiktors gleich ist. Für das vorliegende Beispiel ist also für alle drei Studienfächer dasselbe Regressionsgewicht von -200 für die Variable *Studiendauer* gegeben. Durch die Einbeziehung sogenannter Interaktionseffekte, die wir im Kapitel 10.8 einführen, kann diese Restriktion aufgehoben werden.

Für feste Werte der kontinuierlichen Variablen *Studiendauer* lassen sich nun die Unterschiede zwischen den Fächergruppen bestimmen. Bei einer Studiendauer von zehn Semestern ergeben sich beispielsweise die folgenden vorhergesagten Einstiegsgehälter:

$$\begin{aligned}
&\text{BWL:} && \widehat{\text{EG}} = 3\,151 - 200 \cdot 10 && = 1\,151\\
&\text{Physik:} && \widehat{\text{EG}} = 3\,151 - 200 \cdot 10 + 856 && = 2\,007\\
&\text{Chemie:} && \widehat{\text{EG}} = 3\,151 - 200 \cdot 10 + 2\,220 && = 3\,371
\end{aligned}$$

10.7 Nicht lineare Transformationen

Nicht immer lässt sich die Beziehung zwischen Prädiktor und Kriterium durch die Funktion

$$\widehat{Y} = b_0 + b_1 X$$

beschreiben. Bereits der im Beispiel 8.12 (auf Seite 172) angegebene Zusammenhang zwischen der Aktivierung und Leistung zeigt eine deutliche quadratische Komponente. In solchen Fällen kann der ursprüngliche Prädiktor transformiert werden, indem zusätzliche Variablen erzeugt werden, die als weitere Prädiktoren in die Regressionsgleichung aufgenommen werden. Im Fall eines quadratischen Zusammenhangs wird als zusätzlicher Prädiktor die Variable X^2 berücksichtigt. Damit lautet die Regressionsgleichung nun: $\widehat{Y} = b_0 + b_1 X + b_2 X^2$.

Beispiel einer Regression mit quadratischer Komponente: Einfluss des Alters auf das Ausmaß der Poggendorf-Täuschung

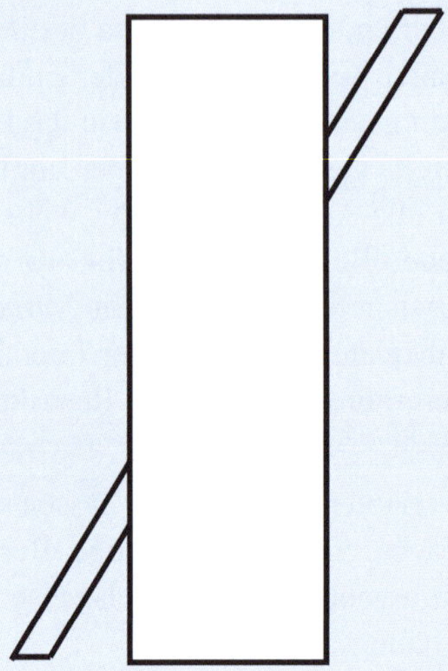

Die nebenstehende Abbildung zeigt die sogenannte Poggendorf-Täuschung. Es scheint hier, als seien die Endpunkte der hinter dem Rechteck verlaufenden Linie versetzt, in Wirklichkeit handelt es sich jedoch um eine gerade, durchgehende Linie.

Leibowitz und Gwozdecki (1967) untersuchten das Ausmaß der Poggendorf-Täuschung in Abhängigkeit vom Alter. Aufgrund der Angaben dieser beiden Autoren konnten wir die Daten ihrer Untersuchung simulieren. Die so erzeugten 145 Daten sind in der unten stehenden Abbildung dargestellt.

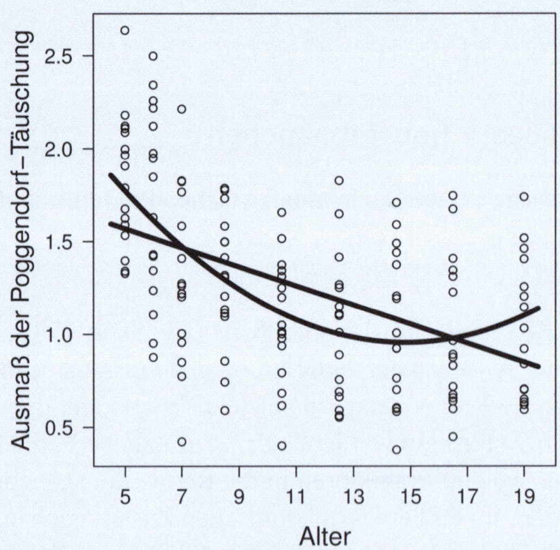

Eine Betrachtung des Streudiagramms zeigt, dass eine Regressionsgerade die Daten nicht adäquat beschreiben kann und eine quadratische Komponente hinzuzufügen ist.

Bezeichnen wir mit T das Ausmaß der Täuschung und mit A das Alter, so ergibt die lineare Regression mit dem Prädiktor Alter die Regressionsgleichung

$$\hat{T} = 1.960 - 0.067A$$

und $R^2_{Y \bullet A} = .279$. Nimmt man den Prädiktor A^2 zusätzlich in die Gleichung auf, so resultiert

$$\hat{T} = 2.782 - 0.245A + 0.008A^2$$

und $R^2_{Y \bullet A, A^2} = .338$. Die inkrementelle aufgeklärte Variation $.338 - .279 = .059$ ist recht bedeutsam, daher sollte die quadratische Komponente in der Regression nicht vernachlässigt werden.

Es können auch zahlreiche andere Funktionsgleichungen verwendet werden, wie z. B. Polynome dritten Grades:

$$\widehat{Y} = b_0 + b_1X + b_2X^2 + b_3X^3$$

oder auch ein Polynom vierten Grades:

$$\widehat{Y} = b_0 + b_1X + b_2X^2 + b_3X^3 + b_4X^4$$

Beispiel einer Regression mit quadratischer und kubischer Komponente: Einfluss des Alters auf das Ausmaß der Ponzo-Täuschung

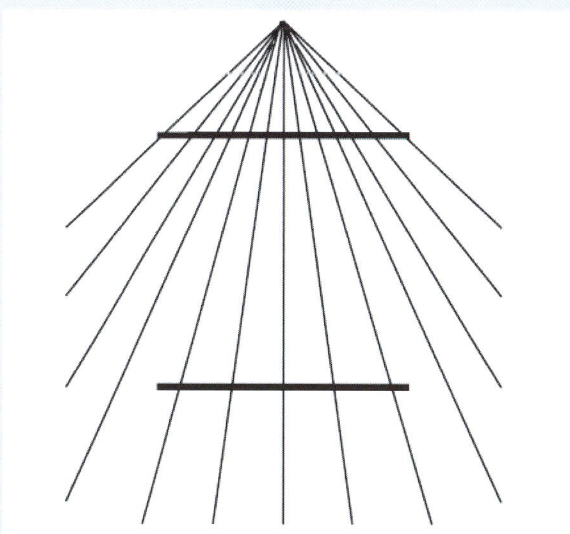

Die Abbildung zeigt die sogenannte Ponzo-Täuschung. Hier scheint der obere Balken länger zu sein als der untere Balken, was tatsächlich aber nicht zutrifft.

Auch für die Ponzo-Täuschung wurde der Einfluss des Alters auf das Ausmaß der Täuschung untersucht (Leibowitz & Judisch, 1967). Die nachfolgende Grafik zeigt den Zusammenhang zwischen dem Mittelwert des Ausmaßes der Ponzo-Täuschung und dem Alter (A).

Der von Leibowitz und Judisch (1967) ermittelte Zusammenhang lässt sich durch das folgende Polynom dritten Grades beschreiben.

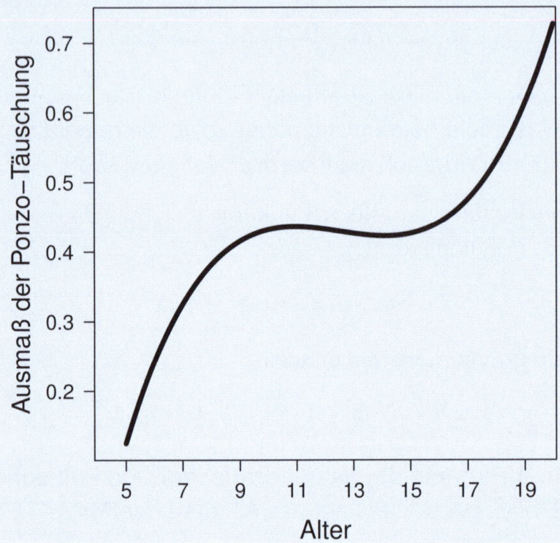

$$\widehat{\text{Ausmaß}} = -1.113 + .381A - .031A^2 + .001A^3$$

Zur Beantwortung der Frage, welche Funktionsgleichung zu verwenden ist, dient die Inspektion von Streudiagrammen. Weiterhin kann anhand der durch die zusätzlichen Terme aufgeklärten Variation entschieden werden, ob die Aufnahme zusätzlicher Komponenten in die Regressionsgleichung notwendig ist.

In einer multiplen linearen Regression können auch andere *nicht lineare* Transformationen der Prädiktoren, wie z. B. X^2, X^3, $ln(X)$, $exp(X)$ oder $1/X$, in die Regressionsgleichung einbezogen werden. Dann liegt eine sogenannte kurvilineare Beziehung zwischen dem Kriterium und den Prädiktoren vor. Insofern werden diese Modelle zuweilen als nicht lineare Regressionsmodelle bezeichnet. Dennoch liegt hier, auch wenn es paradox klingen mag, ein lineares Modell vor. Das Attribut „linear" bezieht sich nicht auf die Prädiktoren, sondern auf die Regressionskoeffizienten. Das lineare Modell ist, wie im Internetsupplement ausführlicher dargestellt wird, also linear in den Regressionskoeffizienten, aber nicht unbedingt in den Prädiktoren. Das bedeutet im Wesentlichen, dass die Regressionskoeffizienten in ihrer ursprünglichen Form b_i in die Regressionsgleichung eingehen. Ein Modell, das beispielweise durch die folgende Gleichung bestimmt ist,

$$y = ln(b_0 + b_1X_1) + b_2b_3X_2$$

ist kein lineares, sondern ein nicht lineares Modell.

Das lineare Modell kann anstelle von

$$Y = b_0 + b_1X_1 + b_2X_2 + \ldots + b_kX_k + e$$

auch allgemeiner durch die Gleichung

$$Y = b_0 + b_1f_1(X_1) + b_2f_2(X_2) + \ldots + b_kf_k(X_k) + e$$

beschrieben werden.

10.8 Interaktion der Prädiktoren

Den bisher vorgestellten Regressionsmodellen liegt die Annahme zugrunde, dass der Einfluss eines Prädiktors unbeeinflusst ist von den Ausprägungen der jeweils übrigen Prädiktoren, d. h., der Einfluss eines Prädiktors ist identisch für alle Ausprägungen der jeweils übrigen Prädiktoren. Damit ist die Steigung b_i eines Prädiktors X_i für alle Ausprägungen der übrigen Prädiktoren identisch. So wurde in dem Beispiel zur Vorhersage des Einstiegsgehalts der Einfluss der Studiendauer auf das Einstiegsgehalt für alle drei Studienfächer als identisch angenommen. Für dieses Beispiel stellte sich diese Annahme als adäquat heraus, für andere Analysen mag sie aber zu restriktiv sein.

Liegen unterschiedliche Steigungen eines Prädiktors für die Werte eines anderen Prädiktors oder mehrerer anderer Prädiktoren vor, sind sogenannte Interaktionsterme einzubeziehen. Die Interaktionsterme werden als Produkte der ursprünglichen Prädiktoren gebildet und als weitere Prädiktoren in die Regressionsgleichung aufgenommen. Im einfachsten Fall mit zwei Prädiktoren X_1 und X_2 resultiert dann die folgende Regressionsgleichung:

$$\widehat{Y} = b_0 + b_1X_1 + b_2X_2 + b_{12}(X_1 \cdot X_2)$$

Die Variable $X_1 \cdot X_2$ stellt hier den Interaktionsterm dar und wird durch die Multiplikation der beiden Variablen X_1 und X_2 gebildet. Eine Begründung dafür, warum die Interaktionsterme gerade durch das Produkt der beiden Prädiktoren und nicht durch eine andere Verknüpfung der beiden Prädiktoren, wie z. B. X_1/X_2, gebildet werden, erfolgt im Internetsupplement.

Das Gewicht b_{12} steht für den Einfluss der Interaktion der beiden Variablen X_1 und X_2 auf die abhängige Variable. Die Effekte b_1 bzw. b_2 der beiden Variablen X_1 bzw. X_2 werden auch als *Haupteffekte* bezeichnet.

Haupteffekt

Im Folgenden erläutern wir die Interaktion von zwei Prädiktoren anhand einer multiplen Regression mit zwei Prädiktoren. Dazu verwenden wir der Einfachheit halber fiktive Beispieldaten. Zunächst betrachten wir den einfachsten Fall einer Regression mit zwei binären Prädiktoren.

10.8.1 Zwei binäre Prädiktoren

Für eine Regression mit zwei binären Prädiktoren ohne Interaktion gehen wir von dem Beispiel aus, in dem wiederum die Schulnote (Note, gemessen anhand der Abiturnotenskala) durch das didaktische Geschick (DG) des Lehrers und die Motivation (MO) des Schülers vorhergesagt wird. Die Daten für dieses Beispiel enthält Tabelle 10.2. Wir verwenden in diesem Beispiel die Dummykodierung, wobei die Ausprägung *niedrig* jeweils die Referenzkategorie darstellt und damit den Wert 0 annimmt und die Ausprägung *hoch* den Wert 1.

Nutzen wir diese Kodierungen für die Daten in Tabelle 10.2 in einer multiplen Regression, erhalten wir die folgende Regressionsgleichung:

$$\widehat{\text{Note}} = 5 + 2\text{DG} + 4\text{MO}$$

Tabelle 10.2: Beispieldaten für eine Regression mit zwei binären Prädiktoren ohne Interaktion

DG	MO	Note
0	0	4
0	0	6
0	1	8
0	1	10
1	0	6
1	0	8
1	1	10
1	1	12

In Abbildung 10.15 sind die Ergebnisse dieses multiplen Regressionsmodells grafisch dargestellt.

Es zeigt sich, dass der Anstieg der Note durch den Prädiktor *didaktisches Geschick* für die beiden Ausprägungen des zweiten Prädiktors Motivation gleichermaßen 2 beträgt. Für Schüler mit niedriger Motivation erfolgt ein Anstieg von 5 (niedriges didaktisches Geschick) auf

7 (hohes didaktisches Geschick) und für Schüler mit hoher Motivation ein Anstieg von 9 auf 11.

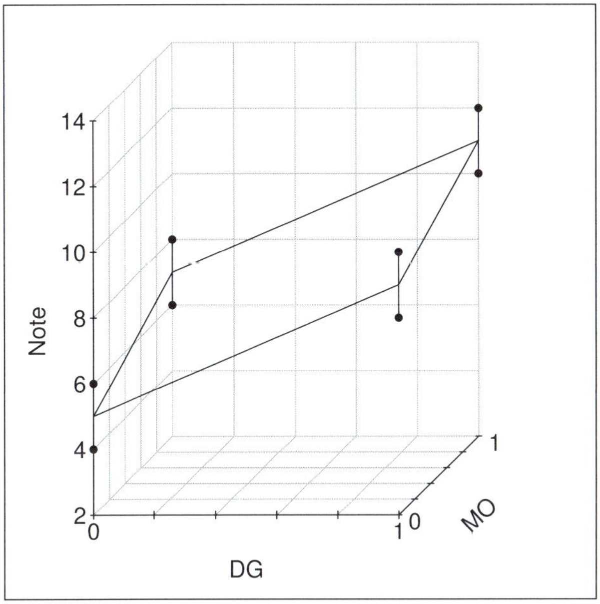

Abbildung 10.15: Dreidimensionale Darstellung des Regressionsmodells mit zwei binären Prädiktoren ohne Interaktion

Ebenso fällt (zwangsläufig) auch der Notenanstieg durch die Variable *Motivation* für beide Ausprägungen der Variablen *didaktisches Geschick* mit einem Wert von 4 identisch aus. Für Schüler, die von einem Lehrer mit niedrigem didaktischen Geschick unterrichtet werden, erfolgt ein Zuwachs der Notenpunkte von 5 (niedrige Motivation) auf 9 (hohe Motivation) und für Schüler mit einem Lehrer mit hohem didaktischen Geschick ein Zuwachs von 7 auf 11.

Nun erscheint die Annahme aber nicht abwegig, dass Schüler mit einer hohen Motivation stärker von einem qualitativ besseren Unterricht (infolge des höheren didaktischen Geschicks des Lehrers) profitieren als Schüler mit einer niedrigen Motivation. In diesem Fall müsste der Zuwachs an Notenpunkten für Schüler mit einer hohen Motivation höher ausfallen als der Zuwachs für Schüler mit einer niedrigen Motivation. Diese Situation spiegelt der zweite Beispieldatensatz (vgl. Tab. 10.3) wider und wird in Abbildung 10.16 grafisch veranschaulicht.

Tabelle 10.3: Beispieldaten für eine Regression mit zwei binären Prädiktoren mit Interaktion

DG	MO	DG · MO	Note
0	0	0	4
0	0	0	6
0	1	0	8
0	1	0	10
1	0	0	6
1	0	0	8
1	1	1	12
1	1	1	14

Hier gilt die Regressionsgleichung:

$$\widehat{\text{Note}} = 5 + 2\text{DG} + 4\text{MO} + 1(\text{DG} \cdot \text{MO}).$$

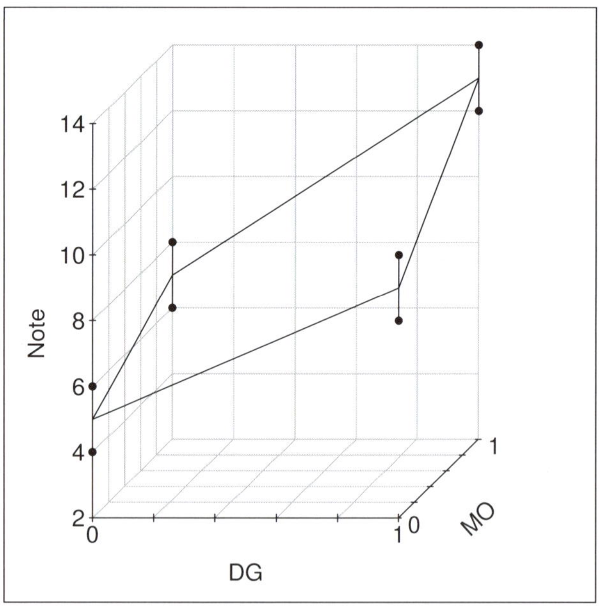

Abbildung 10.16: Dreidimensionale Darstellung des Regressionsmodells mit zwei binären Prädiktoren mit Interaktion

Als zusätzlicher Term wird der Interaktionsterm DG·MO in die Regressionsgleichung aufgenommen, der einen Effekt von 1 aufweist. Wenn beide Prädiktoren die Ausprägung *hoch* bzw. den Wert 1 aufweisen, kommt dieser zusätzliche Effekt, der „gemeinsame" Effekt oder die

Wechselwirkung beider Variablen, zum Tragen. Damit liegt ein unterschiedlicher Einfluss eines Prädiktors für die beiden Ausprägungen des anderen Prädiktors vor.

So beträgt der Notenanstieg infolge der Variablen *didaktisches Geschick* für hoch motivierte Schüler 4 und für niedrig motivierte Schüler 2. Weiterhin gilt auch, dass der Notenzuwachs – bedingt durch die Variable *Motivation* – für Schüler, die von einem Lehrer mit einem niedrigen didaktischen Geschick unterrichtet werden, einem Wert von 4 entspricht. Hingegen beträgt der entsprechende Notenzuwachs 6 für Schüler, die von einem Lehrer mit einem hohen didaktischen Geschick unterrichtet werden. Schüler mit einer hohen Motivation profitieren also stärker von dem höheren didaktischen Geschick als Schüler mit einer geringeren Motivation. Hier kann die Wirkung beider Variablen nicht isoliert analysiert werden, sondern der gemeinsame Effekt beider Variablen, ihre Wechselwirkung, muss über den Interaktionsterm erhoben werden.

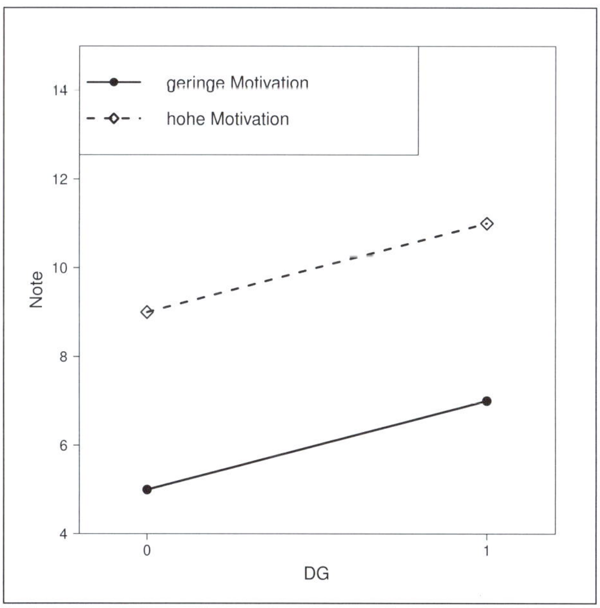

Abbildung 10.17: Zweidimensionale Darstellung des Regressionsmodells mit zwei binären Prädiktoren ohne Interaktion

In Veröffentlichungen werden Interaktionseffekte zweier Prädiktoren zumeist nicht dreidimensional, sondern zweidimensional dargestellt. In den Abbildungen 10.17 bzw. 10.18 sind die Ergebnisse der beiden Regressionen ohne bzw. mit Interaktion zweidimensional grafisch veranschaulicht. Hier wird der Einfluss einer der beiden Prädiktoren auf das Kriterium jeweils getrennt für die beiden Ausprägungen des anderen

Prädiktors durch eine Gerade bzw. Linie dargestellt. Sind die Anstiege der beiden Regressionsgeraden identisch und verlaufen damit die beiden Linien parallel, liegt kein Interaktioneffekt vor, ansonsten ist der Interaktionseffekt ungleich 0.

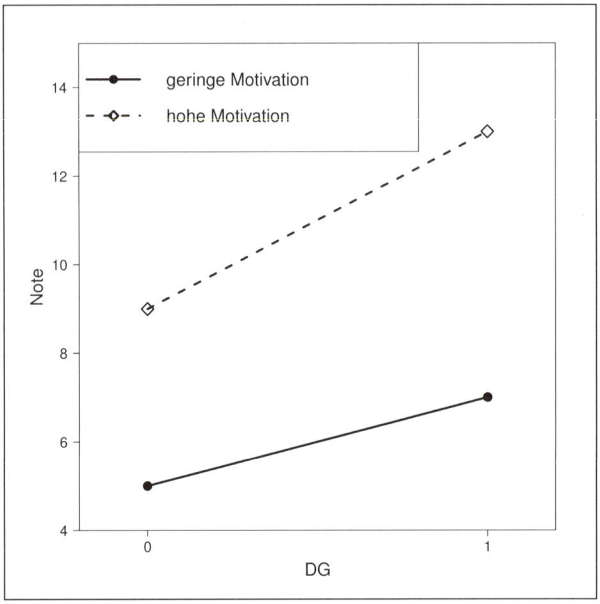

Abbildung 10.18: Zweidimensionale Darstellung des Regressionsmodells mit zwei binären Prädiktoren mit Interaktion

Eine zweidimensionale Darstellung ist immer dann erforderlich, wenn einer der beiden nominalskalierten Prädiktoren mehr als zwei Ausprägungen besitzt. Dann liegen infolge der Kodierung der nominalskalierten Variablen mehr als zwei Prädiktoren vor und eine dreidimensionale Darstellung (bei mindestens drei Prädiktoren und dem Kriterium) der Ergebnisse ist nicht mehr möglich. In Abbildung 10.19 ist ein (fiktives) Beispiel für den Einfluss des didaktischen Geschicks auf die Schulnoten für drei verschiedene Fächer (Mathematik, Geschichte und Deutsch) zweidimensional dargestellt.

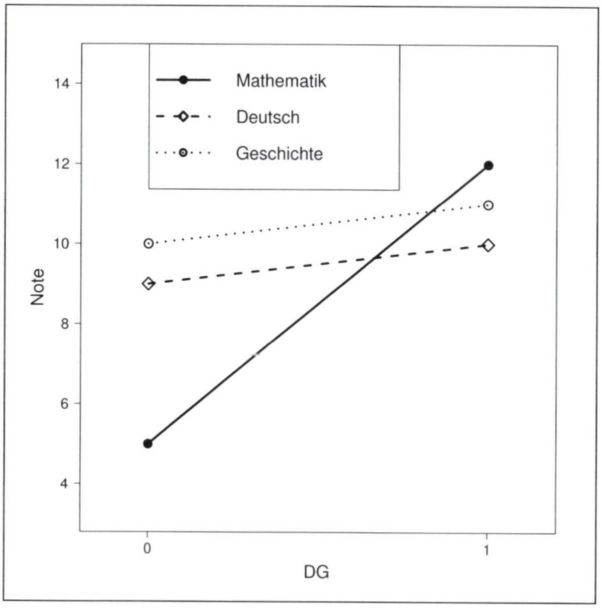

Abbildung 10.19: Zweidimensionale Darstellung der Interaktion in einem Regressionsmodell mit einem nominalskalierten Prädiktor mit mehr als zwei Ausprägungen

10.8.2 Ein binärer und ein metrischer Prädiktor

Die Darstellung und Interpretation eines Interaktionseffekts bei einer multiplen Regression mit einem binären und einem metrischen Prädiktor erfolgen im Wesentlichen analog zu dem Fall mit zwei binären Prädiktoren. Hier liegen für die metrische Variable mehr als zwei Ausprägungen vor und die Regressionsfläche wird in dieser Dimension durch mehr als zwei Beobachtungen bestimmt.

Wir haben das obige Beispiel für den Fall zweier binärer Prädiktoren so abgewandelt, dass der Prädiktor *didaktisches Geschick* nun metrisch ist und Werte von 1 bis 5 annimmt. Tabelle 10.4 enthält die entsprechenden Daten für den Fall einer Interaktion und in Abbildung 10.20 werden die Ergebnisse der Regression dreidimensional dargestellt. Wie anhand der Abbildung 10.20 zu sehen ist, entspricht die Regression mit einem binären und einem metrischen Prädiktor der Regression mit zwei binären Prädiktoren. Wiederum verlaufen die Regressionsgeraden nicht parallel, wenn eine Interaktion vorliegt. Weiterhin kann auch hier eine zweidimensionale Darstellung des Interaktionseffekts erfolgen (vgl. Internetsupplement).

Tabelle 10.4: Beispieldaten für eine Regression mit einem binären und einem metrischen Prädiktor mit Interaktion

DG	MO	DG · MO	Note	DG	MO	DG · MO	Note
1	0	0	4	1	1	1	6
1	0	0	6	1	1	1	8
2	0	0	5	2	1	2	7.5
2	0	0	7	2	1	2	9.5
3	0	0	6	3	1	3	9
3	0	0	8	3	1	3	11
4	0	0	7	4	1	4	10.5
4	0	0	9	4	1	4	12.5
5	0	0	8	5	1	5	12
5	0	0	10	5	1	5	14

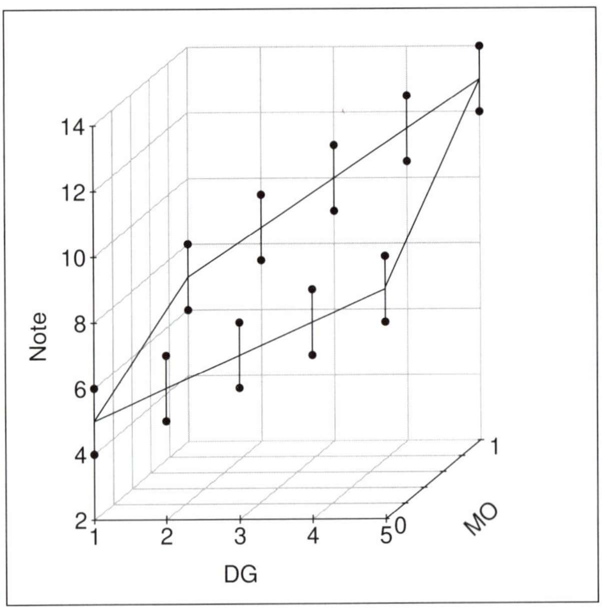

Abbildung 10.20: Dreidimensionale Darstellung der Regression für einen binären und metrischen Prädiktor mit Interaktion

10.8.3 Zwei metrische Prädiktoren

Für eine multiple Regression mit zwei metrischen Prädiktoren haben wir das Eingangsbeispiel so abgewandelt, dass die Ergebnisse völlig analog zum Fall zweier binärer Prädiktoren sind. Die Skala mit den Werten 0 (nein) und 1 (ja) im binären Fall wird nun durch eine Skala mit Werten von 1 bis 5 ersetzt. Dabei steht 1 für eine niedrige Ausprägung und 5 für eine hohe Ausprägung der beiden Variablen. Die recht umfangreichen Datensätze für die Regression mit zwei metrischen Prädiktoren für die beiden Fälle ohne bzw. mit Interaktion sind im Internetsupplement dargestellt.

Die Regressionsgleichung lautet hier für den Fall, in dem nur Haupteffekte vorliegen, also keine Interaktion gegeben ist (vgl. Abb. 10.21):

$$\widehat{\text{Note}} = 5 + .5\text{DG} + 1\text{MO}$$

Für den Fall, dass zusätzlich eine Interaktion gegeben ist, gilt die Regressionsgleichung (vgl. Abb. 10.22):

$$\widehat{\text{Note}} = 5 + .5\text{DG} + 1\text{MO} + .25(\text{DG} \cdot \text{MO})$$

Wie aus den Abbildungen 10.21 bzw. 10.22 ersichtlich ist, liegt eine identische Steigung eines Prädiktors für jede Ausprägung des anderen Prädiktors vor, wenn keine Interaktion der beiden Prädiktoren gegeben ist. Ansonsten resultiert eine unterschiedliche Steigung eines Prädiktors für jede Ausprägung des jeweils anderen Prädiktors.

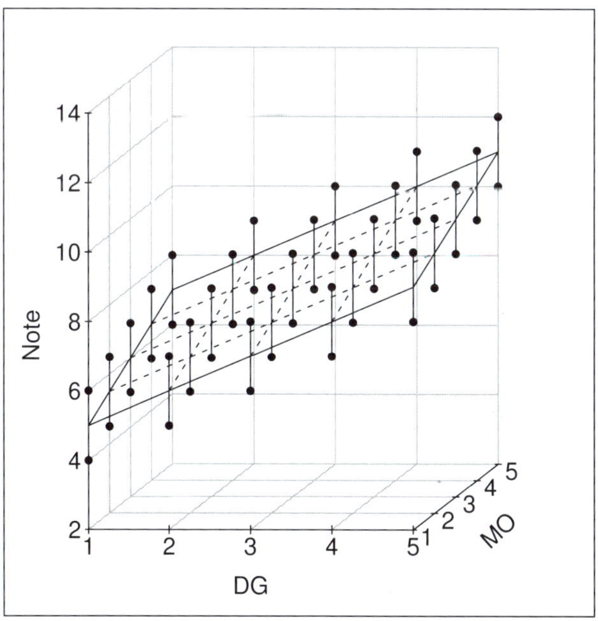

Abbildung 10.21: Dreidimensionale Darstellung für zwei metrische Variablen ohne Interaktion

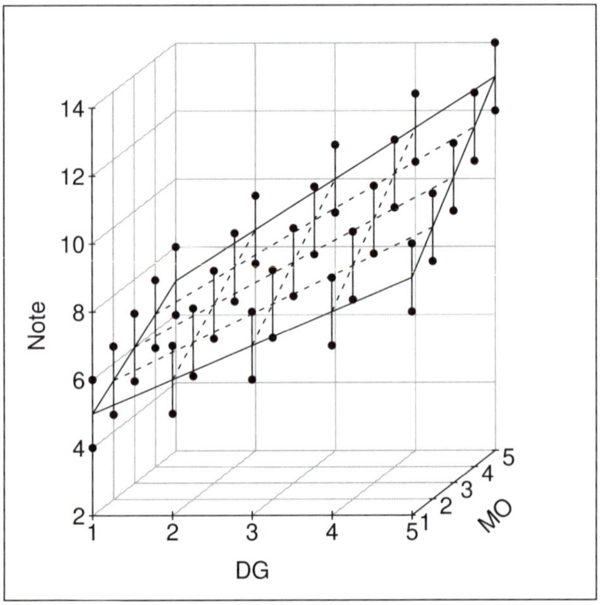

Abbildung 10.22: Dreidimensionale Darstellung für zwei metrische Variablen mit Interaktion

10.8.4 Interaktionen von mehr als zwei Prädiktoren

Bisher haben wir Regressionsmodelle mit zwei Prädiktoren betrachtet. Die hier auftretenden Interaktionseffekte zwischen zwei Variablen werden auch zweifache Interaktionseffekte genannt. Solche zweifachen Interaktionseffekte können auch bei Regressionsmodellen mit mehr als zwei Prädiktoren auftreten, so z. B. in dem folgenden Beispiel:

$$\begin{aligned}\widehat{Y} &= b_0 + b_1X_1 + b_2X_2 + b_3X_3 + b_4X_4 + b_5X_5 \\ &\quad + b_{13}(X_1 \cdot X_3) + b_{34}(X_3 \cdot X_4)\end{aligned}$$

Hier treten gemeinsame Effekte der Variablen X_1 und X_3 sowie der Variablen X_3 und X_4 auf.

Bei Regressionsmodellen mit mehr als zwei Prädiktoren können auch höhere Interaktionseffekte auftreten, so z. B. dreifache oder vierfache Interaktionseffekte, die die gemeinsame Wirkung von drei oder vier Prädiktoren erfassen. Dreifache Interaktionseffekte in der multiplen Regression werden in empirischen Studien selten und Interaktionseffekte, an denen mehr als drei Prädiktoren beteiligt sind, werden so gut wie überhaupt nicht berichtet.

Das folgende Regressionsmodell mit drei Prädiktoren enthält alle Haupteffekte und alle möglichen Interaktionseffekte, drei Haupt- und drei zweifache Interaktionen sowie eine dreifache Interaktion. Ein solches Regressionsmodell, das alle Haupteffekte und alle möglichen Interaktionseffekte enthält, wird auch gesättigtes oder volles Modell genannt.

$$\begin{aligned}\widehat{Y} &= b_0 + b_1X_1 + b_2X_2 + b_3X_3 \\ &\quad + b_{12}(X_1 \cdot X_2) + b_{13}(X_1 \cdot X_3) + b_{23}(X_2 \cdot X_3) \\ &\quad + b_{123}(X_1 \cdot X_2 \cdot X_3)\end{aligned}$$

In diesem Regressionsmodell ist die Wirkung eines Prädiktors X_i unterschiedlich für die Ausprägungen der jeweils übrigen Prädiktoren und weiterhin sind die zweifachen Interaktionseffekte für zwei Variablen X_i und X_j jeweils unterschiedlich für die Ausprägungen des jeweils restlichen Prädiktors. Das Internetsupplement enthält ein Beispiel für eine Regressionsanalyse mit einem dreifachen Interaktionseffekt.

10.9 Überprüfung der Voraussetzungen des linearen Modells

Die Voraussetzungen der multiplen Regression entsprechen im Prinzip den Voraussetzungen der einfachen Regression. Hier geht es neben dem Intervallskalenniveau des Kriteriums insbesondere um die folgenden drei Bedingungen:

- Homoskedastizität
- Linearität
- Abwesenheit von Ausreißern und einflussreichen Beobachtungen

Die Homoskedastizität, d. h. Gleichheit der Fehlervarianzen, muss im Fall der multiplen Regression für alle Kombinationen der Werte der Prädiktoren gelten. Eine solche Überprüfung wird in der Regel jedoch nicht vorgenommen. Anstatt die Fehlervarianzen für die einzelnen unterschiedlichen Wertekombinationen zu berechnen, ist es einfacher und gerade bei kleineren Stichproben vorteilhafter, die Fehlervarianzen jeweils für die Menge der Wertekombinationen zu bestimmen, die denselben vorhergesagten Kriteriumswert besitzen. Liegen z. B. für zwei Prädiktoren die Wertepaare $(0,0), (0,2), (0,3), (1,3), (2,2), (2,0), (3,0)$ und $(3,1)$ vor, so führen hier die Wertepaare $(1,3), (2,2)$ und $(3,1)$ bei der Regressionsgleichung $\widehat{Y} = 3 + 2X_1 + 2X_2$ zu demselben vorhergesagten Kriteriumswert von 11. Aufgrund der Forderung der Varianzgleichheit für die Fehler aller einzelnen Wertekombinationen gilt eine solche Forderung auch für die Menge der Wertekombinationen mit demselben vorhergesagten Kriteriumswert. Durch eine solche Zusammenfassung von Wertepaaren liegen jeweils mehr Beobachtungen zur Berechnung der Fehlervarianzen vor, was insbesondere bei kleinen Stichproben von Vorteil ist. Außerdem ist es grundsätzlich einfacher, von den vorhergesagten Werten auszugehen als von der zumeist weitaus größeren Anzahl unterschiedlicher Wertekombinationen der Prädiktoren.

Zur Überprüfung der Residuen bieten sich Tukey-Anscombe-Plots an (vgl. Kap. 9). Ergänzend dazu kann das in Abbildung 10.23 dargestellte Streudiagramm der standardisierten vorhergesagten Kriteriumswerte und der standardisierten Residuen genutzt werden. Für diesen Plot wurden die Daten für das Beispiel der multiplen Regression mit korrelierten Prädiktoren herangezogen. Dieser Plot zeigt keine auffälligen Verletzungen der Homoskedastizität.

Die Überprüfung der Linearität im Falle zweier metrischer Prädiktoren kann anhand eines dreidimensionalen Streudiagramms erfolgen. Liegen mehr als zwei Prädiktoren vor, kann man wiederum einen Residualplot heranziehen.

Weiterhin können alle möglichen Zweier-Kombinationen der Prädiktoren gebildet werden und die entsprechenden Streudiagramme auf Verletzungen der Linearität inspiziert werden. Die meisten Statistikprogrammpakete bieten eine solche Erstellung als sogenannten Matrixplot an.

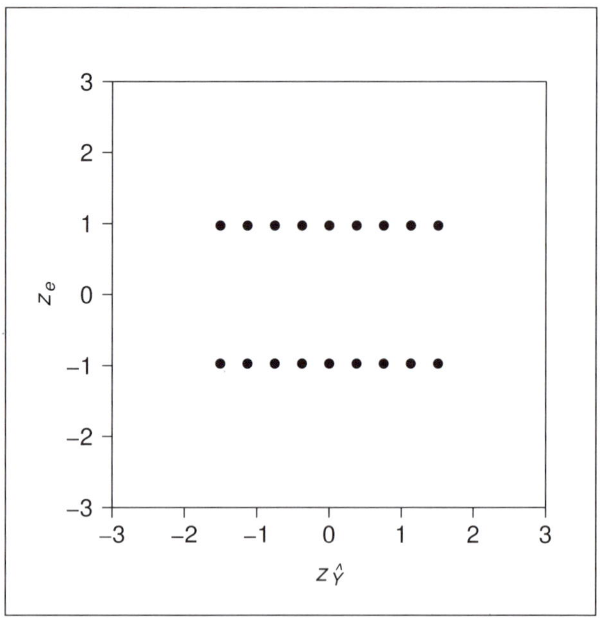

Abbildung 10.23: Streudiagramm der standardisierten vorhergesagten Kriteriumswerte mit den standardisierten Residuen

Damit können die Prädiktoren identifiziert werden, die für eine Verletzung der Linearitätsannahme verantwortlich sind. Anstelle dieser Streudiagramme können auch partielle Regressionsplots inspiziert werden. Hier wird nicht das Kriterium gegen einen Prädiktor abgetragen, sondern vielmehr das Kriterium und ein Prädiktor, bei denen jeweils die restlichen Prädiktoren auspartialisiert sind. Wird z. B. das Kriterium Y durch die Prädiktoren X_1, X_2, X_3 und X_4 vorhergesagt, so werden in einem partiellen Regressionsplot für den Prädiktor X_1 das Kriterium, aus dem die Variablen X_2, X_3 und X_4 auspartialisiert sind, und der auspartialisierte Prädiktor $X_{1\bullet 2,3,4}$ zueinander in Beziehung gesetzt. In solchen partiellen Regressionsplots wird gewissermaßen der „reine", von den jeweils anderen Prädiktoren unbeeinflusste Zusammenhang des Kriteriums mit einem Prädiktor dargestellt.

Die Überprüfung von Ausreißern kann analog zur einfachen Regression wiederum anhand eines Residualplots erfolgen. Insbesondere bei kleinen Stichproben gilt es, solchen Ausreißern eine besondere Beachtung zu schenken, während bei großen Stichproben der Einfluss einzelner Ausreißer zumeist unbedeutend ist.

Für die Betrachtung einflussreicher Beobachtungen, die ebenfalls im Falle kleiner Stichprobenumfänge bedeutsame Auswirkung auf die Bestimmung der Statistiken in der multiplen Regression haben können, ist nun die Abweichung der Prädiktorwerte von dem Punkt zu betrachten, der durch die Mittelwerte aller Prädiktoren bestimmt ist. Liegen z. B. für drei von fünf Prädiktoren extreme Werte vor, ist die Berechnung des Regressionsmodells einmal mit und einmal ohne diese Beobachtung durchzuführen, um die Auswirkungen auf die Ergebnisse zu erfassen.

10.10 Software

10.10.1 SPSS

Die multiple Regression mittels SPSS wird wie folgt aufgerufen:

Menü

Analysieren
↓
Regression → **Linear**

Im Dialogfeld können mehrere unabhängige Variablen in die Regression aufgenommen werden. Darüber hinaus können verschiedene Optionen gewählt werden.

Dreidimensionale Streudiagramme können ebenfalls erstellt werden.

Menü

Diagramme
↓
Diagrammerstellung → **Einfaches 3D-Streudiagramm**

Im Dialogfeld können Variablen und Darstellungsoptionen festgelegt werden.

10.10.2 R

Im R-Commander werden ebenfalls Regressionsmodelle und 3D-Streudiagramme als Analysemöglichkeiten angeboten.

R-Commander

Statistik
↓
Regressionsmodelle → **Lineare Regression**

Im Dialogfeld können die Variablen festgelegt werden. Das Ergebnis wird in einem Modell abgespeichert. Unter dem Menüpunkt *Modelle* kann nach Berechnung der Regression das Modell weiter untersucht werden. Neben der Modellzusammenfassung können hier z. B. Grafiken zur Überprüfung der Voraussetzungen für das Modell angefordert werden.

R-Commander

Grafiken
↓
3D-Grafik → **3D-Streudiagramm**

Im Dialogfeld können Variablen und Darstellungsoptionen festgelegt werden.

Zusammenfassung

Das lineare Modell stellt eine Erweiterung der einfachen linearen Regression dar. Hier wird ein intervallskaliertes Kriterium durch mehrere Prädiktoren erklärt, die auch nominalskaliert sein können. Die wesentlichen Spezialfälle des linearen Modells stellen die einfache und multiple Regression dar sowie die Varianzanalyse und Kovarianzanalyse.

Die multiple Regression stellt den grundlegenden Spezialfall des linearen Modells dar. Hier wird ein Kriterium durch die gewichtete Summe mehrerer intervallskalierter Prädiktoren vorhergesagt bzw. erklärt. Die Gewichte bzw. Regressionskoeffizienten werden so bestimmt, dass der quadrierte Abstand zwischen den vorhergesagten Werten minimiert wird. Die multiple Korrelation stellt die einfache Korrelation zwischen dem Kriterium und den aufgrund mehrerer Prädiktoren vorhergesagten Werten dar.

Im Falle unkorrelierter Prädiktoren stimmen die unstandardisierten und standardisierten Regressionskoeffizienten in der multiplen Regression mit den entsprechenden Koeffizienten in der einfachen Regression überein. In diesem Fall können den einzelnen Prädiktoren auch Variationsanteile, die durch sie bedingt sind, zugeordnet werden.

Hingegen wird in der multiplen Regression mit korrelierten Prädiktoren bei einem Prädiktor nicht der Einfluss des „gesamten" Prädiktors auf das Kriterium erfasst, sondern lediglich der Einfluss der Partialvariablen, d. h. des Anteils des Prädiktors, der unabhängig von jeweils allen anderen Prädiktoren ist. Anders ausgedrückt, es wird der Einfluss des Prädiktors unter Konstanthaltung der jeweils restlichen Prädiktoren auf das Kriterium bestimmt.

Die Korrelation des Kriteriums mit der Partialvariablen heißt auch semipartielle Korrelation. Die partielle Korrelation stellt die bivariate Korrelation zwischen zwei Variablen dar, aus denen jeweils der Einfluss einer anderen oder mehrerer anderer Variablen auspartialisiert ist.

Im Fall einer multiplen Regression mit korrelierten Prädiktoren können den einzelnen Prädiktoren im Allgemeinen keine aufgeklärten Variationsanteile zugeordnet werden, hier können lediglich inkrementelle Variationsanteile betrachtet werden.

Um nominalskalierte Variablen mit k Ausprägungen in das lineare Modell einzubeziehen, müssen diese Variablen in $k-1$ neue Variablen transformiert werden. Es gibt verschiedene Formen der

Transformation, zumeist wird die Dummy- oder Effektkodierung gewählt. In das lineare Modell können auch nicht lineare Transformationen der Prädiktoren einbezogen werden ebenso wie Interaktionsterme. Interaktionen erfassen die gemeinsame Wirkung von zwei oder mehreren Variablen.

Wesentliche Voraussetzungen des linearen Modells sind die Homoskedastizität, Linearität sowie Abwesenheit von Ausreißern und einflussreichen Beobachtungen.

Zentrale Begriffe

Der *Regressionskoeffizient* b_0 in der multiplen Regression gibt den vorhergesagten Wert für das Kriterium an, wenn alle Prädiktoren den Wert 0 annehmen. Er wird auch Y-Achsenabschnitt bzw. intercept genannt.

Die *Regressionskoeffizienten* $b_i, i = 1, \ldots, k$ in der multiplen Regression geben den Einfluss des Prädiktors X_i auf das Kriterium Y an, d. h., um wie viele Einheiten sich der vorhergesagte Wert für das Kriterium verändert, wenn man den Wert des Prädiktors um den Wert 1 erhöht und alle anderen Prädiktoren konstant gehalten werden.

Die *standardisierten Regressionskoeffizienten* $b_i^*, i = 1, \ldots, k$ in der multiplen Regression geben den Einfluss eines Prädiktors auf das Kriterium an, wenn alle Prädiktoren und das Kriterium standardisiert sind, d. h. den Einfluss von z_i auf z_Y. Damit wird erfasst, um wie viele Standardabweichungen sich der vorhergesagte Wert des Kriteriums verändert, wenn man den Prädiktor z_i um eine Standardabweichung erhöht und alle anderen Prädiktoren konstant gehalten werden.

Eine *Konfundierung* innerhalb der multiplen Regression liegt dann vor, wenn zwei oder mehrere der Prädiktoren untereinander korreliert sind.

Die *Semipartialkorrelation* ist die bivariate Korrelation zwischen einer (ursprünglichen) Variablen und einer Variablen, aus der der Einfluss einer anderen oder mehrerer anderer Variablen auspartialisiert ist.

Die *Partialkorrelation* ist die bivariate Korrelation zwischen zwei Variablen, aus denen der Einfluss einer anderen oder mehrerer anderer Variablen auspartialisiert ist.

Der *multiple Korrelationskoeffizient* zwischen dem Kriterium Y und den Prädiktoren $X_1, \ldots, X_k$ entspricht der einfachen Korrelation zwischen dem Kriterium Y und dem vorhergesagten Kriterium $\widehat{Y} = b_0 + b_1X_1 + \ldots + b_kX_k$.

Der *multiple Determinationskoeffizient* ist der quadrierte multiple Korrelationskoeffizient. Er stellt ein PRE-Maß dar und gibt den Anteil der durch die Prädiktoren aufgeklärten Variation von Y an.

Die *inkrementelle Variationsaufklärung* gibt den Anteil an Variation des Kriteriums Y an, der durch die zusätzliche Aufnahme von Prädiktoren $X_{i+1}, \ldots, X_k$ über die bereits in die Regressionsgleichung einbezogenen Prädiktoren $X_1, \ldots, X_i$ aufgeklärt wird.

Die *Dummykodierung* ist eine häufig verwendete Form der Kodierung von nominalskalierten Variablen, damit sie als Prädiktoren in die Regressionsanalyse aufgenommen werden können. Eine Dummyvariable erfasst die Differenz zwischen dem Mittelwert der ihr zugehörigen Gruppe und der Referenzgruppe.

Die *Effektkodierung* ist ebenfalls eine häufig verwendete Form der Kodierung von nominalskalierten Variablen. Eine effektkodierte Variable erfasst die Differenz zwischen der ihr zugehörigen Gruppe und dem (ungewichteten) Mittelwert aller Gruppen.

Eine *Interaktion* von zwei oder mehreren Variablen erfasst den gemeinsamen Effekt dieser Variablen. Die Interaktionsterme werden über die Produkte der entsprechenden Variablen gebildet.

Notation

Notation	**Bedeutung**
$Y = b_0 + b_1X_1 + \ldots + b_kX_k + e$	Regressionsgleichung der multiplen Regression mit b_0 als Y-Achsenabschnitt und $b_1, \ldots, b_k$ als Regressionskoeffizienten für die jeweiligen Prädiktoren
$r_{Y(1\bullet2)}$	Semipartialkorrelation zwischen Y und X_1, wobei X_2 aus X_1 auspartialisiert ist
$r_{Y1\bullet2}$	Partialkorrelation zwischen Y und X_1, wobei X_2 aus X_1 und Y auspartialisiert ist
$R_{Y\bullet1,\ldots,k}$	Multipler Korrelationskoeffizient zwischen Y und den Prädiktoren $X_1, \ldots, X_k$
$R^2_{Y\bullet1,\ldots,k}$	Determinationskoeffizient (Quadrat des multiplen Korrelationskoeffizienten)

Anhang

Literatur

Abele, A. E., Schute, M. & Andrä, M. S. (1999). Ingenieurin vs. Pädagoge. Berufliche Werthaltungen von Hochschulabsolventinnen und -absolventen als Resultat interessenspezifischer Selektions- und fachspezifischer Sozialisationseffekte. *Zeitschrift für Pädagogische Psychologie, 13*, 84–99.

Anscombe, F. J. (1973). Graphs in statistical analysis. *American Statistician, 27*, 17–22.

Artelt, C., Baumert, J., Julius-McElvany, N. & Peschar, J. (2004). *Das Lernen lernen: Voraussetzungen für lebensbegleitendes Lernen. Ergebnisse von PISA 2000.* Paris: OECD.

Behrendt, J. (2008). *Zusammenhänge zwischen Zwangsstörungen und Ticstörungen in einer kinder- und jugendpsychiatrischen Inanspruchnahmepopulation.* Dissertation, Universität Marburg. Verfügbar unter: http://archiv.ub.uni-marburg.de/diss/z2008/0891/ [15.10.2010].

Benninghaus, H. (2005). *Einführung in die sozialwissenschaftliche Datenanalyse.* München: Oldenbourg.

Cohen, J. (1988). *Statistical power analysis for the behavioral sciences* (2nd ed.). Hillsdale, NJ: Earlbaum.

Hell, W., Fiedler, K. & Gigerenzer, G. (1993). *Kognitive Täuschungen: Fehl-Leistungen und Mechanismen des Urteilens, Denkens und Erinnerns.* Heidelberg: Spektrum.

Holling, H. (1998). Utility analysis of personnel selection. An overview and empirical study based on objective performance measures. *Methods of Psychological Research, 3.* Verfügbar unter: http://www.dgps.de/fachgruppen/methoden/mpr-online/issue4/art2/article.html [15.10.2010].

Krämer, W. (2009). *So lügt man mit Statistik.* München: Piper.

Kuhn, J.-T., Holling, H. & Freund, P. A. (2008). Begabungsdiagnostik mit dem Grundintelligenztest (CFT 20-R): Psychometrische Eigenschaften und Messäquivalenz. *Diagnostica, 54*, 184–192.

Lehr, D., Hillert, A., Schmitz, E. & Sosnowsky, N. (2008). Screening depressiver Störungen mittels Allgemeiner Depressions-Skala (ADS-K) und State-Trait Depression Scales (STDS-T): Eine vergleichende Evaluation von Cut-Off-Werten. *Diagnostica, 54*, 61–70.

Leibowitz, H. W. & Gwozdecki, J. (1967). The magnitude of the Poggendorff illusion as a function of age. *Child Development, 38*, 573–580.

Leibowitz, H. W. & Judisch, J. M. (1967). The relation between age and the magnitude of the Ponzo illusion. *American Journal of Psychology, 80*, 105–109.

Leonhart, R. (2010). *Datenanalyse mit SPSS.* Göttingen: Hogrefe.

Lohaus, A., Thomas, H., Kessler, T. & Gediga, G. (1996). Decomposing water-level responses: Field effects as separate influences. *Journal of Experimental Child Psychology, 63*, 79–102.

Piaget, J. (1960). *The Child's Conception of Physical Causality*. Paterson, NJ: Littlefield, Adams.

Robertson, W. S. (1950). Ecological correlations and the behavior of individuals. *American Sociological Review, 15*, 351–357.

Rose, U. & Jacobi, F. (2006). Gesundheitsstörungen bei Arbeitslosen: Ein Vergleich mit Erwerbstätigen im Bundesgesundheitssurvey 98. *Arbeitsmedizin, Sozialmedizin, Umweltmedizin, 41*, 556–564.

Rost, J. (2010). Messtheorie von Rasch. In H. Holling & B. Schmitz (Hrsg.), *Handbuch Statistik, Methoden und Evaluation* (S. 649–659). Göttingen: Hogrefe.

Tramo, M. J., Loftus, W. C., Stukel, T. A., Green, R. L., Weaver, J. B. & Gazzaniga, M. S. (1998). Brain size, head size, and intelligence quotient in monozygotic twins. *Neurology, 50*, 1246–1252.

Weiss, R. H. (2006). *Grundintelligenztest Skala 2 (CFT 20-R)*. Göttingen: Hogrefe.

Glossar

Abhängige Variable Die *abhängige Variable* bzw. das *Kriterium* stellt die Variable dar, die durch eine oder mehrere unabhängige Variablen vorhergesagt bzw. erklärt werden soll.

Abiturnotenskala Die *Abiturnoten-Skala* (in Punkten) ist äquivalent zur z-Skala ($Note = 8 + 3z$). Sie unterscheidet sich nur durch den Mittelwert (8) und die Standardabweichung (2) von der z-Skala.

Absolute Häufigkeit Die *absolute Häufigkeit* bezeichnet die Anzahl der statistischen Einheiten einer Stichprobe mit einer bestimmten Ausprägung eines Merkmals.

Arithmetisches Mittel Das *arithmetische Mittel* – auch als Mittelwert bezeichnet – ist ein Maß der zentralen Tendenz für metrische Variablen, das definiert ist als die Summe der Beobachtungen einer Variablen geteilt durch die Anzahl der Beobachtungen.

Ausprägungen siehe *Variable*

Ausreißer Als *Ausreißer* gelten in einem Boxplot die Werte, die zwischen dem 1.5-fachen und dem 3-fachen Interquartilabstand liegen. Ausreißer werden durch spezielle Symbole dargestellt.

Ausreißer in der linearen Regression *Ausreißer in der linearen Regression* sind solche Beobachtungen, die einen großen Fehler aufweisen.

Balkendiagramm Beim *Balkendiagramm* werden die Häufigkeiten anhand unterschiedlicher Höhen von Balken dargestellt. Zwischen den Balken besteht jeweils ein Zwischenraum, die Balken berühren sich also nicht.

Bedingte Häufigkeitsverteilung Die *bedingte Häufigkeitsverteilung* enthält die bedingten Häufigkeiten einer Variablen. Das sind die relativen Häufigkeiten einer Variablen unter der Bedingung, dass die andere Variable eine bestimmte Ausprägung hat.

Beobachtungen siehe *Variable*

Bimodale Verteilung Eine *bimodale Verteilung* – auch zweigipflige Verteilung genannt – besitzt zwei Gipfel.

Biseriale Korrelation Die *biseriale Korrelation* ist ein Zusammenhangsmaß für eine intervallskalierte Variable und eine binäre Variable, die auf der Dichotomisierung einer normalverteilten (metrischen) Variablen beruht.

Bivariate Häufigkeitstabelle
Die *bivariate Häufigkeitstabelle*, auch *Kontingenztabelle* genannt, enthält die absoluten oder relativen Häufigkeiten der Wertepaare zweier Variablen. So steht in einer Zelle der Tabelle die jeweilige Häufigkeit für die Kombination der Ausprägungen zweier Variablen X und Y.

Boxplot
Der *Boxplot* ist ein Diagramm zur grafischen Darstellung einer Verteilung. Mit dem Boxplot werden im Wesentlichen die zentrale Tendenz, Streuung und Schiefe einer Variablen sowie Ausreißer und Extremwerte abgebildet. Als numerische Basis für den Boxplot dienen die Werte der Fünf-Punkte-Zusammenfassung.

Chi-Quadrat
Die Statistik *Chi-Quadrat* (χ^2) misst den Unterschied zwischen der Kontingenz- und der Indifferenztabelle anhand eines Wertes, der zwischen 0 und ∞ liegt.

Cohens κ
Cohens κ ist ein spezielles Maß für die Übereinstimmung von zwei Urteilern. Dieses Maß berücksichtigt den Anteil der zufällig übereinstimmenden Urteile.

Convenience sampling
Beim *Convenience sampling* werden solche Mitglieder einer Population in die Stichprobe einbezogen, die relativ einfach zu erreichen sind.

Cramers V
Cramers V ist ein Zusammenhangsmaß für nominalskalierte Variablen, bei dem der Wert der χ^2-Statistik durch das theoretische Maximum dieser Statistik für die zugrunde liegende Kontingenztabelle geteilt wird.

Datenmatrix
Die *Datenmatrix* beinhaltet die Werte der Variablen (dargestellt in den Spalten) für die statistischen Einheiten (dargestellt in den Zeilen).

Deskriptive Statistik
Die *deskriptive Statistik* beschäftigt sich mit der Beschreibung einzelner oder mehrerer Variablen anhand von Tabellen, Grafiken und Koeffizienten.

Determinationskoeffizient
Der *Determinationskoeffizient* R^2 bezeichnet den Anteil der durch die Regression erklärten Variation an der Gesamtvariation. R^2 ist ein PRE-Maß und stimmt im Fall der einfachen linearen Regression mit dem Quadrat der Korrelation überein.

Diskordanz
Diskordanz von zwei Wertepaaren zweier Variablen liegt vor, wenn die Größer-Relation zwischen den Werten des Wertepaares einer Variablen X in umgekehrter Richtung für die Werte des Wertepaares der Variablen Y ausfällt. Es gilt somit: $x_i > x_j$ und $y_i < y_j$ oder $x_i < x_j$ und $y_i > y_j$.

Diskrete Variablen
Bei *diskreten Variablen* kann die Menge der Ausprägungen durch die (endliche) Menge der ersten n natürlichen Zahlen oder durch die (abzählbar unendliche) Menge aller natürlichen Zahlen repräsentiert werden.

Dummykodierung
Die *Dummykodierung* ist eine häufig verwendete Form der Kodierung von nominalskalierten Variablen, damit sie als Prädiktoren in die Regressionsanalyse aufgenommen werden können. Eine Dummyvariable erfasst die Differenz zwischen dem Mittelwert der ihr zugehörigen Gruppe und der Referenzgruppe.

Einfache Zufallsstichprobe
Eine *einfache Zufallsstichprobe* liegt dann vor, wenn alle statistischen Einheiten einer Population die gleiche Wahrscheinlichkeit besitzen, in die Stichprobe aufgenommen zu werden.

Einflussreiche Beobachtungen
Einflussreiche Beobachtungen sind solche Beobachtungen, die in einem besonderen Ausmaß die Schätzung der Statistiken der linearen Regression – und allgemeiner – des linearen Modells beeinflussen.

Effektkodierung
Die *Effektkodierung* ist eine häufig verwendete Form der Kodierung von nominalskalierten Variablen. Eine effektkodierte Variable erfasst die Differenz zwischen der ihr zugehörigen Gruppe und dem (ungewichteten) Mittelwert aller Gruppen.

Empirische Verteilungsfunktion
Die *empirische Verteilungsfunktion* enthält die kumulierten relativen Häufigkeiten für die Ausprägungen eines bestimmten Merkmals

Eta
Eta-Quadrat
Eta (η) und *Eta-Quadrat* (η^2) sind Koeffizienten für den Zusammenhang zwischen einer nominal- und einer intervallskalierten Variablen. Bei η^2 wird die Variation zwischen den Gruppen (SS_B) in Beziehung zur Gesamtvariaton SS_T gesetzt. Der Koeffizient η stellt die positive Wurzel aus η^2 dar.

Extremwerte
Extremwerte in einem Boxplot sind die Werte, die mehr als 3 Interquartilabstände von der Box entfernt liegen. Sie werden durch spezielle Symbole repräsentiert.

Fünf-Punkte-Zusammenfassung
Die *Fünf-Punkte-Zusammenfassung* beschreibt eine Verteilung anhand von $y_{min}, y_{.25}, y_{med}, y_{.75}, y_{max}$.

Gamma
Gamma (γ) ist ein Zusammenhangsmaß für ordinalskalierte Variablen. Bei γ wird die Differenz der konkordanten und diskordanten Paare $C-D$ durch die Summe dieser Paare $C+D$ geteilt. Dieses Maß berücksichtigt keine Rangbindungen und kann im Falle von Rangbindungen sehr hoch ausfallen.

Geschichtete Zufallsstichprobe Bei *geschichteten Zufallsstichproben* wird die gesamte Population in einzelne Schichten (Teilpopulationen) unterteilt und aus diesen Teilpopulationen werden einfache Zufallsstichproben gezogen.

Hebelpunkte *Hebelpunkte* sind solche Beobachtungen, die von vornherein, d. h. potenziell, einflussreiche Beobachtungen darstellen.

Heteroskedastizität *Heteroskedastizität* liegt vor, wenn für mindestens zwei Ausprägungen der unabhängigen Variablen die Fehlerterme ungleiche Varianzen besitzen.

Histogramm Zur Erstellung eines *Histogramms* wird eine metrische Variable zuerst in k Klassen eingeteilt. Für jede Klasse wird ein Rechteck (zumeist mit gleicher Breite) errichtet, dessen Höhe proportional zur klassenspezifischen Häufigkeit ist.

Homoskedastizität Unter *Homoskedastizität* versteht man die Gleichheit der Fehlervarianzen für alle Ausprägungen der unabhängigen Variablen.

Indifferenztabelle Die *Indifferenztabelle* enthält ausgehend von den Randverteilungen einer Kontingenztabelle die aufgrund der Unabhängigkeitsannahme zu erwartenden Häufigkeiten für die Merkmalskombinationen (x_i, y_j) zweier Variablen X und Y.

Inferenzstatistik In der *Inferenzstatistik* geht es im Wesentlichen um die Schätzung von Parametern und die Hypothesentestung basierend auf Ergebnissen der deskriptiven Statistik.

Inkrementelle Variationsaufklärung Die *inkrementelle Variationsaufklärung* gibt den Anteil an Variation des Kriteriums Y an, der durch die zusätzliche Aufnahme von Prädiktoren $X_{i+1}, \ldots, X_k$ über die bereits in die Regressionsgleichung einbezogenen Prädiktoren $X_1, \ldots, X_i$ aufgeklärt wird.

Interaktion Eine *Interaktion* von zwei oder mehreren Variablen erfasst den gemeinsamen Effekt dieser Variablen. Die Interaktionsterme werden über die Produkte der entsprechenden Variablen gebildet.

Interquartilabstand Der *Interquartilabstand* ist ein Streuungsmaß für mindestens ordinalskalierte Variablen und wird als die Differenz zwischen dem oberen und dem unteren Quartil berechnet.

Intervallskala Für die Werte einer *Intervallskala* können Abstände und Rangordnungen gebildet und sinnvoll interpretiert werden.

IQ-Skala Die *IQ-Skala* ist äquivalent zur z-Skala (IQ$= 100 + 15z$). Sie unterscheidet sich nur durch den Mittelwert (100) und die Standardabweichung (15) von der z-Skala.

Kleinste-Quadrate-Kriterium
Das *Kleinste-Quadrate-Kriterium* bedeutet, dass die Summe der quadrierten Abweichungen der beobachteten Werte von den anhand der Regressionsgleichung vorhergesagten Werten minimiert wird.

Konkordanz
Konkordanz von zwei Wertepaaren zweier Variablen X und Y liegt vor, wenn die Größer-Relation zwischen den Werten des Wertepaares (x_i, x_j) der Variablen X gleichermaßen für die Werte des Wertepaares (y_i, y_j) der anderen Variablen Y zutrifft. Damit gilt: $x_i > x_j$ und $y_i > y_j$ oder $x_i < x_j$ und $y_i < y_j$.

Kontingenzkoeffizient
Der *Kontingenzkoeffizient* K ist ein Zusammenhangsmaß für nominalskalierte Variablen. Er beruht auf der χ^2-Statistik und nimmt nur Werte kleiner als 1 an.

Kontingenztabelle
Die *Kontingenztabelle* enthält die beobachteten Häufigkeiten für die Merkmalskombinationen zweier Variablen X und Y.

Korrelation
Die *Korrelation* ist ein normiertes Maß für die Richtung und Stärke des linearen Zusammenhangs zweier Variablen.

Korrigierter Kontingenzkoeffizient
Der *korrigierte Kontingenzkoeffizient* K^* resultiert, wenn der Wert des Kontingenzkoeffizienten durch den maximalen Wert, den er für eine bestimmte Kontingenztabelle erreichen kann, geteilt wird.

Kovarianz
Die *Kovarianz* ist ein nicht normiertes Maß für die Richtung und Stärke des linearen Zusammenhangs zweier Variablen X und Y. Ist die Kovarianz 0, so besteht kein linearer Zusammenhang zwischen den beiden Variablen.

Kreisdiagramm
Das *Kreisdiagramm* ist eine Darstellungsform für die relativen oder absoluten Häufigkeiten, wobei die unterschiedlichen Ausprägungen eines Merkmals als Sektoren eines Kreises dargestellt werden.

Kriterium
siehe *Abhängige Variable*

Kurtosis
Die *Kurtosis* bezeichnet die Wölbung einer statistischen Verteilung. Weisen Variablen eine von der Normalverteilung mit identischer Varianz abweichende Kurtosis auf, so liegen relativ mehr Beobachtungen gleichzeitig im Zentrum und an den Rändern (leptokurtisch, positive Kurtosis) oder in dem Bereich der Schultern einer Verteilung (platykurtisch, negative Kurtosis). Ist die Verteilung einer Variablen annähernd normalverteilt, spricht man von einer mesokurtischen Verteilung.

Lambda Das Maß *Lambda* (λ) ist das gewichtete Mittel aus λ_{YX} und λ_{XY} und stellt ein (symmetrisches) Maß für den Zusammenhang zweier Variablen dar. λ_{YX} bzw. λ_{XY} sind PRE-Maße für nominalskalierte Variablen, hier wird aufgrund von Modalwerten die Variable Y durch die Variable X vorhergesagt bzw. umgekehrt die Variable X durch die Variable Y.

Leptokurtische Verteilung Eine leptokurtische Verteilung weist eine größere Wölbung auf als eine Normalverteilung mit gleicher Varianz.

Median Der *Median* ist ein Maß der zentralen Tendenz für mindestens ordinalskalierte Variablen, für das gilt: Mindestens 50 % der geordneten Werte liegen oberhalb dieses Wertes und mindestens 50 % der geordneten Werte liegen unterhalb dieses Wertes.

Metrische Variablen *Metrische Variablen* sind entweder ratio- oder intervallskaliert.

Mesokurtische Verteilung Eine Verteilung, die näherungsweise einer Normalverteilung folgt, wird *mesokurtisch* genannt.

Modus Der *Modus* bzw. *Modalwert* ist ein Maß der zentralen Tendenz, das bereits für nominalskalierte Variablen berechnet werden kann. Dieses Maß ist nicht immer eindeutig. Ein Modus repräsentiert einen Wert einer Variablen mit der größten Häufigkeit.

Multimodale Verteilung Eine *multimodale Verteilung* – auch *mehrgipflige Verteilung* genannt – besitzt mehrere Gipfel.

Multipler Determinationskoeffizient Der *multiple Determinationskoeffizient* ist der quadrierte multiple Korrelationskoeffizient. Er stellt ein PRE-Maß dar und gibt den Anteil der durch die Prädiktoren aufgeklärten Variation von Y an.

Multipler Korrelationskoeffizient Der *multiple Korrelationskoeffizient* zwischen dem Kriterium Y und den Prädiktoren $X_1, \dots, X_k$ entspricht der einfachen Korrelation zwischen dem Kriterium Y und dem vorhergesagten Kriterium $\hat{Y} = b_0 + b_1 X_1 + \dots + b_k X_k$.

Nominalskala Die Werte einer *Nominalskala* repräsentieren Kategorien, die nicht sinnvoll in eine Reihenfolge gebracht werden können. Ebenfalls sind keine Abstände zwischen den Werten einer Nominalskala definiert.

Normalverteilung Die *Normalverteilung* hat die Form einer Glockenkurve und ist für die Beschreibung der Verteilung vieler Variablen angemessen.

Odds — *Odds* bzw. *Chancen* stellen das Verhältnis der beiden bedingten Häufigkeiten für eine Gruppe dar. Mögliche Odds bei einer 2×2-Kontingenztabelle sind $\frac{n_{11}/n_{1\bullet}}{n_{12}/n_{1\bullet}}$ und $\frac{n_{21}/n_{2\bullet}}{n_{22}/n_{2\bullet}}$, wobei die beiden Zeilen der Kontingenztabelle die beiden unterschiedlichen Gruppen repräsentieren und die erste bzw. zweite Spalte das Auftreten bzw. Nicht-Auftreten eines bestimmten Ereignisses (z. B. Erkrankung).

Odds Ratio — Das *Odds Ratio* stellt das Verhältnis der Odds bzw. Chancen von zwei Gruppen dar.

Ordinalskala — Die *Ordinalskala* hat von den in diesem Buch vorgestellten Skalen den dritthöchsten Informationsgehalt. Für die Variablenwerte lassen sich Rangordnungen bilden und sinnvoll interpretieren.

Phi — Der Koeffizient *Phi* (ϕ) stellt Cramers V für eine 2×2-Kontingenztabelle dar. Er ist weiterhin identisch mit dem Betrag der Produkt-Moment-Korrelation r für zwei dichotome Variablen.

PISA-Skala — Die *PISA-Skala* ist äquivalent zur z-Skala ($PISA = 500 + 100z$). Sie unterscheidet sich nur durch den Mittelwert (500) und die Standardabweichung (100) von der z-Skala.

Platykurtische Verteilung — Eine platykurtische Verteilung weist eine geringere Wölbung auf als eine Normalverteilung mit gleicher Varianz.

Population — Als *Population* bezeichnet man die Grundgesamtheit aller statistischen Einheiten, auf die sich die Fragestellung einer Untersuchung richtet. In der Regel wird nicht die gesamte Population untersucht, sondern eine Stichprobe aus der Population.

Prädiktor — siehe *Unabhängige Variable*

PRE-Konzept — Beim *PRE-Konzept* wird die proportionale Reduktion eines definierten Fehlers erfasst, die erfolgt, wenn zur Vorhersage der Werte einer Variablen zusätzlich Informationen über eine andere Variable genutzt werden.

Prozentränge — *Prozentränge* entsprechen den Perzentilen einer Verteilung.

Punktbiseriale Korrelation — Die *punktbiseriale Korrelation* stellt das Maß η für eine dichotome und eine metrische Variable dar und stimmt mit dem Betrag der Produkt-Moment-Korrelation einer dichotomen mit einer metrischen Variablen überein.

Qualitative Variablen *Qualitative Variablen* besitzen unterschiedliche Ausprägungen, die verschiedene Eigenschaften der Variablen charakterisieren, sich jedoch nicht hinsichtlich quantitativer Aspekte, wie z. B. der Intensität, unterscheiden lassen. Nominalskalierte Variablen sind immer qualitativ.

Quantile *Quantile* teilen einen Datensatz in einem bestimmten Größenverhältnis auf. Das *p-Quantil* ($0 < p < 1$) einer Verteilung teilt die geordneten Beobachtungen so in zwei Teile, dass mindestens $p \cdot 100\,\%$ der Beobachtungen kleiner/gleich und mindestens $(1-p) \cdot 100\,\%$ größer/gleich dem p-Quantil sind. Das $p_{.50}$- Quantil entspricht daher dem Median.

Quantitative Variablen *Quantitative Variablen* besitzen Ausprägungen, die eine unterschiedliche Intensität eines Merkmals reflektieren. Solche Variablen sind mindestens ordinalskaliert.

Quartile *Quartile* sind die Quantile $p_{.25}$, $p_{.50}$ und $p_{.75}$. Sie „vierteln" den Datensatz.

Quotenstichprobe Bei einer *Quotenstichprobe* wird die Stichprobe hinsichtlich der für die Fragestellung wichtigen Merkmale so zusammengestellt, dass sie ein repräsentatives Abbild der Population darstellt. Dazu werden die prozentualen Anteile der Kombinationen dieser Merkmale in der Population ermittelt und als Quoten bei der Stichprobenbildung vorgegeben.

Randverteilungen Unter den *Randverteilungen* versteht man die Verteilungen, die sich am Rand der bivariaten Häufigkeitstabelle ergeben. Sie entsprechen jeweils den Häufigkeitsverteilungen eines Merkmals.

Rangbindung Bei einer *Rangbindung* teilen sich mehrere Beobachtungen einen Rangplatz. Dieser Rangplatz repräsentiert in der Regel den mittleren Wert der Ränge, die sich bei einer Zuteilung ohne Bindungen ergeben hätten.

Rangtransformation Bei einer *Rangtransformation* einer Variablen erhält der größte Wert den Wert 1, der zweitgrößte den Wert 2 etc.

Ratioskala Die *Ratioskala* bzw. Verhältnisskala besitzt einen natürlichen Nullpunkt. Für die Variablenwerte können Verhältnisse, Abstände und Rangordnungen gebildet und sinnvoll interpretiert werden.

Regressionsgerade Die *Regressionsgerade* erlaubt die beste Vorhersage der Werte des Kriteriums anhand des Kriteriums der kleinsten Quadrate.

Regressionskoeffizient b_0 Der *Regressionskoeffizient* b_0 in der einfachen bzw. multiplen Regression beschreibt den Y-Achsenabschnitt.

Regressionskoeffizient b_1 Der *Regressionskoeffizient* b_1 in der einfachen linearen Regression gibt den Einfluss des Prädiktors auf das Kriterium Y an, d. h., um wie viele Einheiten sich der vorhergesagte Wert für das Kriterium verändert, wenn man den Wert des Prädiktors um den Wert 1 erhöht.

Regressionskoeffizienten $b_i, i = 1 \dots k$ Die *Regressionskoeffizienten* $b_i, i = 1, \dots, k$ in der multiplen Regression geben den Einfluss des Prädiktors X_i auf das Kriterium Y an, d. h., um wie viele Einheiten sich der vorhergesagte Wert für das Kriterium verändert, wenn man den Wert des Prädiktors um den Wert 1 erhöht und alle anderen Prädiktoren konstant gehalten werden.

Relative Häufigkeit Die *relative Häufigkeit* bezeichnet den Anteil der beobachteten Ausprägungen (absolute Häufigkeit) am Gesamtstichprobenumfang.

Relatives Risiko Das *relative Risiko* stellt das Verhältnis der beiden bedingten Häufigkeiten bzw. Risiken $\frac{n_{11}/n_{1\bullet}}{n_{21}/n_{2\bullet}}$ dar, wobei die beiden Zeilen einer 2×2-Kontingenztabelle zwei unterschiedliche Gruppen repräsentieren und die erste bzw. zweite Spalte das Auftreten bzw. Nicht-Auftreten eines bestimmten Ereignisses (z. B. Erkrankung).

Residualplot In einem *Residualplot* werden auf der X-Achse die Werte der unabhängigen Variablen oder die vorhergesagten Kriteriumswerte entweder in ursprünglicher oder in standardisierter Form abgetragen und auf der Y-Achse werden die Residuen in ursprünglicher oder in standardisierter Form abgetragen.

Schiefe Verteilungen *Schiefe Verteilungen* weichen von symmetrischen Verteilungen in dem Sinne ab, dass der größere Teil der Daten auf der linken bzw. rechten Seite konzentriert ist. Dementsprechend heißen die Verteilungen linksschief/rechtssteil bzw. rechtsschief/linkssteil.

Schulnoten-Skala Die *Schulnoten-Skala* ist äquivalent zur z-Skala ($Note = 3 - z$). Sie unterscheidet sich nur durch den Mittelwert (3) und die Standardabweichung (1) von der z-Skala.

Semipartialkorrelation Die *Semipartialkorrelation* ist die bivariate Korrelation zwischen einer (ursprünglichen) Variablen und einer Variablen, aus der der Einfluss einer anderen oder mehrerer anderer Variablen auspartialisiert ist.

Sensitivität Die *Sensitivität* eines Tests – berechnet anhand einer 2×2-Kontingenztabelle – gibt das Verhältnis $n_{22}/n_{2\bullet}$ wieder, wobei n_{22} die Anzahl der negativen Testausgänge, die „in Wirklichkeit" auch korrekt sind, darstellt und $n_{2\bullet}$ die Anzahl aller negativen Testausgänge.

Spearmans Rangkorrelation

Spearmans Rangkorrelation ist die Anwendung der Produkt-Moment-Korrelation auf rangtransformierte Daten. Diese Korrelation ist für mindestens ordinalskalierte Variablen geeignet.

Spezifität

Die *Spezifität* eines Tests – berechnet anhand einer 2×2-Kontingenztabelle – gibt das Verhältnis $n_{11}/n_{1\bullet}$ wieder, wobei n_{11} die Anzahl der positiven Testausgänge, die „in Wirklichkeit" auch korrekt sind, darstellt und $n_{1\bullet}$ die Anzahl aller positiven Testausgänge.

Stamm-Blatt-Diagramm

In einem *Stamm-Blatt-Diagramm* werden die Ausprägungen eines Merkmals in Stämme und Blätter aufgeteilt. Die einzelnen Variablenwerte können somit als Blätter hinter dem passenden Stamm abgetragen werden. Alle Beobachtungen bleiben im Stamm-Blatt-Diagramm erhalten und man erhält einen Überblick über die Form der Verteilung eines Merkmals.

Standardabweichung

Die *Standardabweichung* ist die (positive) Wurzel aus der Varianz. Ihre Einheit entspricht im Gegensatz zur Varianz der Einheit, anhand derer die Variable gemessen wurde.

Standardisierte Regressionskoeffizienten $b_i^*, i = 1 \ldots k$

Die *standardisierten Regressionskoeffizienten* $b_i^*, i = 1, \ldots, k$ in der multiplen Regression geben den Einfluss eines Prädiktors auf das Kriterium an, wenn alle Prädiktoren und das Kriterium standardisiert sind, d. h. den Einfluss von Z_i auf Z_Y. Damit wird erfasst, um wie viele Standardabweichungen sich der vorhergesagte Wert des Kriteriums verändert, wenn man den Prädiktor um eine Standardabweichung erhöht und alle anderen Prädiktoren konstant gehalten werden.

Standardisierter Regressionskoeffizient b_0^*

Der *standardisierte Regressionskoeffizient* b_0^* in der einfachen und multiplen Regression beschreibt den Y-Achsenabschnitt, wenn alle Variablen standardisiert sind.

Standardisierter Regressionskoeffizient b_1^*

Der *standardisierte Regressionskoeffizient* b_1^* gibt in der einfachen linearen Regression den Einfluss des standardisierten Prädiktors auf das standardisierte Kriterium an, d. h., er erfasst, um wie viele Standardabweichungen sich der vorhergesagte Wert des Kriteriums verändert, wenn man den Prädiktor um eine Standardabweichung erhöht und alle anderen Prädiktoren konstant gehalten werden. Der standardisierte Regressionskoeffizient (in der einfachen Regression) stimmt mit dem Korrelationskoeffizienten überein.

Standardschätzfehler

Der *Standardschätzfehler SEE* stellt die (positive) Wurzel aus der Schätzfehlervarianz dar.

Stanine-Skala

Die *Stanine-Skala* ist äquivalent zur z-Skala ($Stanine = 5 + 2z$). Sie unterscheidet sich nur durch den Mittelwert (5) und die Standardabweichung (2) von der z-Skala.

Statistische Einheit

Die *statistische Einheit* ist die Untersuchungseinheit, auf die sich die statistische Auswertung bezieht. Statistische Einheiten sind oft Personen, können aber beispielsweise auch Organisationen oder Messzeitpunkte sein.

Stetige Variablen

Bei *stetigen Variablen* ist die Menge der Ausprägungen nicht abzählbar. Zwischen zwei Werten können unendlich viele andere Werte auftreten.

Stichprobe

Die *Stichprobe* ist ein Teil der zu untersuchenden Population. Die Stichprobe soll repräsentativ sein hinsichtlich der Merkmale, die die Angemessenheit der zu erzielenden Erkenntnisse über die Population wesentlich beeinflussen.

Streudiagramm

In einem *Streudiagramm* werden die beobachteten Wertepaare von zumeist metrischen Variablen grafisch dargestellt. Sie stellen eine sogenannte Punktwolke in einem Koordinatensystem dar.

Tau-b

Kendalls *Tau-b* (τ_b) ist ein Zusammenhangsmaß für ordinalskalierte Variablen. Bei diesem Maß werden die Rangbindungen in den beiden einzelnen Variablen berücksichtigt. Bei einer ungleichen Anzahl der Ausprägungen der beiden Variablen kann τ_b die Werte -1 bzw. 1 nicht annehmen.

Tau-c

Kendall-Stuarts *Tau-c* (τ_c) ist ein Zusammenhangsmaß für ordinalskalierte Variablen. Bei diesem Maß wird die Differenz der konkordanten und diskordanten Paare $C - D$ in Beziehung gesetzt zum theoretischen Maximum dieser Differenz, das dann erreicht wird, wenn beide Variablen, die hier nicht die gleiche Anzahl an Ausprägungen besitzen müssen, jeweils homogene Häufigkeitsverteilungen besitzen.

Tetrachorische Korrelation

Die tetrachorische Korrelation ist ein Zusammenhangsmaß für zwei normalverteilte Variablen, die dichotomisiert wurden.

Tschebycheff-Ungleichung

Die *Tschebycheff-Ungleichung* sagt aus, dass für beliebige Verteilungen immer $100 \cdot (1 - \frac{1}{k^2})\,\%$ aller Beobachtungen im Intervall $[\bar{y} \pm k \cdot s]$ liegen, wobei $k > 1$ gelten muss.

T-Skala

Die *T-Skala* ist äquivalent zur z-Skala ($T = 50 + 10z$). Sie unterscheidet sich nur durch den Mittelwert (50) und die Standardabweichung (10) von der z-Skala.

Unabhängige Variable

Die *unabhängige Variable* bzw. der *Prädiktor* dient zur Vorhersage bzw. Erklärung eines Kriteriums. Für eine bestimmte Ausprägung des Prädiktors kann der Wert für das Kriterium mittels der Regressionsgleichung vorhergesagt werden.

Unabhängigkeit

Unabhängigkeit zwischen zwei Variablen liegt dann vor, wenn die bedingten Häufigkeitsverteilungen einer Variablen für alle Ausprägungen der jeweils anderen Variablen identisch sind.

Variable

Variablen sind Merkmale, die an statistischen Einheiten erhoben werden. Die Variablen besitzen *Ausprägungen* bzw. *Werte*. Ausprägungen werden auch *Beobachtungen* genannt. Das *Geschlecht* stellt ein Beispiel für eine Variable dar und *männlich* ein Beispiel für eine Ausprägung.

Variation

Die *Variation* gibt die Streuung der Messwerte einer metrischen Variablen an. Sie wird berechnet als die Summe von quadrierten Abständen.

Varianz

Die *Varianz* gibt die Streuung der Messwerte einer metrischen Variablen an. Sie wird berechnet als die Summe der quadrierten Abweichungen der Werte vom Mittelwert geteilt durch die Anzahl der Werte minus 1. Bei der Berechnung der Varianz von Residuen teilt man die Variation des Residuums durch $n-k-1$, wobei n die Anzahl der statistischen Einheiten darstellt und k die Anzahl der Prädiktoren.

Werte

siehe *Variable*

Whiskers

Als *Whiskers* werden die horizontalen bzw. vertikalen Linien jenseits der Box eines Boxplots bezeichnet. Die Länge der Whiskers beträgt maximal das 1.5-fache des Interquartilabstands $(1.5d_Q)$. Werte, die jenseits der Whiskers liegen, werden separat in das Diagramm eingetragen. Gibt es keine Werte außerhalb der Whiskers, so reichen die Whiskers bis zum maximalen bzw. minimalen Wert.

Z-Skala

Die *Z-Skala* ist äquivalent zur z-Skala ($Z = 100 + 10z$). Sie unterscheidet sich nur durch den Mittelwert (100) und die Standardabweichung (10) von der z-Skala.

z-Skala

Die *z-Skala* resultiert aus der z-Transformation einer Variablen. Dazu zieht man zuerst von allen Werten der Variablen das arithmetische Mittel ab. Die so gebildeten Differenzen, die auch zentrierte Werte genannt werden, teilt man dann durch die Standardabweichung. z-transformierte Variablen besitzen den Mittelwert 0 und die Standardabweichung 1.

Sachregister

Normalverteilungstabelle

Auf den nächsten beiden Seiten ist eine Tabelle der Standardnormalverteilung abgedruckt. In der Tabelle wird z-Werten das Integral der Standardnormalverteilung $\Phi(z)$ (mit den Grenzen $-\infty$ und z) zugeordnet. Inhaltlich entspricht das dem Prozentsatz der statistischen Einheiten in der Population, die einen z-Wert aufweisen, der kleiner/gleich z ist. (Anders ausgedrückt ist das die Wahrscheinlichkeit (p), dass die Variable Z, die einer Standardnormalverteilung folgt, einen Wert annimmt, der kleiner/gleich z ist.)

Ablesebeispiel für $z = 1.07$: $p(Z \leq 1.07) = 0.85769$

Negative z-Werte werden wegen der Symmetrie der Normalverteilung nicht dargestellt. Generell gilt aufgrund der Symmetrie:

$$p(Z \leq z) = 1 - p(Z \leq -z)$$

Ablesebeispiel für $z = -1.07$: $p(Z \leq -1.07) = 1 - 0.85769 = 0.14231$

Die Tabelle kann mittels R oder Excel oder auch OpenOffice leicht selbst erstellt werden.

Die R-Funktion ist `pnorm(z)`.

So ergibt z. B. `pnorm(-1.07)` den Wert 0.14231.

Die Funktion für die Berechung des Integrals der Normalverteilung ist in Excel und OpenOffice identisch. Sie lautet:

`=NORMVERT(z-Wert;0;1;1)`.

Der zweite Parameter (0) gibt den Mittelwert der Normalverteilung an. Der dritte Parameter (1) spezifiziert die Standardabweichung. Der vierte Parameter (1) bedeutet, dass von $-\infty$ bis zum z-Wert integriert werden soll. Damit ergibt die Formel

`=NORMVERT(-1,07;0;1;1)`

wiederum den Wert 0.14231.

z	0	1	2	3	4	5	6	**7**	8	9
0.00	0.50000	0.50399	0.50798	0.51197	0.51595	0.51994	0.52392	0.52790	0.53188	0.53586
0.10	0.53983	0.54380	0.54776	0.55172	0.55567	0.55962	0.56356	0.56749	0.57142	0.57535
0.20	0.57926	0.58317	0.58706	0.59095	0.59483	0.59871	0.60257	0.60642	0.61026	0.61409
0.30	0.61791	0.62172	0.62552	0.62930	0.63307	0.63683	0.64058	0.64431	0.64803	0.65173
0.40	0.65542	0.65910	0.66276	0.66640	0.67003	0.67364	0.67724	0.68082	0.68439	0.68793
0.50	0.69146	0.69497	0.69847	0.70194	0.70540	0.70884	0.71226	0.71566	0.71904	0.72240
0.60	0.72575	0.72907	0.73237	0.73565	0.73891	0.74215	0.74537	0.74857	0.75175	0.75490
0.70	0.75804	0.76115	0.76424	0.76730	0.77035	0.77337	0.77637	0.77935	0.78230	0.78524
0.80	0.78814	0.79103	0.79389	0.79673	0.79955	0.80234	0.80511	0.80785	0.81057	0.81327
0.90	0.81594	0.81859	0.82121	0.82381	0.82639	0.82894	0.83147	0.83398	0.83646	0.83891
1.00	0.84134	0.84375	0.84614	0.84849	0.85083	0.85314	0.85543	**0.85769**	0.85993	0.86214
1.10	0.86433	0.86650	0.86864	0.87076	0.87286	0.87493	0.87698	0.87900	0.88100	0.88298
1.20	0.88493	0.88686	0.88877	0.89065	0.89251	0.89435	0.89617	0.89796	0.89973	0.90147
1.30	0.90320	0.90490	0.90658	0.90824	0.90988	0.91149	0.91309	0.91466	0.91621	0.91774
1.40	0.91924	0.92073	0.92220	0.92364	0.92507	0.92647	0.92785	0.92922	0.93056	0.93189
1.50	0.93319	0.93448	0.93574	0.93699	0.93822	0.93943	0.94062	0.94179	0.94295	0.94408
1.60	0.94520	0.94630	0.94738	0.94845	0.94950	0.95053	0.95154	0.95254	0.95352	0.95449
1.70	0.95543	0.95637	0.95728	0.95818	0.95907	0.95994	0.96080	0.96164	0.96246	0.96327
1.80	0.96407	0.96485	0.96562	0.96638	0.96712	0.96784	0.96856	0.96926	0.96995	0.97062
1.90	0.97128	0.97193	0.97257	0.97320	0.97381	0.97441	0.97500	0.97558	0.97615	0.97670
2.00	0.97725	0.97778	0.97831	0.97882	0.97932	0.97982	0.98030	0.98077	0.98124	0.98169
2.10	0.98214	0.98257	0.98300	0.98341	0.98382	0.98422	0.98461	0.98500	0.98537	0.98574

z	0	1	2	3	4	5	6	7	8	9
2.20	0.98610	0.98645	0.98679	0.98713	0.98745	0.98778	0.98809	0.98840	0.98870	0.98899
2.30	0.98928	0.98956	0.98983	0.99010	0.99036	0.99061	0.99086	0.99111	0.99134	0.99158
2.40	0.99180	0.99202	0.99224	0.99245	0.99266	0.99286	0.99305	0.99324	0.99343	0.99361
2.50	0.99379	0.99396	0.99413	0.99430	0.99446	0.99461	0.99477	0.99492	0.99506	0.99520
2.60	0.99534	0.99547	0.99560	0.99573	0.99585	0.99598	0.99609	0.99621	0.99632	0.99643
2.70	0.99653	0.99664	0.99674	0.99683	0.99693	0.99702	0.99711	0.99720	0.99728	0.99736
2.80	0.99744	0.99752	0.99760	0.99767	0.99774	0.99781	0.99788	0.99795	0.99801	0.99807
2.90	0.99813	0.99819	0.99825	0.99831	0.99836	0.99841	0.99846	0.99851	0.99856	0.99861
3.00	0.99865	0.99869	0.99874	0.99878	0.99882	0.99886	0.99889	0.99893	0.99896	0.99900
3.10	0.99903	0.99906	0.99910	0.99913	0.99916	0.99918	0.99921	0.99924	0.99926	0.99929
3.20	0.99931	0.99934	0.99936	0.99938	0.99940	0.99942	0.99944	0.99946	0.99948	0.99950
3.30	0.99952	0.99953	0.99955	0.99957	0.99958	0.99960	0.99961	0.99962	0.99964	0.99965
3.40	0.99966	0.99968	0.99969	0.99970	0.99971	0.99972	0.99973	0.99974	0.99975	0.99976
3.50	0.99977	0.99978	0.99978	0.99979	0.99980	0.99981	0.99981	0.99982	0.99983	0.99983
3.60	0.99984	0.99985	0.99985	0.99986	0.99986	0.99987	0.99987	0.99988	0.99988	0.99989
3.70	0.99989	0.99990	0.99990	0.99990	0.99991	0.99991	0.99992	0.99992	0.99992	0.99992
3.80	0.99993	0.99993	0.99993	0.99994	0.99994	0.99994	0.99994	0.99995	0.99995	0.99995
3.90	0.99995	0.99995	0.99996	0.99996	0.99996	0.99996	0.99996	0.99996	0.99997	0.99997
4.00	0.99997	0.99997	0.99997	0.99997	0.99997	0.99997	0.99998	0.99998	0.99998	0.99998
4.10	0.99998	0.99998	0.99998	0.99998	0.99998	0.99998	0.99998	0.99998	0.99999	0.99999
4.20	0.99999	0.99999	0.99999	0.99999	0.99999	0.99999	0.99999	0.99999	0.99999	0.99999
4.30	0.99999	0.99999	0.99999	0.99999	0.99999	0.99999	0.99999	0.99999	0.99999	0.99999